Unter Null

Kunsteis, Kälte und Kultur

UNTER NULL

Kunsteis, Kälte und Kultur

Konzipiert von
Hans-Christian Täubrich und Jutta Tschoeke

Herausgegeben vom
Centrum Industriekultur Nürnberg
und dem Münchner Stadtmuseum

Verlag C. H. Beck München

Diese Publikation erscheint anläßlich der Ausstellung „Unter Null. Kunsteis, Kälte und Kultur", veranstaltet vom Museum Industriekultur Nürnberg (4. Mai bis 28. Juli 1991) und dem Münchner Stadtmuseum (20. September bis 29. Dezember 1991).

Die Abbildungen des Buches zeigen fast ausnahmslos Objekte und Motive, die von vielen Leihgebern aus dem In- und Ausland freundlicherweise auch für die Ausstellung „Unter Null. Kunsteis, Kälte und Kultur" zur Verfügung gestellt wurden. Die Zentralverwaltung der Linde AG, Wiesbaden, ermöglichte überdies die aufwendige Restaurierung des auf den Seiten 134/135 abgebildeten Fabrikmodells. Die Erhöhung des Farbanteils in diesem Buch konnte durch eine Spende der Spaten-Franziskaner-Bräu KGaA, München, erreicht werden. Ihnen allen sei an dieser Stelle herzlich gedankt.

Redaktion: Helmut Schwarz, Centrum Industriekultur Nürnberg

Gestaltung: Klaus-Jürgen Sembach

CIP-Titelaufnahme der Deutschen Bibliothek

Unter Null: Kunsteis, Kälte und Kultur/[erscheint anläßlich der Ausstellung „Unter Null. Kunsteis, Kälte und Kultur", veranstaltet vom Museum Industriekultur, Nürnberg (4. Mai bis 28. Juli 1991) und Münchner Stadtmuseum (20. September bis 29. Dezember 1991)]. Konzipiert von Hans-Christian Täubrich und Jutta Tschoeke. Hrsg. vom Centrum Industriekultur und dem Münchner Stadtmuseum. – München: Beck, 1991
ISBN 3-406-35244-8
NE: Täubrich, Hans-Christian [Hrsg.]; Centrum Industriekultur ‹Nürnberg›; Ausstellung Unter Null. Kunsteis, Kälte und Kultur ‹1991, Nürnberg; München›

ISBN 3-406-35244-8
© C. H. Beck'sche Verlagsbuchhandlung (Oscar Beck), München 1991

Umschlag: Gerhard Preiß, Nürnberg
Fotoarbeiten: Foto Richard Krauss, Nürnberg
Reproduktion: Reprotechnik Staudacher GmbH, Nürnberg
Satz und Druck: W. Tümmels GmbH, Nürnberg
Bindung: Gassenmeyer Bindetechnik GmbH & Co. KG, Nürnberg
Printed in Germany

Die Autoren

Antoon Berentsen, Zeist (NL)
Dr. phil.; Studium der Literatur in Utrecht und Berlin; Literaturwissenschaftler und Übersetzer.

Hans-Liudger Dienel, München
Dipl.-Ing.; Studium des Maschinenbauwesens, der Geschichte und Philosophie in Hannover und München. Zur Zeit Promotion über die Geschichte der Kältetechnik und Thermodynamik; Ausstellungstätigkeit.

Heidi Caroline Ebertshäuser, München
Dr. phil.; Studium der Kunstgeschichte, Archäologie und Philosophie in München und Paris; selbständig im Verlagswesen und als freie Autorin tätig.

Dorothea Friedrich, Wiesbaden
Dr. phil.; Studium der Germanistik und Anglistik in Heidelberg, Freiburg, Durham und München; Journalistin.

Mikael Hård, Göteborg (S)
Dr. phil.; Studium der Ideengeschichte in Göteborg und der Wissenschaftsgeschichte in Princeton, New Jersey. Lektor am Zentrum für Interdiziplinäre Studien der Universität Göteborg.

Ullrich Hellmann, Mainz
Professor für Metallplastik, Johannes-Gutenberg-Universität in Mainz.

Harald Kimpel, Kassel
Studium der Kunstpädagogik, Kunstgeschichte, Archäologie und Europäischen Ethnologie in Kassel und Marburg. Zur Zeit wissenschaftlicher Mitarbeiter beim Kulturamt Kassel.

Rudolf Käs, Fürth
Studium der Politologie, Soziologie und Geschichte in Erlangen-Nürnberg; Mitarbeiter am Centrum Industriekultur Nürnberg.

Helmut Lethen, Maarssen (NL)
Dr. phil.; Studium der Literatur in Bonn, Amsterdam und Berlin; Literaturwissenschaftler an der Rijksuniversietet Utrecht.

Edith Luther, Nürnberg
Studium der Kunstgeschichte in Erlangen und Wien; Ausstellungstätigkeiten, unter anderen am Germanischen Nationalmuseum Nürnberg.

Matthias Murko, Nürnberg
Diplom-Sozialwirt; Studium der Betriebs- und Sozialwissenschaft in Tübingen und Nürnberg; Mitarbeiter am Centrum Industriekultur Nürnberg.

Dörthe Stockhaus, Münster
Studentin der Geschichte und Germanistik in Münster.

Hans-Christian Täubrich, Nürnberg
Studium der Geschichte, Anglistik und Philosophie in Göttingen; freier Kulturarbeiter und Autor; Museums- und Ausstellungstätigkeiten.

Jutta Tschoeke, Nürnberg
Dr. phil.; Studium der Kunstgeschichte, Archäologie und Germanistik in München; Mitarbeiterin am Centrum Industriekultur Nürnberg.

INHALTSVERZEICHNIS

Hans-Christian Täubrich/ Jutta Tschoeke	**Am Anfang war die Wärme** Der Weg zur kultivierten Kälte - eine Einführung	8
Helmut Lethen/ Antoon Berentsen	**Eiszeit und Weltuntergang** Geologie und Literatur im 19. Jahrhundert	18
Heidi Caroline Ebertshäuser	**Träume im Packeis** Reisende an den Grenzen der Welt	34
Hans-Christian Täubrich	**Eisbericht** Vom Handel mit dem natürlichen Eis	50
Mikael Hård	**Überall zu warm** Vorbilder und Leitbilder der Kältetechnik	68
Hans-Liudger Dienel	**Ganz unten** Vom absoluten Nullpunkt und dem Nutzen tiefer Temperaturen	86
Hans-Liudger Dienel	**Eis mit Stil** Die Eigenarten deutscher und amerikanischer Kältetechnik	100
Jutta Tschoeke	**Kälteburgen für Eier und Kaviar** Zur Ikonographie des Kühlhauses	112
Jutta Tschoeke	**Frostige Glieder** Aspekte der Kühlkette	128
Ullrich Hellmann	**Höchst unauffällig** Der Aufstieg des Kühlschranks zur Unabdingbarkeit	142

Dorothea Friedrich	**Stillstand und Bewegung** Traumtänze(r) auf dem Eis	156
Dörthe Stockhaus	**Der letzte Schliff** Remscheid als Schlittschuhschmiede der Welt	172
Hans-Christian Täubrich	**Kunstwelten** Eispaläste, Freiluftbahnen und die Mode am Rande	182
Harald Kimpel	**Der Kühlschrank in der Kunst** Eine Inventur	200
Helmut Lethen	**„Wir bedienten die Gefriermaschinen"** Der Zeitgeist der Avantgarden	216
Harald Kimpel	**Am Schmelzpunkt der Kunst** Eis als Material und Thema ästhetischer Konzepte	232
Rudolf Käs	**Der temperierte Mensch** Kältesymptome in der Gesellschaft	250
Matthias Murko	**Kälte gegen Krankheit und Tod** Auf dem eisigen Pfad des Überlebens	266
Helmut Lethen	**Klimawechsel** Kältesysteme in der politischen Rhetorik	280
Edith Luther	**Die Wahl der Waffeln** Eisbomben, Eisdielen und Cadore	292
	Register, Bildnachweis	308

Vincent Mangeat: Swice, 1989. Holz, Plexiglas gespritzt, 80 x 80 x 60 cm. Im Besitz des Architekten. Das Modell (im Maßstab 1:50) zeigt den Schweizer Pavillon für die Weltausstellung 1992 in Sevilla mit seinem dreißig Meter hohen Eisturm. Ein künstlicher Eispanzer - im Höchstmaß kultivierte, weil gezähmte Kälte als Symbol eines Staates? „Das Eis als den Stoff zu zeigen, aus dem die Schweiz gemacht ist, hat durchaus seinen Hintersinn. Die Berufsverkäufer des Markenzeichens Schweiz freuen sich am Technowunder und verdrängen das Zuviel an Wahrheit, das da mit eingefroren wurde. Die Schweiz schließlich als ein labiles System darzustellen, das nur mit ständiger Energiezufuhr von außen stabil gehalten werden kann, ist beinahe subversiv. Nichts darf sich verändern, sonst wird das Ganze gefährdet. Die Starre als Staatsprinzip, hier ist es Architektur geworden. Dieser Eisturm muß gebaut werden." (Benedikt Loderer, in: Hochparterre, Januar 1990) Er wird es aber nicht. Wegen zu hoher Energiekosten wurde das Projekt zugunsten eines unverfänglicheren Entwurfs abgeschmettert.

AM ANFANG WAR DIE WÄRME

Der Weg zur kultivierten Kälte – eine Einführung

„Sollte selbst das keine Rettung bieten, blieb ihm als letzte Chance, als *ultimum refugium* der Vitrifikator. Der Mensch wurde ja durch den Außenpanzer des Schreiters und die inneren Schutzschilde der Kabine geborgen, in der letzteren jedoch gähnte über ihm wie eine Glocke die Mundöffnung des Vitrifikators. Diese Anlage konnte einen Menschen in Sekundenbruchteilen einfrosten. Die Medizin war allerdings noch außerstande, den vitrifizierten Körper wiederzubeleben, die Katastrophenopfer ruhten in Behältern mit Flüssigstickstoff und warteten, ohne sich zu verändern, auf die Resurrektionskünste kommender Jahrhunderte." Wie belebt man jemanden, dessen Leben per Schockfrostung angehalten wird, und was findet der Betreffende nach seiner ‚Resurrektion', nach seiner Wiedererweckung vor: eine neue, eine andere Welt?

Aus der gegenwartsnahen Skepsis gegenüber dem noch ungewissen Ausgang dieser Rettung resultiert letzten Endes die Spannung in Stanislaw Lems hier zitiertem Zukunftsroman ‚Fiasko', dessen Titel schon auch Programm ist. Sonst gibt sich die Science fiction eher selten so zögerlich, konstatiert sie doch meist selbstsicher verblüffende, weil realitätsfremde Möglichkeiten, aus denen die jeweilige Handlung ihre Attraktivität bezieht. Die ‚Hibernation', eine Art künstlicher Winterschlaf, erscheint noch als die plausibelste Art, das Wiederauftauchen von Menschen nach Zeitreisen durch unendliche Galaxien auf der guten alten Erde zu erklären: „Die Vervollkommnung von Elektronarkose und Tiefkühlverfahren erlaubte, die Dauer der Hibernation beliebig auszudehnen, und ihre Anwendung hatte der Raumfahrt neue Möglichkeiten erschlossen. Doch bis zur Mission der Discovery war dies noch nie voll ausgeschöpft worden." (Arthur C. Clarke, ‚2001 Odyssee im Weltraum').

Die Erkenntnis der bewahrenden, die Lebensprozesse stark verlangsamenden Eigenschaft der Kälte hat in dem genannten Genre eine spektakuläre Ausprägung erfahren, und wir erwähnen sie aus gutem Grund. Die Hoffnung auf ein Weiterleben in einer anderen, nicht von hausgemachter Schreckensvielfalt bedrohten Welt und das Risiko eines endgültigen Identitätsverlustes bei dem Auftauen in einer unbestimmten Zeit sind bereits gegeneinander abzuwägende Faktoren in einem dubiosen Geschäft: In tiefgekühlten Stickstoffcontainern ‚warten' schon einige Dutzend Menschen, genauer: ihre eingefrorenen Leichname, auf eine spätere Wiederbelebung. In ihnen hat der einem uralten Egoismus verbundene Wunsch nach Erhaltung der eigenen (!) Art seine letztendliche Ausprägung gefunden. Harmlos muten dagegen die abertausend, in gleichfalls gekühlten Samenbanken hinterlegten Spermiendeposite

Henk Visch: Feelings of affinity are extremely complex, 1990. Bronze, versilbert, je 96 x 95 x 29,5 cm. Im Besitz des Künstlers. Vor der erzählerisch wirkenden, künstlerischen Darstellung einer kollektiven Bewegung ist der Betrachter aufgefordert, Streben und Veränderung, Mehrdeutigkeit und Fragilität für sich selbst zu deuten.

an, mit denen amerikanische GIs vor dem Golfkrieg im Januar 1991 dem drohenden Schicksal ein kleines Schnippchen zu schlagen suchten.

Warum das so interessant ist? Weil es mit künstlich erzeugbarer Kälte zu tun hat? Sicher. Wohl aber auch, weil es sichtbar macht, daß den Bestrebungen auf diesem e i n e n Gebiet der Technik dieselben Motive zugrundeliegen wie auf a l l e n Gebieten der Technik: Macht zu gewinnen über die Natur, ihre Kräfte in die menschliche Verfügungsgewalt zu zwingen und über sie nach Belieben zu verfügen. Das Phänomen der Kälte hat sich in dieser Hinsicht dem Menschen länger entzogen als beispielsweise das Feuer. Nach seiner naturwissenschaftlichen Erforschung und technischen Erschließung aber hat es die zivilisierte Welt stärker beeinflußt als viele andere Innovationen, ohne daß man sich dessen gemeinhin bewußt ist.

Es hat lange gedauert, bis man konstatieren konnte, Kälte sei Zivilisation, und dies hat einen trivialen Grund: Das Bedürfnis nach Wärme war über Jahrhunderte hindurch ganz einfach stärker als alles andere. Stets mußte man sich gegen die Kühle der Nacht, die Kälte des Winters und die eisige Umklammerung langer Frostperioden wehren. Lang ist die Reihe materieller Zeugnisse, sich gegen diese Unbill zu schützen. Der Ursprung des bewußten Umgangs mit der wärmenden Kraft des Feuers liegt zwar im Dunkeln der Vorzeit, doch seine Spuren reichen lückenlos bis in die Gegenwart: Hauseinrichtungen, Reste uralter Feuerstätten und in mannigfacher Ausformung der Glaube an die ‚Vestalinnen', die Hüterinnen der heimischen Herdfeuer. Vergessen wir nicht, daß bis zu den Errungenschaften technischer Zivilisation Dunkelheit, Dämmerlicht und Kälte nicht nur Metaphern für Schrecknis waren, sondern meist alltägliche Fährnis bedeuteten. (Erst mit Einführung der öffentlichen Straßenbeleuchtung konnte sich der Bürger frei bewegen.) Glimmende Kienspäne und das flackernde Kaminfeuer waren keine ‚Accessoires' für aus heutiger Sicht romantisch anmutende Erlebnisabende, sondern dürftige Versuche, den natürlichen Gegebenheiten

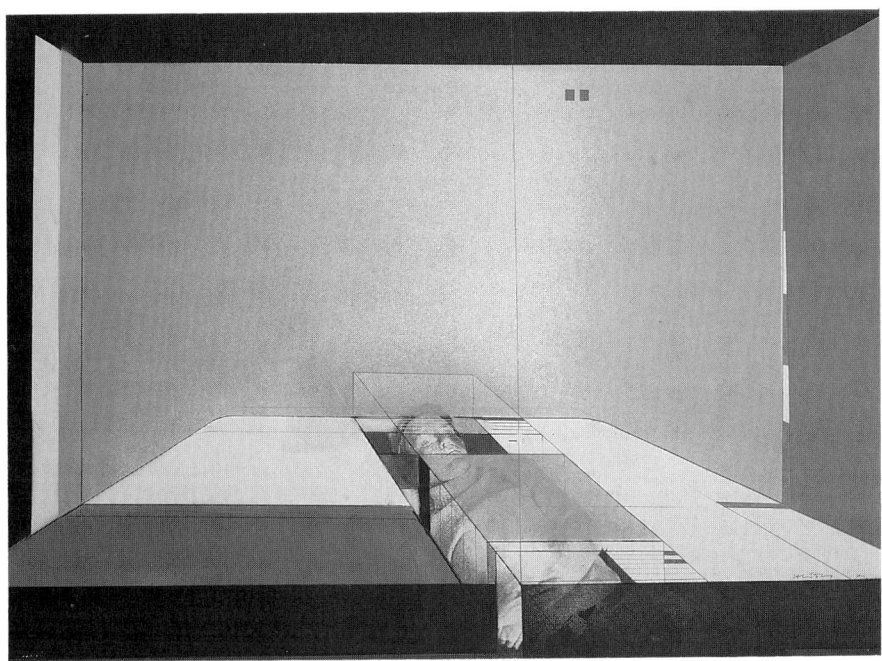

Klaus Heider: Minus 32°, 1969. Mischtechnik auf Papier, 65 x 100 cm. Privatbesitz.

zusätzlich etwas Wärme und Licht, etwas Bequemlichkeit und Schutz abzutrotzen. Die tief in den Knochen steckende Furcht vor der Kälte erklärt unter anderem den Erfolg literarischer Visionen und die Versuche wissenschaftlicher Erklärungen einstiger sowie Vorhersagen neuer Eiszeiten, die sich um die Wende zum 20. Jahrhundert explosionsartig ausbreiteten und nicht nur die Gelehrten jener Zeit stark beschäftigten.

So gesehen ist die ‚Gebrauchskälte' eher eine Erscheinung des Luxus beziehungsweise einer bereits hochzivilisierten, hochgradig erwärmten Gesellschaft. Es soll hier nicht die Rede sein von antiken Kaisern oder vergnügungssüchtigen Adelsgesellschaften, die Schnee aus fernen Bergregionen zur Herstellung von Gefrorenem herbeikarren ließen. Es waren schon konkretere Bedürfnisse, die den Mangel an verfügbarer Kälte spürbar machten, in unseren Hemisphären etwa der Wunsch, die für den Brauprozeß und für die Lagerung des Bieres notwendigen gleichbleibend niedrigen Temperaturen zu erhalten. Noch bis zum Ende des 19. Jahrhunderts behalf man sich mit der ‚Ernte' von natürlichem Eis, für die zuerst in den USA moderne Gerätschaften entwickelt worden waren; in warmen Wintern ‚exploitierte' man das ‚weiße Gold' aufwendig selbst aus Alpengletschern oder bezog es per Segelschiff direkt von den norwegischen Seen. Ungewöhnlich? Längst hatten auch in der Alten Welt die Marktmechanismen gegriffen, und längst herrschte das Bewußtsein, daß so ziemlich alles machbar sei.

Natürlich reichte dies allein als Voraussetzung für das Erscheinen und die Verbreitung künstlicher Kälte nicht aus. Sie ist ein Kind des technischen Zeitalters, das sich erst entwickeln konnte, als es möglich wurde, die Kräfte der Natur in die Magie der Zahlen zu bannen und dadurch wiederholbar zu machen: an jedem beliebigen Orte und von jedem Adepten der Technik. Und als Kind des technischen Zeitalters gehört sie sozusagen zu einer ‚Großfamilie', das heißt, sie ist ohne den Zusammenhang mit den Fortschritten in den anderen Gebieten der Naturwissenschaft nicht denkbar. Die Erforschung ihrer Grundlagen

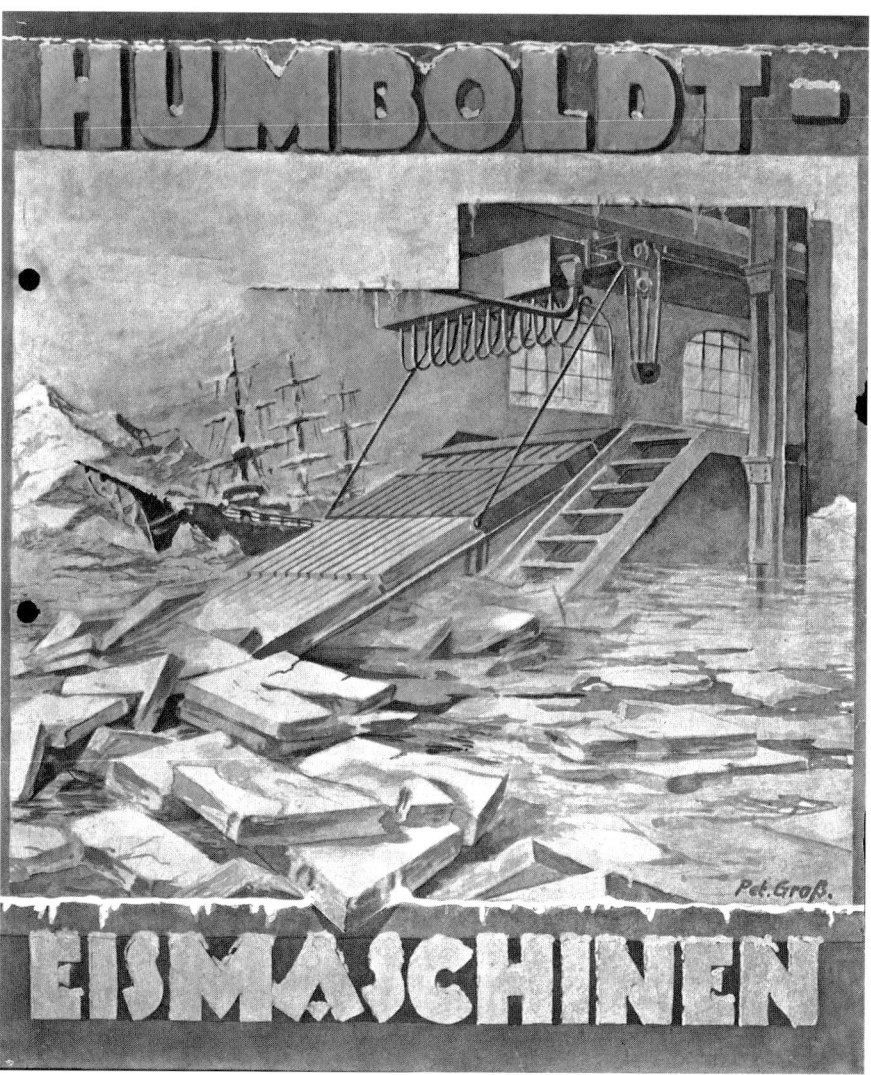

Vom geborstenen Natureis zur überschaubaren Stapelware, vom Chaos zur Zivilisation: Das Vertrauen auf die ordnende Potenz der Technik liegt dieser Werbung für Kälte-Maschinen der Maschinenbau-Anstalt Humboldt in Köln zugrunde. Die Firmenbroschüre erschien um 1910.

und die Entwicklung der Kältetechnik betrieb man im letzten Jahrhundert nahezu gleichzeitig in Frankreich, England, in der Schweiz, in Deutschland und den USA. Ihre Protagonisten waren John Gorrie, Raoul Pictet, Ferdinand Carré, Louis-Paul Cailletet oder Charles Tellier, um einige wenige zu nennen. In Europa brachte 1877 die Konstruktion einer für den Dauerbetrieb tauglichen Ammoniak-Kältemaschine durch den Gelehrten und Industriellen Carl von Linde den Durchbruch zur alltäglichen Anwendungsmöglichkeit künstlicher Kälte. Damit nahm eine der erstaunlichsten und facettenreichsten industriekulturellen Entwicklungen ihren Anfang.

Die neue Kühltechnik prägte sehr schnell Ernährungsweise, Nahrungsmittelhygiene, Lebensgewohnheiten, Arbeitsbedingungen und zahllose industrielle Produktionsbereiche neu. Als erste atmeten wohl die Bierbrauer auf, die mit dem Einsatz künstlicher Kälte ganzjährig brauen konnten und sommers nicht länger versuchen mußten, ihr sauer gewordenes Bier an den Mann zu bringen. Auch die Versorgung der Metropolen mit Fleisch und anderen Lebensmitteln konnte jetzt leichter bewältigt werden. Beeindruckende Maschinenensembles und die noch viel zu wenig beachteten, markanten Kühlhausarchitekturen verdeutlichten bald das machtvolle Ordnungprinzip der immer vielgliedrigeren ‚Kühlkette', zu der Fischtrawler und Bananendampfer ebenso gehören wie anfangs der stangeneisbestückte Eisschrank oder heute die Kühltheken der Supermärkte und die heimische Tiefkühltruhe. Innerhalb weniger Jahrzehnte wandelte sich der Kühlschrank vom ungetümen Prestigeobjekt zum selbstverständlichsten und unauffälligsten Haushaltsgerät. Dabei verkörpert er nicht nur ein bemerkenswertes Kapitel industrieller Designgeschichte, sondern auch einen nachhaltigen Wandel hausfraulicher Tätigkeit.

Für die alltägliche Kühlpraxis reichen Temperaturen eines kleinen Bereiches um null Grad. Die Suche nach dem absoluten Nullpunkt (minus 273 Grad) hingegen brachte neue wissenschaftliche Erkenntnisse und technische Chancen, angefangen von der Luftzerlegung und industriellen Gewinnung von Sauerstoff und Stickstoff für chemo-technische Prozesse bis hin zu neuen Verfahren der Gegenwart, deren Entwicklung nicht zuletzt durch die von uns veränderten Umweltbedingungen erzwungen wird. Die Verfügbarkeit reinen Sauerstoffs revolutionierte im Zusammenhang mit der Entwicklung autogener Schweißtechniken industrielle Fertigungsprozesse; mit Wasserstoff gefüllte Zeppeline ließen erstmals in großem Maßstab den Menschheitstraum vom Fliegen Wirklichkeit werden. Heute könnte die moderne Wasserstofftechnologie zusammen mit der Solarenergie beispielsweise helfen, den Verbrauch fossiler Brennstoffe zu verringern. Könnte - dieses Wort deutet auf eine Ambivalenz, die jeder technischen Entwicklung immanent ist, mehr noch: es bezeichnet die Abhängigkeit technischer Wirkungen und Anwendungen vom menschlichen Wollen, das sich meist als Machtdenken entpuppt. Die Kälte im vaterländischen Dienst - so wurden stolz die mobilen Kälteerzeugungsanlagen zur Kühlung von Medikamenten und Munition im Ersten Weltkrieg präsentiert, wenngleich sie keine strategischen Vorteile versprachen. In den Jahren danach findet die Kältetechnik interdisziplinär immer neue Anwendung, auch militärisch. Wer denkt heute daran, daß Hitlers V-Waffen Flüssiggase als Energieträger hatten, die auf dem Kältewege gewonnen wurden? Oder daß die Alliierten des Zweiten Weltkrieges zum Schutz der Geleitzüge im Nordmeer riesige Flugzeugträger aus Eis stationieren wollten, das mit Sägemehl versetzt war und dadurch unerhörte Festigkeit besaß? Heute werden die Computer (nicht nur) der strategischen Leitzentralen gekühlt und die unterirdischen Befehlsbunker künstlich klimatisiert, von denen aus in einer kalten, weil unpersönlichen Distanz das tausendfache Verderben auf den Weg gebracht wird.

Nichts erinnert mehr an Frieden, möchte man angesichts solcher unheilvollen Reminiszenzen ausrufen. An die Zeiten, in denen sich die zumeist gehobenere Gesellschaft in den pompösen, oft exotisch anmutenden Eispalästen der Metropolen, für die farbenprächtige Plakate von Künstlerhand warben, nun völlig losgelöst von jahreszeitlichen Beschränkungen aufs Kunsteis begeben konnte. Der Eissport, ab 1900 offiziell entscheidend gefördert und kurzfristig sogar zur Volksgesundheitsbewegung erhoben (‚Schafft Freiluft-Kunsteisbahnen!'), erhielt unausweichlich sein Reglement mit Pflicht und Kür und gewann durch die Triumphe beliebter Eisstars, von denen gerade in Deutschland viele auf eine beispiellose Karriere blicken können, breite Popularität.

Auch der Genuß von Speiseeis verlor seine althergebrachte Exklusi-

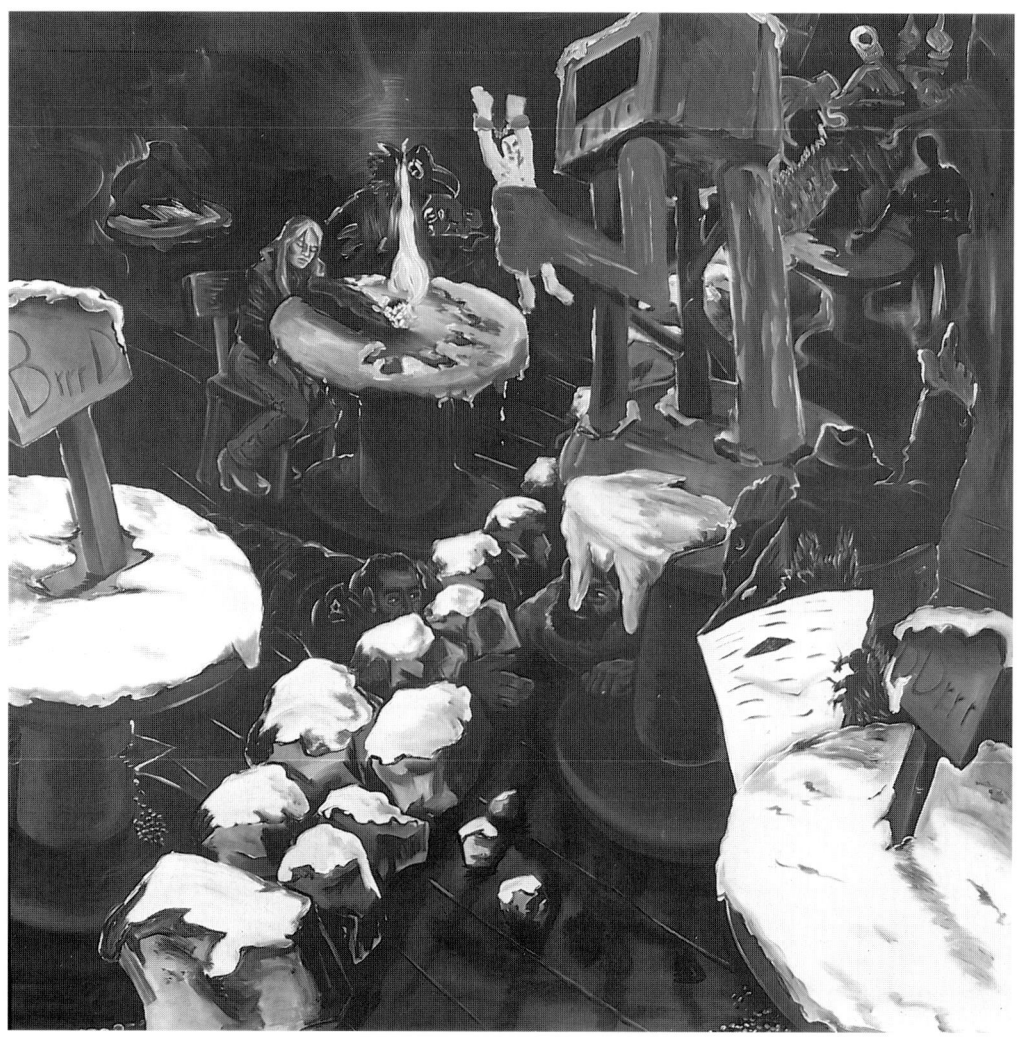

Jörg Immendorff: Schnee-Café Deutschland, 1978. Öl auf Leinwand, 260 x 290 cm. Stedelijk van Abbemuseum, Eindhoven.

vität. Die Demokratisierung dieses kühlen Vergnügens begann gegen Ende des letzten Jahrhunderts mit der weiten Verbreitung einfacher mechanischer Eisbereitungsmaschinen bis in die Privathaushalte. Ab 1923 eroberte sich das industriell gefertigte Eis am Stiel die Gaumen einer wachsenden Käuferschar. Zum Phänomen der Nachkriegsjahre wurde die italienische Eisdiele, deren Betreiber fast ausnahmslos aus Dolomiten-Tälern stammten und während der auf die Saison begrenzten Emigration mit ihren Geheimrezepten im Norden die ewigen Illusionen des Südens nährten.

Im Alltagsleben wird kaum mehr wahrgenommen, welchen ‚Siegeszug' die künstlich erzeugbare Kälte angetreten hat. Die Klimatisierung von Gebäuden und Fahrzeugen ging von dem Bestreben aus, sich von den Belastungen durch eine bedrückende, feuchtschwüle Witterung zu befreien. Mit den Wolkenkratzerarchitekturen entstanden ebenso kühne wie kühle Innenwelten ohne Außenwelt - nicht nur in Amerika. Funktionale Sachlichkeit bezweckte eine emotionale Auskühlung von Wohn- und Arbeitsräumen, und der modern ‚temperierte' Mensch liebt es, ‚cool' zu bleiben. ‚Kalte', weil durch Disziplinierung von emotionaler Beteiligung losgelöste Handlungsabläufe sichern nicht zuletzt auch der Militärmaschinerie ihr perfektes Funktionieren.

Siegbert Jatzko: Tiefgefroren hält sich's länger, 1971. Radierung, 29,5 x 39 cm. Stadtgeschichtliche Museen Nürnberg.

In der Medizin sind klimatisierte Asepsis der Operationsräume, die tiefgekühlte Aufbewahrung von Blutkonserven und Organen, örtliche Betäubung durch Kälte oder die auf dem Kältewege erzeugte widerstandslose Supraleitung für die Kernspintomographie längst Allgemeingut geworden. Noch ist es eher der Ausnahmefall, daß sich mit der künstlich erzeugbaren Kälte Hoffnungen verbinden, dem natürlichen Verfall entgegenzuwirken und hinter die physischen Geheimnisse des menschlichen Seins zu kommen. Mit den bereits vielerorts bestehenden Samenbanken, mit tiefgekühlten Embryos und den Praktiken amerikanischer Kryo-Institute steht die ethische Legitimation menschlichen Handelns zur Diskussion. Fatal dabei ist, daß der Tod dadurch in einer Weise versachlicht wird, die ihm - und damit letztlich auch dem Leben - seine Würde nimmt.

In anderer Hinsicht hat der Tod seinen Wert als eine Urerfahrung menschlicher Gemeinschaft schon längst dadurch verloren, daß er zusammen mit dem Alter in einer auf Jugendlichkeit getrimmten Gesellschaft konsequent aus dem Alltagsleben ausgegrenzt wird: gealtert und gestorben wird meist in Vereinsamung und Anonymität. Die stereotyp sich wiederholenden Nachrichten vom wochenlang unbemerkt gebliebenen Tod alter Menschen inmitten einer zur Fassade

Richard Lindner: ICE, 1966. Öl auf Leinwand, 178 x 153 cm. Whitney Museum of Modern Art, New York.

gewordenen Nachbarschaft zeugen von einer kalten Lebensperfektion, in der für kleine Umwege zum Mitmenschen keine Zeit mehr ist. Eiseskälte kennzeichnet auch in Einzelfällen das Funktionieren des Rechtsstaates, der Todesstrafe und Prügel längst abschaffte und dennoch Maßnahmen bereithält, seine Gegner zu zerstören: ‚Weiße‘ oder ‚kalte‘ Folter scheint eine grausam zutreffende Bezeichnung für die kontrollierte Isolationshaft zu sein, die bei uns ein legales Mittel des Strafvollzugs ist.

Die Kälte bestimmt auch als Metapher in vielerlei Ausformung das menschliche Dasein in einem erstaunlichen Maß. Der Eis-Zeit im übertragenen Sinn den Kampf anzusagen, bedeutet immer auch ein bewußtes Voranschreiten und die Überwindung von Angst. In den zwanziger Jahren unseres Jahrhunderts, der Dekade der neuen Sachlichkeit, wurden ‚kaltes Gerät‘ und ‚kühle‘ Architekturen zum ästhetischen Ideal, während die kalten Maschinenwelten in den sechziger und siebziger Jahren als Sujet von Op- und Pop-Art vielfältig variiert wurden. Neonlicht und High-Tech verdeutlichen in der äußeren Lebens- und Umweltgestaltung unsere heutige Affinität zum künstlich erzeugten Kälte-Gefühl. Für viele Künstler wurde gerade der Kühlschrank zu einem wichtigen Symbol des modernen Lebens, das in seiner Kombination aus Unauffälligkeit, tresorhafter Verschlossenheit und zivilisatorischer Paradiesfülle die unterschiedlichsten Interpretationen erfuhr.

Manche Künstler setzen das Kalte bewußt vordergründig ein, indem sie mit Eis als einem Werkstoff arbeiten, dem das Vergängliche und die Veränderung immanent sind. Andere charakterisieren mit der Vereisung den Zustand einer Gesellschaft, die bei gleichzeitiger Erstarrung auf den unbedingten Erhalt des Erreichten setzt und die Dynamik der Veränderung geißelt. Das Bild ‚Vergletscherung Zürichs‘ zielt auf die Jugendrevolte in Zürich, in der sich unter dem Slogan ‚Nieder mit dem Packeis‘ und mit der Zeitschrift ‚Eisbrecher‘ Widerstand gegen den alles erdrückenden Gletscher des Kapitals regte. Unmut signalisiert auch eine Zeichnung mit dem Titel ‚Tiefgefroren hält sich's länger‘, die sich gegen das Bestreben wendet, das werbewirksame Image einer Stadt (Nürnberg) mit seiner Fachwerk- und Butzenscheibenromantik einzufrieren und jeden Ansatz zu Erneuerung zu unterbinden. Auf Jörg Immendorffs Gemälde ‚Schnee-Café Deutschland‘ wiederum symbolisiert der quer durch das Land verlaufende Eiswall die absterbenden Kontakte der Künstler der beiden einstigen deutschen Staaten. Tragisch mutet an, daß sich nach dem tatsächlichen Abschmelzen dieser Barriere eine zweite, unsichtbare Mauer zeigt: Mit abweisend kalter Freundlichkeit begegnen die Menschen einer leistungsorientierten Gesellschaft jenen, die auf ihrer jahrzehntelangen ‚Flucht nach innen‘ in kleinen Wärmenestern der Vertraulichkeit ‚überlebt‘ hatten.

Was hat uns außer den wissenschaftlichen Erkenntnissen das Streben nach verfügbarer Kälte gebracht? In welchem Maße fügt sie sich in die lange Reihe der mit Illusionen und Hoffnungen verbundenen menschlichen Schöpfungen ein, die allesamt Ausdruck des unbedingten Glaubens an die Technik sind? „Sie versprach Fülle und brachte Mangel; sie versprach Komfort und brachte Primitivität; sie versprach Sicherheit und brachte Unsicherheit und Bedrohung; sie versprach Zeit und brachte Hast und Eile; sie versprach Freiheit und brachte uns Abhängigkeit; sie versprach Humanität und brachte uns Barbarei; sie versprach Aufklärung und allgemeine Bildung und brachte Propaganda und Massenwahn." (Robert Dvorak, ‚Technik, Macht und Tod') Wir können aus diesem verhängnisvollen Zyklus die Bemühungen um die künstliche Kälte nicht ausklammern. Auch sie verspricht im Einzelfall Unabhängigkeit und beschert Abhängigkeit. Der unbekümmerte Umgang mit Fluorchlorkohlenwasserstoffen (FCKW) als Kühlmittel verursacht ungeahnte Umweltschäden. Das Gesamtgefüge der Kühlkette erweist sich als labiles System in dem Augenblick, da an einer Stelle die zu seiner Aufrechterhaltung notwendige Energiezufuhr zusammenbricht. Dies erscheint umso mehr als Bedrohung, als die atomare Energieerzeugung beispielsweise selbst an einer Kühlkette hängt. Unsere gegenwärtige Sicherheit vor der unkontrollierten Macht des Atoms beruht auf der Wirksamkeit von ‚mehrfach redundanten' Kühlsystemen, die - wenngleich auf der Basis anderer technischer Prinzipien - das ‚göttliche' Feuer in Schach halten.

In einer Zeit, in der man versucht, die durch Anwendung von Technik evozierten Probleme durch immer wieder neue Technik statt durch die Veränderung von Bewußtsein und Verhalten zu lösen, kommt die Hochrechnung wissenschaftlich-technischer Möglichkeiten den vor wenigen Jahren noch kühn anmutenden Science fiction-Phantasien immer näher, so daß die Fortführung der eingangs zitierten Geschichte nicht mehr unvorstellbar sein muß: „Niemand weiß, wie lange er noch in der Kabine gesessen hatte, ehe er den Helm abnahm, um die Plastikkappe einzuschlagen und den eingebauten Knopf des Vitrifikators mit aller Kraft tief in die Zukunft zu drücken. Auch kann niemand wissen, was er dachte und fühlte, als er sich für diesen eisigen Tod bereit machte." Zumindest bei Stanislaw Lem gibt es für den Protagonisten, den Raumfahrer Pirx, eine Zukunft - wenn auch eine fragwürdige. Er überlebt nach dem Schockgefrieren zwar die Zeit der Frosterstarrung körperlich unversehrt, doch verliert er dabei mit der Erinnerung auch seine Vergangenheit. Vielleicht ist dies eine zu pessimistische Ausmünzung des zweiten Satzes der Thermodynamik, der mit allen nachfolgenden Aufsätzen in ursächlicher Beziehung steht: „Wärme kann nicht von selbst von einem kälteren zu einem wärmeren Körper übergehen." Trösten wir uns. Solange die Umkehrung dieses Satzes funktioniert und die Sonne ihre Kraft nicht in dieser energetischen Einbahnstraße aufgebraucht hat, wird die Natur selbst den ‚Coolsten' noch aus dem Hause locken:

> „Vom Eise befreit sind Strom und Bäche
> Durch des Frühlings holden belebenden Blick,
> Im Tale grünet Hoffnungsglück;
> Der alte Winter in seiner Schwäche,
> Zog sich in rauhe Berge zurück.
> Von dort her sendet er, fliehend, nur
> Ohnmächtige Schauer körnigen Eises
> In Streifen über die grünende Flur;
> Aber die Sonne duldet kein Weißes..."

Joseph Anton Koch (1768-1839): Gletscher mit Berggeist und Quellgott, um 1893/94; Aquarell; Norddeutsche Privatsammlung. Aus dräuenden Wolken bricht die Sonne. Frierend sitzt die allegorische Gestalt des Berggeistes auf dem Gletscherausläufer, während der Quellgott sinnend dem entrinnenden Wasser nachschaut. Solche Darstellungen waren Zeichen der Aufklärung; denn sie zeigen eine ‚überwundene' Natur. Die neue Freiheit vermochte die einst übermächtigen Geister nun zu bannen.

EISZEIT UND WELTUNTERGANG

Geologie und Literatur im 19. Jahrhundert

Die ‚Eiszeit-Folklore' des Fin-de-Siècle

„Es ist nicht zuviel gesagt, wenn man behauptet, daß gegenwärtig monatlich mindestens eine Broschüre über die Eiszeit erscheint", schreibt im Jahre 1907 der bei seinen Zeitgenossen berühmte Wissenschaftspopularisator Wilhelm Bölsche in seinem Aufsatz über die ‚Spuren der tropischen Eiszeit'.[1] Wenn wir in dieser Feststellung auch eine Übertreibung vermuten, heute wird Bölsches Fazit, daß es um die Jahrhundertwende „kein populäreres Problem" als die Eiszeit gegeben habe, von Geologen bestätigt. Im Standardwerk zum ‚Klima der Vorzeit' zählt der Paläontologe Martin Schwarzbach im Zeitraum vom Ende des 18. bis zu den siebziger Jahren des 20. Jahrhunderts fünfzig ‚Eiszeit-Hypothesen'.[2] Mehr als die Hälfte davon wurden in den beiden Jahrzehnten rund um die Jahrhundertwende publiziert, zwischen 1900 und 1910 erschienen zwanzig neue Spekulationen.

Wilhelm Bölsche, Zeuge dieser Invasion von Eiszeit-Theorien, fragte sich, was das große Publikum an den Überlegungen einer jungen und hochgradig abstrakten Wissenschaft wie der Paläontologie so faszinierte. Es war leicht festzustellen, daß sich die Aufmerksamkeit der Öffentlichkeit weniger auf das Problem der ‚Ursache der großen Kälte' in einem fernen Stadium der Erdgeschichte konzentrierte, als vielmehr auf die Voraussagbarkeit des genauen Zeitpunkts einer neuen Eiszeit. Denn daß die Geschichte ‚im Eise' enden könnte, war ein Gemeinplatz, der sich im Laufe des 19. Jahrhunderts unter Kulturphilosophen, Geologen und Schriftstellern durchgesetzt hatte. Als Herbert George Wells in seinem Science Fiction-Roman ‚The Time Machine' 1895 den äußersten Punkt seiner Reise ans Ende der Zeit beschreibt, kann er sich schon auf eine lange Tradition von Bildern der Nachtschwärze und Eiseskälte stützen: die Sonne ist verdunkelt, alles tierische Leben scheint verschwunden, Schneetreiben setzt ein, Eisränder bilden sich am Meeresstrand. Der Schnee legt sich wie ein Leichentuch über die grünen Flechten, die letzten organischen Reste.[3]

Wilhelm Bölsche findet bei seiner Suche nach den Gründen der ‚Volkstümlichkeit' des geologischen Problems zwei Faktoren auf sehr unterschiedlichen Ebenen des Geisteslebens. An der Basis trifft er auf eine „uralte Volksangst", daß der „Weltwinter" über Nacht alles vernichten könne. Diese Angst werde durch unverantwortliche Eiszeit-Hypothesen reanimiert.[4] Gleichzeitig fördere die Bildungselite die fatalen Vereisungstheorien. Für gewisse Strömungen der zeitgenössischen Philosophie erscheinen die Prognosen der Geologen geradezu als „gefundenes Fressen".[5] Die wilden Eiszeit-Prophetien passen eben nur zu gut

---

[1] Wilhelm Bölsche, Auf den Spuren der tropischen Eiszeit, in: Deutsche Rundschau, Bd. 131 (Juni 1907), S. 412-427; auch enthalten in: Wilhelm Bölsche, Auf dem Menschenstern. Gedanken zu Natur und Kunst, Dresden 1909
[2] Martin Schwarzbach, Das Klima der Vorzeit. Eine Einführung in die Paläoklimatologie. 3. Aufl., Stuttgart 1974, S. 8
[3] Vgl. Werner von Koppenfels, Le coucher du soleil romantique. Die Imagination des Weltendes aus dem Geist der visionären Romantik, in: Poetica, Bd. 17 (1985), S. 285 ff.
[4] Wilhelm Bölsche, Eiszeit und Klimawechsel, Stuttgart 1919
[5] Wilhelm Bölsche, Wenn der Komet kommt!, in: ders., Vom Bazillus zum Affenmenschen. Naturwissenschaftliche Plaudereien, Leipzig 1900, S. 78

in die „Schablonen des Pessimismus", der schon während des ganzen 19. Jahrhunderts mit „Plötzlichkeiten wie Vulkanausbrüchen, jähen Eiszeiten und Kometen-Karambolagen"[6] gerechnet hatte, ohne sich durch das Ausbleiben der erwarteten Katastrophen von seinen Grundannahmen abbringen zu lassen. Die Eiszeit-Geologen publizierten ihre Ergebnisse also in einer Öffentlichkeit, die von einer ‚uralten Volksangst' grundiert war, überwölbt von einer Untergangsphilosophie und - wie wir sehen werden - strukturiert von literarischen Erzählungen der Vereisung. Zeitlebens versuchte Wilhelm Bölsche, die ‚reinen' geologischen Befunde aus dieser Klammer zu befreien.

Die bisher aufgeführten Faktoren der Popularität erklären aber nicht, warum es gerade zwischen 1890 und 1910 zu einem explosiven Anwachsen der Zahl der Publikationen über die Ursachen der Eiszeit und die Prognosen eines neuen Weltwinters kam. Kulturhistorische Forschungen haben hierfür eine Reihe von Faktoren verantwortlich gemacht, die sich in diesen Jahrzehnten wechselseitig verstärkt haben sollen:[7] - das Bekanntwerden einer populären Version des Entropiegesetzes, die besagte, daß ein Abkühlungsprozeß nicht umkehrbar sei; - die Vorherrschaft eines Dekadenz-Schemas in der Geschichtsphilosophie, in dessen Rahmen man davon ausging, daß sich die Menschheit im Prozeß der Zivilisation unaufhaltsam von der Wärme des Ursprungs entferne; - die Entmythologisierung der Bibel und der ‚darwinistische Schock', die zu der plötzlichen Gewißheit führten, daß man ohne ein Dach der Metaphysik über dem Kopf ungeschützt der Kälte des Weltalls ausgesetzt sei; - die Erfahrung der - in der Sprache der Lebensphilosophie - ‚lebensfeindlichen Mechanik bürgerlicher Ökonomie', die die Schichten des Bildungsbürgertums zu durchdringen begann, und - die Erwartung des Zusammenstoßes der Erde mit dem Kometen Halley, der für das Jahr 1910 berechnet worden war.

Der metaphorische Gebrauch des Terminus ‚Eiszeit' - er war übrigens erst 1837 von dem deutschen Naturforscher Wilhelm Philipp Schimper geprägt worden - ist in diesen Jahren schon selbstverständlich. Auch Wilhelm Bölsche spricht 1891 von der „schneidenden Winterkälte der sozialen Eiszeit", wenn er die Effekte der Fabrikarbeit in Deutschland charakterisieren will.[8] Wirft man an diesem Punkt einen Blick auf die graphische Kurve der Statistik der Eiszeit-Hypothesen, so drängt sich eine weitere Vermutung auf, die die ‚Eiszeit-Folklore' dieser Jahrzehnte erklärt: Die außerordentliche Resonanz der Eiszeit-Prognosen könnte auch ein Reflex der vielfach bezeugten Erfahrung sein, daß sich die Zeitgenossen in diesem Zeitraum von der rapiden Industrialisierung überrollt glaubten. In den literarischen Visionen und wissenschaftlichen Vorhersagen von Nachtschwärze und Eiseskälte könnten wir also Ängste vor der Modernisierung entziffern. Es paßt zu dieser Vermutung, daß in Deutschland die wissenschaftlichen Theorien über die Eiszeit sehr lange blockiert wurden, sich in der Gelehrtenrepublik nur gegen erheblichen Widerstand durchsetzten, sich dann aber in zum Teil bizarren Formulierungen explosionsartig ausbreiteten. Es gehört hierbei zu den Merkwürdigkeiten der Wissenschaftsgeschichte, daß ausgerechnet die alte Vereisungstheorie Georges Graf von Buffons aus dem 18. Jahrhundert die Anerkennung der Eiszeit lange verhindert hatte: Unmöglich erschien die Vorstellung, daß die Erde, die doch nach Buffon einem permanenten Erkaltungsprozeß unterlag, einmal kälter gewesen sein

6 Wilhelm Bölsche (siehe Anm. 5)
7 Bahnbrechend waren die Arbeiten von Joachim Metzner, Persönlichkeitszerstörung und Weltuntergang. Das Verhältnis von Wahnbildung und literarischer Imagination, Tübingen 1976; Manfred Frank, Das Scheitern am ‚Heil': die Reise ins ewige Eis, in: ders., Die unendliche Fahrt. Ein Motiv und sein Text, Frankfurt a.M. 1979, S. 88-102; Werner von Koppenfels (siehe Anm. 3); Manfred Frank, Das Motiv des ‚kalten Herzens' in der romantisch-symbolistischen Dichtung, in: Euphorion, Bd. 71 (1977), Heft 7, S. 383-405; Monika Wagner, Das Gletschererlebnis - Visuelle Naturaneignung im frühen Tourismus. in: Götz Großklaus/Ernst Oldemeyer (Hrsg.), Natur als Gegenwelt, Karlsruhe 1983.
8 Wilhelm Bölsche, Schliemann, in: Freie Bühne, Jg. 2 (1891), Heft 1, S. 14

sollte als zur Jetztzeit. Sobald sich die Eiszeittheorie aber einmal durchgesetzt hat, wird sie wiederum mit Buffons Vorstellung eines unvorstellbaren Sturzes in den Kältetod verbunden. In beiden Fällen wird die Erkenntnis durch das Modell eines linearen Progresses blockiert. Erst das Eindringen zyklischen Denkens erlaubt einigen Pionieren der modernen Geologie wie Albrecht Penck die Vorstellung von ‚Interglazialzeiten'.

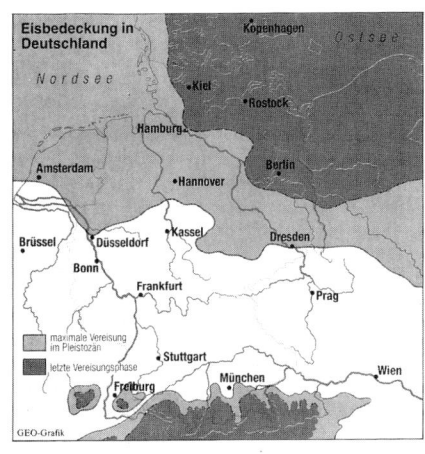

Von der Erkaltungs- zur Pendel-Theorie

„Eiszeit im Anmarsch?"[9] – das ist eine Frage, die seit gut anderthalb Jahrhunderten gestellt wird. „Will the ice sheets bury Berlin, New York and Chicago, as some persons predict?" lautete die bange Frage des Geologieprofessors James Dyson 1963.[10] Sein Kollege Brian S. John hingegen wies 1979 skeptisch auf das Geschäft mit der Katastrophenangst hin: „A number of authors have recently made great capital out of the threat of imminent climatic catastrophes linked with world-wide cooling and glacier expansion."[11] Sind die wissenschaftlichen Prognosen, die in den letzten Jahrzehnten über die drohende Vergletscherung der Erde erschienen sind, nur akademische Verkleidungen eines ‚Trivialmythos', deren einzige Funktion, wie Hans Magnus Enzensberger annimmt, es ist, „Entlastung von analytischem Denken" zu versprechen und ein letztes „obskures Zeichen" für die auf immer verlorene, aber in unseren Imaginationen beschworene „Totalität" zu sein?[12]

Der Grund für die anhaltende Beschwörung einer drohenden Vereisung liegt auch in den Ungewißheiten der Geologie selbst. Unstrittig ist nur, daß die ersten Eiszeiten der heute bekannten Klimageschichte vor ungefähr 2.500 Millionen Jahren im heutigen Kanada begannen und daß der Wechsel von Warm- und Kaltzeiten bis heute eine ihrer Grundgegebenheiten ist. Die großen europäischen Eiszeiten, von denen hier die Rede ist, begannen vor 2,5 Millionen Jahren im Quartär, der jüngsten Periode der Erdgeschichte. Vor 500.000 Jahren schob sich das Eis zum ersten Mal von Skandinavien herunter über weite Teile Mittel- und Osteuropas. Im Pleistozän (Diluvium) fand die letzte große Eiszeit statt; diese endete vor etwa 10.000 Jahren und führte in die gegenwärtige Epoche, das Holozän oder auch Alluvium (Nach-Eiszeit).

1987 stellte Rudolf Trümpy, ehemaliger Präsident der internationalen ‚Union of Geological Sciences', fest: „Die Ursache der Großeiszeiten selbst ist unbekannt."[13] Martin Schwarzbach, der Nestor der deutschen Klimapaläontologen, resümiert in seinem erwähnten Standardwerk, daß die Eiszeit nur aus dem Zusammenwirken vieler Faktoren und nicht mit einer katastrophalen Ursache zu erklären sei. Er kann seine These von der „multilateralen Eiszeit-Entstehung" aber nur vage als Zusammenspiel von Änderungen des Erdreliefs, der Kontinental-Drift und der Sonneneinstrahlung andeuten.[14] Aus der Unbestimmtheit der Vermutungen über die Ursachen ergibt sich folgerichtig, daß es den Experten unmöglich ist, eine „auch nur annähernd sichere Prognose für die zukünftige Klimaentwicklung zu geben".[15] Im Blick auf die Panik reagiert er als Geologe, für den Ereignisse, die sich innerhalb von 10.000 Jahren vollziehen, durchaus die Qualität des Plötzlichen haben, eher sarkastisch: „Das nüchterne Fazit bleibt also: ‚Qui vivra, verra'."[16]

Die Situation ist inzwischen noch unübersichtlicher geworden, weil sich in den letzten Jahrzehnten die Aufmerksamkeit auf die Effekte der

9 Larry Ephron, Eiszeit im Anmarsch? Treibhauseffekt und Klimaveränderung, München 1990 (Berkeley 1988)
10 James L. Dyson, The World of Ice, London 1963
11 Brian S. John, Rhyme, Reason and Prediction, in: ders. (Hrsg.), The Winters of the World. Earth under the Ice Ages, London 1979
12 Hans Magnus Enzensberger, Zwei Randbemerkungen zum Weltuntergang, in: Kursbuch, 52 (Mai 1978), S. 6
13 Rudolf Trümpy, Vom Sinn der Erdgeschichte, in: Universitas, Jg. 42, Heft 11 (Nov. 1987)
14 M. Schwarzbach (siehe Anm. 2), S. 305
15 M. Schwarzbach (siehe Anm. 2), S. 314
16 M. Schwarzbach (siehe Anm. 2), S. 315

zivilisatorischen Eingriffe auf die ‚Klimamaschine' gerichtet hat. Aus den Ursachen der letzten Eiszeit können also schwerlich automatisch Prognosen für eine zukünftige abgeleitet werden. So kommt es, daß einige schon im 19. Jahrhundert verworfene Eiszeit-Hypothesen unversehens aktualisiert werden. Eine dieser Spekulationen ging davon aus, daß infolge gigantischer Vulkanausbrüche eine Staubwolke die Sonneneinstrahlung auf Teile der Erde verhinderte und somit eine rapide Abkühlung bewirkte. Neuerdings begegnet man ähnlichen Überlegungen im Zusammenhang mit Atomexplosionen oder Flächenbränden von Ölfeldern. Zudem erinnert die momentane Verschiebung der Angst

Zürich zur Eiszeit, wie man es sich am Ende des 19. Jahrhunderts vorstellte. Die Abbildung entstammt Wilhelm Bölsches Veröffentlichung ‚Entwicklungsgeschichte der Natur' (1896).

vom ‚nuklearen Winter' auf den ‚Treibhauseffekt' und das daraus folgende Abschmelzen der Eiskappen daran, daß schon im 19. Jahrhundert in ständigem Wechselspiel die Furcht vor der Eiszeit, die Erwartung einer Überhitzung mit anschließender Gasexplosion sowie die Angst vor der Sintflut immer neue Konfigurationen eingegangen sind.

Als Wilhelm Bölsche, der 1861 in Köln geboren wurde und im Zuge der naturalistischen Moderne in die Reichshauptstadt gezogen war, sich in den neunziger Jahren mit der Eiszeitforschung zu befassen begann, war diese kaum hundert Jahre alt. In Goethes Roman ‚Wilhelm Meisters Wanderjahre' (in der zweiten Ausgabe) wird bereits von einem Streit

Giuseppe Reichmuth: Die Vergletscherung Zürichs, um 1980; Tempera auf Pavatex; Privatbesitz. In seinem Aufsatz über „‚Heiße' Gesellschaften und ‚kaltes' Militär" im ‚Kursbuch' vom März 1982 geht der Ethno-Psychologe Mario Erdheim davon aus, daß die Zürcher Jugendbewegung mit ihrem ‚Gletscherbild' den Begriff der ‚kalten Kultur' von Lévi-Strauss aufgenommen hat. Der französische Ethnologe hatte als ‚kalte Kulturen' Gesellschaften bezeichnet, die wie Uhren mechanisch funktionieren und den historischen Wandel einfrieren.

über die Eiszeittheorien berichtet. Charles Lyell legte in den ‚Principles of Geology' (1830-1833) mit seinem Aktualitätsprinzip, wonach die Kräfte, die in der Vergangenheit die Erde bildeten, keine anderen seien als die auch hier und jetzt ihren Einfluß geltend machen, die Basis der modernen Geologie. Die Katastrophentheorien des 18. Jahrhunderts verloren damit an Boden. Die Frage nach der Herkunft der großen Findlinge führte zur Annahme einer Zeit großer Kälte, in der die Steine von Fluten - erst später dachte man an Gletscher - aus nördlichen Breitengraden nach Mitteleuropa transportiert worden seien. Louis Agassiz kam nach Studien an den Schweizer Gletschern in den dreißiger Jahren des 19. Jahrhunderts zu dem Schluß, daß das Eis auch die Alpen bedeckt habe. In den vierziger Jahren tauchten in den USA erstmals Spuren auf, die die Existenz mehrerer Eiszeiten wahrscheinlich machten. Der Schwede Otto Torell wies 1875 auf den Muschelkalkfelsen bei Rüdersdorf eindeutig Gletscherspuren nach, stieß aber mit seiner ‚Inlandeis-Theorie' noch auf erheblichen Widerstand der Autoritäten in der Deutschen Geologischen Gesellschaft. Torells Theorie erwies sich jedoch als der Schlüssel zum Verständnis der jüngsten geologischen

Titelbild der 1919 in Stuttgart als Kosmos-Bändchen erschienenen Betrachtung Wilhelm Bölsches über ‚Eiszeit und Klimawechsel'.

17 Wilhelm Bölsche (siehe Anm. 5), S. 58
18 Wilhelm Bölsche (siehe Anm. 5), S. 60
19 Wilhelm Bölsche, Wenn der Komet kommt!, in: ders., Vom Bazillus zum Affenmenschen. Naturwissenschaftliche Plaudereien, Jena 1921, S. 103

Vergangenheit. Damit begann eine Flut von Eiszeitforschungen, die durch Preisausschreiben von Universitäten und anderen Einrichtungen sehr gefördert wurde. So errechneten Albrecht Penck und Eduard Brückner in den achtziger Jahren die Existenz von drei Eiszeiten und von langen Interglazialzeiten.

Wilhelm Bölsche entkräftet in seiner Auseinandersetzung mit den Eiszeittheorien drei Grundannahmen, die eine Schlüsselrolle in den Fin-de-siècle-Apokalypsen spielten: 1. Die Eiszeit war keine universale Erdkatastrophe, bei der die ganze Erde unter Grönlandeis begraben wurde.[17] 2. Während der Eiszeit herrschten keine ‚furchtbaren Minusgrade'; ein Abfallen der Temperatur von fünf bis sechs Grad Celsius genügte, die Schneegrenze um tausend Meter zu senken. 3. Die Eiszeit brach nicht ‚plötzlich' aus und fror auch nicht die Mammute über Nacht ein, sondern fand in geologischen Zeitspannen statt.

Kurzen Prozeß macht Bölsche mit der ältesten Hypothese, der Erderkaltungs-Theorie („Die Erde, ehemals glühend, dann mit erstarrter Rinde wie eine große Schlacke, wurde lange von innen erwärmt ... ."[18]). Nach dieser Theorie ist es nicht zu verstehen, warum die Temperatur der Erde seit der Eiszeit wieder gestiegen ist. Auch die Raumkältetheorie wird von Bölsche verworfen. Diese ging davon aus, daß sich das Sonnensystem abwechselnd durch wärmere und kältere Räume des Weltalls bewege. Die Golfstromtheorie hält Bölsche für eine typische ‚Lokaltheorie', die schon die Vereisung Nordamerikas nicht erklären könne. Außerdem sieht er in dieser Spekulation eine Verharmlosung des Problems: „Ganz hervorragend sanfte Gemüter, die für kleinste Mittel sind, wie manche Nationalökonomen, wollen die nordische Diluvialzeit gar bloß mit ein paar Klimarezepten im Stil unserer Wetterprognosen, oder durch Ablenkung des warmen Golfstromes erklären."[19]

Ausführlich setzt sich Bölsche mit der astronomischen Theorie, der Pendeltheorie, der Schollen-Drift-Theorie und der CO_2-Theorie auseinander, deren Hypothesen erstaunlicherweise auch heute noch eine wichtige Rolle spielen. Vom Gesichtspunkte der Astronomie könnten die Abkühlungsperioden aufgrund leichter Änderungen der Achsenstellung der Erde, die unterschiedliche Sonnennähe und Sonnenferne zur Folge haben, entstanden sein. Bölsche hält das für ein erwägenswertes Denkmodell und weist darauf hin, daß man hiermit die Ängste vor einer universalen Vernichtungskatastrophe leicht zerstreuen kann. Die Unregelmäßigkeiten der Erdellipse können nämlich schlimmstenfalls lokale Eiszeiten hervorrufen; und sollte ein großer Teil der Halbkugel vereist sein, so kann man immerhin darauf bauen, daß die andere Hälfte sonnenbeschienen bleibt. Entschieden wendet er sich aber gegen Versuche, diese astronomische Spekulation mit mathematischen Berechnungen über zukünftige Veränderungen der Ellipse zu verbinden, um präzise Prognosen über den Eintritt der nächsten Eiszeit zu erhalten.

Intensiver befaßt sich Bölsche mit der Pendulationstheorie von Paul Reibisch und Heinrich Simroth. Diese geht von einer ‚ungeheuren Drehbühne' aus, die die Erde periodisch näher oder ferner zu einem ‚ewig vereisten Drehpol' pendeln läßt. Spitzbergen könnte hiernach einmal aus dem Umkreis der Polarnacht in die Gegend des heutigen Bologna geschoben worden sein und mit Zypressen und Magnolien bewachsen gewesen sein. Im Laufe der geologischen Perioden laufen nach dieser Theorie alle Länder einmal über die Polgegend. „In der diluvialen

Eiszeit wären wir mit Europa hoch da oben hinaufspaziert, während zu andern Tagen im Rückpendeln Amerika mehr herüberkam und wir tief zum Äquatorbauch pendelten."[20] Bölsche hält dies nicht für eine ernstzunehmende Lösung des ‚Eiszeiträtsels'. Außerdem kann ihn die Vorstellung, daß Deutschland einmal eine Region von Palmen und Affenbrotbäumen werden könnte, nicht erheitern. Dagegen hält er im Jahre 1919 die Schollen-Drift-Theorie Alfred Wegeners für eine brauchbare Arbeits-hypothese. Diese geht vom Prinzip der horizontalen Beweglichkeit der Kontinente aus. Unter ihrem Blickwinkel ist „der Erdkern ... flüssiges Eisen, da Druck die Metalle verflüssigt. Darauf schwimmt die Rinde, unten nachgiebig und an ihren Spalten verschiebbar wie eine lose verbackene Eisschollenschicht."[21] Schon einfache Faltenraffung infolge der Verschiebungen könnten Länder vom Pol fortgezerrt haben, die früher unter seinen Eiswirkungen lagen.

Überraschenderweise finden wir bei Bölsche aber in seiner Auseinandersetzung mit der CO_2-Theorie Elemente, die Ähnlichkeit mit der gegenwärtigen Diskussion über den Treibhauseffekt zu haben scheinen. Diese Hypothese schließt an die physikalische Lehre über die Zusammensetzung der Lufthülle und der von De Marchis 1895 aufgestellten Theorie von der „Fensterwirkung der Atmosphäre"[22] gegenüber der Sonne an. Der schwedische Elektrochemiker Svante Arrhenius erklärte kurz darauf, daß das Wechselverhältnis von vermehrter Kohlensäureproduktion durch periodisch verstärkten Vulkanismus und erhöhtem Kohlensäureverbrauch durch die nachfolgende Gebirgsbildung sowie die Zunahme der Vegetation in der Erdgeschichte zu Perioden der Erwärmung und zu solchen der Erkaltung geführt hätten. Die Zunahme des CO_2-Gehalts im Laufe des 19. Jahrhunderts wird demnach auf den verstärkten Vulkanismus zurückgeführt. Da der Ausbruch des Krakatau nahe der Insel Sumatra im Jahre 1883 und die Vulkankatastrophe des Jahres 1902 auf Martinique noch gut in Erinnerung war, leuchtete diese Argumentation vielen Zeitgenossen durchaus ein. „Die Gasfabrik arbeitet wieder. Und so leben wir denn auch schon in wärmere Tage hinein, das Treibhausfenster ist abermals geschlossen, und wer weiß, wann wir wieder Kokosnüsse am Rhein und Walnüsse in Spitzbergen ernten werden",[23] kommentiert Wilhelm Bölsche. Andererseits erkennt er, daß auch „die Tätigkeit unserer Industrie" zu diesen Veränderungen beiträgt. Im Gegensatz zur heutigen Diskussion sieht er aber darin keine negative Entwicklung. Der industrielle Eingriff schiebt lediglich den Moment hinaus, da die Erde wieder in eine Eiszeit eintritt.

Die Fachdiskussionen der Experten erreichten das große Publikum entweder nicht oder sie wurden nur sehr selektiv wahrgenommen. Die nüchternen Forschungsergebnisse, die der Untergangsstimmung hätten entgegenwirken können, wurden offensichtlich kaum rezipiert, sonst hätte Bölsche nicht zeitlebens ihre Resultate propagieren müssen. Die Mauer des Vorurteils, auf die er dabei traf, war festgefügt: Es gab eben tiefer wirkende Vereisungs-Geschichten als die, die von den Geologen erzählt wurden.

Die Erzählung von der Verstandeskälte

Als Bölsche zur Rettung der Eiszeit-Theorien aus den Fängen des ‚Pessimismus' antritt, sieht er sich von einer lebensphilosophischen Stimmung umgeben, für die die ganze moderne Naturforschung einen

Bereits 1904 hatte sich ein Kosmos-Heft mit dem eiszeitlichen ‚Weltuntergang' beschäftigt; der Autor war M. Wilhelm Meyer.

20 Wilhelm Bölsche (siehe Anm. 19), S. 102
21 Wilhelm Bölsche (siehe Anm. 4), S. 65
22 Wilhelm Bölsche (siehe Anm. 4), S. 65
23 Wilhelm Bölsche (siehe Anm. 4), S. 71

‚Die Verräter am Vaterlande und an den eigenen Verwandten büßen im ewigen Eis': Dieses Bild stammt aus einer Laterna-Magica-Serie zu ‚Dante: Die göttliche Komödie', die der Wiener Schausteller-Unternehmer Paul Hoffmann 1869 anfertigen ließ. Mit dieser und ähnlichen Bildfolgen, etwa über die Nibelungen, über Naturereignisse oder Nordpolexpeditionen, sollte dem staunenden Publikum anschaulich Weltliteratur und -geschehen vermittelt werden. Die den Vorstellungen der ‚Divina Comedia' unterlegten Texte sind vereinfachte Übertragungen von König Johann von Sachsen (1865/66).

„kalten Krater" bildet, in dem „ein Stück Eiszeit dauert".[24] In dieser Reaktion erkennt er den Reflex auf eine Fehlentwicklung der modernen Naturwissenschaften. Weil diese die Abstraktion zu ihrem bevorzugten Verfahren erhoben habe, habe sie selbst die „Sonnenfinsternis des Naturbegriffs" eingeleitet. Die Abstraktion habe die „künstliche Trennung" des Menschen von der Natur zur Folge, sie lösche den Gedanken der umfassenden Ganzheit auf und konfrontiere den Menschen mit der Natur als einem Objekt, einer „kalten Maschine" von Gesetzmäßigkeiten. Das sei die Herstellung einer „nackten" Wahrheit, aber: „In dieser Eiseskälte erfriert ... dem Beschauer die Natur, und sein eigenes Eingehen in diese Natur bedeutet ihm nichts anderes als auch nur ein Miteinfrieren."[25] Den Kälteeffekt führt Bölsche also auf ein Verfahren zurück, das dem Gegenstand selbst nicht gerecht wird, weil es die wunderbare „Teleologie des Weltenlaufs" ausklammere. Diesen Einwand werden wir später aufgreifen.

Die Erzählung vom Vordringen des Rationalismus als langsamer Vereisung des Lebendigen ist nicht neu. Sie kursiert zu diesem Zeitpunkt schon über ein Jahrhundert. Der Protest gegen die ‚kalte Welt der Zahl' hallt von den Zeiten der Romantik bis in die Polemik der Lebensphilosophie; die Kritik verschont auch die persönliche Haltung des Naturwissenschaftlers nicht. Schon im sechsten Brief über die ästhetische Erziehung des Menschen von Friedrich Schiller hatte man lesen können: „Der abstrakte Denker hat daher gar oft ein kaltes Herz, weil er die Eindrücke zergliedert, die doch nur als ein Ganzes die Seele

24 Wilhelm Bölsche, Aus der Schneegrube. Gedanken zur Naturforschung, Dresden 1903, S. VII
25 Wilhelm Bölsche (siehe Anm. 24), S. 38

‚Luzifer, der Höllenfürst, im ewigen Eise'. Der Text zu Bild achtzehn der Folge heißt: „Im Mittelpunkt der Erde liegt das eisige Zentrum der tiefsten Hölle. Dort ragt mit riesenhaftem Oberkörper der Höllenfürst Luzifer aus dem Eise. Mit seinen flatternden Fledermausschwingen erzeugt er die frostigen Winde, die alles umher erstarren lassen. Auf mächtigen Schultern sitzt ein Kopf mit drei Gesichtern - hohnvolle Fratze der göttlichen Dreieinigkeit. Von den drei Kinnen trieft blutiger Speichel, denn mit den Zähnen der drei Mäuler martert er die übelsten Verräter: Brutus, Cassius und - am grausamsten gepeinigt - Judas Ischariot." (Entnommen aus: Detlev Hoffmann/ Almut Junker, Laterna Magica. Lichtbilder aus Menschenwelt und Götterwelt, Berlin 1982)

rühren."[26] Akte der Verstandesabstraktion wurden mit dem Charakterzug stoischer Unempfindlichkeit assoziiert, Lust an der Grausamkeit des Zergliederns nicht ausgeschlossen. Dieser dem Naturforscher zugeschriebene Habitus löste Schrecken aus und faszinierte gleichzeitig. Während des 19. Jahrhunderts wird man die Nachahmung der szientifischen Haltung bei Schriftstellern und Dandys beobachten:[27] Es war ein reizvoller Nervenkitzel, außerhalb des Gravitationsfeldes der Moral die Körperwelt und Psyche der bürgerlichen Gesellschaft zu zergliedern. Als der junge Wissenschaftler Robert Musil sich 1898 in seinem Tagebuch als ein „monsieur le vivisecteur" stilisieren will, bieten sich ihm - von der Lektüre Nietzsches inspiriert - die passenden Bilder aus der Ikonographie der Kälte an: „Ich wohne in der Polargegend, denn wenn ich an mein Fenster trete, so sehe ich nichts als weiße ruhige Flächen, die der Nacht als Piedestal dienen. Es ist um mich eine organische Isolation, ich ruhe wie unter einer 100 m tiefen Decke von Eis. Eine solche Decke gibt dem Auge eines solchen Wohlig-Begrabenen jene gewisse Perspektive, die nur der kennt, der 100 m Eis über sein Auge gelegt hat."[28]

Die Erzählung von der ‚Entfremdung'

1887 erschien Ferdinand Tönnies' einflußreiches Buch ‚Gemeinschaft und Gesellschaft'. Es bürgerte sich schnell ein, in der Opposition, die der Titel des Buchs verspricht, alternative Formen des Zusammenlebens zu erblicken. Die beiden angegebenen Pole sind zudem dem

[26] Mehr Dokumente zu dieser Dimension der Eis-Metapher finden sich bei Manfred Frank, Das Motiv des ‚kalten Herzens' (siehe Anm. 7).
[27] Vgl. Hiltrud Gnüg, Kult der Kälte. Der klassische Dandy im Spiegel der Weltliteratur, Stuttgart 1988
[28] Robert Musil, Aus den Tagebüchern, Frankfurt a.M. 1981, S. 7

„The ice was here, the ice was there,
The ice was all around:
It cracked and growled, and roared and howled
Like noises in a swound!"
(Samuel Taylor Coleridge „The Rime of the Ancyent Marinere")

Dekadenz-Schema unterworfen: Die Geschichte erscheint als Abstieg von der Wärme einer Ursprungs-Gemeinschaft in die Kälte der Gesellschaft. Erscheint der Zivilisationsprozeß als Abkühlung, so werden in Opposition dazu die ‚Gemeinschaft' und das Reservat der ‚Kultur' konstruiert, die sich gegen die gesellschaftliche Kälte abschirmen oder sie kompensieren. Diese Stereotype wirken bis heute.

Es ist üblich geworden, im Rahmen dieser Erzählung auch ‚Entfremdung' zu definieren, wenn es auch nicht der Weise entspricht, wie Hegel und Marx den Begriff im Anschluß an die Romantik präzisiert haben. „Seit Coleridge und Byron", seit den Eisbildern der beiden englischen Romantiker also, „erscheint die Entwurzelung des Reisenden aus einer authentischen Gemeinschaft der Menschen in den Farben des Frostes und der Kälte."[29] Über die Jahrhunderte erhielt sich die Vorstellung, daß der Prozeß der Zivilisation die Menschen gewalttätig von wärmeren Ursprüngen getrennt habe, sei es von den größeren Formationen der Horde, des Stammes oder der Dorfgemeinschaft, sei es von den kleineren der ‚Zelle' der Kleinfamilie oder letzten Endes von der symbiotischen Einheit des Mutterleibes. Die Trennung wurde in jedem Fall als ‚Kälteschock' erfahren. Der Begriff ‚Entfremdung' ist von Beginn an von dieser Erzählung geprägt. Das Grimmsche Wörterbuch zitiert unter seinen ersten Wortfunden des Begriffs ‚Entfremden' schon den Kontext des Kindesraubs von der Mutter. Eingelagert in Geschichten von Raub und Verlust bleibt der Begriff verwoben mit den Mythen eines wärmeren Ursprungs. Versucht die Wissenschaft, den Begriff aus diesen Dekadenz-Erzählungen zu lösen, ihn also ohne Ursprungsmythen zu denken, um ihn analytisch zu schärfen, so wird sie selbst als Agent der Kälte angegriffen. Die Theorien von Georg Simmel und Max Weber, die den funktionalistischen Aspekt der Entfremdung als notwendigen Distanz- und Abstraktionsmechanismus aufwerten, finden folglich kaum Resonanz. Wenn man sie überhaupt registriert, so werden sie oft als Symptome der Kälte des soziologischen Tatbestands, den sie beschreiben, kritisiert.

Der Schritt von ‚organischer' zu ‚mechanischer' Weltanschauung, von der Magie zur Technik, von mütterlich chthonischen Religionen zu Stifterreligionen, von der Geschlechterordnung der Gemeinschaft zum modernen Staat mit seinen Klassen wird im Dekadenz-Schema als „strenge Phasenfolge eines sicheren Todesweges"[30] charakterisiert: Am Ende des Weges wartet der ‚Kältetod'. Der Entfremdungsbegriff ist in diesem Rahmen nur lose mit Kapitalismus-Kritik verknüpft. Die von der Romantik bis zu Marx und Engels mit ihm verbundene Analyse der Funktionsformen der Entfremdung in kapitalistischen Systemen wird nach Belieben verdunkelt oder auf einen isolierten Aspekt, zum Beispiel das ‚Bankkapital', konzentriert. Im Vergleich zu den ‚Gefriertruhen' des Bankkapitals können dann die Fabriken plötzlich als Wärmehallen der Volksgemeinschaft erscheinen.

Die metaphysische Obdachlosigkeit

Auch die dritte Geschichte erzählt von einer ‚künstlichen Trennung' aus schützender Obhut. Wenn um die Jahrhundertwende von einem ‚frierenden Leben' die Rede ist und in avantgardistischer Lyrik die Weihnachtskrippen so dargestellt werden, daß der Schnee direkt auf das Gotteskind niederfallen kann, dann geschieht das mit der Geste ver-

[29] Manfred Frank, Die unendliche Fahrt (siehe Anm. 7), S. 130
[30] Kritischer Überblick über diese Dekadenz-Philosophien bei Max Scheler, Mensch und Geschichte (1926), in: ders., Philosophische Weltanschauung, Bern 1954, S. 62-88, Zitat: S. 82

zweifelter Klage oder wilden Trotzes. Zustände der Gottesferne und menschlichen Verlassenheit werden im 19. Jahrhundert in Bildern von Nachtschwärze und Eiseskälte gezeichnet. Das ‚gottleere All' erscheint als eine kosmische Maschine endloser Wiederholungen.[31] Die Metaphysik wird, nachdem sie verloren ging, rückblickend als lebensspendende ‚Sonne' gesehen. Auf ihre Verfinsterung werden alle Vereisungserscheinungen, die man jetzt registriert, zurückgeführt.

Der gemeinsame Nenner aller drei Geschichten besteht in dem Moment der ‚künstlichen Trennung'. Der sinnfällige Effekt der Trennung ist die Kälte.[32] Die Geschichten sind in der Regel älter als die Eiszeitforschung, deren Ergebnisse ja erst gegen Ende des Jahrhunderts im großen Publikum diskutiert wurden. Sie bilden eine Art Matrix, in die sich die Informationen der Geologie einschreiben. Sie erklären, warum sich die schon Mitte des 19. Jahrhunderts als überholt geltende Theorie von Buffon, „that this earth ... will at some future period be changed into a mass of frost", so hartnäckig behaupten konnte.[33] Sie erklären auch, warum neue Erscheinungen der Modernisierung in Bildern der Kälte beschrieben wurden, erforderten sie doch eine bis zu diesem Zeitpunkt nicht vorstellbare Mobilität der Arbeitskräfte, die, um beweglich zu sein, aus ihren Umwelten ‚entwurzelt' werden mußten. Ebenso vermögen diese Geschichten zu erklären, warum - im Kontrast dazu - die Bilder der Immobilität mit Wärme aufgeladen wurden. Allerdings droht, angesichts der ungebrochenen Kontinuität der negativen Erkaltungs-Geschichten, ein Aspekt verdrängt zu werden, ohne den ihre Massenwirksamkeit nicht recht verständlich ist.

Die Attraktion der Eiswüsten

Bilder der Kälte haben stets fasziniert. Immer ist ihre „terrible magnificence" hervorgehoben worden.[34] Angefangen von Mary Wollstonecraft Shelleys „Frankenstein", über die Gedichte von Samuel Taylor Coleridge, Lord Byron und Charles Baudelaire sowie die Geschichten von Edgar Allan Poe bis hin zu den Eis-Apokalypsen des Expressionisten Georg Heym treffen wir Bilder an, in denen sich Abwehr und Attraktion die Waage halten.[35] In den Imaginationen der Schneemassive erkennen wir Andachtsbilder stillgelegter Geschichtszeit, in denen sich die Furcht, aus dem Geschichtsprozeß herauszufallen, mit der Sehnsucht mischt, der Beschleunigung der Geschichtszeit zu entkommen. In den Bildern der polaren Eiswüsten unter schwarzen Himmeln vergewissert sich der Mensch seiner Souveränität, ohne göttliche ‚Sonnen' auszukommen. Sie läßt ihn aber auch den Schrecken erfahren, nun des ‚Sinns' der Handlungen beraubt zu sein. Keineswegs ‚kompensieren' die Künste also die Kälteerfahrung der Modernisierung. Sie überbieten mitunter die kursierenden Untergangserzählungen, indem sie dramaturgisch das Moment des unerwartet ‚jähen' Eintritts der Vereisung oder die unmerkliche Langsamkeit der Erstarrung betonen. Aber sie entdecken in den Visionen der Einfrostung auch Momente der Entlastung: Die eisige Mineralisierung des Körpers entlastet von der Verfallsgeschichte des Organischen. Die Kälte der Anonymität in der Masse wird als Befreiung vom Treibhaus der Familie begrüßt. ‚Entwurzelung aus der authentischen Gemeinschaft' verspricht die Vorzüge erhöhter Mobilität. Distanz schützt den Menschen vor unerträglicher Reibungshitze, die in den großen Ballungszentren der Städte entstünde, wollte man in ihnen

„I had a dream, which was not all a dream
The bright sun was extinguished, and the stars
Did wander darkling in the eternal space,
Rayless, and pathless, and the ice earth
Swung blind and blackening in the moonless air."
(Lord Byron, „Darkness")

31 Vgl. Werner von Koppenfels (siehe Anm. 3)
32 Vgl. Helmut Lethen, Lob der Kälte. Über ein Motiv der historischen Avantgarden, in: Dietmar Kamper/Willem van Reijen (Hrsg.), Die unvollendete Vernunft, Frankfurt a.M. 1987, S. 282-324
33 Zit. nach Joachim Metzner (siehe Anm. 7) und Werner von Koppenfels (siehe Anm. 3)
34 Percy Bysshe Shelley angesichts der Schweizer Gletscher. Zit. nach Werner von Koppenfels (siehe Anm. 3), S. 265
35 Vgl. die Arbeiten von Joachim Metzner, Manfred Frank (siehe Anm. 7) und Werner von Koppenfels (siehe Anm. 3).

Heinz Birg: Die gescheiterte Hoffnung: St.-Jakobs-Platz; Öl auf Leinwand. Münchner Stadtmuseum. Das Bild variiert und interpretiert auf seine Weise die berühmteste Ikone aller Eisbilder: Caspar David Friedrichs ‚Das Eismeer', entstanden 1823/24 (siehe Seite 36). Immerhin scheint das Münchner Stadtmuseum im Hintergrund ähnlich unberührt wie auf der nächsten Seite das Brandenburger Tor.

die Intimität der ‚Gemeinschaft' verwirklichen. Die Trennung von der ‚überhitzten Bürgerstube' gilt als unabdingbare Voraussetzung für die Kritik der ‚warmen Nebelwelten' der Ideologie: „Ein Irrtum nach dem andern wird gelassen aufs Eis gelegt, das Ideal wird nicht widerlegt - es erfriert ... . Hier zum Beispiel erfriert ‚das Genie'; eine Ecke weiter erfriert ‚der Heilige': unter einem dicken Eiszapfen erfriert ‚der Held'; am Schluß erfriert ‚der Glaube', die sogenannte ‚Überzeugung', auch das ‚Mitleiden' kühlt sich bedeutend ab - fast überall erfriert ‚das Ding an sich' ... ."[36] Zum Jahrhundertende erscheinen die weißen Flächen der arktischen Regionen entweder als ideale Ebenen zur Darstellung eines Heroismus der ganz und gar sinnlosen Tat oder als „letztes Residuum der Spiritualität".[37]

Der Mensch - ein von der Kälte geweckter Gegenschachzug

In Bölsches Kampf zur Rettung der Eiszeittheorie aus der Klammer der Untergangsphilosophien spielen zwei Faktoren eine Rolle, die bis jetzt nicht zur Sprache gekommen sind: sein vom Darwinismus geprägter Gedanke kultureller Evolution und die ‚optimistische Grundlinie'

[36] Friedrich Nietzsche, Werke in drei Bänden. Hrsg. von Karl Schlechta, München 1977, Bd. 2, S. 1118 f.
[37] Werner von Koppenfels (siehe Anm. 3), S. 284

seiner Teleologie. Aufgrund neuester Funde der Paläontologie kommt Bölsche zu der Überzeugung, daß die Eiszeit den Anstoß für einen entscheidenden Kulturschub des Menschen gegeben hat: „Im Gletscherschutt der Eiszeit liegen seine ersten uns bekannten Kulturreste."[38] Erst die Kälte provozierte die Kulturtechniken. Schon in seinem berühmtesten Werk, ‚Das Liebesleben in der Natur' (1898-1903), hatte er die ersten Menschen an einem Gletscherrand gesichtet: „Und da - inmitten noch dieser Eiszeit erscheint auf einmal nicht der Affenmensch, sondern - der Mensch. Und zwar erscheint er im sichtbarsten Felde dieser Eiszeit: in Nordeuropa. Er erscheint so, wie ich ihn dir im Bilde der Kalksteingrotte gemalt: auf seinem nackten Leibe rot ange-

Klaus Staeck: Das Brandenburger Tor im Eismeer, Entwurf 1990; Poster.

strahlt von der Herdfeuer-Glut. ... So fing es an! So saß der erste Mensch am Gletscherrande der Eiszeit! Der Gletscherleib lag auf einmal auf halb Europa und das da unten waren erste Hütten prähistorischer Menschen, - Jagdhütten von Mammut-Jägern. Nie vorher war der Gedanke daran mir so als Bild aufgegangen. Das riesige Eis und der winzige Mensch. Was hatte diese Eissphinx in ihrer Umklammerung aus ihm gemacht? Aus ihm, dessen letzte Tierheit in den immergrünen Wäldern der Tertiärzeit lag!"[39]

Diese Bilder werden sechs Jahre später in Johannes V. Jensens Erfolgsroman „Der Gletscher" breit ausgemalt. Die Stählung des Menschengeschlechts verdankt sich einer plötzlichen Erkaltung. In Brechts Werken werden wir in den zwanziger Jahren auf die politische Version dieses Gedanken treffen.[40] In Paul Theroux's ‚The Mosquito Coast' lesen wir, wiederum ein halbes Jahrhundert später, eine Parodie auf den Schlachtruf: „Ohne Eis keine Zivilisation".[41]

Das Motiv, in der ‚Eiszeit' den Auslöser für einen Zivilisationsschub zu begrüßen, ist bei Bölsche von einer teleologischen Grundannahme abgeleitet, die er in den Reflexionen „Aus der Schneegrube" (1903)

Eizeitmensch. Diese Darstellung, wie auch die auf der rechten Seite, versucht in der Interpretation des ausgehenden 19. Jahrhunderts Glazialzeiten zu verdeutlichen. (Aus: Peterson-Kinberg, Wie entstand Weltall und Menschheit?)

entfaltete. Hier finden wir extreme Formulierungen seiner Teleologie, die in Sätzen wie diesen gipfelt: „Es gäbe keinen Tod, wenn er nicht nützlich wäre; ja, da er so allgemein ist, muß er zu den nützlichsten Dingen gehören." Bölsche erkennt in der Evolution der Menschheit eine „ungeheure Fortschrittskette", die in die „harmonischen Systeme" des Kosmos eingelassen ist, in denen keine Wirkung verloren geht.[42] Jedes Zucken, jeder Impuls, Werden und Vergehen sind Momente der „tikkenden Uhr des großen Weltgesetzes".[43] Er bewundert die gottleere Maschine des Kosmos als eine Großartigkeit, die aufgrund ihrer „ruhigen Majestät" erhaben genannt zu werden verdient.[44] Mit Fechner geht er davon aus, daß die Physik die Metaphysik der Zukunft sein wird. Zudem glaubt Bölsche, daß die Gesetze der Harmonie, die von der Physik schon im Energieerhaltungssatz entdeckt wurden, sich durchaus in Übereinstimmung mit den „rhythmischen Kunstprinzipien" des Harmonischen befinden. Da der Mensch die Naturprozesse immer vollständiger zu beherrschen lernt, braucht er nicht vor der „weltengroßen kalten Muß-Maschine" des Kosmos erschrecken, sondern kann sich des Einklangs mit ihrer Zweckmäßigkeit erfreuen. Denn der Anblick des kalten Kosmos bietet eine verführerische Kompensation: Er verspricht Erlösung von etwas, das nur das organische Leben kennzeichnet, - vom Schmerz. „Wir denken gar nicht an Schmerzmöglichkeiten. Sollen die Metallteilchen klagen, daß sie ihre frühere Gravitationslage verlassen, um in ein neues Formgebilde eingeschmolzen zu werden, in einer neuen Lage in ihm auferstehen? Mögen aber auf dieser Linie auch ganze Milchstraßen verbrennen wie eine Wolke Kohlenstaub - in diesem Wandel waltet immer noch kein Schmerz. Es waltet der unendliche Gesetzesfrieden ..."[45]

Bölsche ist davon überzeugt, daß kein Mensch mutwillig aus diesem Prozeß aussteigen kann. Es gibt keine Schlupfwinkel, von denen aus man über den vorbeirollenden Zug räsonieren oder seine Resignation

38 Wilhelm Bölsche, Wenn der Komet kommt! (siehe Anm. 5), S. 59
39 Wilhelm Bölsche, Das Liebesleben in der Natur. Eine Entwicklungsgeschichte der Liebe in der Natur. 3. Folge, Jena 1904, S. 49 und S. 51
40 Vgl. Helmut Lethen (siehe Anm. 32)
41 Vgl. Helmut Lethen, Die Eisfabrik in den Tropen. Kältephantasien der Avantgarde und amerikanische Parodie, in: Willkommen und Abschied der Maschinen, Hrsg. von Erhart Schütz, Essen 1988, S. 80-100
42 Wilhelm Bölsche (siehe Anm. 24), S. 11
43 Wilhelm Bölsche (siehe Anm. 24), S. 10
44 Wilhelm Bölsche (siehe Anm. 24), S. 41
45 Wilhelm Bölsche (siehe Anm. 24), S. 10

Landschaft aus der Eiszeit der känozoischen Formationsperiode. In der Bildlegende heißt es: „Am Rande der Vergletscherung links ein Mammutelefant, in der Mitte Höhlenbären, die von Eiszeitmenschen angegriffen werden; rechts eine Felsenhöhle, die den Menschen zur Wohnung dient."

pflegen könnte. Die moderne Naturforschung hat die „zweite Natur" des Menschen geschaffen, die mit ihren technischen Medien und Transportmitteln seine Umwelt bildet: „Man darf Darwin in den Boden verfluchen und steigt doch in eine Eisenbahn, spricht durch ein Telephon. Von dieser Ecke her gibt's kein Entrinnen, und wer einmal in der realen Bahn sitzt, hält schließlich auch bei der Station Darwin, ganz unversehens. Aber man glaubt zugleich zu fühlen, daß man damit etwas in Kauf nehmen soll, was das ganze innerste Leben lahmlegt. Man bekommt einen Toten ins Haus für immer."[46] Der Kulturpessimismus konzentriert sich von nun an, meint Bölsche, auf die Leiche; für ihn bedeutet jeder naturwissenschaftliche Fortschritt eine „Gleitbahn" in den Kältetod. Wer jedoch wie Bölsche den Naturbegriff vor seiner pessimistischen Verachtung retten will, erkennt im Menschen ein „Glied der großen Kette der Natur". In dieser äußert sich das Ordnungsprinzip einer Weltlogik, wie auch die Eiszeit dem Harmoniegesetz verpflichtet war. Kein Grund also, den Darwinismus als Kränkung zu empfinden und die Eiszeitforschung zur Grundlage des Pessimismus zu machen, denn alles ist unheimlich zweckmäßig. Trotzig behauptet Bölsche gegen die Untergangsphilosophien: Auch die Eiszeit war unheimlich zweckmäßig!

Wilhelm Bölsche, der in einer Rezension aus dem Jahre 1901 als einer der „größten Schriftsteller unserer Tage" gerühmt wurde[47] und dessen zahllose Artikel und Bücher über drei Jahrzehnte hinweg eine riesige Verbreitung fanden,[48] ist nicht irgendein bizarrer Denker der Jahrhundertwende. Die Massenwirksamkeit seiner Schriften bezeugt zumindest, daß sie an eine Bedürfnisstruktur anschlossen, Ängste thematisierten und Überlebensformeln anboten, die in weiten Teilen nicht nur des bürgerlichen Publikums, sondern auch in Arbeiterbildungsvereinen und Volkshochschulen begierig aufgegriffen wurden. Im Eiszeit-Pathos der Avantgardisten des Zeitraums 1910 bis 1930 lebten einige seiner Denkmotive in neuer Gestalt fort.

46 Wilhelm Bölsche (siehe Anm. 24), S. 35
47 Anmerkung der Redaktion der ‚Wiener Mode' zu einem Abdruck aus Bölsches „Das Liebesleben in der Natur", in: Wiener Mode, Jg. 14, Heft 20, 15.7.1901
48 Vgl. die Bibliographie von Johannes J. Braakenburg im Anhang zu Wilhelm Bölsche, Die naturwissenschaftlichen Grundlagen der Poesie (1887), Tübingen 1976. Zur Verbreitung und Rezeption von „Das Liebesleben in der Natur" vgl. Antoon Berentsen, ‚Vom Urnebel zum Zukunftsstaat'. Zum Problem der Popularisierung der Naturwissenschaften in der deutschen Literatur (1880-1910), Berlin 1986, S. 175-199.

Die Auffindung des Franklinschen Bootes auf König-Williams-Land im äußersten Norden Kanadas, 1859. In einem mehrteiligen Bericht rekapitulierte die ‚Gartenlaube', 1860 die langwierige Suche nach den seit 1848 verschollenen Teilnehmern der Expedition John Franklins, der sich 1845 auf die Erkundung nach der Nord-Westpassage gemacht hatte, der ersehnten Durchfahrt vom Atlantik zum Stillen Ozean. Die traurigen Zeugnisse des Scheiterns kommentierte die Gartenlaube nüchtern: „An den 129 Opfern der ‚Erebus' und ‚Terror' ist es genug, mehr als genug. Es fehlt wahrlich nicht an Gebieten, aus denen der Entdecker schönere Lorbeeren als die des Kriegers sich holen kann. Da ist Afrika, wo es mehr als Leichen zu sammeln gibt, wo der Wissenschaft und Cultur eine reiche Ernte harrt. Auf dieses zukunftsvolle Gebiet soll die Thatkraft sich werfen, aber den Nordpol überlasse man seiner todten Natur, auf daß seine Herbststürme, wenn sie um die Eisblöcke heulen, nicht über die frischen Gräber wackerer Europäer streichen."

TRÄUME IM PACKEIS

„Dienstag, 16. Januar 1912. Das Furchtbarste ist eingetreten, das Schlimmste, das uns widerfahren konnte! Wir machten am Vormittag einen guten Marsch und legten 14 km zurück. Die Mittagsobservation zeigte, daß wir uns auf 89° 42' südlicher Breite befanden, und wir brachen am Nachmittag in sehr gehobener Stimmung auf, denn wir hatten das sichere Hochgefühl, morgen unser Ziel zu erreichen. Nach der zweiten Marschstunde entdeckten Bowers scharfe Augen etwas, das er für ein Wegzeichen hielt, es beunruhigte ihn, aber schließlich sagte er sich, es werde wohl ein Sastrugus [Eisbarriere] sein. In wortloser Spannung hasteten wir weiter - uns alle hatte der gleiche Gedanke, der gleiche furchtbare Verdacht durchzuckt, und mir klopfte das Herz zum Zerspringen. Eine weitere halbe Stunde verging - da erblickte Bowers vor uns einen schwarzen Fleck! Ein natürliches Schneegebilde war das nicht, konnte es nicht sein. Das sahen wir nur zu bald. Geradewegs marschierten wir darauf los, und was fanden wir? Eine schwarze, an einem Schlittenständer befestigte Fahne. In der Nähe ein verlassener Lagerplatz, Schlittengleise, Spuren von vielen Hundepfoten - das sagte alles! Die Norweger sind uns zuvorgekommen. Amundsen ist der erste am Pol. Eine furchtbare Enttäuschung! Aber nichts tut mir dabei so weh, als der Ausdruck meiner armen treuen Gefährten. All die Mühsal, all die Entbehrung, all die Qual - wofür? Für nichts als Träume - Träume über Tag, die jetzt zuende sind ... . Großer Gott, an diesen entsetzlichen Ort haben wir uns mühsam hergeschleppt, und erhalten als Lohn nicht einmal das Bewußtsein, die ersten gewesen zu sein." So spiegeln die Tagebucheintragungen Kapitän Robert Falcon Scotts die furchtbarste Enttäuschung seines Lebens. Über Jahrhunderte haben die Pole als ‚terra incognita' gegolten; nun sind innerhalb kürzester Zeit plötzlich zwei Expeditionen aufgebrochen und haben im Abstand eines Monats nacheinander den Südpol erreicht, Roald Amundsen am 14. Dezember 1911, Robert Scott am 16. Januar 1912.

Mit Scotts Erkenntnis, in diesem Wettlauf der zweite, der Verlierer zu sein, beginnt jener tragische Heimweg durch Eis und Schnee. Enttäuscht und ohne Elan, aufrechterhalten nur durch den reinen Überlebenswillen, kämpfen sich die Männer zurück, ständig dem Hungertod ebenso nahe wie dem Erfrieren. Wie zum Hohn scheint sich alles gegen sie verschworen zu haben. Wetter und Wind sind schlechter als sonst zu dieser Zeit. In den Depots, die sie für ihren Rückweg angelegt haben, müssen sie feststellen, daß Brennmaterial und Verpflegung nicht reichen. Die Männer verbergen voreinander die Ahnungen vom drohenden eigenen Untergang. Die Haltung angesichts dieser entsetzlichen

Reisende an den
Grenzen der Welt

Caspar David Friedrich: ‚Das Eismeer', um 1823/24. Hamburger Kunsthalle. Nur schwer - weil entrückt von jeden Spuren menschlichen Lebens - ist in den sich hoch aufbäumenden Eisschollen das Wrack des ‚Hoffnung' genannten Schiffes auszumachen. Der Maler hat in seinem Bild das Scheitern einer Polarexpedition auf seine Weise interpretiert. Die Darstellung steht für die Idee, die Unausweichlichkeit des Kosmos, der Natur zu akzeptieren, ebenso wie die Einsamkeit des darin verhafteten Menschen.

Situation ist heroisch. Sie klagen nicht, sondern versuchen dem jeweils Schwächeren Mut zu machen. Sie vernachlässigen nie ihre Pflicht als Wissenschaftler und tragen gewissenhaft Messungen und Observationen in ihre Forschungsunterlagen ein. Heftige Schneestürme zwingen sie, mehrere Tage in den Zelten zu warten, was Vorräte und Kräfte unnütz erschöpft. Die Tagesmärsche werden immer kürzer und damit auch die Chancen geringer, das rettende Basisdepot zu erreichen. Zwei Monate später erkennen sie die Ausweglosigkeit ihrer Lage. Scott vertraut dies seinem Tagebuch an: „Unser Spiel geht tragisch aus. Gott helfe uns!"

Was veranlaßt Menschen, Entbehrungen dieses Ausmaßes und das Risiko des fast sicheren Untergangs auf sich zu nehmen, zumal jede neue Eismeerreise im 19. Jahrhundert offenbarte, daß die wissenschaftliche oder wirtschaftliche Ausbeute in keinem Verhältnis zu den Opfern an Geld und Menschenleben steht? Der langen, vergeblichen Suche nach der Nordost- und Nordwestpassage als dem kürzeren Seeweg nach Asien, bei der unzählige wagemutige Menschen ihr Leben verloren, folgt vor der Jahrhundertwende eine ehrgeizige Jagd nach dem unsterblichen Ruhm der Entdeckung der einzigen noch unbekannten Regionen der Erde: „Ein letztes Rätsel hat ihre Scham noch vor dem Menschenblick bis in unser Jahrhundert geborgen, zwei winzige Stellen ihres zerfleischten und geschundenen Körpers gerettet vor der Gier ihrer Geschöpfe. Südpol und Nordpol, das Rückgrat ihres Leibes, diese beiden fast wesenlosen, unsinnlichen Punkte, sie hat die Erde sich rein gehütet und unentweiht. Barren von Eis hat sie vor dieses letzte Geheimnis geschoben, einen ewigen Winter als Wächter den Gierigen entgegengestellt." (Stefan Zweig)

„Schar auf Schar stürmte gen Norden, aber nur um Niederlage auf Niederlage zu erleiden. Neue Reihen standen bereit, um über ihre gefallenen Vorgänger hinweg vorzurücken." Kühnheit und besitzer-

greifender Tatendrang sprechen aus diesen Worten Fridtjof Nansens, der damit zu einer Begründung seiner Nordpolreise ansetzt. Die Anteilnahme der Öffentlichkeit an diesen Expeditionen und abenteuerlichen Forschungsreisen ist ungeheuer groß. Jeder kennt die Helden des Eises, identifiziert sich mit ihnen; ihre Tagebücher und Veröffentlichungen zählen zu der meistgelesensten Lektüre jener Jahre.

Das 1823/1824 entstandene Gemälde ‚Im Eismeer' von Caspar David Friedrich - wir sehen sich gefährlich spitz auftürmende Eisschollen mit dem kaum wahrnehmbaren eingeschlossenen Wrack des Expeditionsschiffes ‚Hoffnung' ohne Spuren menschlicher Gegenwart vor uns - verdeutlicht als Seelenbild die Ambivalenz in der Haltung der damaligen Zeit. In zahllosen Reproduktionen finden sich die dramatisch aufgerissenen Eisbrocken des Nordmeeres in Büchern, Zeitschriften und an Wohnzimmerwänden. Man liebt es, im warmen Zimmer von den Abenteuern in einer kalten und menschenfeindlichen Welt zu erfahren, die jene kühnen Seefahrer und Forscher zu bestehen hatten. Doch bleibt die Skepsis gegenüber den Grenzen des menschlichen Vermögens, wie sie ein anderer Titel des Bildes (‚Die gescheiterte Hoffnung') artikuliert, wohl unterschwellig. Und ungehört verhallt die Mahnung, mit der die ‚Gartenlaube' 1860 ihre Berichterstattung über die Suche nach Verschollenen der Eismeerexpedition Sir John Franklins schloß: „An den 129 Opfern der ‚Erebus' und ‚Terror' [Schiffe der Franklin-Expedition 1845-48] ist es genug, mehr als genug. Es fehlt wahrhaftig nicht an Gebieten, aus denen der Entdecker schönere Lorbeeren als die des Kriegers sich holen kann. Da ist Afrika, wo es mehr als Leichen zu sammeln gibt, wo der Wissenschaft und Cultur eine reiche Ernte harrt. Auf dieses zukunftsweisende Gebiet soll die Thatkraft sich werfen, aber den Nordpol überlasse man seiner todten Natur, auf daß seine Herbststürme, wenn sie um die Eisblöcke heulen, nicht über die frischen Gräber wackerer Europäer streichen."

Das Eis als kalte Hand des Todes: In drastischer Manier erhält der Eisberg ‚übermenschliche' Züge, an dem ein Wunderwerk der Technik scheitert. In der Nacht vom 14. auf den 15. April 1912 sank die ‚Titanic', der seinerzeit komfortabelste und als unsinkbar geltende Dampfer, auf der Jungfernfahrt nach der Kollision mit einem Eisberg vor Neufundland.

Zu den frühen verwegenen Südpolreisenden zählte der Franzose d'Urville, der mit seiner Corvette ‚Astrolabe' im Februar 1838 zwischen den Eisbergen der Antarktis kreuzte.

In den Polarexpeditionen kulminieren die Wertvorstellungen der Epoche. Der unbändige Forscherdrang, gespeist aus dem imperialistischen Zeitgeist ebenso wie aus dem Glauben an die unbedingte Wahrheit, und ein Objektivitätsideal der Wissenschaft dirigieren Wünsche und Triebe: „Der menschliche Forschergeist wird nicht rasten, ehe nicht jeder Fleck auch dieser Gegenden dem Fuße zugänglich gemacht und jedes Räthsel dort oben gelöst ist." (Fridtjof Nansen) Hinzu kommt die extreme Konfrontation mit der Natur, die hier nicht Umwelt ist, mit der man lebt, sondern eine Macht, an der man seine Kräfte mißt. Es geht um die Erfahrung einer Eislandschaft, deren lebensfeindliche Kälte und Nacht nur mit übermenschlichem Willen zu bezwingen sind. Das Ziel heißt, über sich selbst hinauszuwachsen.

Das Pathos von Eis und Größe schlägt sich auch in Philosophie und Kunst nieder. Friedrich Nietzsche benutzt die Metapher der Kälte, wenn er Bergexistenzen charakterisiert. Er meint dementsprechend auch keineswegs den frohen Almhirten, der ins Tal hinabsteigt, um ein verirrtes Stück Vieh zu retten - wo wäre da der heroische Glanz? Bei Nietzsche handelt es sich stets um einen Menschentyp, der aus eigener Leidenschaft zur fernen ‚furchtbaren' Natur strebt. „Ich bin ein Wanderer und ein Bergsteiger ... , durch Kriege und Siege gekräftigt, dem die Eroberung, das Abenteuer, die Gefahr, der Schmerz sogar zum Bedürfnis geworden ist. Es bedarf dazu der Gewöhnung an scharfe, hohe Luft, an winterliche Wanderungen, an Eis und Gebirge in jedem Sinn. Wer die Luft meiner Schrift zu atmen weiß, weiß, daß es eine Luft der Höhe ist, eine starke Luft. Man muß für sie geschaffen sein, sonst ist die Gefahr keine kleine, sich in ihr zu erkälten. Das Eis ist nah, die Einsamkeit ist ungeheuer, aber wie ruhig alle Dinge im Lichte liegen, wie frei man atmet, wie viel man unter sich fühlt! Philosophie, wie ich sie bisher verstanden und gelebt habe, ist das freiwillige Leben in Eis und Hochgebirge."

Also nicht nur der farbenfrohe Reichtum der Früchte, die schattenspendenden Bäume Arkadiens, wie sie die Menschen der Antike nach gängiger Vorstellung in der Natur suchten, faszinieren die Zeitgenossen des 19. Jahrhunderts, vielmehr scheint es, als ob die Natur durch Messen, Wiegen und Klassifizieren dem Menschen abhanden gekommen sei und man sie nun in ihren letzten Schlupfwinkeln unter übermenschlichen Anstrengungen auffinden müsse. Es offenbart sich das Bild einer sehnsuchtsvollen Suche, die doch nie die eigene Verlassenheit aufzusprengen vermag.

Künstler und Philosophen akzeptieren die radikale Vereinzelung des Menschen und leben sie aus. Von der gutsituierten Position des biedermeierlichen Bürgers und seinem Sinn für Profit und Brauchbarkeit, von der erfolgssüchtigen gründerzeitlichen Großbürgerwelt unterscheidet jene das Wagnis, das sie eingehen, wenn sie sich radikal ins Unbekannte begeben. Was Søren Kierkegaard oder Friedrich Nietzsche als Einzelne par excellence zu denken wagen, realisieren Amundsen, Scott und all die anderen auf ihren Reisen. Mit dem Abenteuer des Geistes korrespondiert ihr Abenteuer in der Eiswüste. Ob Wahnsinn oder Kältetod, zum Abenteuer des vereinzelten Individuums gehört das Risiko des Untergangs. Das Bewußtsein der Gefahr steigert die Intensität des Lebensgefühls und läßt den Menschen über sich hinauswachsen. Diese Kraft ist jedoch nur den Hervorragenden gegeben, die von der Masse bejubelt oder auch verachtet werden. „Das Ziel der Menschheit kann nicht am Ende liegen, sondern nur in ihren höchsten Exemplaren. ... Weder der Staat, noch das Volk, noch die Menschheit sind ihrer selbst wegen da, sondern in ihren Spitzen, in den großen ‚Einzelnen', den Heiligen und Künstlern liegt das Ziel, also weder vor noch hinter uns,

Die Entdeckung des Viktorialandes 1838, dargestellt auf einer Buchillustration von Thomas Simpson. Die Leistungen zur Entdeckung der ‚terra australis', wie man die Antarktis auch nannte, wurden Symbole für Nationalstolz und Vaterlandsopfer.

1894 berichtete die ‚Illustrirte Zeitung' in Fortsetzungen über die österreichisch/ungarische Nordpol-Expedition unter der Leitung von Julius Payer und Carl Weyprecht in den Jahren 1872 bis 1874. Holzstiche vergegenwärtigten dem Leser die abenteuerlichen Reisen und die dramati-

schen Erlebnisse in der Polregion. Die Mannschaft der Payer/Weyprecht Expedition mußte das Schiff nach einigen Monaten dem Packeis überlassen und schlug sich auf einer über einjährigen Odyssee vom neu entdeckten Franz-Josephs-Land nach Nowaja Semlja durch.

Der Schwede Adolf Erik Nordenskjöld 1886 auf einem Gemälde Graf Georg von Rosens, das in den illustrierten Zeitschriften veröffentlicht wurde. Nordenskjöld gelang 1878/80 die Durchsegelung der Nordost-Passage.

Die vom Eis zermalmte ‚Endurance' der dritten Antarktisfahrt der Engländers Ernest Henry Shackleton, 1914. Shackleton war bereits 1902/04 bei einer Antarktis-Expedition Robert Scotts dabei gewesen und hatte auf einer zweiten Reise 88 Grad Süd erreicht.

sondern außerhalb der Zeit, dieses Ziel aber weist über die Menschheit hinaus." (Friedrich Nietzsche)

So steht immer wieder die Größe der Figur im Mittelpunkt. Sich dem Ideal zu nähern, bedeutet übermenschliche Opfer zu bringen; selbst das Scheitern umstrahlt die Würde des Erhabenen. Die Darstellung des heldenhaften Untergangs zählt in Kunst, Philosophie und Literatur zu den bevorzugten Themen. Wir denken an Paul Heyses ‚Grenzen der Menschheit', an ‚Huttens letzte Tage' oder an die spätere Schrift Oswald Spenglers ‚Der Untergang des Abendlandes'. Es nimmt daher nicht wunder, daß der eigentliche Held der Polarforschung Robert Scott ist, der Untergehende, dessen Geschichte noch heute gegenwärtiger ist als die des erfolgreichen Amundsen oder anderer Polarreisender. Beide sind Repräsentanten ihrer Zeit: der siegreiche, vom Glück begünstigte Polarforscher, dessen Leistung die natürliche Begrenzung des Menschen zu überwinden scheint, ebenso wie der scheiternde Scott, der wohl de facto die gleiche Leistung erbracht hat, aber im Wettstreit unterlag. Doch verleihen sein Mut und seine aufrechte Haltung angesichts des Todes wie auch die Treue seiner Gefährten dem Scheitern tragische, fast antikische Ausmaße.

Liest man Amundsens Berichte und Tagebücher seiner Reise zum Südpol, so zeichnet sich das Bild des Prototyps eines vom Glück begünstigten Siegers, getragen von jenem Zukunftsoptimismus, der die Wis-

Der Photograph der englischen ‚Pandora'-Expedition und das Nichts. Das ausgeprägte Interesse, sich über die extremsten Orte dieser Welt ein Bild zu machen, wird in der ‚Illustrated London News' vom Oktober 1874 einmal mehr deutlich.

senschaft der Epoche beseelt. Seit seiner frühesten Jugend hat Amundsen den Traum, den Nordpol zu entdecken, doch kommt ihm der Amerikaner Robert E. Peary hier zuvor. Kurz entschlossen fährt er zum Südpol und gewinnt hier den Wettlauf. Dennoch klingt seine durchaus freudige Schilderung über den Sieg eher gemäßigt - es bleibt für ihn nur ein Ersatz für den Nordpol. „Um 3 Uhr nachmittags ertönte ein gleichzeitiges ‚Halt!' von allen Schlittenlenkern. Sie hatten ihre Meßräder fleißig untersucht und nun standen alle auf der ausgerechneten Entfernung - auf unserem Pol nahe dem Besteck. Das Ziel war erreicht und die Reise zu Ende! Ich kann nicht sagen - obgleich ich weiß, daß es eine viel großartigere Wirkung hätte -, daß ich da vor dem Ziel meines Lebens stand. Dies wäre doch etwas zu sehr übertrieben. Ich will lieber aufrichtig sein und gerade heraus erklären, daß wohl noch nie ein Mensch in so völligem Gegensatz zu dem Ziel seines Lebens stand wie bei dieser Gelegenheit. Die Gegend um den Nordpol - ach, ja zum Kuckuck - der Nordpol selbst hatte es mir von Kindesbeinen an angetan und nun befand ich mich am Südpol! Kann man sich etwas Entgegengesetzteres denken?"

Und ein wenig weiter lesen wir: „Nachdem wir Halt gemacht hatten, trafen wir zusammen und beglückwünschten uns gegenseitig ... . Dann schritten wir zur zweiten und feierlichsten Handlung unserer Fahrt - dem Aufpflanzen unserer Flagge. Liebe und Stolz blickte aus den fünf

Die Begegnungen mit Eisbergen zählten seit jeher zu den Schrecken der Seefahrt. Solche Ereignisse waren bevorzugtes Sujet in den populären Zeitschriften. Hier das Zusammentreffen eines bizarren Rieseneisbergs mit dem amerikanischen Dampfer ‚State of Georgia' im Atlantischen Ozean am 9. März 1878, wie es in der ‚Illustrirten Zeitung' zwei Monate später veröffentlicht wurde.

Augenpaaren, die die Flagge betrachteten ... . Ich hatte bestimmt, daß das Aufpflanzen selbst - das historische Ereignis gleichzeitig von uns allen vorgenommen werden sollte. Nicht einen allein, sondern all denen kam es zu, die ihr Leben in dem Kampf miteingesetzt und durch dick und dünn zusammengestanden hatten. Dies war die einzige Weise, auf die ich hier an dieser einsamen verlassenen Stelle meinen Kameraden meine Dankbarkeit beweisen konnte."

Leichtigkeit und Zuversicht sprechen aus allen Zeilen in Amundsens Berichten. Ihm, dem Siegreichen unterliefen keine Fehler und Mißgeschicke, er hatte die Expedition mit klugem Sachverstand vorbereitet. In Scotts Tagebüchern spüren wir schon zu Beginn persönliche Unsicherheiten, zeigen sich schon früh Fehleinschätzungen. Es herrscht Mangel an Nahrung und Brennmaterial. Gewissenhaft gibt Scott am Ende seiner Reise, den Tod vor Augen, eine genaue Aufzählung jener Gründe, von denen er glaubt, daß sie zum Scheitern geführt haben. Und doch, auch er hat den Pol erreicht und ist bis wenige Kilometer vor das rettende Depotlager zurückgekehrt.

Das Motiv der außergewöhnlichen Leistung vor der Natur sei hier noch einmal angesprochen. Es ist der Versuch des Menschen, aus der irdischen Begrenztheit des Daseins auszubrechen und seinem Wissen um die eigene Vergänglichkeit zu begegnen. Die Landschaft des Eises scheint diese Prozesse des Werdens und Vergehens in ein ewiges Hier und Jetzt einzufrieren. Der belebende Rhythmus von Tag und Nacht ist aufgehoben durch zwei Jahreszeiten: den Polarsommer mit der Mitter-

nachtssonne und den Polarwinter mit monatelanger Dunkelheit. Die Eiswüste zeigt ein Gegenbild des organischen Lebens, das Veränderungen unterworfen bleibt. Im griechischen Begriff der Physis erscheint die Natur im Modell des Samens, der sich entfaltet, zum prächtigen Baum heranwächst - und verfällt. Dieses Denkschema wurde nicht nur auf die außermenschliche Natur, sondern auch das kulturelle Leben angewendet, etwa auf das Schicksal politischer Institutionen und Staatsgebilde. Der Wunsch, den Verfallsprozeß zumindest zu verlangsamen, trat als Grundmotiv schon in den Überlegungen antiker Denker hervor. Vor diesem Hintergrund abendländischer Geistesgeschichte zeigt sich das Eis als ‚Quasi-Ewigkeit', in der die naturhaften Prozesse - und damit der Fluch der Zeit - aufgehalten werden. Doch wenn Unbeweglichkeit und Ruhe als greifbar gewordene Ewigkeit einen großen Teil der Faszination des Eises ausmachen, so bedeuten sie andererseits auch die Reduktion menschlicher Lebensbedingungen. In diesem Grenzbereich der Welt ist Leben nur als Ausnahmezustand möglich.

Hier ist der Mensch auf sich selbst und auf das Maß seiner geistigen und physischen Kräfte zurückgeworfen. Die Anstrengungen, die vor allem die Forscher des späten 19. und frühen 20. Jahrhunderts auf sich nehmen, sind allein schon durch die fast primitiv zu nennende Ausrüstung unbeschreiblich. Übernachtet wird in Zelten, deren Innentemperatur nur wenige Grade über der jeweiligen Außentemperatur - also minus dreißig bis vierzig Grad - liegt. Man trägt einfache Wollpullover, die, feucht geworden durch die Ausdünstung des Körpers, sofort gefrie-

Das Luftschiff ‚Italia' 1928 vor der Küste Spitzbergens. Auch die frühen Versuche, die Pole zu überfliegen, waren von Mißerfolgen begleitet. Der Schwede Andrée kehrte von einem Ballonflug Richtung Nordpol nicht mehr zurück. Umberto Nobile, der 1926 zusammen mit dem Norweger Roald Amundsen und dem Amerikaner Lincoln Ellsworth den Nordpol mit dem Luftschiff ‚Norge' überflogen hatte, unternahm mit der ‚Italia' eine zweite Polreise, mußte aber auf dem Eis notlanden. Er wurde später zwar gerettet, doch verlor der an der Suche beteiligte Amundsen dabei sein Leben.

Der Amerikaner Robert Edwin Peary näherte sich 1909 bis auf wenige Meilen dem Nordpol; er gilt als dessen Entdecker. Die Postkarte zeigt ihn mit seinem Landsmann Frederick A. Cook, der behauptete, den Nordpol bereits am 21. April 1908 erreicht zu haben. Beide wurden als nationale Helden gefeiert.

ren und deren scharfe Kanten die Handgelenke bis auf die Knochen aufschneiden, wie wir in den Tagebüchern lesen. Dreißig bis vierzig Kilometer Fußmarsch täglich sind die Norm, wobei noch zentnerschwere Schlitten über Eisschollen und Gletscherspalten zu ziehen sind. Dies alles bei wenig Schlaf und monotonem Essen, das meist nur aus gefrorenem Fleisch besteht. Dafür Skorbut, Erfrierungen an Händen und Füßen, im Gesicht eiternde Frostbeulen. Die geschwollenen Füße müssen aus den Schuhen herausgeschnitten werden. Die einzige Hilfe besteht in den Schlittenhunden, die man bis zur Erschöpfung vorantreibt und dann, wenn sie nicht mehr weiter dienen können, schlachtet und als Proviant benutzt.

Nochmal: Welche Erfahrung sucht der Mensch in dieser außergewöhnlichen Lebenssituation? Den Beweis vielleicht, daß der menschliche Geist stärker ist als die Naturgesetze des Körpers, daß der Mensch mehr ist als seine vergängliche Existenz? Solcher Heroismus könnte freilich auch der Vaterlandsbindung entspringen, der die Polarforscher aller Nationen nicht zuletzt wegen des von Staats wegen finanzierten Auftrags verpflichtet sind und die sie von den anonymen Opfern des alltäglichen Kampfes mit den Naturgewalten unterscheidet: „Wer auf einem Fischkutter rettungslos ins Eis gerät und ersäuft, verhungert oder erfriert, hat keinen Anspruch auf eine historische Notiz. So spricht auch keiner mehr von verschollenen Walfängern und Tranjägern, von Seeleuten, die das Nördliche Eismeer jährlich befuhren, ohne ihre Unternehmungen mit dem emphatischen Namen einer ‚Expedition' zu versehen." Die Opfer der ‚Expeditionen' genannten Reisen werden als

soldatischer, patriotischer Dienst verstanden. Mit der Flagge wird namenloses Land zum Besitz; der Nation, die diese letztlich elitären, kostspieligen Unternehmungen finanziert, fühlt man sich bis zum Sieg oder Untergang verpflichtet. „Und er [Scott] schreibt einen letzten Brief, den schönsten von allen, an die englische Nation. Er fühlt sich bemüßigt, Rechenschaft zu geben, daß er in diesem Kampfe um den englischen Ruhm ohne die eigene Schuld unterlegen. Er zählt die einzelnen Zufälle auf, die sich gegen ihn verschworen, und ruft mit der Stimme, der der Widerhall des Todes ein wundervolles Pathos gibt, alle Engländer mit der Bitte auf, seine Hinterbliebenen nicht zu verlassen. Sein letzter Gedanke reicht noch über das eigene Schicksal hinaus. Sein letztes Wort spricht nicht vom eigenen Tode, sondern vom fremden Leben: ‚Um Himmels willen, sorgt für unsere Hinterbliebenen!' Dann bleiben die Blätter leer." (Stefan Zweig) Gerade die Vergänglichkeit solcher Pathosformeln wie ‚Vaterland' oder ‚Forschung im Dienste der Menschheit' fördert aus heutiger Perspektive auch einen tragischen Zug dieser mutigen Unternehmungen zutage. Zeigt doch bei näherer Betrachtung der unbeirrbare Fortschrittsglaube bereits damals merkliche Risse.

Allgemein hat man den Sieg der Technik über das lebensbedrohliche Element erhofft, setzt auf die Leistung der Wissenschaft, die den Menschen überall auf der Erde eine Heimstatt zu schaffen verspricht. Scotts Expedition verfügt über Motorschlitten und anderes technisches Zubehör, mit dem die Natur bezwungen werden soll. Es mutet wie eine Ironie des Schicksals an, daß 1912, im Jahr seines Untergangs und kaum hundert Jahre nach Entstehung von Caspar David Friedrichs Bild ‚Im

Das Ende der Franklin-Expedition auf einem Gemälde aus dem Jahr 1880. Mehr als vierzig Suchexpeditionen wurden bis 1879 losgeschickt, um etwas über den Verbleib Franklins und seiner Mannschaft herauszufinden (siehe Seite 34). Das Eis bewahrte das Rätsel ihres Scheiterns über hundert Jahre, bis es gelöst werden konnte: Die Obduktion von drei aufgefundenen, im Permafrost gut erhaltenen Leichnamen ergab als Todesursache eine schleichende Lebensmittelvergiftung, hervorgerufen durch mangelhafte Verlötung der Konservendosen des Schiffsproviants.

Fridtjof Nansen (1861-1930) auf einer Photographie von 1897. Nansen wurde durch seine Reise mit der ‚Fram' weltberühmt, mit der er sich vom Packeis einschließen ließ und damit die Drift der arktischen Eismassen bewies.
Julius Ritter von Payer (1842-1915), der Entdecker von Franz-Josephs-Land, zeichnete sich außer durch seine Alpen- und Polarforschungen als Kartograph, Maler und Schriftsteller aus (rechts).

Der Tod als Mahner im Eis. Nach dem Titanic-Desaster 1912 gewinnt man ein neues ‚Naturverständnis'.

Eismeer', auf dem die ‚Hoffnung' im Eis strandet, das Vertrauen in den unbegrenzten Fortschritt der Technik einen symbolträchtigen Schiffbruch erleidet. Ein berühmter Ozeandampfer scheitert auf seiner Jungfernfahrt: Die ‚Titanic' ist in vielerlei Hinsicht Fetisch und zugleich Repräsentantin ihrer Zeit. Für die Verbindung zwischen Europa und Amerika gebaut, gilt sie nicht nur als das größte Schiff ihrer Zeit, sondern auch als das modernste, schnellste und eleganteste. Die pompöse Innenausstattung des Erste-Klasse-Decks übertrifft an Reichtum die der Luxushotels von Monte Carlo und Paris. Es wundert nicht, daß die erlauchtesten Mitglieder der feinen Gesellschaft die Jungfernfahrt von England nach New York erleben wollen. Sie sind streng von den Passagieren der dritten Klasse getrennt, die im Unterdeck wegen ihrer Armut die Alte Welt verlassen und in der Neuen Welt ihr Glück zu machen hoffen. Mit der Passage auf dem nagelneuen Schiff ist, so scheint es, ein vielversprechender Anfang gemacht. Denn, so sagen die Ingenieure, die Titanic sei unsinkbar.

Man glaubt sich so sicher, daß man in pathetischen Worten verkündet, der Fortschritt der Technik habe nun die Natur - die Gewalt des Meeres und des Klimas - besiegt. Die Frivolität dieser hybriden Haltung besteht in ihrer doppelten Verlogenheit. Man nimmt die Pose des Überwinders, des Kämpfers und Helden an, wie man sie den großen Forschern der polaren Welt, etwa Amundsen, Nansen, Scott und vielen anderen zugesteht, doch will man sich von dem damit verbundenen Risiko, dem Wagnis der eigenen Existenz, ein für allemal freikaufen. Man glaubt die Gefahr eliminiert, weil das Schiff ja ‚unsinkbar' gebaut ist. Das erhebende Gefühl des Sieges aber will man sich - im Wohnsalon auf hoher See - nicht entgehen lassen. Es kommt anders. Nach dem Zusammenstoß mit einem Eisberg sinkt die ‚Titanic' und reißt 1513 Menschen mit in die Tiefe. Es ist die größte Katastrophe in der Geschichte der Schiffahrt. Die Argumentationen danach sprechen von der ‚Rache' der Natur, mystifizieren die Eisberge zu persönlichen Feinden der Menschen und erkennen doch hinter allem die ‚gestrandete Hoffnung'.

Die künstlerische Vision, die Caspar David Friedrich formuliert hatte, nahm das Bild einer Lebenshaltung vorweg, das sich in der Heroisierung des Kampfes gegen das Eis bei den Polarforschern realisieren sollte. Ihre Aktivität entsprang dem Geist ihrer Zeit und wurde von ihm getragen. Wie eine künstliche Inszenierung steht am Endpunkt dieser

Entwicklung, zwei Jahre vor Ausbruch des Ersten Weltkrieges, der Untergang der ‚Titanic', ihr Scheitern an einem Eisberg. Der Versuch des Menschen, seine irdische Begrenzung aus eigener Kraft zu transzendieren, wandelt sich mit den Zeiten. Der heroische Kampf des Einzelnen im Sinne Nietzsches ist in unseren heutigen Tagen in seiner pathetischen Form unzeitgemäß geworden.

Und doch genießen Abenteuerexpeditionen in eisige Regionen noch immer große Popularität, gleich ob sie ins Polareis oder auf die Gipfel des Himalaya führen. Zu den populärsten Reisenden der Gegenwart zählt neben anderen sicher Reinhold Messner, der 1990 mit seinem Gefährten Arved Fuchs ohne technische Hilfsmittel und ohne Kontakt zur Außenwelt den antarktischen Kontinent auf Skiern durchquerte. Der Reiz der Aktion wäre aber nur halb so groß, könnte die Weltöffentlichkeit über gut vermarktete Videos und Publikationen nicht nachträglich daran teilhaben. Messner benutzt dabei gerne Worte wie ‚Mythos', ‚Reinheit der Natur' oder ‚Einsamkeit' und spricht von der Suche nach den letzten weißen Flecken - nicht auf der Landkarte, sondern in seiner Seele. So hilft ihm die Eiswüste, die den Extremreisenden permanent bedroht, auch zu überleben, indem sie ein nur dunkel bewußtes Verlangen stillt. „Denn wenn es wahr ist, daß sich das Ich nach jener tieferen Wirklichkeit sehnt, die aus der wechselseitigen Durchdringung von Außen und Innen entsteht, dann wird das Dasein nirgends so ‚wirklich' wie hier, wo sich die sichtbare Welt bei Temperaturen von vierzig Grad unter Null wie eine schneidende Schmerzgrenze in den Körper eingräbt. Und nirgends sonst taucht man hier in einen zeitlosen Frieden ein." Uns, den in Bequemlichkeit zurückbleibenden Konsumenten dieser Erkenntnisse, eröffnet sich die Chance, etwas zu erfahren über den Bewußtseinszustand jener Jahre, in denen die kälteste Region der Erde geradezu als Sehnsuchtsland erscheint, als Insel zeitlosen Friedens in der Katastrophenlandschaft unserer Geschichte.

Die Abenteuer der kühnen Eismeerfahrer und Polreisenden schlugen sich nicht nur in den zahllosen Zeitungsberichten und Büchern nieder. Noch vor der tatsächlichen Entdeckung des Nordpols (1909) konnte man im geheizten Wohnzimmer und in trauter Familienrunde bei diesem ‚Künstlerspiel' (um 1900) versuchen, durch Würfeln Eisbären und andere Gefahren zu überspringen, um zum Nordpol zu gelangen.

Stolz präsentiert sich eine Gruppe von Bergbauern am Fuße einer vergletscherten Eislawine unterhalb des Birnhorns in Österreich, die für die Münchner Eiswerke Ortlieb & Edenhofer abgebaut wurde. Diese und die nachfolgenden Aufnahmen entstammen einer 1897 aufgenommenen Serie, die das Abtragen und den Transport des Eises dokumentierte.

EISBERICHT

"Der letzte milde Winter hat nur vereinzelt in Deutschland sogenanntes Natureis erzeugt. Infolgedessen und da die Eismaschinen den Bedarf nicht decken können, haben sich die großen Eisverbraucher auswärts umsehen müssen: nicht weniger als 906.211 Doppelzentner Eis wurden allein im ersten Viertel des laufenden Jahres eingeführt. Der Hauptlieferant in Natureis ist Norwegen, woher etwa die Hälfte des eingeführten Eises stammt. Ein gutes Drittel entfällt auf Österreich-Ungarn, dessen Hochgebirge, die Karpathen, die Tiroler, Kärntner, Salzburger Alpen mächtige Eislager haben. ... Die Eisenbahnen haben dem Bedürfnis nach Natureis dadurch Rechnung getragen, daß sie eigens für diese Transporte billige Frachtsätze einführten."[1] Im Stil einer Wirtschaftsnachricht, die der Leser 1898 im bequemen Lehnstuhl der Zeitschrift ‚Die Gartenlaube' entnehmen konnte, wird hier über den Marktwert des heimischen Winters berichtet, dessen mangelnde Erträge nur durch Fremdlieferungen ausgeglichen werden konnten. Der Ton ist selbstbewußt, denn man hatte die Natur ‚im Griff' und konnte sich des Segens der Kälte nach eigenem Gusto bedienen.

Genau das wollte man, und zwar unabhängig von den Launen der Natur. Die Eigenschaft des Kühlens und Einfrierens als Konservierungsmethode kannte man freilich dank entsprechender Beobachtungen schon, naja, seit der Eiszeit. Die Nutzung der Kältewirkung in einer zunächst noch auf Erwärmung bedachten Zivilisation mußte jedoch solange scheitern, wie zum einen der Bedarf durch kurzfristige Versorgungsmöglichkeiten noch nicht ausgeprägt war und zum anderen die Prinzipien der Kühlung unverstanden, die Probleme der künstlichen Eisherstellung ungelöst blieben. In dieser Zeit sah sich der Mensch in einem ständigen Kampf gegen den Verderb: bei der Lebensmittellagerung, bei der Schlachtung, beim Bierbrauen. Die sonst als lebensspendend empfundene Wärme bewirkte, daß Fleisch innerhalb kürzester Zeit verkam, die Milch gerann, das Bier ‚umkippte', das heißt: sauer wurde, und Geflügel nur wenige Stunden vor dem Verzehr geschlachtet werden konnte.

Man versuchte sich zu behelfen. Fleisch blieb nach dem Einpökeln für lange Zeit eßbar. Untergärige Biere, die nur bei niedrigen Temperaturen hergestellt werden können, wurden in Felsenkellern gelagert, deren Temperatur jahrein, jahraus je nach Tiefe und Gestein vier bis zwölf Grad betrug. Obst und Gemüse wurden auf dem Wege des Einkochens und des Eindosens haltbar gemacht. Die Konservenindustrie sollte um 1900 zu einem zuverlässigen Lieferanten werden, nachdem man wissenschaftliche Erkenntnisse über die Vorgänge von Gärung

Vom Handel mit dem natürlichen Eise

1   Die ‚Gartenlaube', Jg. 1898, S. 500

‚Exploitierung' nannte man in Anlehnung an die übliche Bezeichnung für Rohstoffgewinnung aus Erdlagerstätten den Abbau des Eises. Die unübersehbare Landschaftsveränderung macht verständlich, daß sich 1900 in einem ähnlichen Fall bei Chamonix die Bevölkerung gegen die „Schädigung nationalen Erbes" erfolgreich zur Wehr setzte.

und Verwesung gewonnen und verbesserte Fertigungsmethoden entwickelt hatte. Und doch blieben genügend Bedürfnisse, die nur über den Umweg der Kühlung durch Eis zu befriedigen waren. Dazu zählten die Lagerung von Bier, Obst und Lebensmitteln, Eisenbahntransporte von verderblichen Gütern und die Klimatisierung von Räumen, beispielsweise in Hospitälern für Malariakranke.

„Still und starr ruht der See ...". Die in dieser Zeile eines alten Weihnachtsliedes beschriebene Winteridylle über dem Eis wurde vielerorts empfindlich gestört, als die Seenflächen zum Experimentierfeld für Methoden der Mechanisierung und Industrialisierung wurden. Zwar hatte man dort, wo es das Klima erlaubte, von dem kostenlosen Eisangebot der Natur seit langem Gebrauch gemacht und in Eisgruben oder kleinen Eishäusern jeweils einen örtlichen Vorrat angelegt, der oft bis zum Beginn des darauffolgenden Winters reichte. Auch zeugt die Anweisung zum Bau von Eishäusern, die 1837 in Bayern ‚Im Namen des Königs' [Ludwig I.] erteilt wurde, ebenso wie die in jener Zeit zahlreich erschienene Fachliteratur zur Anlage solcher Bauten davon, daß man sich des weitreichenden volkswirtschaftlichen Nutzens der Kälte sehr wohl bewußt war. Doch die Idee für einen Eisabbau großen Stils wurde erstmals konsequent in den USA umgesetzt: „Aus einem an sich wert-

Blick aus der Eishöhle in Talrichtung. Im Gegensatz zu dem außen mit Werkzeugen betriebenen Eisabbau wurden im Inneren der Höhle Eismassen mit Dynamit losgesprengt und anschließend nach draußen befördert.

losen Material, wie natürlichem Eis, eine Exportindustrie aufzubauen, ist typisch für den Unternehmungsgeist des damaligen Amerika. Wie man Mechanismen erfand, um Baumstrünke auszureißen, so wurde die Eisgewinnung in den amerikanischen Seen in ihre Elemente zerlegt und wurden Instrumente erfunden, die die Handarbeit möglichst erleichterten und reduzierten."[2]

In Amerika waren es die Seen und Flußläufe an der Ostküste, die mit den zu Gebote stehenden frühindustriellen Methoden ‚ausgebeutet' wurden. So weit es möglich war, zerlegte man die Arbeit in einzelne Schritte und mechanisierte sie. „Die ‚Eispflüge' hatten mit Zähnen besetzte Pflugscharen, die wie eine Säge in das Eis schnitten und eine tiefe Furche hinterließen. Wir erinnern an die erstaunliche erfinderische Tätigkeit dieser Zeit, die neue Formen des Pfluges schuf, während McCormick seinen Ernter verbesserte und dessen Schneidgerät mit haifischartigen Zähnen versah. Zangen, Kratz-, Hobel- und Verkleinerungswerkzeuge verschiedenster Art, sowie Förderbänder zum Transport des Eises von der Gewinnungsstelle zum Eishaus vervollständigten die Instrumente der Eisgewinnung."[3] Bereits 1825 ersann der Amerikaner Nathaniel J. Wyeth einen pferdegezogenen Eispflug, mit dem die parallel verlaufenden Rillen eingeritzt werden und die später auszusä-

2 Sigfried Giedion, Die Herrschaft der Mechanisierung. Ein Beitrag zur anonymen Geschichte, Frankfurt 1982, S. 646
3 Sigfried Giedion (siehe Anm. 2)

Ansicht des zum Birnhorn verlaufenden Tales mit der vergletscherten Schneelawine. Deutlich erkennt man auch aus großer Entfernung die tiefen Einschnitte in der geröllbedeckten Eiszunge und den Eingang zur Eishöhle.

genden Eistafeln markiert werden konnten. Pferde spielten bei der Eisernte in den USA wie in Europa eine wichtige Rolle, wenngleich ihr Einsatz nicht ohne Risiko war. Obwohl mit eisgängigen Hufeisen versehen, kam es immer wieder zu Unfällen, die den Arbeitsgang unterbrachen. Einen nicht zu unterschätzenden Umstand verursachten die Pferdeäpfel. Sie mußten ständig weggeräumt werden, wollte man dem in Anzeigen vermerkten Anspruch auf Qualität und Reinheit des Eises gerecht werden. Auf den großen amerikanischen Seen etwa waren mitunter über hundert Pferde gleichzeitig in die Arbeit eingespannt, so daß wirklich einiges ‚anfiel'. Wo die Eisstärke es erlaubte, wurden um 1900 auch dampfgetriebene Schneidemaschinen eingesetzt; die Regel blieb jedoch der Gebrauch von Eissäge, -haken und Stößel, die in speziellen Formen ausschließlich für die Gewinnung des Eises entwickelt worden waren und für die es zumindest in den USA einen eigenen Zweig der Werkzeugproduktion gab. Eine der größten Fabriken, die Knickerbocker Ice Company, Philadelphia, hatte mehr als sechzig verschiedene Gerätschaften für die einzelnen Schritte der Eisernte in ihrem Angebot.

Die Eisgewinnung im 19. Jahrhundert verlief auch in Deutschland überall nach dem Schema, wie es unter anderem die ‚Illustrirte Zeitung' für das breite Leserpublikum in der hier abgedruckten Bilderfolge über

das Eiswerk am Moritzer Teich bei Dresden festhielt. Zunächst befreite man die Oberfläche des Eises von Schnee und größeren Unebenheiten, um die spätere Einlagerung zu erleichtern. Dann zogen Pferde oder Menschen mit speziellen Pflügen in einem Abstand von achtzig bis hundert Zentimetern parallele Furchen in das Eis. Die Pflugschar bestand aus scharfen Zähnen, von denen jeder jeweils einige Zentimeter länger als sein ‚Vordermann' war. So grub sich die Schneide leichter ein, meist bis zur Hälfte der Eisstärke, die in Deutschland in strengen Wintern bis zu 38 Zentimeter erreichen konnte. Das ‚Pflügen' wiederholte man in der Querrichtung. Die vormals makellose Weite der Seenfläche war bald von einem gleichmäßigen Raster gezeichnet. Anschließend teilten Männer mit grobzahnigen Stielsägen an den Längsrillen das Eis gänzlich durch, so daß lange Riegel mit mehreren Einkerbungen entstanden. Sie wurden mit Stangen durch offene Kanäle beziehungsweise über die ‚abgeerntete' Seenfläche zum Fuße des am Ufer gelegenen Eishauses geflößt. Dort brach man sie durch Schläge mit schweren Stößeln in die querliegenden Einkerbungen auseinander. So entstanden gleichmäßige Blöcke, die im Lagerhaus platzsparend gestapelt werden konnten. Schrägaufzüge, deren Endlos-Förderketten von einer Dampfmaschine angetrieben wurden, transportierten die Eisplatten nun an

Blick vom Fuß des Gletschers ins Tal. Das Problem des Abtransports wurde ebenso simpel wie genial gelöst. Auf einer 1600 Meter langen Holzrutsche, bewacht und geleitet von Streckenposten, donnerten die zentnerschweren Eisbrocken den Berghang hinunter.

Endstation war eine große Holzplattform an der Strecke der Schmalspurbahn zwischen Saalfelden und Leogang. Güterzüge hielten hier auf offener Strecke, um das ‚weiße Gold' aufzunehmen und in rascher Fahrt in die Eislager der großen Brauereien nach München oder Wien zu bringen.

die Einwurfluke des Lagers, wo sie im Inneren auf Bahnen aus Holzbohlen an ihren Platz rutschten oder mit eisernen Haken dorthin gezerrt wurden. Übrigens warf die bislang auf Regelung von Fischereirechten beschränkte wirtschaftliche Nutzung der öffentlichen Gewässer durch ihre Ausbeutung als winterliche ‚feste' Flächen eigentumsrechtliche Fragen auf. So durfte das Eis auf den masurischen Seen beispielsweise nur nach Vereinbarungen mit der Staatskasse abgebaut werden, andernorts wurde der Umfang der Eiseinlagerung besteuert.

Die Eislagerhäuser bildeten in den gemäßigten Breitengraden für einige Jahrzehnte unverwechselbare Architekturen an Seen oder Kanälen im Weichbild der Städte. In München gab es eine ausgedehnte Ansammlung hölzerner Lagerhallen an der nördlichen Auffahrt des Nymphenburger Kanals; in Nürnberg stand am Dutzendteich ein Ziegelbau mit einem Schrägaufzug aus der bekannten Werkstatt Johann Wilhelm Späths; die Norddeutschen Eiswerke in Berlin verfügten über neun Lagerhäuser mit je 6500 Quadratmeter Fläche, in denen 60.000 Kubikmeter Eis gelagert werden konnten. Die Wände der rund zehn Meter hohen Gebäude waren manchmal gemauert, meist aber bestanden sie aus Holz mit bis zu dreißig Zentimeter dicken Schichten aus Kork, Torf oder ähnlichen Materialien. In derart isolierten Räumen hielten sich die Eismassen leicht bis über den Sommer.

Mochte man bei diesem Vorgehen aufgrund der durchdachten Methoden von industrialisierter, das heißt: vereinfachter, ‚Eisernte' sprechen, so darf nichts über die Härte der Arbeit hinwegtäuschen. Angesichts der völligen Abhängigkeit von der Laune der Natur war der großflächige Eisabbau ein absolutes Stoßgeschäft, für das man alle Hilfsmittel der Technik zu nutzen suchte, „um das Geschäft der Eisgewinnung und Aufspeicherung dem billigen Preise von 10 Pfennig für einen ganzen Eimer Eis gegenüber noch lohnend zu machen".[4] Jederzeit konnte die Witterung umschlagen und mildere Temperaturen den Ertrag mindern. So galt die erste Sorge der Eiswerke „dem schnellen Beschaffen einer hinreichenden Zahl von Arbeitern, was ja in der Hauptstadt zumeist ohne Schwierigkeiten zu bewirken ist", wie 1896 aus Berlin berichtet wurde.[5]

Kein Wunder, denn es gab stets genügend Arbeitslose, die auf solche Gelegenheiten warteten. Die Norddeutschen Eiswerke in Berlin beschäftigten in einer Eis-Saison bis zu zwölfhundert Menschen. Es war ein harter Broterwerb. Auf den weiten Flächen der Flüsse und Seen waren sie bei ihrer anstrengenden Arbeit dem eisigen Wind schonungslos ausgesetzt. Eile war nicht nur wegen des möglichen Witterungsumschwungs angesagt. Bei anhaltendem Frost froren in zu langen Pausen die Kanäle wieder zu, durch die man die Eistafeln flößte. Das an den Eiskanten hochschwappende Wasser machte den Untergrund noch glitschiger, so daß immer wieder Arbeiter ins kalte Naß stürzten. In den Eishäusern mußte man vor den auf Holzrutschen herandonnernden, zentnerschweren Eisbrocken auf der Hut sein. Und wenn die Arbeit mancherorts auch als Abwechslung in der Wintereintönigkeit begrüßt oder - ähnlich wie die herbstliche Kartoffelernte - als regionales Gemeinschaftserlebnis empfunden wurde, so gab es keinen Anlaß, sie zu verklären, wie der Amerikaner George W. Walter feststellt: „Zurückblickend kann ich an den Eisernten nichts Romantisches entdecken. Es war lediglich eine verdammt kalte, harte Arbeit, die nötig war, um Milch und

4 Die ‚Gartenlaube', Jg. 1896, Nr. 47, S. 796
5 Die ‚Gartenlaube' (siehe Anm. 4)

Nicht nur die Zeitungsbeilage ‚Das Buch für alle' machte 1886 ihren Lesern die Gewinnung des Natureises klar. Es gibt zahlreiche zeitgenössische Illustrationen und Berichte über die Eisernte, die wie die Zeichnung des Eiskübels mit Sektflasche dem Publikum suggerierten: Eis ist Zivilisation.

andere Nahrungsmittel während der heißen Sommermonate schützen zu können. ... Es gibt diese Eisernten nicht mehr, doch es ist etwas, was niemand vermißt."[6]

Aber noch war es nicht soweit. Allein in New York stieg der Verbrauch von Natureis von zwölftausend Tonnen im Jahr 1843 auf eine Million Tonnen 1879[7]: „The comfort, economy, and convenience secured by the use of ice is so great that it may now be classed as one of the indispensable articles of city consumption."[8] Kein Zweifel, der Handel mit dem weißen Gold war zum ‚big business' geworden, in dem es im Gegensatz zur gängigen Werbung für kristallklares Natureis nicht immer so sauber zugehen mochte: „Auf der drübigen Seite der Grube befand sich eine große Ziegelei mit rauchenden Schornsteinen. Erst holten sie die Erde heraus, um daraus Ziegel herzustellen, und dann füllten sie das Loch mit Erde wieder auf - Jurgis und Ona schien das eine findige Lösung, bezeichnend für ein unternehmungsfreudiges Land wie Amerika. Ein kleines Stück dahinter war eine weitere riesige Grube ausgehoben, aber noch nicht wieder zugeschüttet. Darin stand den ganzen Sommer über Wasser, das aus dem umliegenden Müllboden kam und das in der Sonne als stinkende Brühe vor sich hinfaulte, und wenn es im Winter dann gefror, schnitt jemand dieses Eis zu Stangen und verkaufte die an die Leute in der Stadt. Auch das dünkte unsere Neuankömmlinge praktisch und wirtschaftlich, denn sie lasen keine Zeitungen und hatten den Kopf nicht voller beunruhigender Gedanken über ‚Bakterien'."[9]

Zu den kommerziellen Abnehmern wie Brauereien, Lagerhäusern, Eisenbahngesellschaften oder Schlachthäusern (in Chicago konnte aufgrund der sicheren Eislieferungen ab 1858 ganzjährig geschlachtet werden), gesellten sich in den Städten zunehmend die privaten Haushalte, denen 1880 bereits bis zu fünfzig Prozent des Natureisverbrauchs zuzurechnen war.[10] Transportfuhrwerke übernahmen auf regelmäßigen Touren die Verteilung an die vielen Geschäfte und Haushalte, die einen Eisschrank besaßen und an heißen Tagen sehnlichst auf den Eismann warteten. Übrigens verließ das Eis die Lagerhäuser nicht in der akkuraten Form, in der es zuvor aufgestapelt worden war. Zwischenzeitlich zu einer kompakten Masse gefroren, mußte es mit Brechstangen bearbeitet werden, und so sahen „erst gestaltlose Klumpen und Brocken das Licht des Tages wieder, um in dem Gebrauch der Restaurateure und Hoteliers, der Cafés und Konditoreien, der Schlächter, Wild- und Fischhändler, der Konservenfabriken und endlich Zehntausender von täglich bedienten Haushaltungen ein schnelles Ende zu finden".[11]

Die Verwertungsmöglichkeiten des Natureises als konkurrenzlos billigem Rohstoff riefen geradezu nach einer Ausweitung des Absatzes dorthin, wo aufgrund eines für Eiserzeugung zu warmen Klimas naturgemäß dauernde Nachfrage bestehen mußte. Es entsprach dem zitierten amerikanischen Unternehmergeist, daß man sich mit dem regionalen Markt nicht lange begnügte und einen internationalen Handel mit Roheis aufzog: „Die erste Schiffsladung Eis wurde 1799 von New York nach Charleston abgelassen. Sechs Jahre später verfrachtete der Bostoner Kaufmann Frederic Tudor auf dem Schiff ‚Tuscany' die erste Sendung nach Martinique/Westindien und begann ab 1833 auch nach Ostindien zu exportieren. Um 1850 bildete sich dann die Wenham-Sea-Company und 1860 betrug der Eisexport der Union bereits 2 ½ Millionen Metercentner."[12] Es gab Anlaufschwierigkeiten. Nicht zuletzt muß-

6 Joseph C. Jones, America's Icemen. An Illustrative History of the United States Natural Ice Industry 1665-1925, Humble/Texas 1984, S. 20
7 Roger Thevenot, A History of Refrigeration, Paris 1979, S. 67
8 Scientific American, 10.2.1872
9 Upton Sinclair, Der Dschungel, Hamburg 1985, S. 43
10 Roger Thevenot (siehe Anm. 7), S. 68
11 Die ‚Gartenlaube' (siehe Anm. 4), S. 798
12 Robert Habs und L. Rosner (Hrsg.), Appetit-Lexikon, Wien 1894, S. 145

Das Eiswerk am Mockritzer Teich bei Dresden. Originalzeichnung von E. Limmer. (S. 439)

Münchens Brauereien waren die Hauptabnehmer für das Eis, das nach dem ‚Pflügen' (rechts) und dem Sägen aus den Kanälen und Teichen am Schloß Nymphenburg gewonnen wurde.

Gesamtansicht der großen Eislagerhäuser am Nymphenburger Kanal in München, 1913; unten der Blick von der Bahn des Schrägaufzuges für das Eis hinunter zum Wasser.

Endlosaufzug zu einem Eishaus. Die bizarren Eiszapfen stammen vom Tropfwasser der Eisblöcke, die aus dem Wasser hochgehievt wurden. Mitunter baute man in die Aufzugbahnen Planiereinrichtungen ein, die Schnee und Schmutz von den Eisblöcken entfernten und sie auf diese Weise zu einheitlichen, leicht stapelbaren Würfeln trimmten.

13 Die ‚Gartenlaube' (siehe Anm. 4), S. 796

ten in den angesteuerten Häfen erst einmal Eislagerhäuser gebaut werden, um die neuartige Ware über einen längeren Zeitraum hinweg feilbieten zu können. Tudor missionierte sozusagen den Bau von Eislagerhäusern in Städten wie Havanna, Charleston oder New Orleans. Die Segelschiffe, die ab 1833 Natureis nach Kalkutta brachten und den Bedarf der englischen Kolonialisten deckten, wurden dabei kaum so bekannt wie die berühmten Tee-Klipper jener Zeit. Und doch mußten ihre Kapitäne über viel Witz und Erfahrung verfügen und ihre Schiffe bis zum letzten Tau in bester Ordnung sein. Denn wenn es schon nicht darum ging, gegen eine Konkurrenz anzusegeln, so blieb es in jedem Fall ein Wettlauf mit der Veränderung der Ladung, die sich zwangsläufig bei längeren Verzögerungen von alleine empfindlich verkleinerte. Trotz der vorausberechenbaren Ladungsverluste, die bis zu dreißig Prozent betrugen, entwickelte sich der Eishandel mit den Südstaaten, mit Kuba und Indien für kurze Zeit zu einem lukrativen Geschäft. Hatte die Gesellschaft Frederic Tudors von 1800 bis 1832 insgesamt nur rund 4500 Tonnen Eis verschifft, so stiegen die amerikanischen Exporte in den Folgejahren rapide an und erreichten 1872 mit 225.000 Tonnen ihren absoluten Höhepunkt.

Auch in den gemäßigten Zonen Mitteleuropas war durch die gleichbleibende Nachfrage der Brauereien, Schlachthöfe und der Fischerei bei den Eislageristen für beständigen Absatz gesorgt. „Vor allem sei vorausgeschickt, daß alles Eis, welches z.B. in den Häusern, Straßen und Geschäften Berlins jahraus, jahrein verkauft wird, fast ausnahmslos Natureis ist. Es fehlt zwar nicht an großartigen Maschinenanlagen zur Herstellung künstlichen Eises, aber für gewöhnlich ist dasselbe zu teuer, um einen starken Konsum zu erzeugen; nur nach ungewöhnlich milden Wintern, wenn das aufgespeicherte Eis der Seen vorzeitig zu Ende geht, greift man notgedrungen zu dem Kunsteis."[13] Aber bevor man das tat, besann man sich bis zum Ersten Weltkrieg jener Regionen,

Arbeiter in einem der großen Eishäuser am Nymphenburger Kanal in München, aufgenommen 1913. Es kam wiederholt vor, daß die Holzwände oder die meist aus Sägemehl bestehende Isolierung in Brand gerieten. Im Gegensatz zu den abbrennenden Häusern hielt sich das Lagergut, das in seiner Kompaktheit oft erst nach Wochen zusammenschmolz.

die in der Regel keine Schwierigkeiten mit dem pünktlichen Wintereinbruch haben. Insbesondere Norwegen sollte sich wegen seiner verläßlichen Frostperioden für einige Jahrzehnte zu einem großen Eisexporteur entwickeln. Selbst in den extrem warmen Wintern der Jahre 1874 und 1925 lagen die Temperaturen dort nur wenig über null Grad. Entlang des Oslofjords gibt es eine Reihe von Seen, die nicht weit von der Küste entfernt sind und gleichsam unerschöpfliche Eisreservoire darstellten. Von den Lagerhäusern und Verladestellen an der Küste führten problemlose, weil eisfreie, Schiffahrtswege zu den norddeutschen, niederländischen oder englischen Häfen. Denn Hauptabnehmer des norwegischen Eises waren Frankreich, Deutschland, sogar Österreich und die Schweiz, vor allem aber England.

Die erste norwegische Eisladung hatte London 1822 erreicht. Sie und die nachfolgenden gruben den Amerikanern, die sich gerade die Versorgung Europas vorgenommen hatten, das (Eis-)Wasser ab. In England war es in erster Linie der Eisbedarf der großen Fischindustrie, der gedeckt sein wollte. Die Importe stiegen von 40.000 Tonnen im Jahr 1879 auf 500.000 (1899) und betrugen 1914 immer noch 200.000 Tonnen. Zuerst fand der Eisexport aus Norwegen hauptsächlich während des Winters und beginnenden Frühlings statt, als man es von den Seen direkt auf die Schiffe bringen konnte. Ausfuhrhäfen und gleichzeitig Hauptorte des Eisabbaus waren Christiania (Oslo), Kragerö und Dröbak. Ab 1850 entstanden dort Lagerhäuser, in denen das Eis so lange aufbewahrt werden konnte, bis die ausländische Nachfrage stieg. Abfahrten in Sommer und Herbst waren bald die Regel. 1887 gingen nur noch dreißig Prozent der Lieferungen in der kalten Jahreszeit aus Norwegen ab. Auch im europäischen Eisversand waren aus den bekannten Gründen schnelle Schiffe gefragt, so daß die Eis transportierenden Segler an ihrem hervorragenden Zustand zu erkennen waren. Die Eisverfrachtung war eine der letzten kostengünstigen Einsatzmög-

Verschiffung von Natureis 1908 im südnorwegischen Kragerö, das neben Dröbak und Oslo zu den Hauptausfuhrhäfen für den ungewöhnlichen Rohstoff gehörte.

lichkeiten hölzerner Segelschiffe. Zwar erzielte man ab den 1890er Jahren bis zu dreißig Prozent mehr Erlös für Eis, das mit den schnelleren Dampfbooten verschifft wurde, doch waren hier oft Einbußen durch das ‚Abfärben' von Rost nach Berührung mit den eisernen Bordwänden zu verzeichnen.

Ein weiterer Abnehmer für norwegisches Eis war Frankreich, das wenig eigenes Eis gewann und dementsprechend über die Kanalhäfen gleichbleibend hohe Mengen aus Norwegen einführte. Ab 1873 waren es bis zu 50.000 Tonnen jährlich. Zum kleineren Teil versorgte es sich selbst aus den Alpenregionen, wobei der um 1900 betriebene Abbau eines Gletschers bei Chamonix nach Einspruch gegen diese „Schädigung nationalen Erbes" eingestellt werden mußte.[14] Während der Eishandel Norwegens mit England und Frankreich ziemlich kontinuierlich verlief, unterlag er mit dem Deutschen Reich deutlichen Schwankungen, abhängig von dem dortigen Verlauf der Winter. Frostreiche Perioden ließen die Norweger auf ihren mühevoll ausgesägten Eisbrocken buchstäblich sitzen. Da der Verlauf der kalten Jahreszeiten nicht vorhersehbar war, wurde hier wie dort in den Fachzeitschriften ständig über die Lage auf dem Eismarkt informiert. Die Norweger vermerkten in Eisbedarfsberichten die tatsächliche und potentielle Nachfrage in den von ihnen belieferten Städten an Nord- und Ostseeküste sowie im europäischen Hinterland. In Deutschland hatte sich die ‚Zeitschrift für die gesamte Eis- und Kälteindustrie' etabliert, die in einer besonderen Rubrik fortlaufend über die Eislage und die Nachfrage berichtete.

Rückblickend gab es vier Höhepunkte deutscher Importe norwegischen Eises. Sie lagen in den warmen Wintern der Jahre 1883 bis 1885, 1897 bis 1900, 1905 bis 1907 und 1909 bis 1912. Damals erreichte der jährliche Absatz an Roheis bis zu 200.000 Registertonnen, 1911 waren es sogar 385.000. Einen lebhaften Eindruck über das Auf und Ab des Eishandels vermitteln die monatlichen Meldungen des Korrespondenten der ‚Zeitschrift für die gesamte Kälteindustrie', der Bestand und Nachfrage in Christiania (Oslo) gleichsam wie an einer Börse registrierte und weitergab. Nachfolgend sind einige Berichte in Auszügen abgedruckt, die die Bewegungen des Marktes im Winter 1912/13 und im weiteren Verlauf des Jahres 1913 wiedergeben sollen. Da heißt es im Dezember 1912: „Unser Eismarkt ist während des verflossenen Monats ganz leblos gewesen. Für prompte Lieferung lag kein Bedarf vor, mit Ausnahmen von kleinen Seglerladungen für Fischereizwecke. ... Das Eis welches sich im Oktober und November gebildet hatte, war morsch und war es ein Glück, daß Tauwetter voriger Woche einsetzte und die schlechte Qualität wieder zu Wasser werden ließ."[15]

Januar 1913: „Von deutscher Seite liefen in voriger Woche recht viele Anfragen ein, ohne daß Geschäfte daraus resultierten, da inzwischen der Winter dort kräftiger einsetzte als hier."[16]

Februar 1913: „Die Eisernte ist jetzt im vollen Gange. Unser Markt ist fest, dazu kommt, daß Deutschland in diesem Jahr kaum genügend Eis geerntet hat, um seinen Bedarf zu decken, so daß mit einem Export dahin gerechnet werden muß. ... Die Nachfrage nach prompten Ladungen, also Verladungen von den Teichen direkt ins Schiff ist auch recht lebhaft zum Preise von Kr. 2,25 bis Kr. 2,50 pro Reg.-t."[17]

14 Roger Thevenot (siehe Anm. 7), S. 70
15 Zeitschrift für die gesamte Kälteindustrie, Jg. 1913, Heft 1
16 Zeitschrift für die gesamte Kälteindustrie, Jg. 1913, Heft 2
17 Zeitschrift für die gesamte Kälteindustrie, Jg. 1913, Heft 3

Die Eislagerhäuser des Kaufmanns Søren Parr, der in Oslo eine der größten Eisexportfirmen Norwegens betrieb. Aufnahme um 1900.

Mai 1913: „Der Export von den Teichen hat naturgemäß aufgehört und der eigentliche Export für den Sommerbedarf tritt erst nächsten Monat ein. Trotzdem ist unser Markt sehr fest, denn, wie bereits berichtet, haben Kragerö und Skiensfjord nur wenig und dünnes Eis geerntet, so daß die Exporteure in diesem Jahre fast ausschließlich auf den Christiania-Fjord angewiesen sind."[18]

Juni 1913: „Unser Eismarkt ist andauernd ruhig und vor Eintreten wärmerer Witterung ist an eine Belebung desselben nicht zu denken. Trotzdem versuchen sich die Exporteure mit Geboten und haben sich bereits bis zu Kr.8 p. Registerton Dampfer verstiegen, ohne daß daraus Geschäfte resultiert haben."[19]

Juli 1913: „Die in diesem Monat vorherrschende kühle Witterung in England hat den Absatz von Natureis sehr behindert und ist unser Markt infolgedessen sehr flau."[20]

August 1913: „... so daß der Export dahin sich nicht lebhafter gestalten konnte. Auch hat es den Anschein, als ob das Natureis mehr und mehr von dem Kunsteis verdrängt wird, denn der Export von norwegischem Eis wird nach England von Jahr zu Jahr weniger."[21]

September 1913 (Bericht aus Leipzig): „Die Hoffnung auf Hebung des Geschäfts, zu denen verschiedene größere Veranstaltungen (Deutsches Turnfest, Internationale Baufach-Ausstellung) berechtigten, wurden durch die Ungunst der Witterung zuschanden gemacht. Die verhältnismäßig knappe Eisernte des Winters machte sich daher nicht fühlbar, um so weniger, als im Sommer eine neue Eisfabrik ihren Betrieb eröffnete. Das Publikum gewöhnt sich mehr und mehr an die Verwendung von Kunsteis, das allerdings auch in unserer Stadt in bester Beschaffenheit und in völlig ausreichender Menge angeboten wird."[22]

Oktober 1913: „Die Witterung ist im verflossenen Monat vorwiegend mild und schön gewesen. Die Folge davon war ein größerer Bedarf an Natureis sowohl in England wie auch in Frankreich, doch handelte es

18 Zeitschrift für die gesamte Kälteindustrie, Jg. 1913, Heft 5
19 Zeitschrift für die gesamte Kälteindustrie, Jg. 1913, Heft 6
20 Zeitschrift für die gesamte Kälteindustrie, Jg. 1913, Heft 7
21 Zeitschrift für die gesamte Kälteindustrie, Jg. 1913, Heft 8
22 Zeitschrift für die gesamte Kälteindustrie, Jg. 1913, Heft 9
23 Zeitschrift für die gesamte Kälteindustrie, Jg. 1913, Heft 11

Arbeiter bei der Eisverladung auf der Brigg ‚Jölund' in Norwegen, um 1900. Wo die Verwendung von Rutschen nicht möglich war, wurde Eisblock für Eisblock mit Flaschenzügen ins Schiffsinnere gehievt.

Verladung von Eisblöcken um 1900 am Soberg-Fluß bei Drammen in der Nähe von Oslo. Oft war die Lage der eisspendenden Seen zur Küste oder zu Flußmündungen so günstig, daß eine Übernahme auf seegehende Schiffe ohne allzu lange Transporte stattfinden konnte.

sich hier um Abnahme bereits kontrahierter Ladungen. Neue Aufträge sind immer noch recht spärlich. Die Bestände sind allerdings jetzt beinahe ganz zusammengeschmolzen, so daß bei andauernd milder Witterung eine Aufbesserung des Marktes wahrscheinlich wird."[23]

Übrigens exportierte Deutschland selbst auch gewisse Eismengen. Für das Jahr 1913 verzeichnete der Eisbericht den erstaunlichen Tatbestand, daß die deutsche Eisausfuhr mit 59.160 Doppelzentnern sogar die Höhe der Eiseinfuhr übertraf. Hauptabnehmer waren die Schweiz und in den Hafenstädten die auslaufenden Fischdampfer. Im gleichen Jahr erwuchs den Norwegern ansatzweise eine Konkurrenz durch Schweden, wo eine Gesellschaft in Lulea mit englischen Eisimporteuren einen Kontrakt über die Lieferung von 20.000 Registertonnen Eis abschloß. Doch bevor in Norwegen darüber Ärger aufkommen konnte, war es ohnehin zu spät. Das Ende einer weitgehend unbemerkt gebliebenen Episode der Wirtschaftsgeschichte klang in den vorhergegangenen Monatsmeldungen bereits an. Die zunehmende Errichtung von Kunsteisfabriken in England wie in Deutschland ließen die Erträge aus dem internationalen Eisgeschäft der Naturburschen im hohen Norden in kurzer Zeit zusammenschmelzen. Ihr Eis war fortan nur noch Schnee von gestern.

Pictetscher Apparat zur Herstellung von künstlichem Eis, Paris 1877. Raoul Pictet hatte ein Jahr zuvor in Genf die erste marktfähige Schwefligsäuremaschine erbaut, deren Vertrieb ab 1880 die ‚Compagnie industrielle des procédés Raoul Pictet' in Paris übernahm. Lange Jahre eine herausragende Figur in der Entwicklung industrieller Kältetechnik, sollte Pictet in seiner späteren Konkurrenz zu Linde durch zweifelhafte Behauptungen in Verruf geraten.

ÜBERALL ZU WARM

Es ist hinlänglich bekannt, daß wirtschaftliche Überlegungen im technischen Fortschritt eine wichtige Rolle spielen. Direkt forciert durch die Nachfrage und indirekt durch Gewinnerwartungen drängen beständig neue Produkte auf den Markt und lenken technologische Entwicklungen in bestimmte Richtungen. Aber wann immer wir technischen Wandel erklären, geschieht es selten nur durch Anwendung wirtschaftlicher Kategorien. Oft sind andere Faktoren bestimmend, wofür die Forderungen der Militärs oder heutzutage der Zwang zum Umweltschutz eindringliche Beispiele sind. Zum besseren Verständnis der komplexen Entwicklungen sind in jedem Fall die ursächlichen Ideen, Vorstellungen und Wünsche zu berücksichtigen, die Erfindungen und Innovationen beeinflußt haben. Waren Kühlschrankdesigner etwa noch vor einigen Jahren mit Problemen von Form oder Farbe der Apparate befaßt und von eigenen Vorstellungen über die Bedürfnisse ihrer Kunden geleitet, stehen gegenwärtig die Bemühungen im Vordergrund, Fluorchlorkohlenwasserstoffe (FCKWs) als Kältemittel abzuschaffen. Dahinter steht das gestiegene Bewußtsein der Öffentlichkeit, daß eine intakte Ozonschicht Vorrang gegenüber der optimalen Leistungsausbeute von Kühlgeräten hat. Die nachfolgenden Überlegungen gehen jedoch von den Nuancen moderner Produktgeschichte zurück zur Entwicklung der Kältetechnik und den Ideen ihrer Pioniere, gleich ob sie zu den Erfindern, Unternehmern oder Anwendern zählen.[1]

Seit der Wende zum 19. Jahrhundert waren die USA ein Land der Verheißung auch für den Bereich der Kälteerzeugung. Wie das Kapitel ‚Eisbericht' in diesem Buch schildert, entwickelte sich hier schon früh ein ausgedehnter Handel mit Natureis in Wechselwirkung mit der steigenden Nachfrage nach Kühlmöglichkeiten. Eis aus den Seen im Nordosten wurde eingelagert und im Sommer überall in den Staaten verkauft. Dabei gab es je nach Saison und in Abhängigkeit von den jeweiligen Lieferadressen beträchtliche Preisunterschiede. Hoteleigner und Schlachter im tiefen Süden mußten oft das Vielfache des Preises bezahlen, den ihre Kollegen im Norden zu entrichten hatten. Natureis wurde auch in Hospitälern verwendet, um die große Belastung für Fieberkranke durch das feuchtwarme Klima zu mindern. Um 1840 ersann in Florida der um das Wohl seiner Patienten bemühte Arzt John Gorrie zu diesem Zweck eine einfache Luftkühlungsvorrichtung.[2] Wegen des hohen Preises und der unregelmäßigen Lieferungen des Natureises suchte er bald jedoch nach anderen Wegen einer Kälteerzeugung. Wissenschaftliche Berichte machten ihn auf die Möglichkeit aufmerksam, „dem Übel hoher Temperaturen entgegenzuwirken", wenn man

Vorbilder
und Leitbilder
der Kältetechnik

---

[1] Dieses Thema war Gegenstand der Dissertation von Mikael Hård, In the Icy Waters of Calculations. The Scientification of Refrigeration Technology and the Rationalization of the Brewing Industry in the 19th Century, Universität Göteborg 1988
[2] Raymond B. Becker, John Gorrie, M.D. Father of Air Conditioning and Mechanical Refrigeration, New York 1972

 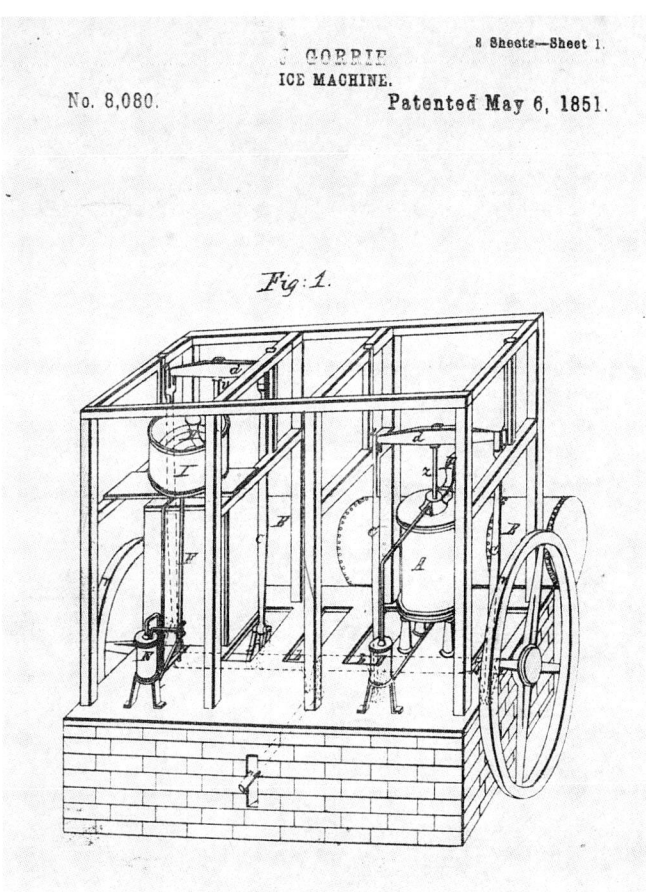

Bildnis des Arztes John Gorrie von Fabian Backnack. Zeichnung der Eismaschine, die John Gorrie 1845 baute und für die er 1851 das Patent erhielt. Nachbauten der ersten praktikablen Kältemaschine stehen in seiner Heimatstadt Apalachicola/Florida und in der Smithsonian Institution in Washington.

Rechts: Titelseite des amerikanischen Patents für John Gorries Methode zur Herstellung künstlicher Kälte, Washington 1851.

3 Raymond B. Becker (siehe Anm. 2), S. 79
4 Bezüglich des Aspekts der Leitbilder in der Technologie vgl. Meinolf Dierkes, Technikgenese in organisatorischen Kontexten, Berlin 1989
5 Raymond B. Becker (Siehe Anm. 2), S. 109

unter hohem Druck stehende Luft expandieren ließ.[3] Sein lebenslang verfolgtes Leitbild sollte sich zu einem amerikanischen Ideal entwickeln: die künstlich klimatisierte, luftgekühlte Innenwelt.[4]

Wenn man einen Fahrradreifen aufpumpt, kann man dabei leicht eine Hitzeentwicklung feststellen. Physikalisch gesehen verwandelt sich die mechanische Arbeit des Pumpens durch Komprimieren der Luft in Wärme. Gorrie entnahm dem Werk ‚Natural Philosophy' des Astronomen William Herschel, daß Kälte entsteht, wenn man den Prozeß umkehrt, genauer gesagt: wenn die sich ausdehnende Luft ihrer Umgebung Wärme entzieht. So stellte er Versuche an, deren Resultat schließlich die erste funktionierende Kaltluftmaschine war. Die Lokalzeitung seiner Heimatstadt Apalachicola berichtete über Gorries Verfahren: „Durch einen wirksamen Kompressor drückte er atmosphärische Luft zusammen, kühlte dieselbe durch einen Wasserstrahl, liess die gekühlte Luft hierauf expandieren, wobei dieselbe sich weiter abkühlte und zur Temperierung in einen Raum geleitet werden konnte."[5] Zwar erhielt Gorrie 1851 für seine Idee das amerikanische Patent, doch blieb ihm der große Durchbruch versagt. Wenn auch in der Folgezeit einige Exemplare seiner Kältemaschine von amerikanischen und englischen Firmen gebaut wurden und Fachzeitschriften darüber berichteten, es gelang nicht, einen Markt dafür zu erschließen. Der Hauptgrund mag darin liegen, daß Gorries Kompagnon verfrüht starb. Gorrie selbst schrieb den Mißerfolg der Unfähigkeit potentieller Kunden zu, die Funktionsweise seiner Maschine zu verstehen. Auch stieß er auf den

No. 8080.

TO ALL TO WHOM THESE LETTERS PATENT SHALL COME:

Whereas John Gorrie of New Orleans, La.

has alleged that he has invented a new and useful

Improved process for the artificial production of ice;

which he states has not been known or used before his application has made oath that he is a Citizen of the United States; that he does verily believe that he is the original and first inventor or discoverer of the said Invention and that the same hath not to the best of his knowledge and belief been previously known or used; has paid into the treasury of the **United States** the sum of Thirty dollars and presented a petition to the **COMMISSIONER of PATENTS** signifying a desire of obtaining an exclusive property in the said Invention, and praying that a patent may be granted for that purpose.

These are Therefore to grant according to law to the said John Gorrie his heirs administrators or assigns for the term of fourteen years from the twenty-second day of August one thousand eight hundred and Fifty the full and exclusive right and liberty of making constructing using and vending to others to be used the said Invention a description whereof is given in the words of the said Gorrie in the schedule hereunto annexed and is made a part of these presents.

In Testimony whereof I have caused these Letters to be made Patent and the Seal of the **PATENT OFFICE** has been hereunto affixed **GIVEN** under my hand at the City of Washington, this Sixth day of May in the year of our Lord one thousand eight hundred and Fifty-one and of the **INDEPENDENCE** of the United States of America the Seventy-fifth.

Acting Secretary of the Interior.

Thos. Ewbank Commissioner of Patents.

Exd
C.E.U.

Countersigned and Sealed with the Seal of the Patent Office.

Modell einer Vakuumeismaschine aus der Sammlung des Deutschen Museums. Der Franzose Edmond Carré konstruierte 1850 eine Schwefelsäure-Wasser-Maschine mit einer Handpumpe, die leicht zu bedienen war und in vielen Pariser Cafés zur Eiserzeugung benutzt wurde.

religiös motivierten Widerstand von Menschen, für die künstliches Erzeugen von Eis und Kälte gotteslästerliche Anmaßung war.

Trotz seines wirtschaftlichen Scheiterns wurde John Gorries Entwurf dennoch zum Vorbild für die nachfolgenden Konstrukteure von Luftexpansionsmaschinen. Alexander Kirk, Ingenieur einer schottischen Ölraffinerie, baute 1862 einen Apparat, der stark von Gorrie beeinflußt war, wenngleich auch er sich kommerziell nicht durchsetzte. Kirks Apparat wurde aber letztlich von James Coleman und den Brüdern John und Henry Bell in Glasgow weiterentwickelt. Die von der Bell-Coleman Refrigeration Company vertriebene Kaltluftmaschine zählte in den 1880er Jahren zu den am weitesten verbreiteten. Weil der Luftkühlungsvorgang keine giftigen Substanzen freisetzte, wurden solche Anlagen bevorzugt auf Kühlschiffen zum Fleischtransport installiert.

Erfolgreicher als John Gorrie war der Franzose Ferdinand Carré, der um 1860 eine Maschine zur Eiserzeugung konstruierte, die nach dem ganz anderen Prinzip der Absorption arbeitete. Im Gegensatz zur Luftexpansion werden bei diesem Verfahren kondensierbare Dämpfe ge-

nutzt. In einem von außen aufrecht erhaltenen Kreislauf von Verdampfung und Rückführung in eine gesättigte Lösung entsteht während des Verdampfungsprozesses Kälte. Jeder kennt das Frösteln, wenn er einem Schwimmbassin entsteigt. Es wird dadurch hervorgerufen, daß das auf der Haut verdunstende Wasser dem Körper Wärme entzieht. Dies ist bei der Maschine mit dem Wärmeaustausch zu vergleichen, der zwischen einem kälteerzeugenden Mittel und einer nicht gefrierbaren Sole stattfindet. Letztere gibt ihre Wärme an das im Verdampfer expandierende Kältemittel ab und wird damit zum eigentlichen Kälteträger. Leitet man die nun auf minus zehn Grad heruntergekühlte Salzlösung in Rohren beispielsweise durch Gärbottiche oder Wasserbecken, erreicht man dort je, nach Absicht, eine Temperatursenkung oder die Bildung von Eis. Carré wußte, daß flüssige Substanzen bei ihrer Verdampfung unterschiedliche Wärmemengen beanspruchen und fand heraus, daß Ammoniak eine hohe Verdampfungswärme aufweist.[6] Weil es in Wasser hochlöslich ist und schon zu seiner Zeit leicht zu haben war, sah Carré darin ein perfektes Kältemittel für die Absorptionsmaschine.

Carré-Kältemaschinen auf der Londoner Weltausstellung 1861. Die Absorptionsmaschinen Ferdinand Carrés (1824-1900; der Bruder Edmond Carrés) fanden rasch eine starke Verbreitung und wurden in unveränderter Form auch von zahlreichen deutschen Maschinenfabriken in Lizenz hergestellt.

6 Ferdinand Carré, Note sur un appareil propre à produire du froid, in: Comptes redus hebdomaires des séances de l'Académie des sciences, Bd. 51 (1860)

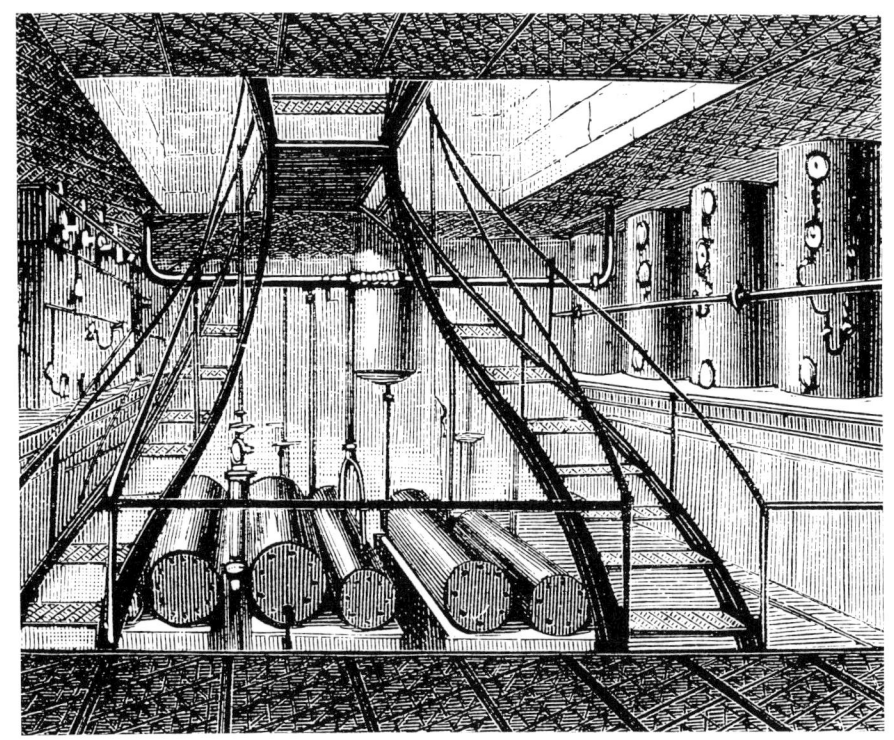

Kälteerzeugungsanlage (links) und Kühlkammern (unten) an Bord eines Kühlschiffes, Holzstiche aus dem Jahr 1887. Deutlich erkennt man auf der schematischen Darstellung die unterschiedlichen Lagerräume für Fleisch (C), Fische (F), Frischlebensmittel (D) und Getränke (E). Die Räume (A) und (B) enthalten Teile der Kälteanlage.

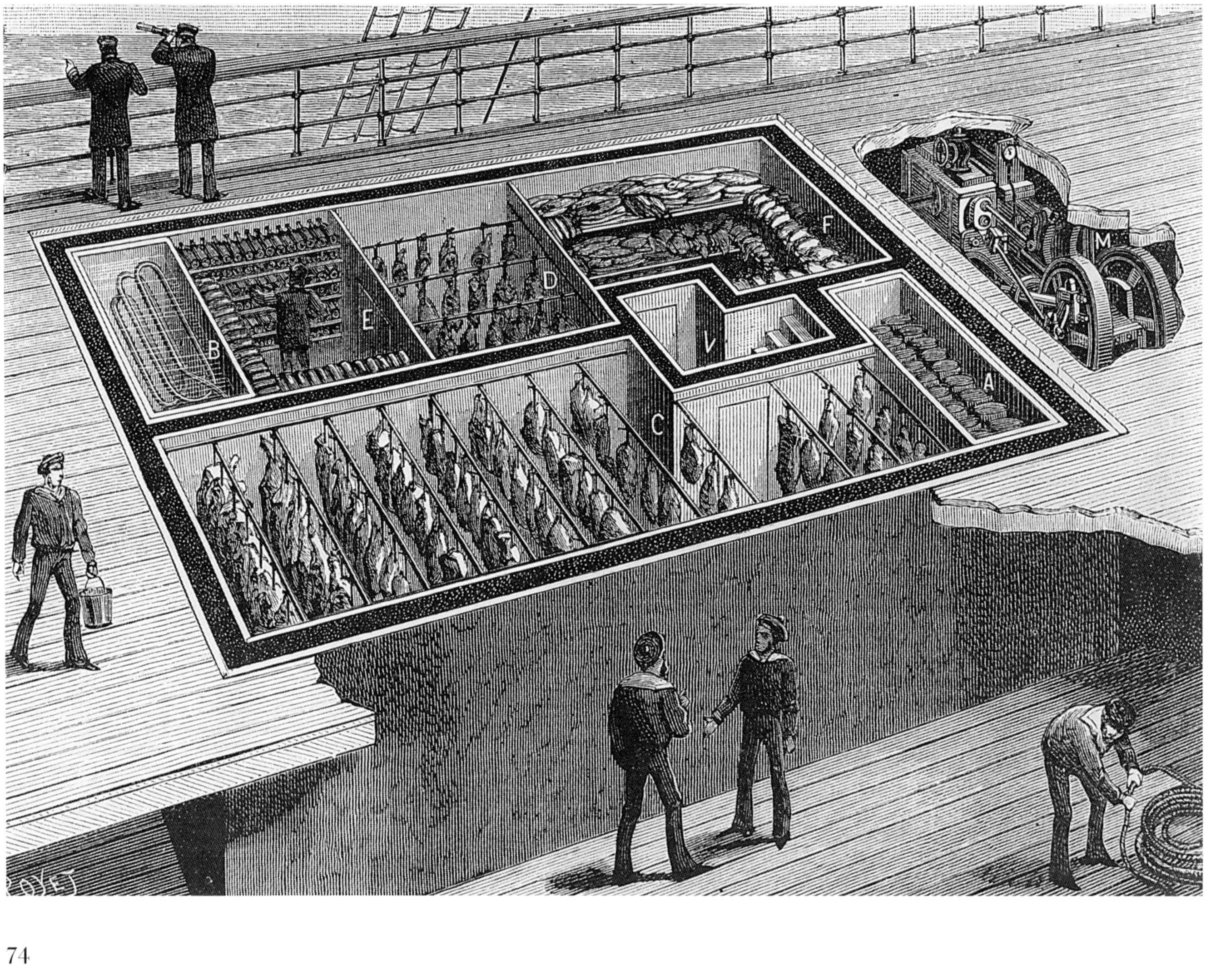

Die nebenstehende Abbildung zeigt den Dampfer ‚Le Frigorifique', der in den 1870er Jahren für rund eine Million Francs zum Transport von Gefrierfleisch ausgerüstet wurde. 1876 brachte dieses erste Kühltransportschiff der Welt erstmals gefrorenes Fleisch von Buenos Aires nach Frankreich. Das Schiff ist auch auf dem Gemälde über dem bemerkenswerten alten Herrn zu erkennen, der als Erfinder des Gefrierfleisches gilt: Der französische Physiker Charles Tellier fand heraus, daß die bakterielle Zersetzung von Lebensmitteln durch Kälte aufgehalten werden kann. Sein ganzes Augenmerk galt der Konstruktion von Kältemaschinen, die in Schiffe eingebaut werden konnten, um den Import von Gefrierfleisch zu ermöglichen. Trotz eines gescheiterten Versuchs zum Transport von Gefrierfleisch 1868 sollte sich der von ihm eingeschlagene Weg grundsätzlich als richtig erweisen.

Während der 1860er Jahre verbreitete sich das neue System zur Herstellung künstlichen Eises weltweit. Während Carrés Firma den französischen Markt eroberte, begann die Lizenzproduktion in Deutschland, Großbritannien, Australien und den Vereinigten Staaten. Die Zeitschrift ‚Scientific American' stellte 1870 fest, Carrés Maschine sei „the most philosophical of any method thus far proposed". Damals entwickelte sich auch ein entsprechender Markt in den amerikanischen Südstaaten. In New Orleans installierte die ‚Louisiana Ice Manufacturing Company' sechs große Carré-Maschinen für den lokalen Eisbedarf. Gorries Traum fand so letztlich seine Erfüllung. In Deutschland stellten Vaaß & Littmann in Halle sowie Oskar Kropff in Nordhausen Carré-Kältemaschinen her. Dabei wurden bis auf Konstruktionsdetails und die Anordnung der Bauteile keine grundlegenden Änderungen an dem französischen Entwurf vorgenommen, was den Vorbildcharakter unterstreicht, den Carrés Technik (nicht nur) für die deutschen Firmen über viele Jahre hinweg hatte.[7]

Da sie technisch weitgehend ausgereift waren und auch eine gewisse industrielle Bedeutung erreicht hatten, hielt man Absorptionsmaschinen allgemein für die überlegene Art mechanischer Kälteerzeugung. Diese Meinung blieb unwidersprochen, bis Ende der 1870er Jahre die nach dem Kompressionsprinzip konstruierte Kaltdampfmaschine in den Vordergrund trat, forciert durch die Arbeiten Carl Lindes, der als Professor für theoretische Maschinenlehre am Polytechnikum, der späteren Technischen Hochschule, in München tätig war. „Wenn Linde sich durch die oben beschriebene technische Situation nicht irreführen ließ und der Kaltdampfmaschine eindeutig den ersten Platz in der Zukunft zuwies und diesen Platz dann in der kürzesten Zeit erkämpfte, so muß man darin wissenschaftlich, technisch und wirtschaftlich gesehen, eine Tat von größter Tragweite erblicken."[8]

7 Alois Schwarz, Die Eis- und Kältemaschinen und deren Anwendung in der Industrie, München und Leipzig 1888, S. 230
8 Rudolf Plank, Der Stand des Kältemaschinenbaues vor dem Auftreten Carl Lindes, in: Zeitschrift für die gesamte Kälte-Industrie, Bd. 50 (1943), H. 1, S. 5

Was war daran so umwälzend? Wie konnte Linde der Kompression zum Durchbruch verhelfen, und warum wurde sie so erfolgreich? Bei der Kälteerzeugung durch Kompression entzieht ein Kältemittel (heute sind es die berüchtigten FCKWs) beim Übergang vom verflüssigten in den gasförmigen Zustand seiner Umgebung Wärme. Im Unterschied zur Absorption wird es nach dem Verdampfungsprozeß durch eine Kompressionspumpe angesaugt, verdichtet und wieder in den Verdampfer geschickt. Das Prinzip war so neu eigentlich nicht. Linde konnte auf die Arbeiten und Erfindungen von Jacob Perkins, James Harrison, John Gorrie, A.C. Kirk, F. Windhausen, John Leslie, Charles Tellier sowie der Brüder Edmont und Ferdinand Carré zurückgreifen. Schon 1864 hatte letzterer auch für eine Kompressionskältemaschine das Patent erhalten. Ihr entschiedener Schwachpunkt war die Abdichtung der beweglichen Pumpenteile gegen ein Austreten des Kältemittels, was den Leistungsgrad der Maschine minderte, Störungen und damit neue Kosten verursachte. Kaum etwas aber war bei der Kühlung sehnlicher erwünscht als Kontinuität. Da einige Kältemittel, wie etwa Schwefligsäure, Chlormethyl oder Kohlensäure, nicht gerade gesund sind, gefährdeten Undichtigkeiten obendrein das Betriebspersonal. Der Abschaffung dieses Übels galt Lindes Hauptaugenmerk, als er begann, sich mit Kältetechnik zu befassen. Vorrangige Aufgabe war für ihn die Konstruktion einer zuverlässig dichtenden, sogenannten Stopfbüchse. Er löste das Problem, indem er wegen des niedrigen Gefrierpunktes Glyzerin als Sperre gegen ein Austreten des Ammoniaks verwendete und zusätzlich Vorrichtungen einbaute, die eine Rückgewinnung jener Gasmengen ermöglichten, die sich trotz allem in dem Dichtmittel lösten. Lindes Maschinen erwarben sich schnell den Ruf großer Qualität, hoher Energieausnutzung, Zuverlässigkeit und Betriebssicherheit. (Noch bis vor einigen Jahren lief eine aus dem 19. Jahrhundert stammende Maschine in einer Münchner Brauerei.)

Lindes Verdienst liegt, wie schon angedeutet, weniger in einer neuartigen Erfindung als als vielmehr in der konsequenten Durchformung einer technischen Schöpfung zum Industrieprodukt. Dabei handelte es sich nicht um eine solitäre Entwicklung; die zunehmende Verbreitung wissenschaftlich-technischer Erkenntnisse schloß dies mehr und mehr aus. Zur gleichen Zeit entwickelte David Boyle in den USA ebenfalls auf Basis der Carréschen Arbeiten wirkungsvolle Ammoniakkältemaschinen; in Frankreich setzte sich Raoul Pictets Patent für Kompressionsmaschinen durch, die mit Schwefligsäure arbeiteten, und in England schwor man auf Kohlensäure als Kältemittel. Als Erfinder unterschied sich Linde von dem Arzt Gorrie oder dem Tüftler Carré. Er hatte eine anspruchsvolle Fachausbildung an der Polytechnischen Schule in Zürich genossen. Zu seinen Lehrern gehörten unter anderen der berühmte Physiker Rudolf Clausius, der den Zweiten Satz der Wärmelehre erstmals formulierte, und Gustav Zeuner, Begründer der technischen Thermodynamik als Disziplin der Ingenieurwissenschaften. So überrascht es nicht, daß Linde die Lösung kältetechnischer Probleme theoretisch anpackte. Seine erste Arbeit auf diesem Gebiet resultierte in zwei Artikeln im ‚Bayerischen Industrie- und Gewerbeblatt' 1870 und 1871, die er für einen vom ‚Halleschen Mineralölverein' ausgeschriebenen Wettbewerb einreichte. Die Gesellschaft suchte neue Möglichkeiten zum Auskristallisieren von Paraffin auf dem Kältewege.

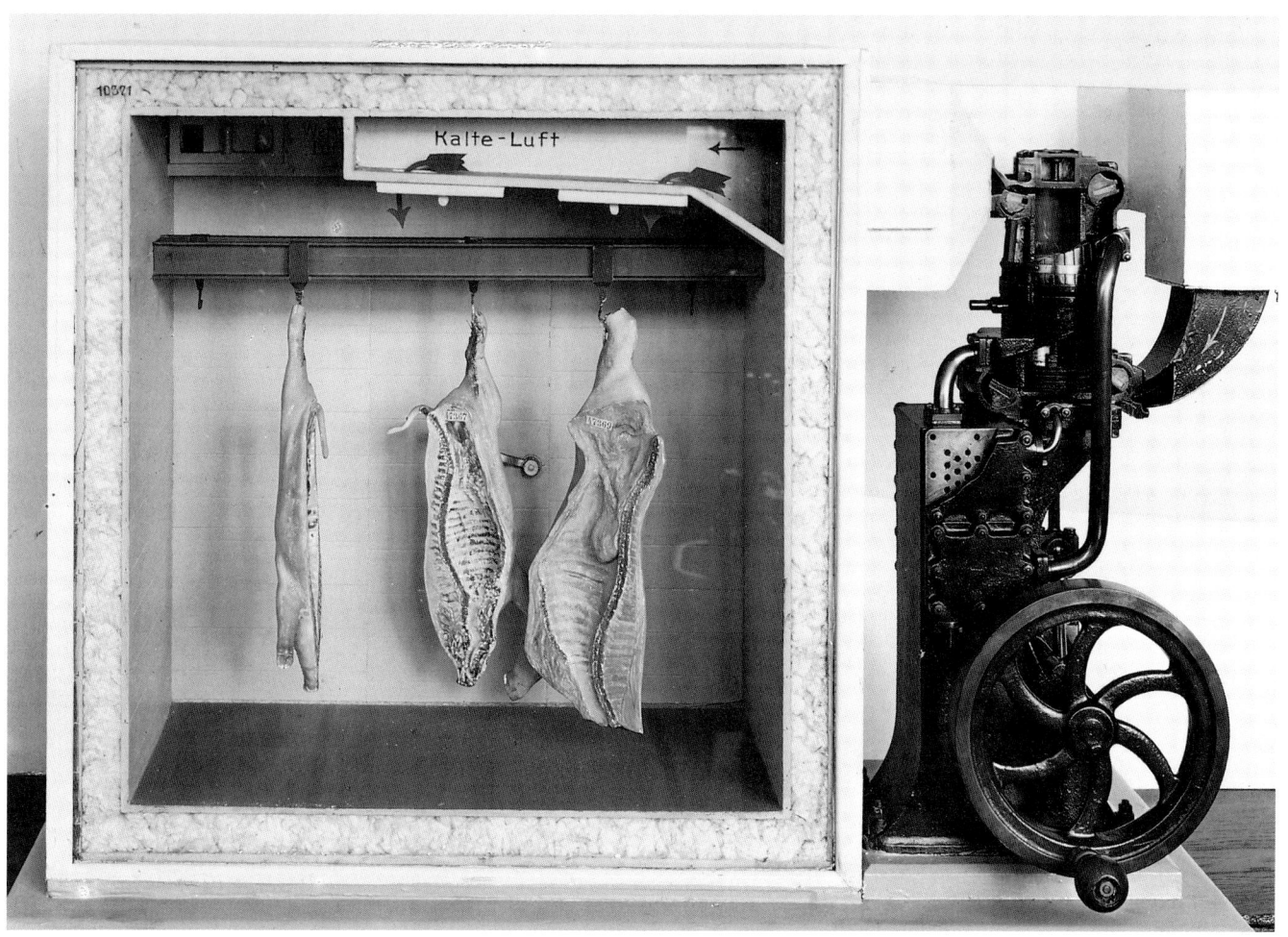

Modell einer Kaltluftmaschine der englischen Bauart ‚Lightfoot', 1896. Das Prinzip, daß vorher verdichtete Luft bei anschließender Expansion zu einer Temperatursenkung führt, lag den Kaltluftmaschinen zugrunde. Sie erreichten zwar eine gewisse Verbreitung, konnten sich aber wegen ihres großen Platzbedarfs und hohen Energieverbrauchs nicht gegen die Absorptions- und Kompressionsmaschinen behaupten.

Mit seinen Beiträgen schuf Linde die erste Grundlage für eine Theorie der Kältemaschine. „Zunächst handelte es sich darum festzustellen, 1. welches Verhältnis zwischen entzogener Wärmemenge (Kälteproduktion) und aufgewendeter Energie als das naturgesetzlich höchst erreichbare zu betrachten, 2. welcher Arbeitsvorgang zur Erreichung solcher Höchstleistung auszuführen sei, und 3. wie sich die verschiedenen Kältemaschinen hierzu verhalten."[9] Grundsätzliche Überlegungen dazu gab es bereits. 1824 hatte der französische Wissenschaftler und Ingenieur Sadi Carnot die Grenzen der Verwandlungsfähigkeit von Wärme in Arbeit an Hand eines idealen umkehrbaren Kreisprozesses bestimmt. Der von Graf Rumford und Robert Mayer weiterentwickelte, berühmte Carnotsche Kreisprozeß war sowohl vor wie nach Linde ein wichtiges Leitbild, ein Utopia für Ingenieure auf dem Gebiet der Thermodynamik. Da Lindes Theorie sich mit Kalt- und nicht mit Heißdampfmaschinen befaßte, mußte er den Carnotprozeß umkehren, doch konnte er verschiedene Grundlagen übernehmen. Seine Überlegungen, die im wesentlichen auf Zeuners Buch ‚Grundzüge der mechanischen Wärmetheorie' zurückgingen, führten ihn zu dem Schluß, daß die Kompression die größten Möglichkeiten für die Zukunft der Kältemaschine bot. Kaltluftmaschinen waren zu unhandlich, und das Carrésche System bezeichnete er als so kompliziert, daß es überhaupt nicht exakt analysiert werden konnte.

9 Carl Linde, Aus meinem Leben und von meiner Arbeit. Unveränderter Nachdruck der 1916 erschienenen Aufzeichnungen, München 1979, S. 37

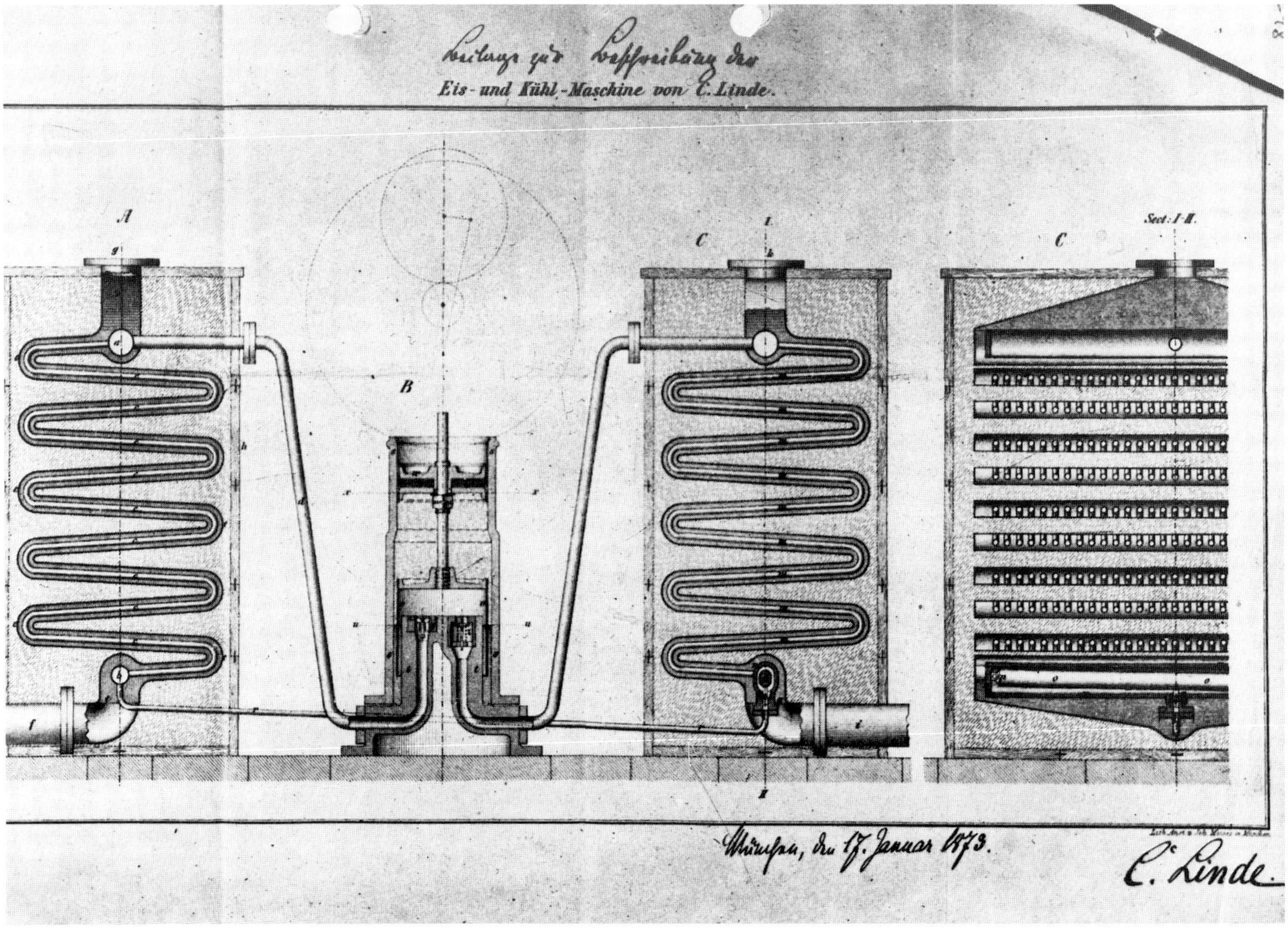

Zeichnung der Linde-Kältemaschine aus der Patentschrift Nr. 1250 aus dem Jahr 1877.
Linde-Büste im Ehrensaal des Deutschen Museums in München. Die Inschrift darunter lautet: „Carl v. Linde, geb. in Berndorf am 11. Juni 1842, gest. in München am 16. November 1934. Seine Kältemaschine und sein Luftverflüssigungsverfahren haben der Tieftemperaturtechnik den Weg geöffnet. In Forschung und Lehre war er bahnbrechend." Allen Verbreitungsmöglichkeiten technischen Wissens gegenüber aufgeschlossen, zählte Carl von Linde (er wurde 1897 geadelt) zu den Gründungsmitgliedern des Deutschen Museums.

Lindes Artikel markieren den Beginn der Kältetechnik als Ingenieurwissenschaft, in die Weltbild, Konzepte und Grundlagen der Thermodynamik eingebracht wurden und mit dem die systematische Erfassung des Wissens über die Kälte in festen Kategorien begann. Sobald eine Maschine sich dieser Art der Berechnung ‚widersetzte', wie es beim Carréschen System der Fall war, wurde sie nicht weiter berücksichtigt. Die Betonung der Kalkulierbarkeit ließ Linde Begriffe wie ‚ökonomischer Wirkungsgrad' bevorzugen, während er schwerer faßbare Faktoren wie etwa die Giftigkeit der verschiedenen Kältemittel nicht beachtete. Es war genau dieses methodologische Ideal, das einige Jahrzehnte später andere dazu brachte, FCKWs als Kältemittel zu entwickeln und einzusetzen. Die Strenge von Lindes wissenschaftlichem Ansatz brach mit den Gepflogenheiten seiner Zeit und zeigte neue Entwicklungs-linien auf. Der Stand der Technik war herausgefordert, als die Kompression die Absorption als vorherrschendes Prinzip für Kältemaschinen abzulösen begann.[10] Es lag an Linde zu beweisen, daß die Kompressionsmaschine dem Ideal des Carnotschen Kreislaufprozesses näher kam als alles andere.

Nun hätte Lindes Interesse an mechanischer Kälterzeugung nach den erwähnten Artikeln möglicherweise nachgelassen, wäre er nicht unter

Die erste kommerziell genutzte Linde-Kältemaschine, die 1877 in der Anton Dreherschen Brauerei in Triest in Betrieb genommen wurde und bis 1908 ihren Dienst tat. Später wurde sie als erhaltenswertes Zeugnis der Kältetechnik dem Technischen Museum in Wien übereignet, zu dessen Sammlung sie als Ikone dieses Fachbereichs nach wie vor zählt.

10 Bezüglich des ‚Stands der Technik' siehe Andreas Knie, Technikgenese, sozialwissenschaftliche Rekonstruktionsarbeiten technischer Entstehungs- und Formierungsprozesse im Verbrennungsmotorenbau, Berlin 1990

den Einfluß wichtiger Persönlichkeiten aus der Brauindustrie geraten. Mit dem Angebot, die Entwicklungskosten zu übernehmen, baten ihn Gabriel Sedlmayr, Direktor der Münchner Spatenbrauerei, und August Deiglmayr von den Anton Dreherschen Brauereien in Wien, an die Konstruktion einer zuverlässigen Kältemaschine zu gehen. Dritter im Bunde war Heinrich Buz, Direktor der Maschinenfabrik Augsburg. Aus dieser Zusammenarbeit entwickelte sich eine respektable Erfolgsstory. Linde begann umgehend mit einem seiner Studenten auf dem Spaten-Gelände mit Experimenten. 1873 erhielt er das bayerische Patent für ein komplettes Kühlsystem und konnte im gleichen Jahr die Aufstellung einer ersten, vier Tonnen schweren und von der Maschinenfabrik Augsburg gefertigten Maschine in der Spatenbrauerei verfolgen. Aus rein theoretischen Überlegungen verwendete Linde hier noch Methyläther als Kältemittel, was sich aber als ungünstige Wahl herausstellte, als eines Nachts die Pumpe explodierte. Linde entschied sich danach für Ammoniak und baute eine zweite Versuchsmaschine, für die er 1875

Die Bedeutung künstlich erzeugbarer Kälte für die Arbeit der Brauer ist nicht hoch genug einzuschätzen. Das Modell eines Gär- und Lagerkellers der Pschorr-Brauerei aus der Sammlung des Deutschen Museums veranschaulicht, wie direkte Kühlung (in den Gärbottichen) und indirekte (in den Lagerkellern) die bis dahin von äußeren Umständen abhängigen Herstellungs- und Lagerpraktiken revolutionierte.

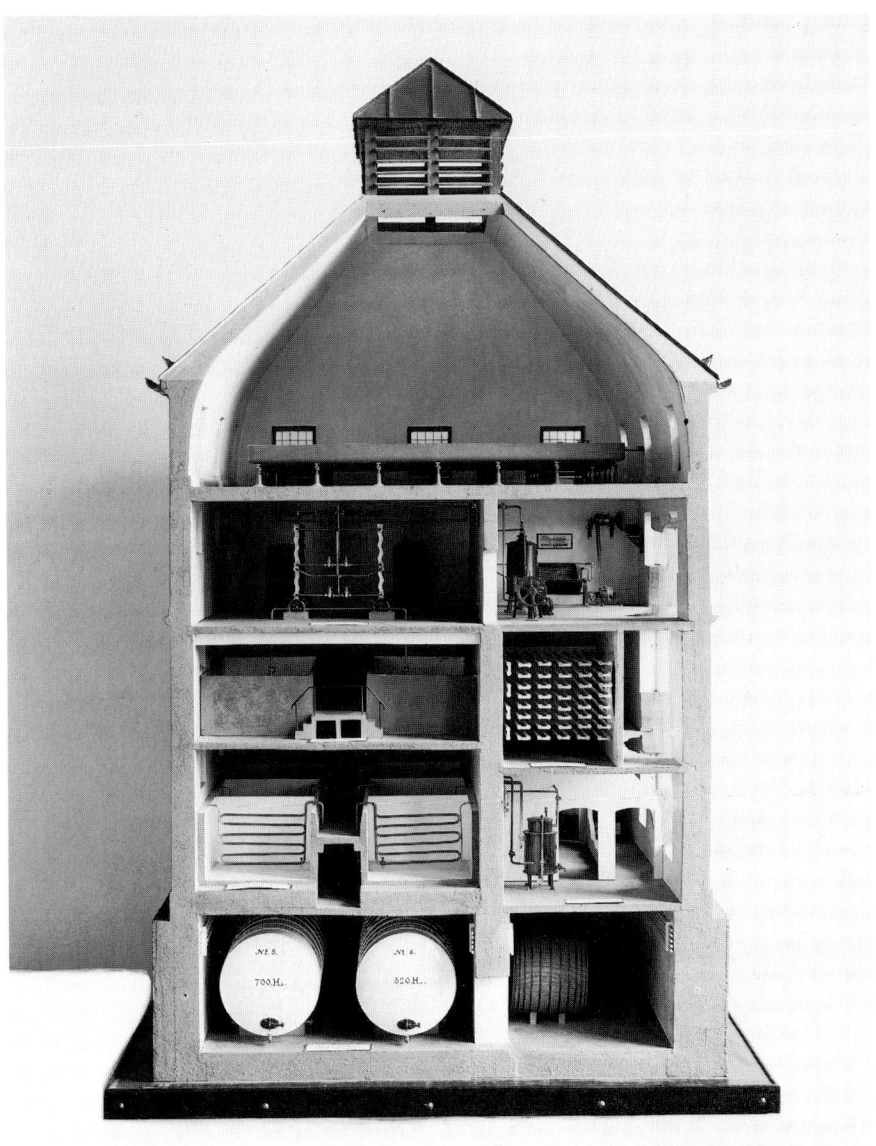

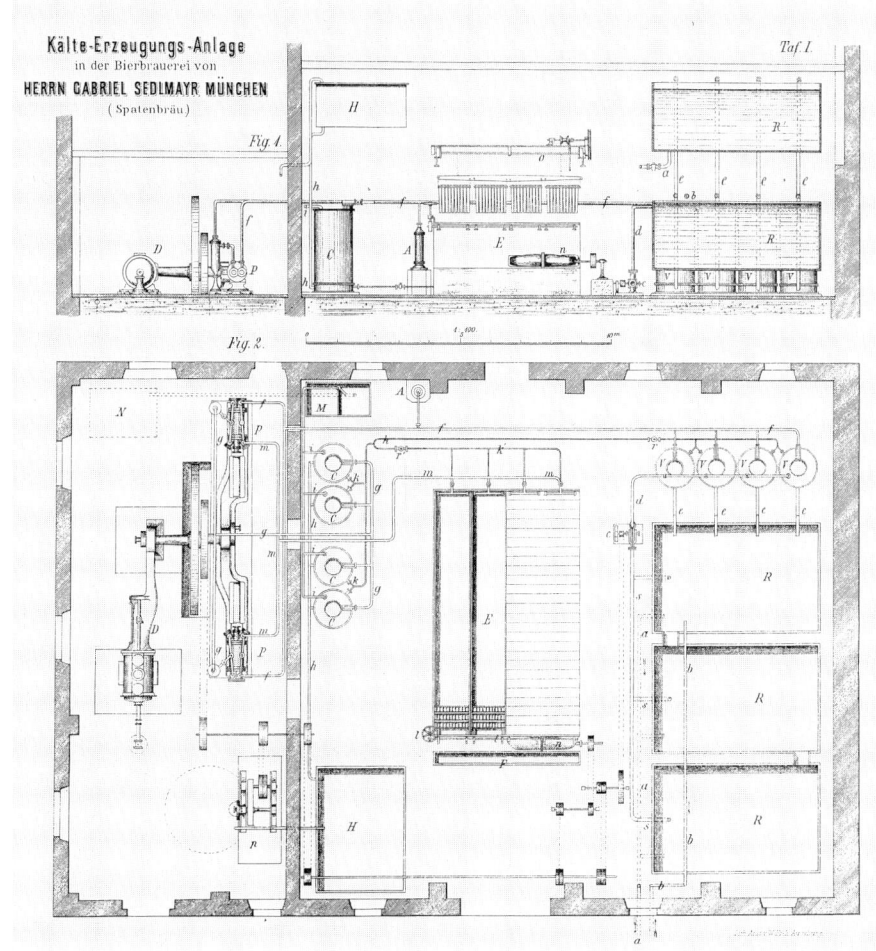

Plan der Kälteerzeugungsanlagen in der Spatenbrauerei von Gabriel Sedlmayr in München, 1880. Sedlmayr hatte Linde seinen Betrieb für erste Versuche mit Kältemaschinen zur Verfügung gestellt.

das bayerische und 1877 das Reichspatent erhielt. Sie war leichter und billiger und wurde noch 1875 an Spaten ausgeliefert. Die günstigen Versuchsergebnisse führten 1876 zu einem Exklusivvertrag Lindes mit der Maschinenfabrik Augsburg, die für fünf Jahre die Alleinausführungsrechte für seine Maschinen erhielt. Noch 1876 konstruierte Linde ein drittes Muster, das einen liegenden Kompressor besaß und Ammoniak als Kälte- und Glyzerin sowohl als Schmier- wie auch als Dichtmittel benutzte. Die erste Maschine dieser Bauart wurde 1877 in der Dreherschen Brauerei in Triest mit einer kompletten Anlage zur Luftkühlung und Eisproduktion installiert, die bis 1908 in Betrieb blieb. Dieser von Linde selbst als ‚Erstling der Kältemaschinen' bezeichnete Typ sollte lange Zeit Vorbildcharakter behalten.

Warum finanzierten gerade die Brauindustriellen so bereitwillig Lindes Experimentierphase? Insbesondere die Herstellung untergäriger Biere verlangt eine schnelle Abkühlung der Würze und einen anschließenden Gärungsprozeß bei niedriger Temperatur. Deshalb war die Brausaison lange Zeit auf das Winterhalbjahr beschränkt. Bis zur Einführung witterungsunabhängiger Kältetechnik gab es für die Brauer nur drei Wege, tiefere als Raumtemperaturen zu erreichen. Zum einen konnten sie Felsenkeller zur Lagerung nutzen, die gleichbleibend kühl waren. Zweitens ließ sich kaltes Brunnenwasser durch verschiedenar-

Die Brauer Georg Lederer aus Nürnberg, Gabriel Sedlmayr aus München und Anton Dreher aus Schwechat bei Wien, um 1850. Die Aufnahme entstand als Erinnerung an eine gemeinsame Reise der drei nach England, auf der sie das dort bereits weit entwickelte Know-how der Brautechnik erforschten.

tige Apparate wie etwa Trompeten- oder Taschenkühler leiten, die in die Gärbottiche eingehängt waren. Und drittens gab es das Natureis, das in den Lagerkellern oder bei der Gärung in den auf der Würze treibenden ‚Eisschwimmern' verwendet wurde. Das Gesetz, das bis 1850 in Bayern das Brauen während der Sommerzeit verbot, wurde abgeschafft, als sich ein regelmäßiger Natureishandel etablierte. Dieser war jedoch zu anfällig gegen Schwankungen, auch wenn nach milden Wintern zu hohen Preisen Eis aus den Alpenländern oder dem fernen Skandinavien importiert werden konnte. Verglichen mit solchen Unsicherheiten wies die Kältemaschine natürlich große Vorteile auf. Sie produzierte hygienisch einwandfreies Eis. Wurde sie mit Luftentfeuchtern kombiniert, konnte das Raumklima konstant und trocken gehalten, die Temperatur den jeweiligen Bedürfnissen entsprechend geregelt werden. Das wichtigste jedoch war, daß die Maschine den Brauprozeß berechenbarer und damit die Kosten kalkulierbarer machte. Denn die benötigte Energie lieferte die Kohle, deren Anfuhr und Preis weit geringeren Unsicherheiten unterlag als das Natureis.

Für die ‚Mäzene' aus der Brauindustrie hatten Begriffe wie Zuverlässigkeit, Berechenbarkeit, Kontrolle und Genauigkeit eine große Bedeutung. Seit den 1830er Jahren pflegten die Spaten- wie die Dreher-Brauerei den Ehrgeiz, jeweils neueste Technologien in den Brauprozeß einzuführen. Man nutzte Thermometer, um die genaue Einhaltung bestimmter Temperaturen zu gewährleisten. Mit Saccharometern konnte der Alkoholgehalt bestimmt werden, und chemische wie biochemische Analysen begleiteten die Qualitätssicherung der Rohstoffe und Produkte. Das Leitbild Sedlmayrs und anderer war die Brauerei, in der nichts dem Zufall überlassen wurde. Und nur mit Kältemaschinen war ein sorgsam abgestimmtes Klima hinsichtlich Temperatur, Luftfeuchtigkeit und Hygiene leicht zu erreichen. Diese hohen Standards standen zu jener Zeit nicht unbedingt nur im Dienste schneller Profitmaximierung. Eine Eismaschine war extrem kostspielig und verursachte beträchtlichen zusätzlichen Energiebedarf, so daß die Investition nicht in jedem Fall wirtschaftlich war. Bei der Spaten-Brauerei verbrauchten allein die Kälteaggregate drei Viertel der erzeugten Dampfkraft. Ohne Zweifel ging eine Anzahl mittelständischer Brauereibetriebe infolge zu hoher Aufwendungen für Kühlanlagen zugrunde. Bleibt die Frage, warum Sedlmayr und Deiglmayr ausgerechnet Linde unterstützten, der doch 1871 auf dem Gebiet der Kälteerzeugung nicht mehr vorzuweisen hatte als zwei Zeitschriftenartikel. Einmal mehr müssen wir Ideen und Werte in Betracht ziehen. Als Professor und Vertreter eines thermodynamischen Ansatzes verkörperte Linde die objektive Rationalität der Wissenschaft, die nach Ansicht der Großbrauer allein den besten Weg wies. Eine auf gesicherten Erkenntnissen beruhende Maschine würde der angestrebten Perfektion näher kommen als alles andere. Für Sedlmayr und Deiglmayr bedeutete nur dies eine Garantie für Effizienz und Zuverlässigkeit.

Um Lindes Arbeit auf eine solide Grundlage zu stellen, wurde 1879 in Wiesbaden die ‚Gesellschaft für Linde's Eismaschinen AG' gegründet. Carl Linde gab seine akademische Laufbahn auf und wurde ihr erster Direktor. Er brachte einige seiner besten Studenten mit in die Firma, deren Aufbau noch vom heutigen Standpunkt aus verblüffend modern anmutet. Es war ein hochqualifiziertes Ingenieurbüro, das sich aus-

Die aus Dampfmaschine und - an den bereiften Rohrleitungen zu erkennen - einem Kälteaggregat bestehende Kraftzentrale in der Zeltner Brauerei, Nürnberg um 1910. Bilder wie dieses zeigen eindrucksvoll den Stolz auf eine effiziente, überschaubare Technik, die eine gleichbleibende Qualität der Produkte verhieß.

schließlich auf Forschung und Entwicklung konzentrierte. „An Herstellung dieser Kälte-Einrichtungen und jener Maschinen in eignen Werkstätten haben wir niemals gedacht, sondern beschränkten und vertieften unsere Arbeit aussschließlich auf das Entwerfen und Berechnen der von uns zur Lieferung übernommenen Anlagen und aller ihrer Bestandteile, auf die Überwachung der teilweise durch eigene Monteure durchgeführten Aufstellung und auf den Verkehr mit der Kundschaft einerseits und mit den Werkstätten andererseits."[11] Einer der Ingenieure war übrigens Rudolf Diesel, der im Laufe des Jahres 1880 die Firmeninteressen in dem wichtigen Standort Paris vertrat. Der Erfolg des Lindeschen Systems beruhte mehr auf dieser Organisation als auf dem direkten Einfluß seiner thermodynamischen Überlegungen. Dadurch, daß er die Entwicklungsarbeit hervorragend ausgebildeten, hoch motivierten Fachleuten und die Herstellung der weitbekannten Maschinenfabrik Augsburg anvertraute, blieb kaum etwas dem Zufall überlassen. Zu einer Zeit, da sich Franz Reuleaux, ein früherer Lehrer Lindes, über „billige und schlechte" Produkte der deutschen Industrie erregte, setzte die Linde-Gesellschaft Meilensteine auf dem Gebiet der Qualitätssicherung in Forschung, Entwicklung und Fabrikation mit dem Ergebnis, daß Maschinen ihrer Art sehr schnell zu den zuverlässigsten - und teuersten - zählten.

11 Carl Linde (siehe Anm. 9), S. 52

Die Prüfstation des Münchner Polytechnischen Vereins in der Nymphenburger Straße, 1890. In der allein für vergleichende Versuche an Kältemaschinen gebauten, aufwendig ausgestatteten Anlage sollten exakte Testreihen das bessere der beiden konkurrierenden Systeme von Pictet und Linde ermitteln. Oben das Lindesche Kälteaggregat, darunter Pictets Maschine. Auf der rechten Seite eine Außenansicht und der Meßraum.

12 Moritz Schröter, Untersuchungen an Kältemaschinen verschiedener Systeme. Zweiter Bericht, München 1890

Lindes Renommée war ein Aktivposten seiner Firma. Ihre Maschinen wurden in der Werbung als wissenschaftlich erarbeitete angepriesen, und Carl von Linde (er wurde 1897 geadelt) erbrachte stets neue Beweise, daß sie besser waren als die der Konkurrenz. Umso mehr mußte es ihn aufregen, wenn - wie im Fall Grübs/Pictet - seine führende Position mit unlauteren und unwissenschaftlichen Ansprüchen bestritten wurde. Raoul Pictet, ein bekannter Kältetechniker, hatte Patente auf die Verwendung eines Gemisches von schwefliger mit Kohlensäure (‚liquide Pictet‘) als Kältemittel erhalten und pries dessen Leistungsfähigkeit unter anderem damit, daß es nicht den Gesetzmäßigkeiten des Zweiten Satzes der Wärmelehre unterworfen sei. Das Werbeargument wurde auch von der Berliner Firma Rudloff Grübs & Co. übernommen, die Pictets Patente für Deutschland erworben hatte.

Um die Unsachlichkeit dieser Behauptungen zu beweisen, finanzierte die Linde AG 1888 dem Bayerischen Polytechnischen Verein die Errichtung einer Versuchsstation für Kältemaschinen, in der spezielle Prüfvorrichtungen eine Wahrheitsfindung ermöglichen sollten. Linde hoffte, auf diese Weise einen einwandfreien Vergleich der Leistungen verschiedener Maschinenssysteme zu erreichen und der Korrektheit und Glaubwürdigkeit zum Sieg zu verhelfen. Mit standardisierten Prüfmethoden sollte festgestellt werden, welche Maschine den höchsten Leistungsgrad erreichte. Die Prüfstation hatte bemerkenswerte Ausmaße; es wurden keine Kosten gescheut. Anzeigegeräte und Manometer waren in der Hochschule in München getestet worden, die Thermometer in der Physikalisch-technischen Reichsanstalt in Berlin. Eine Expertenjury sollte Objektivität garantieren und jeglichen Zwist zwischen den Firmen schlichten. Vorsitzender der Jury war Moritz Schröter, Lindes Nachfolger als Professor für theoretische Maschinenlehre in München. Ergebnis der Prüfung war, daß im Vergleich zu Pictet/Grübs die Lindesche Maschine bis zu dreißig Prozent mehr Eis pro aufgewendeter Kohleeinheit erzeugen konnte. Nach dieser eindeutigen Niederlage verkaufte Grübs seine Pictet-Lizenz der Linde AG.

Im Ganzen scheint die Testserie gerecht abgelaufen zu sein, obwohl Linde entschieden hatte, alle Maschinen während des Vergleichs bei gleichbleibender Tourenzahl laufen zu lassen. Nachdem Grübs' Kompressor für unterschiedliche Geschwindigkeiten bei unterschiedlichen Temperaturen gebaut war, bedeutete dies sicherlich eine Benachteiligung. Es ist eben nicht leicht, absolut gleiche Wettbewerbsbedingungen für alle herzustellen. Auch erscheint bemerkenswert, daß der einzig bedeutende Faktor in diesen Prüfungen der Leistungsgrad in Verbindung mit der Energieausnutzung war. Andere Fragen, wie die der Sicherheit oder der Anschaffungskosten, wurden in Schröters Abschlußbericht nicht erörtert.[12] Für uns ist weniger das Ergebnis das Interessante an dieser Versuchsreihe als der heute verblüffend naiv anmutende Glaube, daß objektive Tests den freien Marktwettbewerb zu korrigieren vermögen und wissenschaftliche Gründlichkeit darüber entscheiden kann, welches Produkt das beste sei. Leitbild jener Ingenieure war aber ein System, in dem rationale Entscheidungen den Wettbewerb steuerten. Daß dies nicht der Weisheit letzter Schluß war, beweist ein Additiv, ohne das in der modernen Industriegesellschaft nichts mehr verkauft wird. Man nennt es Marketing.

(Aus dem Englischen übertragen von Hans-Christian Täubrich)

Das Gemälde von T. Brooke zeigt Sir James Dewar (1842-1923) bei der Demonstration der Eigenschaften flüssigen Wasserstoffs vor einem erlesenen Publikum in der ‚Royal Institution of Great Britain' in London, 1904. Der englische Beitrag zur Tieftemperaturforschung erreichte mit den Arbeiten Dewars seinen Höhepunkt. Bis heute unverändert ist das Prinzip der Dewarschen Gefäße (Kryostaten), doppelwandiger Glasbehälter, die ein ungehindertes Arbeiten mit verflüssigten Gasen erlauben. 1898 gelang Dewar die Verflüssigung von Wasserstoff.

GANZ UNTEN

Die Tieftemperaturtechnik - ganz überwiegend eine Technik der Gasverflüssigung - ist die jüngere Schwester der gewöhnlichen Kältetechnik. Doch die beiden Schwestern unterscheiden sich stark, denn sie haben jeweils eine ganz andere Anwendungskultur. Tieftemperaturanlagen bekommt der Endverbraucher praktisch nie zu Gesicht. Auch ihre Produkte, etwa verflüssigtes oder zerlegtes Gas, haben meist schon wieder Umgebungstemperatur, wenn sie an das Licht der Öffentlichkeit kommen. Bei Kühlschränken, Kältemaschinen und Klimaanlagen ist der Zweck offensichtlich. Die Sehnsucht der Menschen nach kühlem Bier und frischer Luft, nach Eis im Sommer und Erdbeeren im Winter, war als Motor stark genug für die Entwicklung dieser Technologie. Aber wer braucht Temperaturen bis hinab zum absoluten Nullpunkt bei minus 273 Grad Celsius? Wen interessiert dieser in der Erstarrung verharrende Bereich des Lebens?

Seit etwa zweihundert Jahren diskutieren Naturforscher physikalische Probleme der tiefsten Temperaturen. Vom 18. Jahrhundert an beschäftigten sich Wissenschaftler besonders mit dem Wesen der Wärme - und damit auch der Kälte. Die Fragen, die sie bewegten, waren: Wo liegt die tiefste Temperatur? Welchen Zustand haben Gase und Flüssigkeiten bei dieser Temperatur? Lassen sich alle Gase verflüssigen? Anwender, die flüssige oder zerlegte Gase haben und nutzen wollten, interessierten sich für ganz andere Aspekte: Wie ist ein möglichst reines Gas oder eine tiefe Temperatur effizient zu erzeugen? Man kann die Hauptinteressenten an der Erforschung der Kälte in zwei Gruppen einteilen, und zwar weniger in Physiker und Ingenieure als in Theoretiker und Anwender. Es gab nämlich anwendungsorientierte Physiker und ausschließlich am technischen Spiel interessierte Ingenieure. Professoren wurden zu Unternehmern, und Ingenieuren gelangen nobelpreisverdächtige Entdeckungen. Diese beiden ‚Lager' der Gasverflüssiger unterschieden sich nicht so sehr in den angewandten Methoden wie in den Fragen und Zielen ihrer Arbeit. Ihre jeweiligen Ansätze befruchteten sich gegenseitig. Die Anwender bauten Instrumente und Anlagen, die neue Fragen aufwarfen oder nach theoretischen Erklärungen verlangten. Theoretiker konnten mit diesen neuen Apparaten neue Versuche machen. Aus den gelehrten Zirkeln und später den Laboratorien der Physiker kamen Theorien und Anregungen zu den industriellen Praktikern. In dieser doppelten Geschichte der Gasverflüssigung ist die Rolle der Ingenieure und industriellen Praktiker bisher unterschätzt und die zentrale Rolle der Physiker überbewertet worden.[1]

Vom absoluten Nullpunkt und dem Nutzen tiefer Temperaturen

[1] Einen hervorragenden Überblick über die Primärliteratur zu den wichtigen Innovationen der Tieftemperaturphysik und -technik gibt Rudolf Plank, Geschichte der Kälteerzeugung und Kälteanwendung, in seinem: Handbuch der Kältetechnik, Bd. 1, Berlin 1954, S. 1 - 160

Vier Persönlichkeiten aus der langen, internationalen Reihe der Tieftemperaturforscher. Oben: Bildnis des französischen Physikers Nicolas Leonard Sadi Carnot (1796-1832) als Schüler der École Polytechnique im Alter von siebzehn Jahren. Seine Betrachtungen über einen Kreisprozeß von Wärme und Arbeit schufen die Grundlagen für den zweiten Satz der Wärmelehre, dem der Deutsche Rudolph Julius Emanuel Clausius (unten) 1850 seine allgemein gültige Fassung gab: „Wärme kann nicht von selbst von einem kälteren zu einem wärmeren Körper übergehen." Clausius (1822-1888) lehrte Physik an den Universitäten von Würzburg und Bonn.

Im allgemeinen Sprachgebrauch wird das Wort ‚Gas' für einen Stoff verwandt, der bei Umgebungsbedingungen gasförmig vorliegt. Im physikalischen Sinne ist dagegen ein Gas kein Stoff, sondern ein Aggregatzustand. Alle Stoffe - das wissen wir heute - können fest, flüssig oder auch gasförmig sein. Den Übergang vom festen zum flüssigen Zustand nennen wir schmelzen, seine Umkehrung erstarren, den Übergang vom flüssigen zum gasförmigen Zustand sieden beziehungsweise kondensieren. Der direkte Übergang vom festen zum gasförmigen Zustand wird als sublimieren bezeichnet. Wir sehen in jedem Frühjahr, wie ein Schneehaufen sich langsam ‚in Luft auflöst', er sublimiert. Der Aggregatzustand eines Stoffes ist abhängig - das ist eine relativ komplizierte Vorstellung - von den beiden Größen Druck und Temperatur. Bei einem Druck von 0,02 bar siedet Wasser schon bei zwanzig Grad Celsius, bei zwanzig bar dagegen erst bei 212 Grad. Man kann daher Gase durch Druckerhöhung, Temperaturerniedrigung oder eine Kombination aus Druck- und Temperaturänderung verflüssigen.

Von zentraler Bedeutung für das Verständnis der Gasverflüssigung ist der Energieerhaltungssatz. Der Aggregatzustand eines Stoffes ist Ausdruck seines energetischen Zustands. Um einen Stoff zu schmelzen oder zu verdampfen, muß man ihm Energie zuführen. Dabei kostet es beispielsweise weniger Energie, einen Liter Wasser von null auf hundert Grad Celsius zu erhitzen, als ihn anschließend zu verdampfen. Um Gase zu verflüssigen, muß man ihnen diese Verdampfungswärme entziehen. Dafür gibt es zwei Möglichkeiten. Man kann sie kühlen oder sie unter Arbeitsabgabe entspannen, zum Beispiel Wasserdampf in der Dampfmaschine. Als Endprodukt erhält man in diesem Fall wieder kondensiertes Wasser. In der Geschichte der Gasverflüssigung hat es auch ganz andere Vorstellungen davon gegeben, was ein Gas ist und wie man es verflüssigen kann. Diese Vorstellungen und Modelle waren oft sehr hilfreich und fruchtbar, auch wenn sie unseren heutigen Anschauungen widersprechen. Lange bevor die physikalischen Gesetze der Energieerhaltung formuliert wurden, gab es schließlich schon funktionierende Dampf- und Kältemaschinen und auch Gasverflüssigungsapparate. Wir wollen daher versuchen, die Physik der tiefen Temperaturen aus der Sicht der frühen Zeitgenossen zu beschreiben.

Wie tief ist die tiefste Temperatur? Das war eine interessante physikalische Frage für die französischen Naturforscher des 17. und 18. Jahrhunderts. Guillaume Amontons (1663-1705) und hundert Jahre später Joseph Gay-Lussac (1778-1850) gingen ihr mit Experimenten zur Druckerniedrigung von Gasen nach. Wenn man die Temperatur in einem Luftgefäß erniedrigte, sank auch der Druck. Da der Druck eines Gases nicht negativ werden konnte, mußte es eine tiefste Temperatur geben, die Amontons auf minus 240 Grad Celsius schätzte. Gay-Lussac zeigte, daß die Druckabnahme bei schmelzendem Eis pro Grad Celsius 1/273 des Normaldruckes war und vermutete daher den absoluten Nullpunkt bei minus 273 Grad Celsius, nur 0,15 Grad neben dem heute errechneten Wert. Aber damit war man noch weit davon entfernt, solch tiefe Temperaturen faktisch zu erreichen. Ebenfalls im 18. Jahrhundert entstand die Theorie der Aggregatzustände. Mit tiefen Temperaturen ließen sich schließlich alle Gase verflüssigen, vermutete der große Chemiker Antoine Lavoisier (1743-1794) Ende des 18. Jahrhunderts. Allerdings konnte er diese Temperaturen nicht erzeugen. Deshalb nutzten die Franzosen die zweite Möglichkeit der Gasverflüssigung, die Kompression. Schon Otto von Guericke (1602-1686) hatte im 17. Jahrhundert die Abhängigkeit des Siedepunktes vom Druck entdeckt. In der ersten Hälfte des 19. Jahrhunderts versuchte der Wiener Arzt Johannes Natterer mit selbstgebauten Kompressoren Gase durch hohen Druck zu verflüssigen. In jahrzehntelangen Versuchen gelang es ihm, Drücke von bis zu 3600 Atmosphären zu erzeugen. Sechs Gase wurden aber trotz dieser hohen Drücke nicht flüssig: Sauerstoff (O_2), Stickstoff (N_2), Methan (CH_4), Kohlenmonoxid (CO), Stickoxid (NO) und Wasserstoff (H_2). Die Physiker der Zeit nannten sie daher die permanenten Gase. Doch das war nur eine Notlösung, standen doch die permanenten Gase quer zu der Theorie der Aggregatzustände, wonach jedes Element fest, flüssig und gasförmig vorliegen könne.

In den 1860er Jahren legte der schottische Physiker Thomas Andrews (1813-1885) eine neue Theorie vor. Er hatte Kohlendioxid unterhalb von 88 Grad Fahrenheit (31 Grad Celsius) bei unterschiedlichen Drücken in flüssigem und gasförmigem Zustand beobachtet. Oberhalb von 31 Grad Celsius sah er aber auch bei höchsten Drücken nur noch einen gasförmigen Zustand. Verallgemeinert vermutete Andrews, „daß der Gas- und Flüssigkeitszustand nur weit voneinander getrennte Formen eines und desselben Aggregatzustandes sind".[2] Oberhalb jener für jedes Gas verschiedenen ‚kritischen Temperatur' gebe es keinen flüssigen Zustand. Das aber bedeutete, daß es erst unterhalb dieser Grenztemperatur möglich war, Gase durch Druck zu verflüssigen. Das galt auch für die permanenten Gase. Eine Reihe von Forschergruppen in England, Frankreich, der Schweiz, Polen und Deutschland machte sich nun daran, so tiefe Temperaturen zu erzeugen, daß man von ihnen aus die letzten permanenten Gase durch Druck würde verflüssigen können. Einer dieser Forscher war der Bergingenieur Louis Cailletet (1832-1913) aus Chatillon-sur-Seine bei Paris. Er wollte Azetylen durch Abkühlung und anschließende Kompression verflüssigen. Durch Zufall beobachtete er im Winter 1877 an einem Leck in seinem abgekühlten und komprimierten Luftbehälter einen Nebel: Durch die plötzliche ungewollte Entspannung hatte sich das Azetylen verflüssigt. Cailletet begriff sofort die Entspannung als neues Verflüssigungsverfahren und verflüssigte kurz darauf auf diesem Wege als erster Mensch die Luft.

Die Abkühlung durch Entspannung war eigentlich schon seit Jahrzehnten bekannt, aber von den Gasverflüssigern nicht zur Kenntnis genommen worden. Bei der Druckentspannung dehnt sich ein Gas aus; es leistet ‚Volumenveränderungsarbeit'. Die notwendige Energie entzieht es sich selbst durch Abkühlung. Mit dem Energieerhaltungssatz, der um 1850 aufgestellt worden war, konnte man die Abkühlung sogar berechnen. Nur wenige Tage nach Cailletet verflüssigte der Genfer Physiker Raoul Pictet (1846-1929) Sauerstoff durch Hintereinanderschaltung von Kältemaschinen mit verschiedenen Kältemitteln, wobei der normale Siedepunkt der jeweiligen Kältemittel von Stufe zu Stufe sank. Pictet begann im ersten Kreislauf mit Schwefeldioxid, im zweiten nahm er Kohlendioxid und im dritten Kreislauf Sauerstoff, den er bei einem Betriebsdruck von fünfzig Atmosphären verflüssigen konnte. Pictet benutzte nicht die Entspannungskühlung, sondern den Prozeß der Kompressionskältemaschinen für seinen Verflüssiger. Bei dieser Anlage baute er auf seinen Erfahrungen im Kältemaschinenbau auf. Als

Oben: Lord Kelvin, eigentlich William Thomson, 1. Baron Kelvin von Largs (1824-1907), gilt neben Clausius als einer der Begründer der Thermodynamik. Von ihm stammt unter anderem die absolute Temperaturskala. Unten: Heike Kamerlingh Onnes (1853-1926) war als Professor für experimentelle Physik an der Universität Leiden in Holland tätig. Er entdeckte, daß einige Stoffe bei niedrigsten Temperaturen ihren elektrischen Widerstand verlieren (Supraleitung). 1913 erhielt er für die Verflüssigung von Helium und weitere Arbeiten auf dem Gebiet der Tieftemperaturforschung den Nobelpreis für Physik.

2 Thomas Andrews, (Ostwalds Klassiker 132), Leipzig 1902

Das Modell der Luftverflüssigungsanlage Carl von Lindes von 1906 (Deutsches Museum). Sie besteht (von rechts) aus Antriebsmotor, Kompressor, Gegenstromapparat und Kühler. Linde widmete seine besondere Aufmerksamkeit der Erzeugung tiefer Temperaturen in der richtigen Annahme, daß die durch sie mögliche Verflüssigung der Luft wichtigste Voraussetzung zur Zerlegung in ihre Bestandteile Sauerstoff und Stickstoff ist.

Professor und Unternehmer war er einer der damals noch seltenen Grenzgänger zwischen Technik, Physik und industrieller Anwendung. 1878 verflüssigte Cailletet Stickstoff und 1898 der damals berühmteste Tieftemperaturphysiker, der Engländer Sir James Dewar (1843-1923), Wasserstoff. Wegen des hohen Drucks waren die Tieftemperaturexperimente gefährlich. So verloren beispielsweise Dewars Assistenten J.W. Health und R. N. Lennox bei Behälterexplosionen jeweils ein Auge.

Nach der Verflüssigung des Wasserstoffs gab es nur noch ein permanentes Gas, das Helium. Zwei Physiker lieferten sich ein dramatisches, zehnjähriges Rennen um die Erstverflüssigung: James Dewar und der Leidener Physiker Heike Kamerlingh Onnes (1853-1926). Letzterer konnte im Juli 1908 schließlich die Verflüssigung von Helium bei 4,2 Kelvin (minus 267 Grad Celsius) melden. Er war Dewar überlegen, weil er die technischen Probleme der Gasverflüssigung gründlicher angegangen hatte als sein Konkurrent. Je tiefer die Temperaturen, desto größer wurden auch die apparativen Probleme und die Notwendigkeit verfahrenstechnischen Wissens. Kamerlingh Onnes hatte die Gasverflüssigung systematisch über zwanzig Jahre optimiert, bis er schließlich Helium verflüssigen konnte. Er gründete eine Glasbläser- und Instrumentenmacherschule, die seinem physikalischen Institut angeschlossen war. In der ersten Hälfte des 20. Jahrhunderts arbeiteten an fast allen Tieftemperaturlaboratorien der Welt Glasbläser aus Leiden.

Kamerlingh Onnes' Verflüssiger arbeitete nach dem Vorbild der Pictetschen Anlage mit einer Kaskadenschaltung von fünf Kältemaschinen. Im Vergleich zu dem einfachen und betriebssicheren Luftverflüssiger Carl Lindes (1842-1934) allerdings war die Leidener Anlage kompliziert, anfällig und uneffektiv. Sechs Kompressoren und drei Wärmetauscher dienten allein der Luftverflüssigung, eine Aufgabe, die Linde 1895 mit einem Doppelkompressor und einem Wärmetauscher bewältigte. Aber Kamerlingh Onnes ging es weniger um effektive Luftverflüssigung, als um die Erzielung möglichst tiefer Temperaturen. Das verflüssigte Helium entspannte er soweit als möglich und erreichte Temperaturen von 0,8 Kelvin. Noch näher an den absoluten Nullpunkt kam erst sein Nachfolger in Leiden, de Haas, durch starke Magnetisierung des Heliums. De Haas erreichte in den dreißiger Jahren Temperaturen von 0,0044 Kelvin. Schon zu Beginn des Jahrhunderts hatte der deutsche Chemiker Walter Nernst nachgewiesen, daß es unmöglich sein würde, den absoluten Nullpunkt gänzlich zu erreichen.

Auf dem Gebiet der praktischen Nutzanwendung tiefer Temperaturen waren seit dem letzten Drittel des 19. Jahrhunderts große Fortschritte zu verzeichnen. Bereits in den 1870er Jahren wurde im industriellen Maßstab Kohlendioxid verflüssigt, was wegen des hohen Siedepunktes kein großes Problem war. Wirtschaftlich wichtigstes Gas für die Gasverflüssigung wurde - und blieb bis heute - die Luft, die aus rund zwanzig Prozent Sauerstoff, 79 Prozent Stickstoff und einem Prozent Edelgasen besteht. Zwei sehr unterschiedliche Unternehmer, William Hampson (1854-1920) in England und Carl Linde in Deutschland, bauten um 1895 etwa gleichzeitig die ersten industriellen Luftverflüssiger. Beide nutzten für die Abkühlung den 1851 von James P. Joule (1818-1889) und William Thomson (Lord Kelvin, 1824-1907) beschriebenen Effekt der

Heike Kamerlingh Onnes (rechts) und sein Mechaniker Flim vor der Heliumverflüssigungsanlage im Leidener Laboratorium, 1922. Neben dem Tieftemperatur-Forschungsinstitut entwickelte sich in Leiden ein ebenso berühmtes Glasbläserzentrum, das die Laboratorien mit Glasapparaturen versorgte, etwa mit den Dewarschen Gefäßen, in denen verflüssigte Gase ihre tiefen Temperaturen behalten.

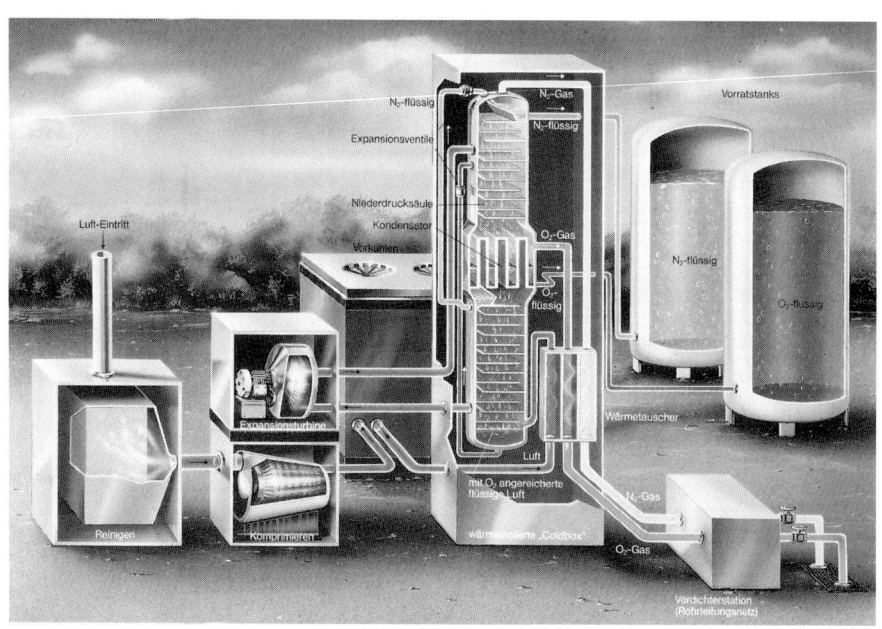

Vereinfachte Darstellung einer modernen Luftzerlegungsanlage

Abkühlung bei Entspannung. Lindes Maschine arbeitete mit innerem, regenerativem Wärmetausch: Die schon kältere Luft kühlte die noch wärmere vor. Diese Anordnung hatte auch Hampson für seinen Verflüssiger gewählt. Linde wie Hampson hatten jedoch den Bedarf an flüssiger Luft falsch eingeschätzt: Es gab (noch) niemanden, der größere Mengen flüssiger Luft brauchte. Um ihr Produkt verkaufen zu können, mußten sich die Erzeuger etwas einfallen lassen.

Als ersten Versuch brachte die Linde-Gesellschaft 1898 eine sauerstoffreiche Luft (fünfzig Prozent Sauerstoff) unter dem Namen ‚Lindeluft' in den Handel, doch der Absatz war schleppend. Auch die Verwendung flüssiger Luft als Sprengstoff ‚zündete' nicht recht. Zwar entwickelte sie, auf Holzkohle geträufelt und entflammt, eine dem Dynamit vergleichbare Sprengwirkung. Doch die Probleme der schnellen Verdampfung und des damit schwankenden Sauerstoffgehaltes verhinderten eine breite Anwendung. Für die dritte Idee, den Verkauf kleiner Luftverflüssigungsanlagen an Forschungslaboratorien, die selbst Tieftemperaturversuche durchführen wollten, war gleichfalls kein großer Absatzmarkt zu erschließen.

In den USA baute der New Yorker Ingenieur Charles Tripler in den 1890er Jahren mehrere Luftverflüssiger, um Heißluftmaschinen anzutreiben. Sein Ziel war der Bau eines perpetuum mobile. Tripler konnte eine Reihe von Investoren begeistern und gründete 1899 die ‚Liquid Air Company', die aber schon 1902 bankrott ging. Vermutlich hat Tripler schon in den 1890er Jahren Apparate für die Zerlegung von Luft in Sauerstoff und Stickstoff gebaut. Doch konnte er seine Erfindungen in Patentprozessen gegen Linde nicht durchsetzen, unter anderem deshalb, weil er thermodynamisch unausgebildet war[3] und seine Ansprüche nicht theoretisch zu untermauern vermochte. Triplers Scheitern erklärt, warum die größten Gaszerlegungsfirmen bis heute ihren Sitz in Europa und nicht in den USA haben. Sein Bankrott schreckte amerikanische Investoren von der Tieftemperaturtechnik ab[4], die Niederlage im Patentprozeß öffnete den amerikanischen Markt den Europäern.

3 Hans Giese, Die Verflüssigung der Luft und ihre Zerlegung, Leipzig 1909, S. 261 - 488
4 R. S. Scurlock, A Matter of Degrees: a Brief History of Cryogenics, in: Cryogenics, 30 (1990), S. 483

So standen die Gasverflüssiger um 1900 vor einem Dilemma. Entgegen ihren Hoffnungen war die Nachfrage nach flüssiger Luft relativ gering geblieben, während durch die Entwicklung autogener Metallbearbeitung - Schweißen und Brennschneiden - der Bedarf an reinem Sauerstoff und Azetylen sprunghaft nach oben schnellte. Reinen Sauerstoff aber konnte man noch nicht herstellen. Die Entwicklung des Luftverflüssigers 1895 im Linde-Forschungslabor in München hatte nur wenige Monate gedauert. Wesentlich komplizierter und zäher gestaltete sich die Zerlegung der flüssigen Luft in ihre Bestandteile, eine Aufgabe, die über die Tauglichkeit des ganzen Verfahrens entschied. Jahrelang bastelten Linde und seine Mitarbeiter an Destillierapparaten. Doch durch fraktionierte Verdampfung ließen sich die gewünschten Reinheitsgrade nicht wirtschaftlich produzieren, weil bei der Verdampfung des höher siedenden Stickstoffs immer auch ein Teil des tiefer siedenden Sauerstoffs mitverdampfte und nur ein kleiner Rest von hochprozentigem Sauerstoff am Ende der Verdampfung übrigblieb. Erst die ‚Rektifikation', eine verfeinerte Destillationstechnik, die bis 1902 weitgehend von Lindes Sohn Friedrich auf die Luftzerlegung angewen-

Firmenkatalog, 1955. Außer Stickstoff und Sauerstoff enthält Luft in geringen Mengen die Edelgase Argon, Neon, Helium, Krypton und Xenon. Sie erfüllen in ihrer reinen Form vielfältige technische Zwekke: Argon beim Lichtbogenschweißen als Schutzgas, Krypton als neutrales Füllgas in Lampenkolben; bei Xenon und Neon nutzt man die Leuchteigenschaften, und Helium fließt unter anderem in den Kühlkreisläufen für die supraleitenden Magnete von Kernspintomographen.

Faszination: Flüssige Luft

Verladung von Stahlflaschen im 1912 errichteten Nürnberger Sauerstoffwerk, um 1930. Eisenverarbeitende Gewerbe und Industrien entwickelten einen riesigen Bedarf an flüssigem Sauerstoff. Da der Transport der schweren Stahlflaschen über längere Strecken unwirtschaftlich war, entstanden in den Industriestädten jeweils eigene Sauerstoffwerke.

Rechte Seite: Luftzerlegungsapparat nach dem Ein-Säulen-Prinzip. Zwischen 1903 und 1925 entstanden allein für die Linde-Gesellschaft vierzig Sauerstofffabriken. Darüber hinaus wurden für Großverbraucher (Stahlwerke, Werften usw.) eigene Sauerstofferzeugungsanlagen errichtet.

5 Helmuth Hausen, Die Technik der tiefen Temperaturen, in: Rudolf Plank (siehe Anm. 1), Bd. 8, Berlin 1958
6 Andres J. Butrica, Out of Thin Air. A History of Air Products and Chemical Inc., New York 1990
7 Ernst Bäumler, Ein Jahrhundert Chemie, Düsseldorf 1963, S. 145

det wurde, ermöglichte die Herstellung der geforderten Reinheitsgrade. Rektifikationssäulen haben eine große Anzahl von Sieben, auf denen sich verschiedene Dampf-/Flüssigkeitsgewichte einstellen. Der erfolgreiche Bau und Betrieb von Rektifikationssäulen - eines der anspruchsvollsten Probleme der Verfahrenstechnik - machte die Linde-Gesellschaft zu einem der bis heute weltführenden Apparatehersteller für die chemische Industrie.[5]

Nachdem die Sauerstoffgewinnung im großen Umfang möglich geworden war, wuchs in kurzer Zeit die Gaszerlegung zu einer neuen Großindustrie heran. In Deutschland wurden schon 1903 in Berlin die ‚Vereinigten Sauerstoffwerke' gegründet, die überall im Land Gaszerleger und Flaschenabfüllanlagen errichteten. Im Ausland entstanden ähnliche Gesellschaften. Bis heute wird der Gasmarkt von einer Handvoll international operierender Großkonzerne beherrscht, die in jenen Jahren entstanden (Air Liquide, Linde AG, British Oxygen Products). Eine Ausnahme bilden die amerikanischen Firmen: Die ‚Union Carbide' übernahm 1917 die amerikanische Linde-Filiale, und die ‚Air Products' - erst 1940 gegründet - schaffte durch den Zweiten Weltkrieg den Sprung zu einem großen Unternehmen.[6] Die bis heute größte Firma der Branche ist die von dem Pariser Ingenieur George Claude (1870-1960) ins Leben gerufene ‚Air Liquide'. Claude hatte 1902 ein Luftverflüssigungsverfahren durch Abkühlung unter Arbeitsabgabe in einem Zylinder (wie in einer Luftkältemaschine) entwickelt. Das Verfahren ist effizienter als das Lindeverfahren, bereitete aber anfangs größere betriebstechnische Probleme, zum Beispiel bei der Zylinderschmierung unter tiefen Temperaturen.

Seit dem Beginn des 20. Jahrhunderts eroberten sich die technischen Gase durch immer neue Anwendungen eine außerordentlich wichtige wirtschaftliche Stellung. Der Erste Weltkrieg brachte den zweiten großen Schub für die Gaszerlegungsindustrie. (Nicht zu verwechseln mit der Fabrikation von Giftgasen. Ihre Herstellung erfolgt mit wenigen Ausnahmen auf chemischem Wege ohne Einsatz tiefer Temperaturen.) Den kriegführenden Ländern, vor allem aber Deutschland, ging durch das Ausbleiben der Salpeterlieferungen aus Chile buchstäblich das Pulver aus. Fritz Haber (1868-1934) und der BASF war 1912 die Ammoniaksynthese gelungen; auf dieser Basis blieb die deutsche Sprengstoffproduktion während des Krieges gesichert. Die Linde-Gesellschaft errichtete für die Ammoniakherstellung noch 1915 vier große Stickstofffabriken, damals die größten der Welt. Nach dem Krieg wurde die Ammoniaksynthese für die Kunstdüngerproduktion verwendet. Die Gasverflüssiger lieferten dafür die notwendigen Wasserstoff-Stickstoffgemische. Ein Ausgangsstoff für die Herstellung dieser Gemische war das Wassergas. Seit 1909 konnte man das Wassergas zerlegen. Nach dem Krieg wagte sich die Linde-Gesellschaft an die Zerlegung des Koksofengases, das aus Wasserstoff, Stickstoff, Methan und Äthylen bestand. Die Koksgaszerlegung stellte viel höhere Anforderungen an die Rektifikationssäulen als die Luftzerlegung. Sie wurde eine Spezialität der Linde-Gesellschaft, die in den 1920er Jahren auf diesem Gebiet den Weltmarkt beherrschte und über fünfzig Zerlegungsanlagen baute. Im Plastikzeitalter nach dem Zweiten Weltkrieg wurden dann Äthylenanlagen, die den Koksgasanlagen ähnlich waren, zu einem Verkaufsschlager der Branche. Sie stellten das Vorprodukt für die Polyäthylene her.[7]

Ernst Wiss gilt als Begründer der Technik für autogenes Schweißen und Schneiden von Eisen, die zahlreiche industrielle Fertigungsprozesse revolutionierte.

8 Raoul Pictet, Die Automobile und die motorische Kraft. Der Luft/Wasser Motor, Weimar 1898

Die autogene Schweißtechnik blieb für Jahrzehnte der Hauptabnehmer für Sauerstoff. Zwar hatte man schon vor dem Ersten Weltkrieg versucht, den Stahlwerken sauerstoffreiche Luft für den Hochofenbetrieb zu verkaufen. Das Verkaufsargument war einleuchtend: Achtzig Prozent der Luft, der Stickstoff, wurde unnötig auf die Hochofentemperatur vorgewärmt; eine sauerstoffreiche Luft würde diese Energieverschwendung beenden. Doch der gigantische Markt blieb den Gasverflüssigern trotz mehrjähriger Testläufe vorerst verschlossen. Die eingesparte Energie wog die Mehrkosten der Verflüssigung nicht auf. Das änderte sich erst in den dreißiger Jahren, als der verfahrenstechnisch geniale Ingenieur Mathias Fränkl in den Sauerstoffanlagen, die oft vereisten und verstopften, Gegenstromwärmetauscher durch Regeneratoren ersetzte. Dies sind Wärme- beziehungsweise Kältespeicher, die nach dem Prinzip der Winderhitzer von Hochöfen arbeiten, das Fränkl auf die Gasverflüssigung übertrug. Die Regeneratoren wurden alle drei Minuten so umgeschaltet, daß abwechselnd das wärmere und das kältere Gas hindurchströmte. Seine Erfindung senkte den Sauerstoffpreis erheblich und ließ ihn für die Hüttenwerke erschwinglich werden. Seit den fünfziger Jahren hat sich der Sauerstoff ein weiteres Einsatzfeld bei der Stahlerzeugung erobert: Überall auf der Welt wird heute nach dem in Österreich erfundenen Linz-Donauwitz-Verfahren Sauerstoff in das kochende Roheisen geblasen. Heute entfallen über sechzig Prozent des Umsatzes mit technischen Gasen auf ihre Verwendung in Stahlerzeugung und Schweißtechnik.

Daneben stehen andere Anwendungsbereiche, in denen die Experimentalphase noch nicht oder - wie im Fall des Zeppelins - längst beendet ist. Schon vor der Jahrhundertwende hatte Raoul Pictet vorgeschlagen, Automotoren mit Wasserstoff-Stickstoff-Gemischen zu fahren.[8] In den zwanziger Jahren hatten Max Valier (1835-1930) und die Firma Heylandt Versuchsraketenwagen gebaut. Doch die H_2/O_2-Gemische setzten sich nur als Flüssigtreibstoff für Raketen durch. Erst die Ölkrise 1973 und vor allem der dramatische Anstieg von Kohlendioxid in der Atmosphäre gaben neuen Anlaß für Versuche, einen umfassenden Einsatz der Wasserstoffe als Energiespeicher zu erreichen. Heute fahren H_2/O_2-Versuchsautos über die Straßen, wird dem Flugbenzin

Sauerstofftransport per Pferdefuhrwerk, um 1900. Aus Gründen der Betriebssicherheit wurde in den Stahlflaschen ein auf 150 at verdichtetes Stickstoff-Sauerstoff-Gemisch (Verhältnis 50:50) in den Handel gebracht.

Transportfahrzeug der amerikanischen ‚Linde Air Products' für Flüssigsauerstoff, 1934.

bereits Wasserstoff zugemengt. Doch ist der Wasserstoff hier keine Energiequelle, sondern ein lediglich Energiespeicher, der unter hohem energetischen Aufwand gewonnen werden muß.

Die Möglichkeit, Wasserstoff zu verflüssigen und so zu transportieren und zu lagern, war eine der wesentlichen Voraussetzungen zur Erfüllung eines Menschheitstraums gewesen: des Fliegens nach dem Leichter-als-Luft-Prinzip. Die Hoffnungen auf einen großen Wasserstoff-Absatz für den Betrieb der Luftschiffe zerschlugen sich jedoch spätestens mit der Explosion des Zeppelins ‚Hindenburg' in Lakehurst 1936. Ohnehin wollte man aus Sicherheitsgründen längst zu Helium übergehen, das aber in Deutschland nicht zu beschaffen war. In der Luft ist viel zu wenig Helium für eine wirtschaftliche Gewinnung enthalten. Man erhält es als Nebenprodukt aus texanischen Erdgasquellen. Dagegen können andere Edelgase durch Tieftemperaturrektifikation aus der Luft gewonnen werden. Sie dienen, wie Neon zum Beispiel, der Befüllung von Glühlampen und Leuchtstoffröhren. Edelgase gehen keine chemischen Verbindungen mit anderen Elementen ein. Deshalb heißen sie Inertgase. Sie werden da eingesetzt, wo giftige oder reaktive Zonen abgedeckt werden müssen, etwa beim Schutzgasschweißen.

Viele technische und chemische Vorgänge laufen bei tiefen Temperaturen einfach besser. In der Lebensmittelbranche wird dies besonders deutlich. Verflüssigte Gase werden in Schockgefrierern eingesetzt. Die Verpackungen werden heute oft zu Konservierungszwecken mit Stickstoff oder Kohlendioxid gefüllt. Schon 1924 begann die industrielle Herstellung von festem Kohlendioxid, besser bekannt als ‚Trockeneis'. Es hat bei atmosphärischen Bedingungen eine Sublimationstemperatur von minus 78,5 Grad Celsius. Trockeneis wird zum Beispiel in Flugzeugen für die bequeme Kühlung von Nahrungsmitteln benutzt. Nach dem Zweiten Weltkrieg eroberten die Flüssiggase neue Marktsegmente als Kühlmittel. Bei der Temperatur von Flüssigsauerstoff werden Metallteile kaltgeschrumpft, Plastikteile sauber entgratet und Hochdruckschläuche sicherer umflochten. Ein Nachteil der Gase besteht in ihrem großen spezifischen Volumen, das durch Verflüssigung beträchtlich reduziert werden kann. In den Transportbehältern sieden die Flüssiggase permanent. Steigt der Dampfdruck zu weit, wird er abgeblasen. Gerade bei

Start einer V2-Rakete 1943 in Peenemünde. Längst bedienten sich auch die Militärs der Tieftemperaturtechnik: Flüssigwasserstoff wurde bei den V-Waffen als Energieträger verwendet.

Wasserstoff ist leichter als Luft. Nach diesem Prinzip verwirklichte sich mit Graf Zeppelins wasserstoffgefüllten Luftschiffen erstmals in großem Maßstab der Menschheitstraum vom Fliegen. Die Explosion von LZ 129 am 6. Mai 1936 in Lakehurst setzte der kurzen Ära einer sanften Technologie ein tragisches Ende.

großen Flüssigkeitsbehältern kann es dennoch zu gefährlichen Dampfbildungen und Druckschlägen kommen. In den zwanziger Jahren baute die Firma Heylandt Flüssigsauerstoffbehälter für Transport und Lagerung. Seit den sechziger Jahren wird auch Erdgas in großem Umfang für den Transport verflüssigt; 1964 lief mit der ‚Jules Verne' der erste kommerzielle Flüssiggastanker vom Stapel. Heute wird flüssiges Erdgas sowohl international gehandelt und transportiert als auch in unterirdischen Kavernen als nationale Sicherheitsreserve gelagert.[9]

Kehren wir von den zahlreichen industriellen Anwendungsbereichen der Tieftemperaturtechnik noch einmal zurück zu den Physikern. Im April 1911 machte das Team um Heike Kamerlingh Onnes in Leiden eine Entdeckung, die fortan die Forschungsrichtung seines Institutes bestimmen sollte. Die Wissenschaftler entdeckten unterhalb einer Temperatur von 5,1 Kelvin bei Quecksilber einige überraschende Phänomene: Der elektrische Widerstand ging gegen Null (Supraleitung), ebenfalls die Viskosität (Superfluidität); dafür ging die Wärmespeicherkapazität gegen unendlich. Später fanden die Leidener eine große Zahl weiterer Elemente und Verbindungen, die ebenfalls bei sehr tiefen Temperaturen supraleitend sind. Aus der Sicht der Physiker eröffnete diese Entdeckung sicherlich das wichtigste Kapitel der tiefen Temperaturen. So nimmt in dem Buch des Physikers Kurt Mendelsohn (1906-1980) zur Geschichte der Tieftemperaturforschung die Supraleitung zwei Drittel des Umfanges ein.[10] Die Tieftemperaturingenieure, anfangs von den phantastischen Möglichkeiten der Supraleitung fasziniert, zogen sich dagegen bald enttäuscht zurück: Bei starken Strömen und hohen magnetischen Feldstärken verschwand das Phänomen der Supraleitung. Außerdem ließen die extremen Kosten der Gewährleistung tiefster Temperaturen eine wirtschaftliche Ausnutzung nicht zu. Fünfzig Jahre währte die Abstinenz der Techniker, bis 1961 in den Bell Laboratories in den USA ein Durchbruch erzielt wurde: Die Verbindungen Niobzinn (Nb_3Sn) und Niobtitan (NbTi) erwiesen sich bei Temperaturen bis zu zwanzig Kelvin und acht Tesla Feldstärke supraleitend!

Überall auf der Welt suchten nun Forscherteams nach neuen Verbindungen, die bei immer höheren Temperaturen immer stärkere Ströme ohne Widerstand leiteten. In den achtziger Jahren fanden K. A. Müller und J. G. Bednorz im IBM-Forschungszentrum in der Schweiz einen Stoff ($YBa_2Cu_3O_{7-delta}$) der noch bei neunzig Kelvin supraleitend ist. Hierfür erhielten sie 1987 den Nobelpreis. Schon mit der bahnbrechenden Entdeckung von 1961 wurden technische Anwendungen der Supraleitung möglich. Auf dem freien Markt haben sich aber bisher nur supraleitende Präzisionsmeßgeräte, zumeist für die Medizintechnik, durchgesetzt. Größer ist der Bedarf in der ‚Forschungsindustrie'. Die Teilchenphysiker brauchen immer stärkere Beschleuniger für ihre Versuche. In den siebziger Jahren begann der Bau heliumgekühlter, supraleitender Teilchenbeschleuniger. Zur Zeit ist ein gigantischer Ringbeschleuniger von 75 Kilometer Umfang in Newport News in Virginia im Bau. Viele euphorische Ideen der Supraleitungsforscher - etwa Motoren oder Energiespeicher - lassen sich bisher nicht wirtschaftlich umsetzen. Die klassischen Tieftemperaturfirmen arbeiten nur wenig an der Entwicklung der Supraleitung, die bislang eine Domäne der wissenschaftlichen Institute und der Elektrokonzerne blieb.[11]

Die Konzerne der Tieftemperaturtechnik sind größer und operieren

internationaler als ihre kältetechnischen Schwestern, was in ihrer betrieblichen Infrastruktur begründet ist. Ein Netz von Gaszerlegern, Flüssiggaslagern und eine gigantische Zahl von Druckflaschen sind für das Geschäft notwendig. Viele Regionen der Welt werden nur von einem der großen Produzenten beliefert. Obwohl zu einer Großindustrie mit weltumspannenden Konzernen herangewachsen, blieb die Tieftemperaturtechnik von der Öffentlichkeit fast unbemerkt. Technische Gase haben heute - wie etwa die Kugellagerindustrie - eine Schlüsselposition; nichts geht ohne sie, aber nur wenige Menschen kommen direkt mit ihnen in Berührung. Kühlschränke oder Eiscreme sind eben wahrnehmbarer als Stahlblöcke oder Schweißnähte, deren Entstehung ohne Tieftemperaturtechnik nicht mehr denkbar ist.

Die Geschichte der Gasverflüssigung wurde bisher meist als eine Entwicklung von der Wissenschaft zur technischen Anwendung geschildert. Geniale Naturforscher seien vorangegangen, gefolgt von Wissenschaftlern mit Sinn fürs Technische wie etwa Linde und Claude. Die meisten technischen Ideen seien dann von Ingenieurpraktikern wie Heylandt und Fränkl gekommen. Doch diese Sicht ist überholt. Viele Ingenieure und anwendungsorientierte Praktiker haben der Gasverflüssigung neue Ideen und auch theoretische Impulse gegeben. Ihre Apparate zogen die Theoriebildung zum Teil erst nach sich, etwa die Entwicklung der Rektifikationssäulen die Theorie der Gaszerlegung oder der Bau der Wärmetauscher die des Wärmeübergangs. Der amerikanische Technikhistoriker Frederic Holmes meint sogar, daß die Theorien erst entstanden, als die Experimentatoren zu Hause am Schreibtisch ihre Meßergebnisse in die Form eines Vortrages oder Artikels gießen mußten.[12]

Gerade im Bereich der Thermodynamik und Kältetechnik sind die Theorien in enger Verbindung mit den Praktikern entstanden oder sogar von ihnen formuliert worden. Die Tieftemperaturtechnik spielte dabei eine besonders wichtige Rolle, da ihre Aufgaben und Anforderungen so extrem waren.

Als ‚schwimmender Riesen-Kühlschrank' kann der Methan-Tanker (LNG) GOLAR FREEZE (95 683 BRT) mit einer Ladekapazität von 127 179 cbm bezeichnet werden, den die Kieler Howaldtswerke-Deutsche Werft AG 1977 für die Osloer Reederei Leif Høegh gebaut hat. Seine Ladung reicht aus, alle Haushalte einer Stadt von der Größe Münchens einen Monat lang mit Gas zu versorgen.

9 Roger Thévenot, A History of Refrigeration throughout the World, Paris 1979, S. 426
10 Kurt Mendelsohn, Die Suche nach dem absoluten Nullpunkt, München 1966
11 Günther Bogner, Supraleitung eröffnet neue Perspektiven, in: Energie und Automation, 10 (1988), Heft 3
12 Frederic L. Holmes, Lavoisier and the Chemistry of Life. An Exploration of Scientific Creativity, 1985, S. 488. Zur selben Frage: Peter Galison, How Experiments End, Chicago 1987, S. 244

‚American way of life', wie ihn die Werbung vermittelt. Oben:
Reklame für Daystrom-Küchen, plaziert in ‚Good Housekeeping',
Januar 1947. Unten: General Electric-Anzeige in ‚The National
Geographic Magazine', Februar 1951.

EIS MIT STIL

Die amerikanische Kälteindustrie besitzt seit der Mitte des vergangenen Jahrhunderts nach Größe und Vielseitigkeit eine weltweite Vorrangstellung. Im Vergleich zu Deutschland ist auch ihr relativer Anteil an der Industrieproduktion des Landes wesentlich höher. Viel früher als in anderen Ländern eroberte sich hier die künstliche Kühlung die Privathaushalte.[1] Vor diesem Hintergrund ließe sich vermuten, daß Amerika auf dem Gebiet der künstlichen Kühlung technisch stets führend gewesen sei. Doch dies ist nicht der Fall: Mindestens bis 1930 galt die eigentliche Kältetechnik als deutsche Spezialität.[2] Deutschland exportierte nicht nur Kältemaschinen in die USA, sondern auch Bauweisen und Lehrbücher.[3] Zweifelsohne begünstigten nichttechnische Faktoren das Wachstum der amerikanischen Kälteindustrie außerordentlich: das feucht-warme Klima im Süden des Landes, die großen Entfernungen zwischen Nahrungsmittelerzeugung und -verbrauch sowie die niedrigen Energiekosten. Auch besaßen Amerikaner schon recht früh eine so offenkundige Vorliebe für gekühlte Getränke, daß das Eiswürfelgeklimper in New Yorker Hotelhallen bereits um 1850 einen bleibenden Eindruck bei europäischen Besuchern hinterließ. Doch alle diese Faktoren erklären die deutlich feststellbaren Differenzen in Erzeugung und Anwendung der künstlichen Kälte in Deutschland und Amerika nur zum Teil. Im Kern handelt es sich nämlich um ein Phänomen unterschiedlicher technologischer Stile.

Der amerikanische Technikhistoriker Thomas Hughes beschrieb technologischen Stil als „the technical characteristics, that give a machine, process, device, or system a destinctive quality".[4] Doch diese Formulierung ist recht eng. Schon 1922 verstand Lewis Mumford unter Stil „the reasoned expression, in some particular work, of the complex of social and technological experience that grows out of a community's life".[5] Nach dieser erweiterten Definition beschränkt sich ein technologischer Stil nicht auf die Beschreibung der Eigentümlichkeiten eines Produkts. In ihm kommen abstraktere Phänomene, technische Prozesse und Systeme sowie der Arbeitsstil der Ingenieure zum Ausdruck. Ein technischer Stil bleibt zudem nicht auf ein Produkt oder eine industrielle Sparte beschränkt und ist unabhängig von zumindest kurzfristigen ökonomischen Schwankungen. Er meint letztlich die ganze Art und Weise, mit der Technik umzugehen, indem er sie als Ausdruck einer bestimmten Kultur begreift.

Technik sieht überall anders aus. Die ins Auge springenden Äußerlichkeiten sind jedoch nur Symptome unterschiedlicher technischer Stile, deren Besonderheiten sich über vergleichende Studien erschlie-

Eigenarten deutscher und amerikanischer Kältetechnik

[1] Oscar Edward Anderson, Refrigeration in America. A History of a New Technology and its Impact, Princeton 1953, S. 3
[2] Joachim Radkau, Technik in Deutschland. Vom 18. Jahrhundert bis zur Gegenwart, Frankfurt 1989, S. 168
[3] Ein Beispiel hierfür ist: Hans Lorenz, Modern Refrigeration Machinery, New York 1905. Dieses Buch ist eine Übersetzung der vierten Auflage von „Neuere Kühlmaschinen".
[4] Thomas P. Hughes, Networks of Power. Electrification in Western Society 1880-1930, Baltimore 1983, S. 405
[5] Lewis Mumford, The City, in: H. E. Stearns (ed.), Civilization in the United States. An Inquiry by 30 Americans, New York 1922, S. 12

Nicht die Gastfreundschaft ist es, die bei den Menschen in der Anzeige freudige Erregtheit erzeugt, sondern die Aussicht, den neuen Monitor-Top-Kühlschrank besichtigen zu dürfen. Anzeige aus den dreißiger Jahren.

ben. Um freilich über eine bloße Aufzählung von Unterschieden hinauszukommen, müssen die Einflußgrößen für den jeweiligen Stil erkannt und entsprechend gewichtet werden. Der nachfolgende Vergleich zwischen den USA und Deutschland auf dem Gebiet der Kältetechnik konzentriert sich daher auf Produkte und Produktionsverfahren, die Arbeitsstile der Ingenieure, auf die Vertriebsformen sowie das private und gewerbliche Verbraucherverhalten in beiden Ländern im Zeitraum von etwa 1870 bis 1930.

In der Kältetechnik kam Deutschland, wie in vielen anderen Branchen, erst relativ spät auf den Markt und baute zunächst auf englischen und vor allem französischen Vorarbeiten auf.[7] Als Carl Linde (1842-1934), der wichtigste deutsche Kältetechniker, 1877 mit seiner ersten Maschine aufwartete, war die Entwicklung und Komposition der grundlegenden Bauelemente von Kältemaschinen - Kondensator, Verdampfer, Pumpe, Entspannungsventil und Absorber - sowie der drei Archetypen der Kältemaschinen - Absorptions-, Kompressions- und Luftmaschinen - bereits weitgehend abgeschlossen. Doch Linde gelang es, vor allem durch mechanische Verbesserungen, die Zuverlässigkeit und den Wirkungsgrad zu steigern und zum größten europäischen Kältemaschinenhersteller aufzusteigen. Seine Anordnung des liegenden, doppeltwirkenden Ammoniakkompressors wurde für mehrere Jahrzehnte zur meistverwendeten und oft kopierten Bauart in Europa. Die Amerikaner bevorzugten schnellaufende, einfachwirkende, stehende Kompressoren. Sie waren billiger und hatten zwar eine geringere Lebensdauer, arbeiteten aber mit hoher Leistung. In Deutschland konzentrierte man sich auf die Entwicklung von Großkältemaschinen. Das Streben der Deutschen nach möglichst hohen Kälteleistungen wurde in Amerika nicht übernommen. Um sie zu erreichen, wurden hier viele kleine Kompressoren nebeneinander gestellt.[8]

Die Erfindung der Luftverflüssigung in industriellem Maßstab 1895/1902 verstärkte in Deutschland die Orientierung auf den Hightech-Maschinenbau. In den zwanziger Jahren entwickelte sich in der größten deutschen Kältefirma, der Linde-Gesellschaft, der Bau von Gasverflüssigungsanlagen zum dominierenden Geschäftszweig. Zur gleichen Zeit brachten in den USA die Konzerne General Electric, General Motors und American Motors fließbandgefertigte Haushaltskühlschränke auf den Markt. Bereits zwischen 1910 und 1915 hatten mehr als zwanzig amerikanische Hersteller - zum großen Teil ‚Garagenbetriebe' - eine brauchbare Kühlmaschine zu produzieren versucht. Doch erst durch das Engagement der großen Elektro- und Autokonzerne wurde der Haushaltskühlschrank zu einem erschwinglichen und vor allem betriebssicheren Gerät. Der ‚Monitor Top' von General Electric (in Deutschland als ‚Santo' von der AEG gebaut) war das erste Massenprodukt der Kühlschrankgeschichte. Er war das Ergebnis der Finanzkraft eines Großunternehmens, eines attraktiven, unverwechselbaren Designs und einer planvollen Distribution. 1926 begann die Fließfertigung, und 1931 wurde bereits der einmillionste Kühlschrank in einer Werbeaktion an Fließbandkönig Henry Ford übergeben. Trotz der Weltwirtschaftskrise florierte das Kühlschrankgeschäft, so daß am Vorabend des Zweiten Weltkriegs fast siebzig Prozent der Amerikaner einen mechanischen Kühlschrank besaßen.[9]

In Deutschland dagegen blieb der häusliche Kühlschrank noch lange

---

6 The Great Industries of the United States, Hartford 1872, S. 156. Von dem Netz dieser Natureishäuser führt eine direkte Linie zu den Lebensmittelkühlhäusern der 1930er Jahre. Vgl. hierzu Sigfried Giedion, Die Herrschaft der Mechanisierung, Stuttgart 1970, S. 647

7 Mikael Hård, In the Icy Waters of Calculation. The Scientification of Refrigeration Technology and the Rationalization of the Brewing Industry in the 19th Century, Diss., Göteborg 1988, S. 109 f.

8 Rudolf Plank, Kältetechnik in Amerika. 1. Bericht, Berlin 1929, S. 3

9 Die Betrachtungen über den Kühlschrank stützen sich auf die umfassende Arbeit von Ullrich Hellmann, Künstliche Kälte. Die Geschichte der Kühlung im Haushalt, Giessen 1990

ein Luxusartikel. Er war zu teuer und zudem für die bescheidene Durchschnittsküche viel zu groß. Kein deutscher Kühlschrank der zwanziger und dreißiger Jahre bestand aus serienmäßig hergestellten Preßteilen. Die Kühlbox war oft noch eine Einzelanfertigung, eine Tischlerarbeit. Nur der Kältekompressor kam aus der Fabrik. Die Nationalsozialisten forderten zwar einen ‚Volkskühlschrank', analog zu Volksempfänger und Volkswagen. Doch die deutschen Kältebetriebe stellten sich nur in der Werbung, nicht aber in ihren Fertigungsverfahren um. Vergleichbar hohe Produktionszahlen wie in den USA wurden erst im ‚Wirtschaftswunder' in den sechziger Jahren erreicht.

Ähnlich ausgeprägte Unterschiede wie im Produktionsbereich lassen sich auch hinsichtlich der Herkunft, der Ausbildung und des Arbeitsstils der Kältetechniker feststellen. Die deutsche kältetechnische Industrie beschäftigte eine große Zahl akademisch gebildeter Ingenieure in führenden Positionen. Ihre hervorgehobene Stellung verdankten sie der großen Wertschätzung des Maschinenbaues auf wissenschaftlicher Grundlage. Im Bereich der Kältetechnik hieß Wissenschaftlichkeit vor allem eine Verbesserung des energetischen Wirkungsgrades der Maschinen. Wo es hierauf nicht so sehr ankam, konnte der Maschinenbau den Praktikern überlassen bleiben.[10] Deutsche Maschinen waren daher ausgefeilter und effektiver, aber auch teurer als ihre amerikanische Konkurrenz. Man darf vermuten, daß Carl Linde sich bei seinen Maschinen für das Kompressions- und gegen das Absorptionsprinzip entschieden hat, weil man damals nur ersteres schon thermodynamisch verstehen und berechnen konnte.[11] Auch für die praktisch arbeitenden Projektingenieure war die wissenschaftliche Grundlegung ihrer Tätigkeit wichtig. Lange Meßreihen aus den Inbetriebnahmen und Wartungen belegen dies. Die Thermodynamik hatte eine legitimierende Funktion für die Güte der Maschinen. Mit ihrer ‚Wissenschaftlichkeit' wurde geworben, und in ihrem Namen ließen sich sogar harte Wettbewerbsschlachten austragen.[12]

Der deutsche Ingenieur - auch wenn er thermodynamische Rechenverfahren aus der Vorlesung schnell wieder vergessen sollte - verließ die Hochschule mit einer ausgesprochenen energetischen Knauserigkeit. Diese ‚ideologische' Wirkung der Thermodynamik war in den USA geringer ausgeprägt. Natürlich boten auch die niedrigeren Energiepreise weniger Anreiz für Versuche, den Wirkungsgrad der Maschinen zu steigern.[13] Aber die Thermodynamik spielte in den Überlegungen der amerikanischen Kältetechniker auch deshalb eine kleinere Rolle, weil die Erfinder und Kältemaschinenfabrikanten wie John C. de la Vergne (1840-1896), Daniel C. Holden (1837-1927) und Fred Wolf (1837-1912) häufig keine Ingenieure waren, sondern aus der Nahrungsmittelbranche kamen.[14] Die Temperaturen in den amerikanischen Kühlhäusern lagen um durchschnittlich bis zu zwanzig Grad Celsius tiefer als in deutschen, dafür war die Luftzirkulation einfacher ausgeführt. Beides hätte in Deutschland als energetisch nicht vertretbar gegolten. Hier überschätzten die Ingenieure generell die Bedeutung des energetischen Wirkungsgrads für den betriebswirtschaftlichen Nutzen. Selbst der amerikabegeisterte Rudolf Plank (1886-1973) glaubte in den zwanziger Jahren, die Absorptionskältemaschine werde, da sie Abwärme energetisch nutzen könne, den europäischen Markt erobern.[15] Auch die Bedeutung anderer Faktoren, wie zum Beispiel die Bequemlichkeit für die

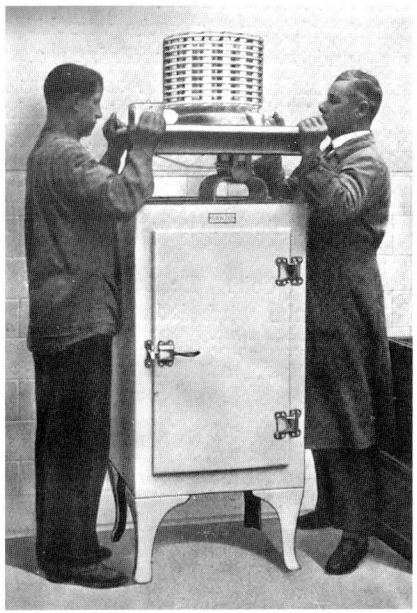

Das Kühlaggregat eines ‚Santo'-Kühlschranks wird montiert. Der ‚Monitor-Top' wurde in den zwanziger Jahren in den USA entwickelt. 1930 versuchte die AEG, diesen Typ unter dem Namen ‚Santo' auch in Deutschland populär zu machen.

10 Joachim Radkau (siehe Anm. 2), S. 130
11 Mikael Hård (siehe Anm. 7), S. 304
12 So kam es beispielsweise zwischen den Professoren-Unternehmern Raoul Pictet und Carl Linde Ende der achtziger Jahre zu heftigen Auseinandersetzungen um die wissenschaftliche Grundlage ihrer jeweiligen Kühlverfahren. Vgl. hierzu ausführlicher den Artikel von Mikael Hård in diesem Buch.
13 Hans-Joachim Braun, Der deutsche Maschinenbau in der internationalen Konkurrenz 1870 - 1914, in: Technikgeschichte, 53 (1983), S. 209-220
14 O.R. Woolrich, The Men Who Created Cold. A History of Refrigeration, New York 1967
15 Rudolf Plank (siehe Anm. 8), S. 64

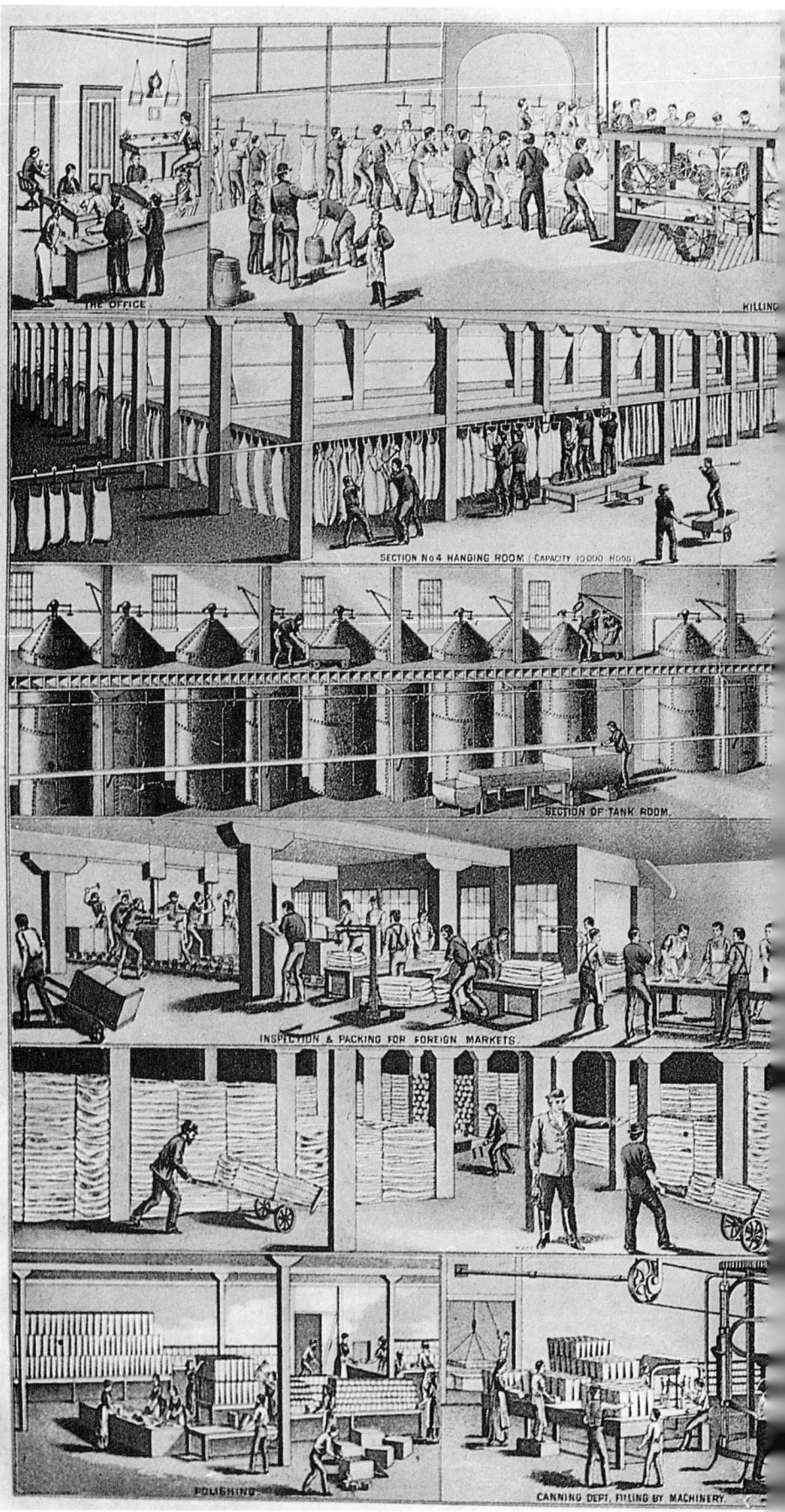

Der Farmer und die Fleischfabrik. Plakat, um 1900. Beim harten Kampf um das große Geschäft gewannen monopolartige Gesellschaften mit ihren ‚beefcars' und ‚fruitcars' das Rennen um die profitträchtigen Transporte, indem sie die Bahngesellschaften zwangen, nur ihre Kühlwagen auf die Schiene zu lassen.

Henry Ford führte 1913 das Fließband in seinen Detroiter Automobilwerken ein. Von hier aus trat es seinen Siegeszug in der gesamten Industrie an. Doch Ford hatte es nicht erfunden. Es war bereits für die Fleischherstellung in den Chicagoer Schlachthöfen entwickelt worden. Die mechanische Kühlung machte es möglich, unvorstellbare Fleischmengen in den riesigen Schlachthöfen zu verarbeiten. Die Lithographie zeigt fließbandartig alle Arbeitsschritte vom Schlachten des Schweines über seine Lagerung in Kühlhallen bis zum Etikettieren der Konservendosen als Abfolge getrennter Einzeloperationen.

Das aus allen Teilen Amerikas zu den zentralen Bahnverladestationen getriebene Vieh wurde in Waggons zu den ‚Hochburgen' des Schlachtens transportiert. Chicago hatte sich zu einer solchen entwickelt; die Stadt wurde zugleich aber Sinnbild der industriellen Ausbeutung von Mensch und Tier. Hier fanden die ersten harten gewerkschaftlichen Auseinandersetzungen statt. Die Aufnahme aus den dreißiger Jahren zeigt eine der riesigen Viehaufnahmestationen bei den Schlachthöfen.

16 Otto Carl von Jung, Linde ist tot. Rede am Grab, 1934
17 Thomas P. Hughes, American Genesis. A Century of Investigation and Technological Enthusiasm, New York 1989, S. 245
18 Vgl. Ice and Refrigeration, Jg. 68 (1925), S. 164-167; Refrigeration Engineering, Jg. 25 (1933), S. 34 f.
19 Im US-Handbuch mit der höchsten Auflage (Siebel, 1911) wurden die Kältemaschinen auf nur 59 von 550 Seiten behandelt. In den deutschen Standardwerken von Schwarz (1888), Lorenz (1909) und Göttsche (1910) hingegen nahmen sie zwei Drittel und mehr des Gesamtumfangs ein.
20 Gustav Zeuner, Technische Thermodynamik. Bd. 2, Berlin 1906, S. 438-448

Verbraucher, wurden nicht realistisch gesehen. So errang etwa das bequem handzuhabende Trockeneis trotz hoher Kosten große Marktanteile in den USA.

Betriebswirtschaftliches Denken war bis zum Ersten Weltkrieg unter deutschen Ingenieuren verpönt. Für Carl Linde war nach Aussage des Linde-Aufsichtsrats Otto Jung die „finanzielle Seite nie ein auch nur erwähnenswerter Faktor".[16] Natürlich sah Lindes Praxis anders aus, doch dieses Zitat spiegelt die quasi-ideologische ‚Grabenkampfhaltung'. In den USA dagegen war „the financial side of engineering always the most important".[17] Der größte amerikanische Ingenieurverein, die ‚American Society of Mechanical Engineers', wählte 1906 Frederick Taylor (1856-1915), den Begründer der Zeit- und Arbeitsstudien in der Betriebsführung, zu ihrem Präsidenten. Die Wahl eines Ökonomen wäre in Deutschland vor dem Ersten Weltkrieg nicht möglich gewesen. Nach dem verlorenen Krieg allerdings suchten die deutschen Ingenieure technisches und wirtschaftliches Denken zu verbinden und blickten lernbegierig auf das amerikanische Vorbild.

Während in Deutschland bis 1920 die Forschung auf die Verbesserung der Kältemaschinen konzentriert war, wurde in den USA schon seit 1880 vorwiegend an der Schnittstelle von Kälte und organischer Substanz geforscht. Der Staat war hieran massiv beteiligt, um die Landwirtschaft im Süden und Westen zu fördern.[18] Ausgedehnte experimentelle Forschungsreihen wurden vor allem durch das ‚Department for Agriculture' gefördert, dem in Deutschland bis zur Eröffnung des Karlsruher Kälteinstituts von Rudolf Plank 1925 nichts Vergleichbares gegenüberstand. Die kältetechnischen Handbücher aus den USA konzentrierten sich deshalb auch überwiegend auf praktische Anwendungshinweise für den Nahrungsbereich. Die deutschen Standardwerke hingegen stellten die Maschine in den Mittelpunkt,[19] die anspruchsvolleren sogar nur die ‚ideale Maschine', also ein theoretisches Konstrukt. Gustav Zeuner (1828-1907), der bedeutendste technische Thermodynamiker der neunziger Jahre, untersuchte ausführlich nur den idealen Prozeß.[20]

"Come Mister Tallyman, tally me bananas ..." Der Kontrolleur einer amerikanischen Fruchtgesellschaft - links im Bild - überprüft, ob die empfindlichen Bananenbüschel vollzählig und sachgerecht in den mit kühler Luft klimatisierten Waggons zum raschen Weitertransport eingelagert werden. Die Aufnahme entstand um 1910.

Der Einfluß der Forschung auf die kältetechnische Praxis war in den USA groß, der Einfluß der Theorie auf die Forschung aber blieb klein. Die Thermodynamik spielte nur eine untergeordnete Rolle.[21] In Deutschland hingegen wirkte die Theorie auf die kältetechnische Forschung bestimmender ein. So war die Vorlesung ‚Kältetechnik' an den Technischen Hochschulen eine thermodynamische Veranstaltung. Die kältetechnische Versuchsanstalt in München untersuchte ausschließlich den Wirkungsgrad von Kältemaschinen. Diese Art von Forschung beeinflußte die Praxis jedoch kaum, denn in den Fabriken und Entwicklungsbüros wurde nur wenig Thermodynamik gebraucht.

Die unterschiedliche Theoriebestimmtheit in der kältetechnischen Forschung beider Länder hatte weitreichende Konsequenzen für die Praxis. Während in Deutschland an der Steigerung der Betriebszuverlässigkeit und Lebensdauer von Kältemaschinen gearbeitet wurde, entwickelten die amerikanischen Kältetechniker schrittweise eine geschlossene Kühlkette für den Transport von Lebensmitteln vom Erzeuger bis zum Verbraucher. Über vierhundert Patente wurden bis 1902 in den USA allein auf Kühlwagen erteilt.[22] Für ihren Betrieb brauchte man spezielle Eisstationen und Beladungstechniken - auch die hierfür nötigen Verfahren, Maschinen und Werkzeuge wurden in den USA erarbeitet. Die beteiligten Kältetechniker lassen sich gut mit einem Begriff charakterisieren, den Thomas Hughes ganz allgemein für amerikanische Erfinder ab 1870 verwendet: sie waren ‚Systemerfinder'.[23]

In diesem Begriff liegt - jenseits aller geographischen Faktoren - auch der Schlüssel zu der Frage, warum Amerikaner und nicht Deutsche das Kühlkettensystem schufen. Die Entwicklung von Systemen, die auf dem Zusammenspiel von technischen Innovationen, Verbraucherbedürfnissen und hohen Gewinnmöglichkeiten beruhten, übte auf die Unternehmer-Erfinder in den USA einen unwiderstehlichen Reiz aus, während es in Deutschland nur wenige Beispiele dafür gibt. Philip D. Armour (1832-1901) und Gustavus Swift (1839-1903) - die zwei größten Kühlwageneigner - waren ‚besessene' Systemschöpfer. Komplementär zu die-

21 A.R. Wolf, The Value of the Study of the Mechanical Theory of Heat, in: Journal of the Franklin Institute, Jg. 8 (1881), S. 34
22 L.D.H. Weld, Private Freight Cars and American Railways, Diss., New York 1908, S. 33
23 Thomas P. Hughes (siehe Anm. 17), S. 184

sem Antrieb stand die Tendenz zur Bildung von Monopolen. The ‚Big Five' - Armour, Swift, Morris, Cudahy und Schwarzschild-Sulzberger - kontrollierten über ihre Kühlwagen den gesamten Kältemarkt. 1917 besaßen sie 91 Prozent der amerikanischen ‚beefcars' und mehr als die Hälfte der ‚fruitcars'. Sie zwangen die Bahngesellschaften mit Knebelverträgen, nur ihre Kühlwagen auf die Schiene zu lassen.[24] Die Bahnen wiederum hatten den Einstieg ins Kühlgeschäft verschlafen, weil sie ihrerseits den Lebendviehtransport monopolartig ausgebaut hatten.[25] Diese Tendenz zur Monopolisierung führte um die Jahrhundertwende auch zum vorzeitigen Ende des Natureishandels. Morse hatte zwar bis 1899 die großen Eisgesellschaften (Knickerbocker, Cochran, Morse) zur American Ice Company vereinigt und dann den Eispreis verdoppelt. Da er aber die besseren Wettbewerbschancen der mechanischen Kühlung unterschätzte, brach der Natureishandel zusammen.[26]

American Design: Einer seiner berühmtesten Protagonisten war Raymond Loewy, der neben Interieurs, Eisenbahnen, Bussen und Radios auch Kühlgeräte aus der neuen Stromlinienform heraus entwickelte. Bekannte Beispiele sind das Coca-Cola-Zapfgerät ‚Dole Delux' von 1947 (oben) und der ‚Coldspot Super Six'-Kühlschrank aus dem Jahr 1935, beides unverzichtbare Utensilien für ein angenehmes Leben.

In Deutschland beschränkte sich das Kältesystem auf ein Netz von Kühlhäusern. Diese waren in kommunalem Besitz oder wurden - oft unfreiwillig - von den Kältemaschinenherstellern betrieben. Den Firmen galt der Besitz und Betrieb von Kühlhäusern nämlich häufig nur als eine Kröte, die geschluckt werden mußte, um Maschinen abzusetzen. Sie wurden daher so bald wie möglich verkauft. Im Unterschied zur amerikanischen war die deutsche Kältetechnik indes stark exportorientiert. Ein Netz von Vertretern und Repräsentanten überzog die Welt - auch ein System. Die Hälfte der Linde-Kältemaschinen gingen in den Export; in einzelnen Bereichen, etwa bei den Schiffskühlmaschinen, wurde fast ausschließlich für den Export gearbeitet. Der Auslandsabsatz gab den deutschen Kältefirmen Wachstumschancen auch ohne den Aufbau einer Kühlkette.

Bislang wurde der Einfluß der Angebotsseite auf die Ausprägung der unterschiedlichen Stile in der Kältetechnik dargestellt. Es ist aber durchaus überlegenswert, ob diese nicht sogar mehr von dem privaten und gewerblichen Bedarf bestimmt wurden. Der Wunsch nach Eis wurde schon um 1850 von europäischen Besuchern als Teil der amerikanischen Kultur angesehen. Bereits damals war der Natureisverbrauch in den USA um Dimensionen größer als in Europa. Er schuf den Markt, den die mechanische Kältetechnik übernahm und ausweitete. 1876 war der private Natureisverbrauch in den Vereinigten Staaten auf über zwei Millionen Tonnen angewachsen. 1925 wurde in den USA - bei einer nur etwa dreimal so großen Bevölkerung - über fünfzigmal mehr Eis als im Deutschen Reich abgesetzt.[27] Zwar gab es auch in Amerika durchaus Opposition gegen gekühlte und vor allem eingefrorene Nahrung, die als überteuert und ungesund angesehen wurde.[28] Aber die weite Verbreitung des Eisschranks brach diesen Vorbehalten viel früher als in Deutschland die Spitze.[29] Nach Aussage Rudolf Planks schätzten die Amerikaner um 1925 die hygienische Beschaffenheit von Kühlnahrung und nahmen dafür sogar gerne Geschmacksnachteile in Kauf.[30] Ein weiterer Faktor kommt hinzu: Amerika ist auch das Land der Eiscreme. 1920 sorgten bereits über sechshundert Speiseeisfabriken für den beliebten kühlen Genuß.

Aber nirgendwo war in den USA zwischen 1860 und 1890 die Eiskühlung wichtiger als in der Fleischindustrie.[31] Von Chicago, Kansas und Cincinatti aus wurde Amerika seit den 1870er Jahren zentral mit Kühlfleisch beliefert. Die mechanische Kühlung machte es möglich, unvorstellbare Fleischmengen in den riesigen Schlachthöfen zu verarbeiten und von dort aus zu verschicken: Gefrorenes Fleisch erforderte im Vergleich zum Lebendvieh nur ein Drittel des Transportvolumens. In Deutschland war das Schlachten sehr viel stärker dezentralisiert. Das kommunale Schlachthaus gehörte, neben dem Gas- und E-Werk, der Müllabfuhr und der Straßenbahn, zur infrastrukturellen Grundausstattung jeder größeren Stadt. 97 Prozent der Städte über 50.000 Einwohner besaßen 1908 ein eigenes Schlachthaus, zumeist mit einem angeschlossenen, ebenfalls städtischen Kühlhaus. Die häufig als ‚Munizipalsozialismus' bezeichnete Organisation der Versorgungsbetriebe in kommunaler Selbstverwaltung ist eine typisch deutsche Erscheinung.[32] In Amerika nahmen fast ausschließlich private Unternehmen die entsprechenden Funktionen wahr. Die amerikanische Zentralisierung des Schlachtens erforderte einen reibungslosen Kühltransport, eine ge-

24 Vgl. Contract between the Pere Marquette Railroad and the Armour Car Lines, in: L.D.H. Weld (siehe Anm. 22)
25 L.D.H. Weld (siehe Anm. 22), S. 17
26 Auch die Monopole der Kühlwagenbesitzer gerieten jedoch um die Jahrhundertwende unter Druck. Ihre völlig überzogenen Frachttarife ließen den Staat regulativ einschreiten. Vgl. hierzu L.D.H. Weld (siehe Anm. 22), S. 9 und 99
27 Sigfried Giedion (siehe Anm. 6), S. 646
28 Oscar E. Anderson (siehe Anm. 1), S. 135
29 Oscar E. Anderson (siehe Anm. 1), S. 243
30 Rudolf Plank (siehe Anm. 8), S. 101
31 Oscar E. Anderson (siehe Anm. 1), S. 55
32 Wolfgang R. Krabbe, Die deutsche Stadt im 19. und 20. Jahrhundert. Eine Einführung, Göttingen 1989, S. 116 und 121 f.

schlossene Kühlkette über das ganze Land. 1910 gab es in den USA 150.000 Kühlwagen und Hunderte von Eisstationen entlang der Bahnlinien; durch Deutschland dagegen rollten damals nur erst wenige hundert Kühlwagen.

In Deutschland waren die Brauereien die mit Abstand wichtigsten Abnehmer von Kältemaschinen. Brauindustrielle finanzierten und besaßen anteilig die Gesellschaft für Lindes Eismaschinen. Die Brauereien brauchten die Kühlung für ihre Bierproduktion, nicht für den Transport. Dieser entscheidende Unterschied war ein Grund dafür, daß die deutschen Ingenieure verstärkt Großkälteanlagen für die Prozeßkühlung entwickelten, die Amerikaner sich hingegen mehr Gedanken darüber machten, wie schmelzendes Eis auf organische Substanzen wirkt. Die Brauereien gingen als erste Unternehmen von der maschinellen Eisproduktion auf die modernere, direkte Kühlung über. Dies war auch in den USA der Fall.

Ähnliche Konzentrationsbewegungen wie in der Fleischindustrie gab es auch bei der Herstellung und dem Vertrieb von Milchprodukten, wozu wiederum die Kältetechnik erst die Möglichkeit schuf. 1919 kamen knapp sechzig Prozent der amerikanischen Butter aus Wisconsin, ähnliches galt auch für Käse.[33] Seit der Jahrhundertwende entwickelte sich dann im Zusammenhang mit der Obsterzeugung der Kühltransport von Früchten und Gemüse zum größten amerikanischen Kälteverbraucher. In riesigen Monokulturen wurden in Kalifornien und Florida Pfirsiche angebaut, Erdbeeren in Carolina und so weiter.[34] Der Versand im Kühlwaggon machte es möglich. Die Zahl der Eiswerke stieg dementsprechend zwischen 1879 und 1919 von knapp vierzig auf über 2800, die der Kühllagerhäuser im gleichen Zeitraum von null auf über tausend.[35] Die Amerikaner nahmen das neue Nahrungsangebot gerne an, ihre Speisegewohnheiten änderten sich hin zu leichter Kost. In Deutschland dagegen verzehrten Arbeiter vor dem Ersten Weltkrieg Früchte weitgehend nur gedörrt, als Marmelade oder als Kompott; Gemüse kam überwiegend nur getrocknet (Linsen, Bohnen, Erbsen) oder durch Gärung haltbar gemacht (Sauerkraut) auf den Tisch. Der Genuß von frischem Obst und Gemüse setzte sich in den Städten vom Bürgertum ausgehend nur langsam durch.

Wie schätzten nun die Kältetechniker selbst ihren Arbeitsstil im internationalen Vergleich ein, wie beurteilten sie ihre ausländischen Konkurrenten? Nationale Unterschiede wurden auf beiden Seiten erkannt; man wollte voneinander lernen, wobei sich allerdings die Deutschen nach 1918 stärker auf die USA zubewegten. Das aber lag an der Amerikabegeisterung der deutschen Techniker, die nie größer war als nach dem verlorenen Krieg. Vorher hatten die Deutschen mit großem Selbstbewußtsein die fremde amerikanische ‚Werkstattpraxis' beschrieben und dabei mitunter die Sorglosigkeit Amerikas belächelt.[36] Ritualartig wiederholten die Ingenieure im späten 19. Jahrhundert ihr Glaubensbekenntnis, daß Wesen und Welterfolg der deutschen Technik auf ihrer wissenschaftlichen Grundhaltung beruhten.[37] In den zwanziger Jahren hingegen war der Stolz verflogen und das Mißtrauen gegenüber der eigenen komplizierten Gedankenwelt und Wissenschaftlichkeit gewachsen; die Bewunderung für den amerikanischen Produktionsstil war nun grenzenlos.[38] In den Jahren 1929 bis 1950 veröffentlichte der Kältetechniker Rudolf Plank drei aufrüttelnde Bücher über die ‚Ameri-

---

33 Oscar E. Anderson (siehe Anm. 1), S. 59
34 Oscar E. Anderson (siehe Anm. 1), S. 59
35 Vgl. Oscar E. Anderson (siehe Anm. 1), S. 106 und 129
36 Paul Möller, Aus der amerikanischen Werkstattpraxis, Berlin 1904, S. 14
37 Joachim Radkau (siehe Anm. 2), S. 41
38 Otto Moog, Drüben steht Amerika, Braunschweig/Berlin 1927, S. 25

kanische Kältetechnik'. In diesen Arbeiten versuchte er seine deutsche Kollegen von der Notwendigkeit zu überzeugen, von dem amerikanischen Kältesystem zu lernen. Auf der anderen Seite des Ozeans bauten nun aber amerikanische Firmen ihre industriellen Forschungslaboratorien mit dem Verweis auf Deutschland und teilweise unter der Leitung von in Deutschland ausgebildeten Wissenschaftlern auf.

Das amerikanische, von Taylorismus und Fordismus geprägte Wirtschaftlichkeitsdenken beeindruckte die deutschen Techniker in den zwanziger Jahren zutiefst. Sie versuchten in dieser Beziehung von den Amerikanern zu lernen und wurden zu ihren Musterschülern. Kaum zur Kenntnis nahmen sie aber das neue amerikanische Entwicklungsziel des ‚downscaling'. Genau dies war aber das Erfolgsgeheimnis der Konsumgüterproduktion in den USA: vom Kühlhaus zum Kühlschrank, vom Waschhaus zur Waschmaschine, vom Film zum Fernsehen.[39]

Der unterschiedliche Umgang mit der Kältetechnik in Deutschland und Amerika war Ausdruck eines jeweils eigenen technologischen Stils. Kälte - so sagten die Amerikaner - ist ein Teil unserer Kultur, insbesondere unserer Eßkultur; mit Kälte machen wir unsere Nahrung haltbar. Diese Haltung teilten Verbraucher, Systemerfinder und Staatsbeamte. In Deutschland galt Kältetechnik als ‚High-Technology', inhaltlich verknüpft mit der Suche nach dem absoluten Nullpunkt. Die staatlich geförderte kältetechnische Forschung an den Technischen Hochschulen oder der Physikalisch-technischen Reichsanstalt in Berlin konzentrierte sich auf naturwissenschaftliche Fragen; die Probleme der Nahrungsmittelkonservierung wurden vor 1920 nicht behandelt. Kältetechnik gehörte eher zum Bau von Chemieanlagen. Die seit der Jahrhundertwende aufblühende Tieftemperaturtechnik verstärkte diese Tendenz noch.

Ihr technischer Stil machte die Deutschen stark im Bau und Verkauf von Maschinen und Anlagen, aber schwach im Anwenden der künstlichen Kälte auf technikfernere Gebiete wie etwa die Raumtemperierung oder die Eiscremeherstellung. Die Deutschen waren langsamer, gründlicher, flexibler, teurer, komplizierter und energiebewußter. Dies hat ihnen zeitweise geholfen, manchmal aber auch geschadet. Sie waren erfolgreicher im Absatz von Kältemaschinen, später von Gasverflüssigern, aber sie erreichten in ihrem Land weniger Binnenwachstum, da ihre Kältetechnik weniger Breitenwirkung entfalten konnte. Sie bauten zwar die besseren Maschinen, aber sie erzielten damit weniger Umsatz als die Amerikaner. Die deutschen Kältetechniker waren fixiert auf Solidität und Wirkungsgrad, doch dadurch war ihr Blick getrübt für so naheliegende Faktoren wie Bequemlichkeit, Preis und die Standardisierung kältetechnischer Produkte. Sie waren weitgehend die Theoretiker, die Amerikaner mehr die Praktiker.

Diese Feststellung gilt jedoch nur mit Einschränkungen, denn im Lauf der Zeit ergaben sich in beiden Ländern auch Verschiebungen in der jeweiligen Gewichtung von Theorie und Praxis. Amerika wurde thermodynamischer und Deutschland anwendungsorientierter. So haben beide Länder - wenn auch zeitversetzt - voneinander gelernt: Erfolgreiche Produkte, Verfahren und Anwendungen wurden gegenseitig übernommen. Viele Eigentümlichkeiten lassen sich trotzdem über Generationen hinweg verfolgen. Auch der schnelle Transfer verhindert eben nicht die Ausprägung von nationalen technologischen Stilen.[40]

[39] Eine Bedingung des ‚downscaling' war die Entwicklung der Elektrotechnik. Sie schien dem technischen Stil der Amerikaner mehr entgegenzukommen. Schon 1925 studierten in den USA fünfzig Prozent mehr Hochschüler Elektrotechnik als Maschinenbau, während in Deutschland noch heute der Maschinenbau vor der Elektrotechnik rangiert.

[40] Die allgemeinen Thesen der Technikhistoriker Radkau und Hughes zu nationalen technologischen Stilen in Deutschland und in den USA werden durch das Fallbeispiel Kältetechnik größtenteils bestätigt. Auch hier erweist sich also die Tragfähigkeit des Stilbegriffs für die Beschreibung technischer Tätigkeit.

Die Photographie von August Sander zeigt das 1930 am Kölner Winterhafen erbaute Kühlhaus der Kühlhaus-Köln GmbH. Die exponierte Lage mit vielfältiger Verkehrsanbindung an Wasser, Straße und Schiene machte es - wie viele der neu entstandenen Kühlhäuser - zu einer ‚Landmarke', deren Wirkung durch die architektonische Gliederung mit hell-dunkel abgesetzten Lisenen noch betont wird. Nicht umsonst mochte der Photograph dieses Bauwerk als Blickfang für seine auf den fernen Dom gerichtete Aufnahme gewählt haben. Sie entstand zwischen 1930 und 1936.

KÄLTEBURGEN FÜR EIER UND KAVIAR

Zur Ikonographie des Kühlhauses

Da stehen sie, massig und machtvoll zugleich, unübersehbar aufragende Würfel, fensterlos, mit kristallin oder geometrisch gestalteter Außenhaut, ihre Lebenskraft aus Wasserstraßen oder Schienensträngen saugend: die Kühlhäuser. Ihre wuchtigen Baukörper sind Orte der Ruhe und des lebhaften Güterumschlags zugleich, bilden sie doch zentrale Drehscheiben in der Versorgung einer Großstadt, einer ganzen Region. Sie dienen der Lagerung von Lebensmitteln, sei es zur Kühlhaltung über kürzere Zeiträume bis zum Weitertransport an die Endverbraucher oder zum hochsubventionierten ‚Kälteschlaf' der Erzeugnisse aus gesamteuropäisch-landwirtschaftlicher Überproduktion. Die heute üblichen nichtssagenden Flachkühlhallen machen es schwer, den reizvollen Eigenarten der Kühlhäuser auf die Spur zu kommen, die ihre architektonische Blütezeit in den zwanziger Jahren hatten.

Als Architekturtypus wurde das Kühlhaus bislang weder in ikonographischen noch historischen Erörterungen berücksichtigt, obwohl die Zahl der Abhandlungen über die Industriekultur ganzer Städte und Regionen mittlerweile kaum mehr übersehbar ist. Zwar wurden technische Ingenieurbauten einzelner Unternehmen (etwa von Borsig oder der AEG) ausführlich monographisch behandelt. Andere Studien beschäftigten sich topographisch mit Industrieorten (wie beispielsweise ‚Fabrikarchitektur in Frankfurt') oder untersuchten die Fabrik, den Industriebau als Phänomen. Auch fanden einzelne Gebäudegattungen des Produktionsprozesses wie Werkstätten, Montage- und Lagerhallen, Hochöfen, Schornsteine, Silos oder Wassertürme typologisch und stilistisch hin und wieder Beachtung. Vergebens sucht man jedoch eigenständige Darstellungen zur Kühlhausarchitektur[1], deren überraschende und bisweilen eigenwillige Gestaltung durchaus eine nähere Betrachtung verdient.

Im 19. Jahrhundert zählten der Ausbau des Verkehrsnetzes mit Bahnhöfen und Zubringerstrecken, die Verbesserung von Beleuchtung und Kanalisation ebenso zu den vorrangigen Bauaufgaben wie die Einrichtung von Schlachthöfen und Krankenhäusern. Letztere mußten zur Verbesserung des hygienischen Standards mit gesonderten Kühlräumen zur Lagerung verderblicher Materie ausgestattet werden. Eigene Kühlanlagen benötigten auch die Brauereien für ihren Produktionsprozeß. Eine ausgedehnte Lebensmittelversorgung und -bevorratung, insbesondere angesichts des Risikos von Versorgungsengpässen in Kriegszeiten, ließen den Bau großer Kühlhallen geraten erscheinen. So fügten sich bald neben himmelwärts strebenden Silos und Lagergebäuden mächtige Kühlhäuser in die veränderte Struktur der großen Städte.

---

1 Kühltürme bleiben hier ausgeklammert; sie unterscheiden sich von Kühlhäusern durch ihre Funktion als Abkühlvorrichtung für erwärmte Wassermengen aus Produktions- oder Energiegewinnungsprozessen.

Die spezifische Gestalt des Kühlhauses entwickelte sich erst um die Jahrhundertwende, als das Verfahren ausgereift war, neben- und übereinanderliegende Räume durch Rohrleitungssysteme unterschiedlich zu temperieren. Zuvor gab es ausschließlich Eisfabriken, die zu gewerblichen Zwecken Stangeneis herstellten, mit dem man mehr oder weniger effektvoll Lebensmittel über längere Zeit frisch zu halten versuchte. Eine Untersuchung aus dem Jahr 1891 schildert den Eishunger der damaligen Zeit sehr anschaulich: „Der Verbrauch des Eises steigert sich von Jahr zu Jahr. Nicht allein Bierbrauereien, Conditoreien, Restaurants, Gasthöfe, Schlächtereien, so wie Krankenanstalten etc. bedürfen davon erheblicher Massen; sondern seit Einführung der Eisschränke ist es auch in den besser gestellten Familien zum unentbehrlichen Bedürfnis geworden. Längst schon reicht die Eisernte auf den heimischen Flüssen und Seen nicht mehr aus; von Norwegen, Schweden und Nordamerika werden ganze Schiffsladungen versandt, und eine große Anzahl von Eisfabriken kann dennoch mit Gewinn arbeiten."[2] Drei verschiedene Sorten von künstlich erzeugtem Stangeneis, machten das Leben angenehmer. Mit zwei eher trüb oder milchig aussehenden Arten kühlte man Transportvehikel wie Milchwagen, Fleisch- und Fischwaggons sowie Bierfässer und andere Waren, die nicht unmittelbar mit dem

2 Josef Durm u.a. (Hrsg.), Handbuch der Architektur, 3.Teil, 6. Bd., Darmstadt 1891, S. 207

Der Querschnitt mit Grundrißzeichnung des Kühlhauses Lübeck, das 1913 entstand, war typisch für viele dieser Bauten. Sie bestanden in der Regel aus einem Maschinenhaus (links im Bild), einer Vorkühlhalle als Verbindungsglied und dem eigentlichen, mit Kork-, Bitumen- oder Asphaltschichten isolierten Kühllagerhaus, mehrgeschossig und mit stark belastbaren Pilzdecken versehen. Im Untergeschoß, mitunter auch in einem Nebengebäude befand sich die Stangeneisfabrik.

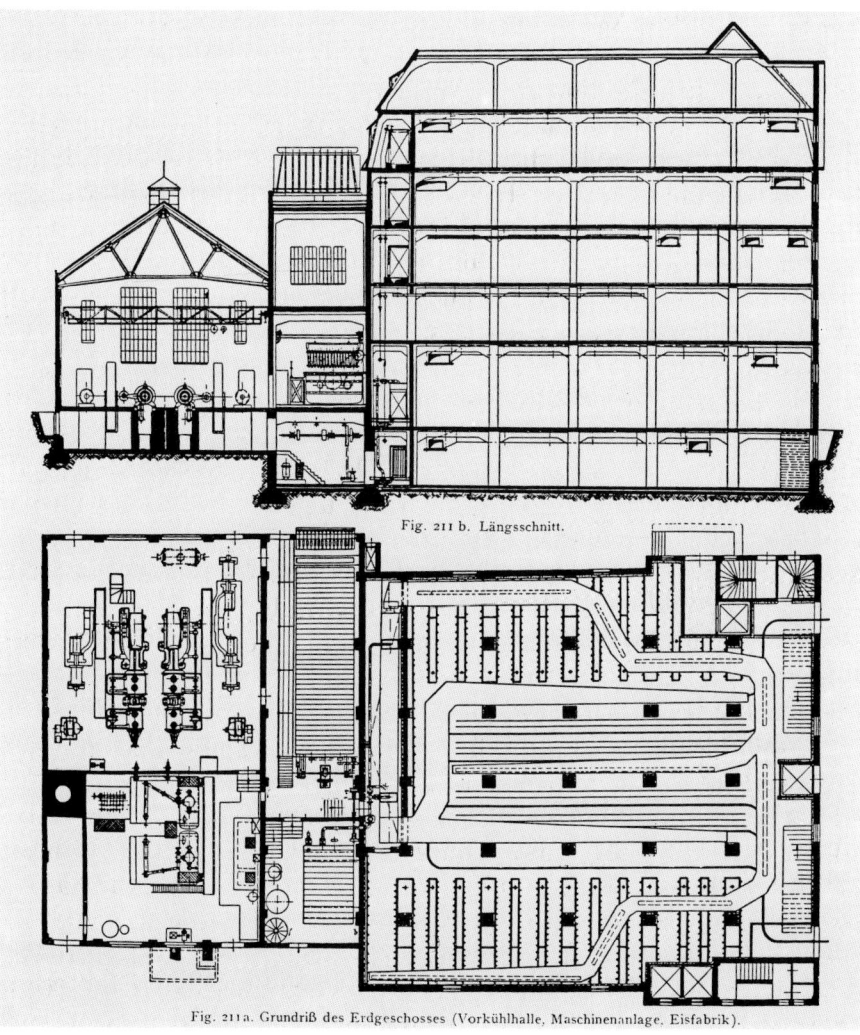

Fig. 211 b. Längsschnitt.

Fig. 211a. Grundriß des Erdgeschosses (Vorkühlhalle, Maschinenanlage, Eisfabrik).

Architekturmodell eines Kühlhauses, um 1910. Die offensichtliche Anlehnung an Theatergebäude, Banken oder Bahnhöfe zeigt, wie schwer sich Architekten taten, die hohen, fensterlosen Baumassen der Kühlhäuser gestalterisch aufzulockern. Hier sollten Elemente historischer Palastbauten die glatten Isolierwände verbrämen. Bei den Kühlhäusern der zwanziger Jahre entwickelten sich dann eigenständige Dekorationsformen.

Eis in Berührung kamen. Das vielgepriesene Kristallstangeneis aus destilliertem Trinkwasser hingegen diente nicht nur im Berliner ‚Kempinski' der Kaviarportion als - von unten beleuchtetes - Bett, sondern der Speisen- und Getränkekühlung ganz allgemein. Noch bis in die fünfziger Jahre unseres Jahrhunderts konnte man eifrige Eisausfahrer beobachten, die Läden und Privathaushalte frei Haus mit den tropfenden Blöcken belieferten.

Doch die Stangeneisproduktion reichte schon bald bei weitem nicht mehr zur Kühlung der verderblichen, oft von weit her gelieferten Güter über einen längeren Zeitraum aus. Man brauchte Gebäude, in denen große Mengen empfindlicher Lebensmittel eingelagert werden konnten. Zu ihnen zählten insbesondere Fleisch, wie etwa Gefrierfleisch aus Südamerika, Geflügel, Fisch, Eier, Gemüse und Obst, aber auch Hopfen und Luxusgüter wie Kaviar, Tabak und Pelze. Entsprechend ihrer spezifischen Eigenart mußten die Produkte bei unterschiedlichen Kältegraden über Wochen und Monate hinweg frisch gehalten werden. Nur so ließ sich in den Großstädten, deren Bevölkerungszahlen mit der Industrialisierung hochschnellten, die Lebensmittelversorgung sicherstellen, die nicht mehr länger nur von Kleinhändlern geleistet werden konnte.

Eine der ältesten Kühlanlagen war die ‚Kölner Blockeisfabrik, Kühl- und Gefrieranlage' von Gottfried Linde, einem Bruder des Erfinders und Unternehmers Carl Linde. Sie mag hier beispielhaft für die Entwicklung anderer Unternehmen stehen, die alle mit Lindeschen Kühlsystemen ausgestattet waren. „Bereits im Jahre 1883 wurde diese Anlage zunächst nur als Blockeisfabrik gegründet und mit Dampfkessel, Dampfmaschinen und Eismaschinen für 12.000 kg Klareisproduktion in 24 Stunden ausgerüstet; 1884 fand eine Vergrößerung um 2400 kg Leistung pro Tag statt und im Jahre 1885 wiederum eine Vergrösserung von 1200 kg Tagesleistung. Zwei Jahre später fand eine abermalige Erweiterung

115

Gesamtansicht der Berliner Markt- und Kühlhallen, Luckenwalder/Trebbiner Straße. Die beiden Kühlhäuser, das Verwaltungsgebäude und das Maschinenhaus entstanden zwischen 1900 und 1902 nach Plänen von O. Stiehl und J. Wellmann.

3 Richard Stetefeld, Die Eis- und Kühlerzeugungs-Maschinen, Stuttgart 1901, S. 345 ff.
4 Richard Stetefeld (siehe Anm. 3)

statt und wurden neben der Eiserzeugung Fleischkühlräume eingerichtet. ... Bei der jetzigen ausgebauten Anlage dienen die Räume im Keller und im Erdgeschoß zur Kühlung und Aufbewahrung von Fleischwaren, neben dem Kellergeschoß unter der Hofsohle liegt noch ein Pökelraum. In den fünf Obergeschoßen von je 300 qm, also zusammen 1500 qm Grundfläche befinden sich die Kühl- und Gefrierräume für die Aufbewahrung der verschiedensten Lebensmittel als Gemüse, Obst, Früchte, Butter, Eier, Käse u.s.w. Daneben sind auch Kühlräume zur Lagerung von Malz, Hopfen, Tabak und zur Konservierung von Pelzwaren während der heißen Jahreszeit eingebaut."³ Die Verfeinerung der Kühltechnik ermöglichte die individuelle Behandlung der aufgeführten Waren, deshalb wird weiter lobend erwähnt: „Diese Trennung der Kühlapparate hat den in die Augen springenden Vorteil, daß in den einzelnen Geschoßen sowohl Temperatur wie Feuchtigkeit auf das genaueste dem zu kühlenden Material entsprechend reguliert werden kann und die oft schädigende Mischung der Luft der verschiedenen Räume zur Unmöglichkeit gemacht wird."⁴ Dieses differenzierte Angebot machten die Kühlhausbetreiber einem weiten Kundenkreis von Händlern, Wirten und Angehörigen der Versorgungsgewerbe, die sich eigene Kühlanlagen nicht leisten konnten. Aus wirtschaftlichem Kalkül entstanden an

Die Gebäudekomplexe der Berliner Kühlhallengesellschaft - rechts das Kühlhaus II - waren zu mächtigen Festungen geraten, deren achtgeschossige Kühlhausblöcke sich hinter einer reich verzierten Klinkerummantelung mit Türmen, Treppengiebeln und Fialen versteckten. Solche Formen waren vertraut und paßten sich dem Stadtbild an.

Die Zwiespältigkeit der Bauweise zeigt ein früher Bauzustand 1902: Man erkennt das konstruktive Eisengerüst (Ausführung: MAN), das von einer kompletten Klinkerverschalung überzogen wird, die sich mit ihren Rundbogenornamenten dem historistischen Eckturm des danebenstehenden Kontorgebäudes angleicht. Im Kühlhaus II (Abbildung oben) ist heute ein Teil des Museums für Verkehr und Technik untergebracht.

Fleischkühlraum der Städtischen Kühl- und Lagerhäuser Wien am Handelskai (Abbildung oben). Das neue Kühl- und Gefrierhaus (Abbildung rechte Seite oben) wurde während des Ersten Weltkrieges in aller Eile mit Hilfe von internierten Reichsitalienern errichtet, um allgemeinen Versorgungsschwierigkeiten entgegenzuwirken. Seine Eröffnung fand 1916 statt. Die langgestreckte Form war für ein Kühlhaus ungewöhnlich; sie resultierte aus dem Wunsch, die Güter nicht zentral, sondern an Laderampen entlang der gesamten Längsseiten umzuschlagen, und zwar sowohl zur Donau, als auch zur Straße hin. Ursprünglich war das Gebäude nur viergeschossig; die ersten Pläne sahen aber bereits eine Dacherhöhung auf sieben Stockwerke vor. Auf dieser Aufnahme von 1927 ist es auf neun angewachsen. Das untere Photo zeigt die Kältemaschinen des Wiener Kühlhauses, 1925.

5 Le Corbusier, Vers une Architecture, 1923; zitiert nach der deutschen Ausgabe: Kommende Baukunst, Berlin/Leipzig 1926, S. 20
6 Josef Durm (siehe Anm. 2), S. 232
7 Siehe Hans Ulrich Kilian, Industriebau vor 1900, in: Kat.Ausst. Industriebau, Stuttgart 1984, S. 24 f.

Orten mit günstiger Verkehrsanbindung viele private Kühlhallen-Gesellschaften, die ihre Räume vermieteten. Solche Unternehmen schienen in der reibungslosen und raschen Abwicklung ihrer Geschäfte wesentlich beweglicher zu sein als die Kommunen, die außer in ihren Schlachthöfen kaum eigene Kühlhallen betrieben.

Hinsichtlich ihres Erscheinungsbilds wie auch ihrer Entstehungsgeschichte weisen die Kühlhäuser Parallelen zu den Lagerhallen oder großen Getreidesilos auf. Letztere entstanden während der Umwandlung des alten Müllereigewerbes in einen Industriezweig, dessen Massenproduktion wiederum eine großzügige Vorratswirtschaft notwendig machte. Aus der zentralen Lagerung und Distribution resultierte die charakteristische hohe Form der Silobauten, die Le Corbusier 1923 bewunderte: „Hier im Bilde Silos und Fabriken aus Amerika, prachtvolle Erstlinge der neuen Zeit. Die amerikanischen Ingenieure rotten mit ihren Berechnungen die sterbende Architektur aus."[5] Einem solchen Architektur-Enthusiasmus sollten die Kühlhäuser zwar nicht anheimfallen. Und doch wurde mit ihnen etwas ähnlich Neues geschaffen, in dem sich eine besondere Wechselwirkung zwischen Architekt, Ingenieur und Designer manifestierte.

Wie bei kaum einem anderen Bauwerk ist bei den Kühlhäusern die Form durch den Zweck bestimmt. „Um die Betriebskosten einer Kühlanlage möglichst herabzumindern, muß der Kühlraum derart angeordnet und construirt sein, daß die Einwirkung der Sonne und sonstiger Wärmequellen thunlichst abgehalten wird. Kann man in Rücksicht auf den Zweck des Kühlraumes auf Tageslicht ganz verzichten, so ist die Anordnung von Fenstern, die stets eine Quelle der Lufterwärmung bilden, überflüssig, da man für die Lüftung der Halle in anderer Weise sorgen kann und meistens auch muß. ... Damit sowohl die Baukosten, als auch insbesondere die Betriebskosten der Kühlanlage thunlichst geringe seien, gehe man bei Bemessung des Kühlraumes möglichst sparsam vor. ... Die Außenwände einer Kühlhalle sind in solcher Dicke und in solcher Weise auszuführen, daß sie die Außenwärme thunlichst abhalten."[6] Diese ‚thunliche' Diktion war so zu interpretieren, daß zur Lagerung und Kühlung von Lebensmitteln nur die Form eines über mehrere Stockwerke führenden Skelettbaus möglich war. Vorläufer kannte man schon seit knapp einem Jahrhundert, wie die Beispiele englischer Mühlen um 1800 zeigen, die gußeiserne Stützen und Träger besaßen. Auf letzteren lagerten die aus Ziegelgewölben bestehenden Decken. 1858/60 verblüffte Godfrey Greene (1807-1886) mit der konsequenten Eisenskelett-Geschoß-Bauweise der Boat Stores in den Docks von Sheerness. Die besondere gußeiserne H-Stützenkonstruktion ermöglichte die Befestigung von Längs- und Querträgern, in die wiederum hölzerne Zusatzstützen eingehängt werden konnten, auf denen Eichenplanken als Geschoßdecken lagen: ein variables Skelett, das sich selbst trug und nicht die Außenwand benötigte.[7] Dieser Typus wurde auch zum Vorbild für die frühen Kühlhauskonstruktionen. Einen weiteren Fortschritt brachte die 1892 von François Hennebique (1842-1921) patentierte Skelettbauweise in Stahlbeton, eine monolithische Deckenverbundkonstruktion mit erhöhter Feuersicherheit und großer Widerstandsfähigkeit gegen Feuchtigkeit und Vibration. Pilzdeckenkonstruktionen als spätere Varianten dieses Systems wurden im Kühlhausbau wegen ihrer besonderen Belastbarkeit bevorzugt angewendet. Ein ei-

Bahnhofseitige Ansicht der Nürnberger Kühlhallen mit Laderampe, Aufnahme 1950. Viermal erweiterte man das 1910 erbaute Gebäude. Es wurde kräftig aufgestockt, auf der Hofseite kam ein dritter Aufzugturm - hier nicht im Bild - hinzu. Dennoch hat die Gesamtstruktur kaum gelitten; sorgfältig wurde das neue Gesamtbild den vorgegebenen Formen angepaßt (siehe Abbildung rechte Seite). Der gesamte Komplex wurde 1983 abgerissen.

Kühlmaschinenraum der Nürnberger Eisfabrik & Kühlhallen.

genes Problem bildeten die Außenwände. Da sie eine hohe Isolationsfähigkeit besitzen mußten, entwickelte man hierfür das Prinzip der Doppelschaligkeit weiter, das man schon bei den alten Natureishäusern benutzt hatte. Oft wurde eine Korkschicht zwischen äußerer und innerer Schale eingefügt, später eine spezielle Jute-Bitumen-Isolierung, wie etwa 1930 bei den neuen Kühlhallen in Dresden.

Die besonderen Anforderungen der Kühl- und Lagertechnik führten daher fast zwangsläufig zur Errichtung blockhafter Gebäude mit mehreren Geschossen. Die Beschickung und Einlagerung von Waren erleichterten von Anfang an elektrische Aufzüge, die meist im Inneren installiert, bisweilen aber auch in außerhalb angegliederten Türmen angebracht wurden. Da die Stockwerke wegen der Fensterlosigkeit und aus Isolierungsgründen nach außen nicht in Erscheinung traten, muß-

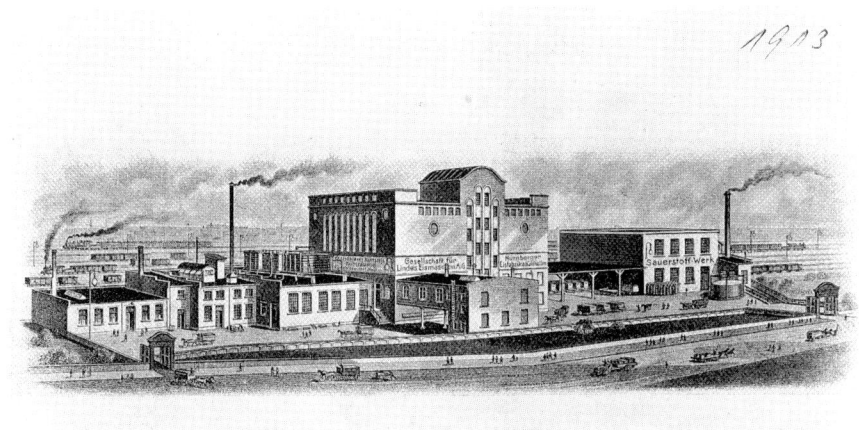

ten für die Gestaltung der äußeren Hülle eigene Akzente gefunden werden. Hierbei beschritten Architekten und Bauherren fast überall die gleichen Wege. Backstein wurde wegen seiner geringen Wärmeleitfähigkeit zum favorisierten Werkstoff, mit dem man die Betonwände verblendete. Die Fassadengestaltung wurde dabei mehr und mehr zu einer Designaufgabe. Interessante Beispiele für diese Architekturauffassung waren die 1902 begonnenen Gebäude der ‚Gesellschaft für Markt- und Kühlhallen' in Berlin und die ab 1910 errichteten Bauten der ‚Nürnberger Eisfabrik & Kühlhallen'. Ihre gemeinsamen Merkmale waren die schmalen, hell gestrichenen Lisenenfelder, die wie Lamellen wirkten und die Baumasse in gefälliger Weise strukturierten. Während die Bemühungen in Nürnberg mit den strengeren, mehr linearen Formen allerdings den Blick auf zeitgemäße, dem Jugendstil verpflichtete Architekturen nicht verleugneten, waren die Kühlhallen in Berlin eher zu mächtigen Festungen geraten, deren aufgesetzte Türme und Blendfassaden dem geschlossenen Baukörper ein vertrautes Aussehen geben sollten. Die Zwiespältigkeit in letzterem Fall entlarvt eine Aufnahme, die einen frühen Bauzustand im Jahr 1902 zeigt: Das Gebilde besteht aus einem konstruktiven Eisengerüst, das von einer kompletten Klinkerverschalung überzogen wird, die sich mit ihren Rundbogenornamenten dem historischen Eckturm des neben ihm stehenden Kontorgebäudes angleicht.

Nürnberger Eisfabrik & Kühlhallen, Gesellschaft für Linde's Eismaschinen, Knauerstraße 23, errichtet 1910. Die Zeichnung der Architekten Weber & Körner aus dem Jahr 1913 zeigt die Straßenansicht des Kühlhauses. Seine klar strukturierten Wandflächen verleugnen im Gegensatz zum Berliner Beispiel die Zweckform des Gebäudes nicht. Die Abfolge von Bändern, Lisenen und die geschwungene Dachform des Aufzugturms weisen noch Einflüsse des Jugendstils auf.

Das Kühlhaus Union in Hamburg-Altona, Am Westkai (linke Seite). Es wurde 1924 nach Plänen der Architekten Erich Elingius und Gottfried Schramm erbaut. „... die gewaltige Masse des Baues (wollte) ein wirklich monumentales Wahrzeichen für die Einfahrt in das großhamburgische Hafenbild sein." Der Westkai mußte erst aufgeschüttet werden, um ein geeignetes Grundstück zu gewinnen und die Schienenanbindung zu ermöglichen.

Ein herausragendes, zukunftsweisendes Beispiel neuerer Art war der Lyoner Schlachthof. 1913 begonnen, ging er auf die bahnbrechenden Entwürfe einer ‚Cité Industrielle' des Architekten Tony Garnier (1869-1948) zurück. Sie war eine ‚ideale Industriestadt' im Sinne rationaler Ordnung und zentraler Steuerung.[8] Das Maschinenhaus bildete die Mitte des Gesamtgefüges. Ihm war ein bemerkenswert hochstrebendes Kühlhaus angeschlossen, erstaunlich in seiner klaren Lisenengliederung, mit seinen Sockel- und Gesimszonen. Trotz seiner Höhe und Fensterlosigkeit wirkte es eigenartig klassizistisch. Augenfällig war Garniers kompromißlose Bereitschaft, ausschließlich in unverputztem Stahlbeton zu arbeiten. Maschinen- und Kühlhaus in Lyon wurden erst nach dem Ersten Weltkrieg ausgeführt und zusammen mit der Gesamtanlage 1928 eröffnet.[9]

Für den Kühlhausbau in Deutschland wurden erst die zwanziger und frühen dreißiger Jahre gestalterisch bedeutsamer. Sie kann man als die eigentlich hohe Zeit der Kühlhäuser bezeichnen. Expressionistisch

Im Winter 1934/35 erhielt München in der Nähe des Isartalbahnhofs endlich auch ein Kühlhaus, „war doch München bislang nahezu die einzigste Stadt ihrer Größe und Bedeutung in Deutschland, die noch kein Groß-Kühlhaus besaß. Die Ziele des Reichsnährstandes ..., die Arbeitsbeschaffungsmaßnahmen der Reichsregierung zu unterstützen, waren Veranlassung, das seit Jahren verfolgte Projekt ... zu verwirklichen." (Linde-Werbebroschüre)

8 Tony Garnier, Une Cité industrielle, 1917; deutsche Ausgabe Tübingen 1989
9 L'Architecte civil, No. 2418, 15.12.1928, S. 569-574; L'Architecte, Januar 1929, S. 1-8, Pl. 1-5. Die Gebäude des Schlachthofes wurden 1975/76 bis auf die große Markthalle abgerissen. Diese wurde 1988 in ein kommunales Kulturzentrum umgewandelt (Architekten Reichen & Robert, Paris).

aufgefaßte Formen und Dekorationselemente - vertikale, linear oder ornamentale Streifenbänder und Zackenfriese, Okuli, Inkrustationen oder kräftige Farbabsetzungen - bildeten den bevorzugten Formenkanon. „Die einprägsame, wuchtige Wirkung der Werke geht unmittelbar aus den elementaren Formen hervor. ... Pfeiler, Abstufungen, Auskragungen, Ausmaße und Anordnung der Lichtöffnungen, Lisenen, Gesimse, die Massen gliedern, gehen aus Zweck, Werkstoff und Konstruktion hervor und geben dem Auge den nötigen maßstäblichen

Kristalleisfabrik und Kühlhallen der Firma Linde in Dresden (rechts unten). Die Architekten dieses 1929/30 erbauten Kältekomplexes waren Lossow & Söhne (Prof. Max Hans Kühne). „Der ... Schlußbau der Gebäudeanlage stellt einen dominierenden Baukörper dar, der an einem breiten Platz liegt und sowohl diesen als auch die sonstigen einmündenden Straßen beherrscht." (Deutsche Bauzeitung 1930.) Die einer Moschee nachempfundene Zigarettenfabrik Yenidze (Martin Hammitzsch, 1907-1909) im Hintergrund bildet einen bemerkenswerten Kontrast zu der ‚Kälteburg'.

Meister Klebl zählt die Butterfässer im Raum Y der Nürnberger Eisfabrik und Kühlhallen, August 1950.

Anhalt."[10] In dieser Formulierung wird die Sorge um ein Harmoniebedürfnis erkennbar, das den Betrachter angesichts der mächtigen Gebäude überkommen mochte. So versuchte man, Kühlhäuser in Anlehnung an weitgehend Bekanntes im Stadtinneren zu integrieren oder gestaltete sie bewußt als Landmarken, wenn sie am Rande der Städte plaziert wurden.

Vom einen wie vom anderen zeugen als pars pro toto beeindruckend der von den Architekten Lossow & Söhne und Max Hans Kühne 1929/30 errichtete Erweiterungsbau der ‚Kristalleisfabrik mit Kühlhallen' in Dresden sowie in Hamburg-Altona das 1924 von Erich Elingius und Gottfried Schramm entworfene ‚Kühlhaus Union'. Zu dem Dresdener Gebäude heißt es in einem zeitgenössischen Urteil: „Der ... Schlußbau der Gebäudeanlage stellt einen dominierenden Baukörper dar, der an einem breiten Platz liegt und sowohl diesen als auch die sonstigen einmündenden Straßen beherrscht. Da der Eckbau in den 7 Etagen nur tief gekühlte Lagerräume enthält, so entstand die Notwendigkeit, die großen Mauerflächen ohne das Detail der Fenster zu schaffen. Die aus den Abbildungen ersichtlichen horizontalen Simse werden später bei dem Neubau des anzuschließenden Kontorgebäudes die Fensterreihen der Geschoße fassen, wodurch dieser künftige Bauteil fest mit dem großen Körper des Kühlhauses verbunden wird. Diese Gesimse erleichtern es, die große Gebäudemasse, die keinerlei Fenster hat, im normalen Maßstabe des Straßenbildes erträglich erscheinen zu lassen."[11] Äußerst bemerkenswert ist hier auch die Kühnheit der vom Kühlhaus ausgehenden Fluchtlinie, in der die einer Moschee nachempfundene Zigarettenfabrik Yenidze (Entwurf Martin Hammitzsch, 1907/09) einen höchst eigenwilligen Kontrapunkt zu dem massiven kubischen Eckgebäude bildete.

Ähnlich expressionistische Gestaltungsmerkmale, die augenfällig als werbewirksame Mittel eingesetzt waren, besitzt auch das Altonaer Kühlhaus. Die Errichtung eines der größten Hafenkühlhäuser des europäischen Festlandes stand unter der Prämisse, daß „die gewaltige Masse des Baues ... ein wirklich monumentales Wahrzeichen für die Einfahrt in das großhamburgische Hafenbild sein"[12] wird. Dazu mußte jedoch zunächst durch Aufschüttung des Westkais ein geeignetes Grundstück gewonnen und eine entsprechende Schienenanbindung hergestellt werden. Die Bedeutung dieses später in ‚Kühlhaus Union' umbenannten Bauwerks als ein gewichtiges Glied in der perfekt geknüpften ‚Kühlkette' formulierten die Initiatoren folgendermaßen: „Die Stadt Altona hat es dagegen übernommen, die Hafenstrecke vor dem neuen Kai auf eine Tiefe bis zu 8,5 m unter N.N. zu bringen, denn das Kühlhaus soll von Kühldampfern der größten Art angelaufen werden. Das Stammhaus der Firma Weddel & Co. G.m.b.H. verfügt über eine eigene Flotte von Kühldampfern größter Art. Zweifellos werden aber auch andere Reedereien, die ihre Dampfer mit Gefriereinrichtung nach der Elbe laufen lassen, von dem neuen, glänzend gelegenen Kühlhaus Gebrauch machen, das die Firma nicht nur für ihre eigenen Zwecke benutzen, sondern bei den geplanten Ausmaßen in beträchtlichem Umfange dem allgemeinen Handelsverkehr für die Lagerung einheimischer und ausländischer Waren zur Verfügung stellen wird."[13]

Das Objekt hanseatischen Stolzes verlor zwar mittlerweile seine eigentliche Funktion, erfordert als Landmarke aber nach wie vor beson-

10 Werner Lindner, Georg Steinmetz (Hrsg.), Die Ingenieurbauten in ihrer guten Gestaltung, Berlin 1923, S. 33
11 Deutsche Bauzeitung, Nr. 50 (1930), S. 391
12 Deutsche Bauzeitung, Nr. 63 (1924), S. 394
13 Deutsche Bauzeitung (siehe Anm. 12)

Das Kühlhaus der Blockeisfabrik des Gottfried Linde am Winterhafen in Köln-Deutz, errichtet 1920 nach Plänen der Dyckerhoff & Widmann AG (siehe auch Abbildung Seite 112). Es ersetzte eine seit 1883 bestehende Kunsteisfabrik. Der neue Baublock stellte mit seiner klaren, durch farbige Absetzungen betonte Pilastergliederung und dem schräg vorkragenden Gesims eine der konsequentesten Varianten fensterloser, auf Höhe ausgerichteter Architektur dar. Oft mußten die Lagerkapazitäten durch Anbauten erweitert werden. Der Entwurf der Architekten Borgard und Weber aus den dreißiger Jahren (Abbildung unten) zeigt einen Vergrößerungsvorschlag. Diese Vorstellungen kamen nicht zur Ausführung. Das Kühlhaus wurde in der achtziger Jahren abgerissen.

Das Kühlhaus in Paris-Ivry liegt in unmittelbarer Nähe zum Verladebahnhof Paris-Orléans. Ein Rundturm sollte zum Erkennungszeichen werden. In Frankreich begann man sehr spät mit dem Kühlhausbau. Das von Ivry entstand erst Mitte der zwanziger Jahre.

Maschinen- und Kühlhaus des Schlachthofes von Lyon (Abbildung rechts oben). Beides zusammen bildete das Zentrum der Gesamtanlage, die 1913 begonnen worden war. Sie ging auf die bahnbrechenden Entwürfe einer ‚Cité Industrielle‘, einer ‚idealen Industriestadt‘, des Architekten Tony Garnier (1869-1948) zurück. Das Kühlhaus wirkte eigenartig klassizistisch. Augenfällig war Garniers kompromißlose Bereitschaft, ausschließlich in unverputztem Stahlbeton zu arbeiten. Maschinen- und Kühlhaus in Lyon wurden erst nach dem Ersten Weltkrieg ausgeführt und mit der Gesamtanlage 1928 eröffnet. 1975/76 hat man sie abgerissen.

Kühlhaus der Commonwealth Cold Storage in Boston, Mass., um 1912 (Abbildung rechts unten). Europäische Kältetechniker vermuteten, daß wirtschaftliche Gründe bei dem Verzicht auf eine besondere Differenzierung der Außenmauern eine Rolle spielten. Tatsächlich bildet das konsequente Raster der Wände ein typisch amerikanisches Architekturmotiv, wie es besonders in Wolkenkratzer-Entwürfen Niederschlag fand.

14 Sven Bardua, Der Meilenstein im Hafen, in: Frankfurter Allgemeine Zeitung, 27.10.1990

dere Aufmerksamkeit. Als Anfang der 1980er Jahre der Kühlhausbetrieb gänzlich eingestellt wurde, zeigte sich einmal mehr, wie schwer man sich heutzutage im Umgang mit industriellen Denkmalen dieser Größenordnung tut. Verschiedene Hamburger Architektenteams legten Entwürfe zur Umnutzung des Baus in ein großes Hotel vor, die aber zunächst wegen allzu einschneidender Veränderungen am äußeren Erscheinungsbild zu Fall gebracht wurden. So war zum Beispiel ein gläsernes Kuppelrestaurant über der historischen Zackenkrone des Kühlhauses vorgesehen. Bevor man hier eine Entscheidung wagte, erwärmte man sich für die neue Idee, die ehemalige Kälteburg zu einem Senioren-Wohnheim auszubauen.¹⁴ Vergleichsweise weniger zimperlich war man ja in London beim Generalumbau der alten, nach einstiger Arbeitsfron riechenden Docklands zu luxuriösen Wohngebieten gewesen. Die dortige rückhaltlose Bereinigung kennzeichnet einen gewissen skrupellosen Umgang mit der Vergangenheit, deren Zeugnisse im Verfall allerdings nicht mehr und nicht weniger als wirtschaftlichen Niedergang verkörperten.

Kehren wir noch einmal zurück in die Frühzeit des Kühlhauses. Die mit verschiedenen Elementen dekorierten, neuartigen Baumassen sollten durch ihre gefällige Ornamentierung eine gewisse Vertrautheit in ihrer Umgebung erwecken. In ähnlicher Weise hatte man bekanntlich versucht, dem neuen Typus Fabrik den alten Typus Schloß zu unterlegen. Die Formen unserer ‚kristallinen Kühl-Palazzi‘ sind möglicherweise unbewußte Zeugnisse für ihre Anlehnung an emotionale Qualitäten, wie sie etwa den Begriffen ‚Tresor‘ oder ‚Schrein‘ als bewahrende Behältnisse anhaften. Deren bekannte Formen und Stilmittel kehrten abgewandelt in den Kühlhäusern wieder und machten sie dadurch vielleicht einschätzbarer. Denn während der Fabrikbau als solcher erkennbar, weil als ‚Werkzeug‘ charakterisiert ist, mit dem der Mensch explizit arbeitet, mußte ein äquivalentes Gestaltungsprinzip beim Kühlhaus ausgespart bleiben. Der Mensch arbeitet ja eigentlich nicht in ihm, er kann es schon aus klimatischen Gründen zumindest immer nur für kurze Zeit. Was die Funktion und Form des Kühlhauses erklärt, ist demnach nicht der Mensch, sondern ausschließlich die tote, eingelagerte Materie. Der Architekt nahm und nimmt bis heute noch beim Bau des Kühlhauses die Möglichkeit wahr (und unterliegt dabei einer Notwendigkeit), bezüglich der sinnlichen Akzeptanz des ‚Schreins‘ über das menschliche Maß hinaus zu planen.

Die hieraus resultierenden Bauformen haben sich in der Zwischenzeit gewandelt. Was einst als machtvoller Hochbau mit Ecktürmen und Lisenen begann, wuchert heute als ausgedehntes Schachtelsystem flacher, hermetischer Containerbauten in den Industriegebieten im Weichbild der Städte. Die Normkühlhäuser der Nachkriegszeit sind nur noch nach rein funktionalen Gesichtspunkten optimiert, denen die äußere Gestaltung mittlerweile völlig untergeordnet wurde. Die Lagerungslogistik fordert einen raschen Massenumschlag, der mit den Aufzugsanlagen und dem Handkarrenverkehr der mehrgeschossigen frühen Kühlhäuser nicht mehr zu bewältigen wäre. Hubfahrzeuge kreuzen in unserer Zeit durch die endlosen Reihen der Hochregale in den weiten Hallen, und die wenigen, hier arbeitenden Menschen wirken in ihren Thermoanzügen so verloren wie Weltraumfahrer im - noch etwas kälteren - All.

Waggonbeeisung an der Laderampe der ‚Nürnberger Eisfabrik & Kühlhallen'. Die Aufnahme aus den fünfziger Jahren zeigt eine alte Methode der Lebensmittelkühlung in einem der wichtigsten Glieder der ‚Kühlkette' - der Eisenbahn. Zur Frischhaltung etwa von Obst und Gemüse verwendet man selbst heute noch Wassereis. Für den Transport von Tiefkühlware hingegen werden Trockeneis und Waggons mit eigenen Kühlaggregaten eingesetzt.

FROSTIGE GLIEDER

Aspekte der Kühlkette

Das Land Schlaraffia gibt es längst. Vielleicht nicht ganz so, wie das altbekannte Märchen es beschreibt. Das geht nun doch nicht, daß gebratene Tauben hier unkontrolliert tief durch die Luft fliegen oder Anhäufungen von Apfelstrudel mit warmer Vanillesauce den Bau von Autobahnen blockieren. Aber just auf denselben sind tagtäglich Millionen von steifgefrorenen Fertiggerichten unterwegs, die ein Schlaraffia suggerieren. Ersparen sie doch der geplagten Hausfrau ebenso wie dem gestreßten ‚Single' beiderlei Geschlechts (früher gab es hauptsächlich Junggesellen und ältere Fräuleins) unendliche Mühen. Da entfallen lästiges Einkaufen von Lebensmitteln ebenso wie deren aufwendiges Zubereiten und Vorkochen. Kein Kartoffelschälen, Mohrrübenschruppen, Zwiebelschälen mehr, kein Anbrennen, Überkochen und Verbrutzeln. Man kauft Mahlzeiten heute komplett, wie im Katalog der Fertigkühlkostfirmen gesehen. Cordon bleu, Saumagen, Grünkohl mit Pinkel, Lasagne und Tiramisu werden auf Bestellung frei Haus geliefert - im kältedampfenden Karton, dessen Inhalt sich in Bestzeit im Mikrowellenherd bemüht, das Aussehen der im Bestellkatalog so proper arrangierten und schmackhaft anmutenden Abbildungen anzunehmen und - zumindest für kurze Zeit - zu behalten. Was im erwähnten Wunderland bar jeder Erklärung geschieht, ist in unserer Realität allerdings Endergebnis einer genau kalkulierten und temperierten Abfolge von Erzeugungs- und Transporthandlungen, die man gemeinhin als ‚Kühlkette' bezeichnet.[1] Sie ist mittlerweile ein Juwel der Zivilisationsgesellschaft, wenn auch mitnichten eine Erfindung unserer Tage.

Um die ausreichende Lebensmittelversorgung der anwachsenden Bevölkerung in den Industrieländern sicherzustellen, schien gegen Ende des letzten Jahrhunderts jedes Mittel recht zu sein. In den Ballungsgebieten waren eigener Gemüseanbau oder Viehhaltung rückläufig, ebenso die landwirtschaftliche Erzeugung in der Umgebung der Metropolen. Die Gründe dafür sind vielfältig und reichen von den Auswirkungen der Landreformen bis zu den Veränderungen im Zusammenhang mit der Umbildung von einer agrarwirtschaftlich geprägten zur Industriegesellschaft. Ernährungswissenschaftler und Techniker sannen auf Wege, im großen Stil den Transport verderblicher Nahrungsmittel aus Ländern zu ermöglichen, in denen Bodennutzung und Arbeitskräfte noch konkurrenzlos billig waren: in Australien und Südamerika etwa oder einigen afrikanischen Kolonien. Mit der ‚Kühlkette' für Gefrierfleisch, Seefische und exotische Früchte entstand eine exakt aufeinander abgestimmte Organisation, die die Nahrungsmittel auf dem Weg von weit entfernten Fanggründen, von Plantagen und Farmen über

---

[1] Der Begriff ‚Kühlkette' kam um 1908 auf, als ein nahtloser Transport empfindlicher Güter technisch möglich geworden war. Die Bezeichnung wurde von Rudolf Plank in Deutschland eingeführt. Vgl. Ullrich Hellmann, Künstliche Kälte. Die Geschichte der Kühlung im Haushalt, Berlin 1990, S. 153

Schlachthöfe, Lagerhäuser, Kühlschiffe, Kühlzüge bis in die Läden und später Supermärkte hinein fest in ihren kalten Griff nahm. Die Alltäglichkeit eines reichhaltigen Angebots hat längst den Blick auf die Geschichte verstellt, in der es gar nicht immer so einfach war, die Kühlketten-Idee zu verwirklichen. Auch haben sich die Maßstäbe einer Wertschätzung der fremden wie der heimischen Erzeugnisse zum Teil ins Belanglose verschoben, zum Teil völlig ins Gegenteil verkehrt. Wie sonst sollte man es erklären, daß ‚nationale' Äpfel doppelt so teuer sind wie ‚unsere' Bananen?

Bananen sind ein bemerkenswertes Beispiel für marktwirtschaftliche Mechanismen, zu deren wesentlichen Bestandteilen die Erfüllung technischer Voraussetzungen gehörte. Es war gar nicht leicht, die Banane nach Europa und dort an den Mann zu bringen. Ihre Erfolgskurve stieg erst rasant an, als der Einfuhr technischerseits nichts mehr im Wege stand. Dieser Durchbruch war in zweierlei Hinsicht symbolhaft: Erstens bedeutete er das Ende der glanzvollen Zeit fürstlicher Orangerien, die bestaunte Annexe der Residenzen gebildet hatten. Die Banane sollte sogar, so lautete um 1900 die Absicht mancher Ernährungswissenschaftler, ähnlich der ein Jahrhundert zuvor eingeführten Kartoffel, zum Volksnahrungsmittel erklärt und ihr eine dementsprechend weite Verbreitung ermöglicht werden.[2] Diese tatsächlich eintretende, ‚plebiszitäre' Aneignung fremder Lebens- und Nahrungswerte führte – und dies ist der zweite Gesichtspunkt – zu einer ersten Abschwächung des Staunens über das Exotische, Seltene. Bald war es uninteressant, wo die Banane eigentlich zuhause ist. Kaum jemand ist sich noch bewußt, daß das Musaceengewächs Banane ausschließlich in der subtropischen Zone unserer Erde zwischen den beiden dreißigsten Breitengraden nördlich und südlich des Äquators gedeiht, daß sie die gleichmäßig warmen Regenwälder mit ihrer hohen Luftfeuchtigkeit als idealen Lebensraum benötigt und den Menschen, die sie hegen und ernten, viel

2 Vgl. Paul Sellin, Die Banane. Ein neues Volksnahrungsmittel, Altona 1911

Plakatentwurf von Fritz Rosen (Atelier Bernhard, Berlin), 1926. In frecher und drastischer Manier fordert das Plakat zum Bananenkonsum auf. Es unterstützte auf seine Weise die Forderung von Ernährungswissenschaftlern, die Banane zu einem neuen Volksnahrungsmittel zu machen, nachdem es möglich geworden war, die leicht verderbliche exotische Frucht unbeschadet in unsere Hemisphäre zu transportieren.

abverlangt. Wie kam es dazu, daß die Banane heute bei uns als die präsenteste und zugleich unspektakulärste Frucht gilt?

Zum ersten Mal wurde 1871 eine größere Ladung der leicht verderblichen Bananenbüschel an einem Pier im amerikanischen Boston gelöscht, die mit einem Segelschiff aus der Karibik kam und sogleich reißenden Absatz fand. Dies nahm man zum Anlaß, die Bananenverfrachtung zu kommerzialisieren und in geordnete Bahnen zu lenken. 1885 wurde eine Fruchtgesellschaft gegründet, die spätere berühmt-berüchtigte ‚United Fruit Company'. Über den amerikanischen Kontinent breitete sich ein straff organisiertes Netz mit zahllosen Vertriebsstellen aus. Kühlzüge brachten die Bananen an nahezu jeden erdenklichen Ort. Die Methode des Billigangebots durch Einrichtung der ‚Five and Ten Cent Stores' verhalf der Banane zu einem einzigartigen Siegeszug. Die daraus erwachsende Nachfrage erforderte ebenso rationalisierte Anbaumethoden. In Jamaika, San Domingo und Kuba entstanden ausgedehnte Plantagen; riesige Gebiete in Mittelamerika wurden durch zwischenstaatliche Bestechungsmaßnahmen für Pflanzungen annektiert. Eisenbahnpioniere kämpften sich Kilometer um Kilometer durch die unwegsamen Urwälder und schufen das notwendige Transportsystem für das gelbe Gold. Die neuen Plantagenbesitzer aus dem Norden

Die unter britischer Flagge fahrende ‚Wild Curlew', ein Kühlschiff, das in den siebziger Jahren in der Lübecker Flender Werft gebaut wurde. „Every banana a guest, every passenger a pest!" war das Motto der ‚Great White Fleet' der 1885 gegründeten ‚United Fruit Company', die bis 1914 siebzig Bananendampfer unterhielt. Solche ‚Bananenjäger' fielen durch ihre leuchtend weiße Farbe und ihre schnittige Form auf, die ihnen die nötige Geschwindigkeit verlieh. Der erste deutsche Bananendampfer, die ‚Sarnia', wurde nach entsprechendem Umbau 1912 in Dienst gestellt.

Diese Zeichnung aus einer Kühlschrank-Werbebroschüre der AEG von 1936 veranschaulicht die ‚Kühlkette', deren Vorzug unter anderem darin gesehen wurde, daß sie den Abfall verringere und dadurch den ‚Kampf gegen den Verderb' unterstütze.

initiierten mehr als nur den Prozeß der Urbanisierung auf dem südamerikanischen Isthmus. Mit der Organisation von Hafenanlagen und Eisenbahnnetzen entstanden zugleich die sogenannten Bananenrepubliken Guatemala, San Salvador, Honduras, Nicaragua, Costa Rica und Panama. Hier spielen sich nach wie vor zwei Drittel des Weltbananenhandels ab. Wie Kaffee, Kakao und Zucker entwickelte sich die Banane zu einem typischen Monokulturprodukt dieser unterentwickelten Länder. Die Frucht eignet sich hervorragend für den Export, weil man sie ganzjährig ernten kann. Aus der gefällten Staude wächst kurz darauf wieder eine neue Pflanze empor. Die dreißig bis vierzig Kilogramm

schweren Fruchtbüschel wurden in der Anfangszeit auf Ochsenkarren (heute übernehmen das kilometerlange Liftsysteme) zur Bahnstation und von dort zum Hafen transportiert, wo wartende Kühlschiffe in hektischer Eile beladen wurden. Zeit war Geld: Nur ein rascher Umschlag und Transport bei einer konstanten Temperatur von dreizehn Grad Celsius verhinderte den Verderb der Früchte, die nichtsdestoweniger erst auf der Reise an den Zielort richtig ausreiften.

Bis 1914 unterhielt die Bostoner ‚United Fruit Company' siebzig Bananendampfer. An die verwickelten Machenschaften der großen Frucht-Konzerne in Mittelamerika mochte indes wohl keiner denken, der im Hafen den davonziehenden Bananendampfern nachblickte. Zahllose Träume und Sehnsüchte verbanden sich mit den schnittigen Schiffen, die man auch als ‚Bananenjäger' bezeichnet. Stärker als viele andere Schiffstypen war dieser durch seinen Verwendungszweck geprägt. Die besondere Ausstattung der Laderäume mit Kühleinrichtungen verbot eine anderweitige Nutzung. Eine schlanke Form verlieh die notwendige Geschwindigkeit. Charakteristische Farbe war das leuchtende Weiß, das die Hitzeeinwirkung verminderte. War es früher für Reisende ein Behelf, anstatt auf einem der berühmten Luxusliner auf einem Bananendampfer in die ferne Welt zu kommen, so bedeutet es heute ein Privileg, als einer von zwölf Fahrgästen auf einem solchen Schiff dorthin zu reisen, wo das Kreuz des Südens den Kurs bestimmt (ab dreizehn Passagieren wäre ein Schiffsarzt nötig).

In Europa war zunächst England das Haupteinfuhrland exotischer Früchte, zu denen bemerkenswerterweise bis kurz nach der Jahrhundertwende auch - Äpfel zählten. Am Londoner Fruchtmarkt galten die aus Amerika, Kanada und Australien eingeführten Äpfel als begehrte Luxusware. „Als die ausländischen Äpfel zu allgemein wurden, fand man Ersatz in einer neuen exotischen Frucht, der Banane, deren Import heute bereits Riesenzahlen umfaßt."³ Das war 1914, und die 57 in den vorangegangenen zwölf Jahren neu erbauten britischen Bananendampfer legten ein stolzes Zeugnis für die angewachsene ‚Bananen‚industrie' ab. Monatlich brachten sie 900.000 Büschel nach Bristol.

1902 traf erstmals eine kleine Partie von zwölf Büscheln Bananen in einem deutschen Hafen (Bremen) ein. Die von den Kanarischen Inseln stammenden Früchte konnten nur mit Mühe verkauft werden, weil die

Für andere europäische Länder kam insbesondere bis zum Ersten Weltkrieg noch ein weiteres wichtiges Glied hinzu: der Seetransport von Gefrierfleisch. Die Hausfrau rechts im Bild neigt ihren Kopf vor einem neuen Santo-Kühlschrank.

Ware sowohl den Händlern als auch ihren Kunden fremd war. Die sich zögerlich entwickelnde Nachfrage wurde zunächst hauptsächlich durch Importe von den Kanarischen Inseln gedeckt, weil es erst wenige deutsche Kühlschiffe gab und die dreiwöchige Reise von den Kanaren ohne Kühleinrichtungen zu bewältigen war. Die dort wachsenden kleinen, sehr süßen Bananen wurden in Watte, Papier und Stroh gewickelt und in Lattenkisten verpackt auf dem Deck der Dampfer gestapelt.

Das erste deutsche Bananen-Kühlschiff hieß ‚Sarnia'. Eignerin war die ‚Hamburg-Columbia-Bananen-A.-G'.⁴ Kühl- und Ventilationsmaschinen sorgten ständig für angemessene Temperierung der Laderäume und wie die gepolsterten Eisenbahnwagen, die die Büschel weitertransportierten, war das Schiff auch mit Heizanlagen ausgestattet, um die mitunter niedrigen Temperaturen der nördlichen Hemisphäre ausgleichen zu können. 1911 kamen 745.000 Büschel aus Südamerika nach Deutschland; 1913 waren es bereits 2.258.800. Beispielhaft für den Ehrgeiz des Deutschen Reiches, die Kolonien für die eigene wirtschaftliche Autarkie zu nutzen, war neben der Ankurbelung der Gefrierfleischindustrie auch die des Bananenimports. 1912 wurden zwei Dampfer eigens für den Transport von Bananen auf der Route nach Kamerun gebaut. Man war sich sicher, daß dort „im Sommer 1914 die Bananenproduktion so weit gediehen sein wird, daß der Export nach Deutschland erfolgen kann."⁵ Der Ausbruch des Ersten Weltkrieges verhinderte dies.

Dennoch sollten in späteren Jahren Hamburg und Bremen die größten Einfuhrhäfen für Bananen werden, die nun nach Gewicht berechnet wurden. Der Bananenimport belief sich 1937 auf 146.800 Tonnen und

3 Eis- und Kälte-Industrie, Bd. 16 (1914), S. 128
4 Siehe Arnold Kludas und Ralf Witthohn, Die deutschen Kühlschiffe, Herford 1981
5 Zeitschrift für die gesamte Kälte-Industrie, Heft 12 (1912), S. 235

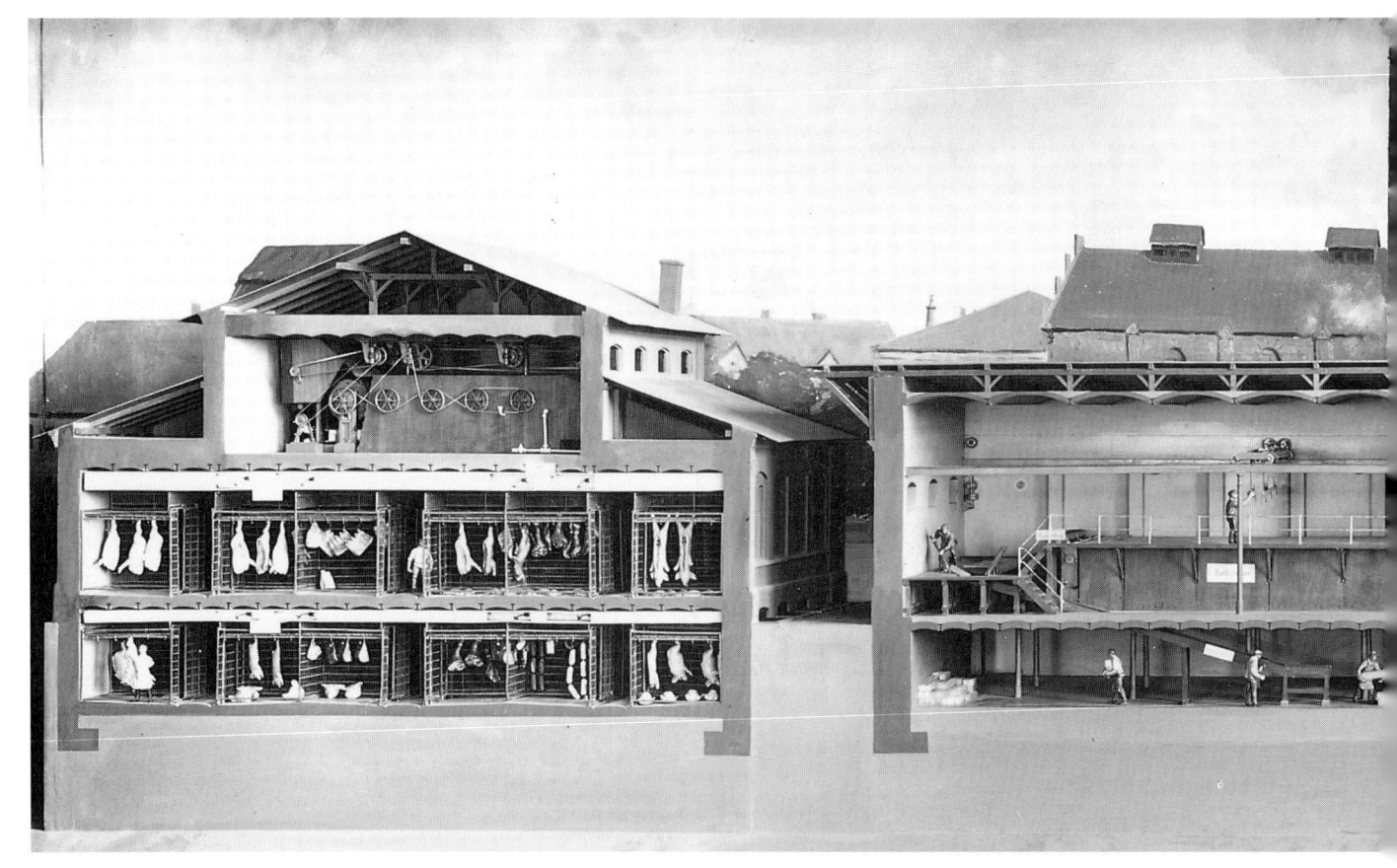

Das ‚Modell einer Kälte-Erzeugungsanlage, System Linde, zum Betriebe einer Brauerei, einer Eisfabrik und für Kühlräume zur Konservierung von Fleisch und anderen Lebensmitteln' wurde für die Weltausstellung in Paris im Jahr 1900 gefertigt. Hier konnte man es in der Haupthalle auf dem Marsfeld bewundern. In ‚Die Pariser Weltausstellung in Wort und Bild' heißt es euphorisch: „Aus Feuer Eis schaffen! ... dies Wunder erklärt die gesunde Technik in wenigen Worten, und noch einfacher erhellt es aus einem Blick auf das ausgestellte Modell der Anlagen für Kälteverfahren des Professor v. Linde (Gesellschaft für Linde's Eismaschinen, Wiesbaden). Es ist die Wirkung von Maschinen zur Verdampfung von reinem Ammoniak und Wiederverdichtung der Dämpfe durch Kompression. Trotz dieser Ernüchterung kann der Laie ohne weiteres erkennen, dass Eis- und Kältemaschinen ein grosser Kulturfaktor sind und zwar ein weit grösserer als allgemein angenommen wird."

6 banan (arab.) = Finger. Sie werden krumm, weil die noch jungen Früchte nach unten hängen und sich im Laufe ihres Wachstums erst nach oben der Sonne entgegenbiegen.

1973 auf 700.000 Tonnen. Ständig erweiterte und modernisierte man die Fruchtkontore und Auktionshäuser. Transportbandsysteme brachten die Büschel zu den Kühlwaggons, in denen sie - wie in den Schiffen - in Doppelreihen aufgestellt wurden. Durch Stoßen und Quetschen der Früchte gab es beträchtliche Verluste. Sie werden heute mittels neuer Verpackungstechniken vermieden, die den Transport erleichtern. Die Büschel werden zu sogenannten ‚Händen' zerteilt (deren einzelne Bananen die ‚Finger'[6] bilden), in Plastikfolie gehüllt und in stapelbare Kartons gelegt.

In der Annahme, daß „in den Tropen nur fruchtloser Dschungel und giftige Moraste gedeihen, ließe man sie allein" (Frederic Upham Adams), empfand man bald die Ausbreitung der ‚handelsüblichen' Banane als einen der stolzesten Triumphe des Menschen über die Natur. Je intensiver die Produktion betrieben wurde, desto wohlfeiler mußten die verderblichen Früchte auf dem Markt angeboten werden. Die spektakulären Auftritte billiger ‚Bananen-Jakobs' auf Wochenmärkten geben zu denken. Ein Plantagenarbeiter erhält für ein Kilogramm geernteter, gewaschener, aussortierter und verpackter Bananen etwa drei Pfennige, während der Preis für ein Kilogramm hierzulande bei circa DM 2,50 liegt. Aber wer soll die vielen Bananen kaufen? Die Entwicklung im Zusammenhang mit der politischen Wende in Deutschland 1989, als das Ende von dreißig Jahren erzwungener Enthaltsamkeit in der DDR der Banane eine ungeahnte Aufwertung zur symbolischen Freiheitsfrucht und eine Vervielfachung des Absatzes bescherte, kann darauf keine endgültige Antwort sein.

Weiter zurück als die Bemühungen um die Banane reichen die Versuche, die Erträge der Tierzucht auf den fruchtbaren Weidegründen Südamerikas, Australiens und Neuseelands zu nutzen und dort verarbeitetes Fleisch in gefrorenem Zustand nach Europa zu bringen. Der Franzose Charles Tellier, ein Pionier der Kältetechnik, gilt als Erfinder des Gefrierfleisches. Zwar scheiterte 1868 sein erster Demonstrationsversuch, bei dem er gefrorenes Fleisch in einem mit seinen Kühlmaschinen ausgerüsteten Dampfer von Frankreich nach Uruguay transportierte: Es kam teilweise verdorben an. Aber Tellier und die enttäuschten Züchter in Südamerika ließen sich nicht abschrecken. Staatliche Unterstützung und ein Bankkredit ermöglichten es, daß der Gefrierfleischdampfer ‚Le Frigorifique' 1876 von Rouen nach Buenos Aires aufbrechen konnte und mit einer Ladung südamerikanischen Gefrierfleisches zurückkam. Doch auch diesem war kein günstiges Schicksal beschieden, hatte man doch beim Knüpfen der Kühlkette ein wichtiges Glied leichtfertig ausgelassen. Im Heimatland Frankreich fehlten die Kühlhäuser. Anders in England, wo die Königin 1880 höchstpersönlich von Gefrierfleisch kostete, das erstmals in ihrem Land gelöscht worden war, und es für gut befand. England wurde mit seinen Hafenstädten Liverpool, Glasgow und London zum wichtigsten Fleischimporteur Europas, was Zahlen eindrucksvoll belegen: Während 1880 bei der ersten Tour vierhundert gefrorene Lämmer und Hammel in England ankamen, waren 1912 insgesamt 239 Kühlschiffe unterwegs, die mehr als 178 Millionen Stück aus Australien, Neuseeland und Argentinien herbeibrachten. Um dem Laien diese gewaltige Leistung vor

Bereits 1906, im Jahr der Grundsteinlegung für das Deutsche Museum in München, übereignete Carl von Linde, der langjähriges Mitglied in dessen Vorstandsrat war, das Pariser Modell der neuen Institution. Es bildete gleichsam einen der Grundsteine der Sammlung von Meisterwerken der Naturwissenschaften und Technik. Bei der Eröffnung des Hauses 1925 wurde es in den Schauräumen aufgestellt. Nach dem Zweiten Weltkrieg gab es jedoch keine eigene Abteilung für Kältetechnik mehr; das Modell verschwand in den Depots. Für die Ausstellung „Unter Null" wurde es liebevoll restauriert. Von links nach rechts erkennt man das Fleischkühllagerhaus, eine Kunsteisfabrik, das Maschinenhaus mit Berieselungskühlern unterm Dach und die Brauerei. Ein früher noch auf der linken Seite angegliedertes Mehrzweck-Kühllagerhaus im Stil einer Burg ist verschollen.

Kühlraum für Eier der ‚Nürnberger Eisfabrik & Kühlhallen', um 1912.

Augen zu führen, zog man lange Striche über den Globus: „Das Landkartenbild von Europa zeigt die Strecke von Mailand bis St. Petersburg, welche die nebeneinander gestellten Hammel bilden würden, die allein im Jahre 1910 in gefrorenem Zustand nach England gebracht wurden. In gleicher Weise ergibt sich die Linie Berlin - Rom, wenn die während 1910 ebendahin gefroren eingeführten Lämmer nebeneinander stehen würden."[7] Ähnliche Zahlen galten für Rinderimporte. Vor dieser ‚Invasion' waren in Windeseile Kühlhäuser errichtet worden, die insgesamt über acht Millionen Stück Vieh aufnehmen konnten. In den Docklands und bei den Werften Londons standen allein 28 solcher Kühl‚klötze'.

Der Fleischhandel in Großbritannien lag in den Händen englischamerikanischer Firmen, die meist sowohl die Besitzer der Schlachthöfe in den überseeischen Gebieten als auch die Betreiber der heimischen Kühlhäuser waren. Logischerweise gehörten ihnen darüber hinaus die Kühlschiffe. Die Organisation der zu schlachtenden Bestände und des Detailverkaufs konzentrierte sich ebenfalls bei diesen Großunternehmen. Das bedeutete, wie bei der Bananenindustrie, eine kolonialistische Entmündigung der Erzeugerländer. Kaum jemand berücksichtigte in den einschlägigen Veröffentlichungen zur Kälteindustrie das Los der einheimischen Arbeiter, die üblichweise in Hütten gepfercht hausen mußten. So heißt es zum Schlachthof ‚Cuatreros' bei Bahia Blanca in Argentinien: „Durch einen die Abwasser fortleitenden Bach getrennt, befinden sich etwas abseits von den übrigen Gebäuden etwa 25 Arbeiterhäuser."[8] In der Fabrik waren 450 Arbeiter angestellt, die Belegung eines Hauses mit achtzehn Menschen ist leicht feststellbar. Mehr Mitgefühl erfuhren die Tiere, zumindest wenn es um die Beschreibung des Schlachtens ging. „Die Fäden aus den Provinzen laufen in Buenos Aires zusammen, dessen Schlachthäuser von außen einen recht friedlichen Eindruck machen. Sie liegen innerhalb von Wiesengeländen, auf denen große Viehherden weiden, und auch die langen Reihen von Wagen, die in beinahe ununterbrochener Folge das gefrorene Fleisch an Bord der Überseedampfer bringen, verraten nichts von dem blutigen Betriebe. Im Inneren aber wird mit fieberhafter Eile geschlachtet: zu vielen Hunderten werden an einem einzigen Tage Rinder und Schafe getötet, ausgeschlachtet, zubereitet und verpackt. Die verschiedenen Operationen, durch die aus dem lebenden Tier die verpackte Ware gemacht wird, sind auf die verschiedenen Stockwerke verteilt. Zuerst wird z.B. das Schlachtvieh in einem langen Wendelgang bis ins Dachgeschoß getrieben; hierzu ist ein besonderer Leithammel angestellt, dessen Amt es ist, die Scharen von Opfern in die Höhe zu führen, die das Schlachthaus nicht wieder lebend verlassen, während er selbst lange Zeit seinem hinterlistigen Berufe obliegt. Bei den Hammeln geht das Schlachten am einfachsten vor sich; die Gehilfen des Oberschlächters treiben die Hammel in eine lange Reihe hinter einen Balken, dann werden sie mit Blitzesschnelle auf ein Brett gefesselt, dann schreitet der Schlächter ihre Reihe ab, mit einer Hand ergreift er die Kehle des umgekehrt liegenden Hammels, und ehe das Tier überhaupt weiß, was mit ihm geschehen ist, hat er mit der anderen Hand die Halsschlagader durchschnitten, ohne dass das Tier nur einen Laut von sich geben kann."[9]

Die deutschen Metzger und Landwirte wehrten sich gegen die Anreicherung des Marktes mit billigem Gefrierfleisch aus Übersee, wie es besonders in England und der Schweiz üblich wurde. Dabei stand es mit

[7] Firmenschrift der ‚Gesellschaft für Linde's Eismaschinen, A.-G.', Wiesbaden, Berlin o.J. (1911), S. 11
[8] Werner Ahrens, Argentinische Fleischgefrieranstalten, in: Eis- und Kälte-Industrie, Bd. 13 (1911), S. 143
[9] Georg Göttsche, Die Kältemaschinen und ihre Anlagen, Hamburg 1915, S. 120

Kühlraum für Kaviar der ‚Berliner Gesellschaft für Markt- und Kühlhallen', Berlin um 1910.

der Versorgung im Deutschen Reich nicht zum Besten. Das heimische Fleisch war zu teuer und zu knapp. War den Metzgern die gesetzlich geforderte Konzentrierung des Schlachtereigewerbes seit 1871 in den allenthalben neu entstehenden Schlachthöfen schon mehr als suspekt, mußte die Konkurrenz durch die Einfuhr von fast unbegrenzt lagerfähigem Fleisch niederdrückend wirken. So weit sollte es vorerst nicht kommen. Der Import überseeischen Gefrierfleisches wurde durch enorm hohe Zölle und die zunehmende Isolierung Deutschlands unterbunden. Als Antwort auf den regen Handel Englands veranlaßte die Reichsregierung, in den eigenen Kolonien Kamerun und Deutsch-Südwestafrika Viehzucht im großen Stil aufzuziehen, um sich wie die Entente-Länder unabhängig zu machen. Diese Vorstellungen konnten aber vor dem Ersten Weltkrieg nicht mehr umgesetzt werden, und trotz der in den Vorkriegsjahren enorm angestiegenen inländischen Fleischpreise hatte es auch nichts genutzt, Uruguay als eine Art Schlaraffenland zu preisen, das „enorme Mengen billigen Fleisches beherbergt, das nicht sonderlich viel mehr als die Transportkosten an Ausgaben verlangen wird".[10] Viele Kältetechniker und Ökonomen hatten bereits in den zurückliegenden Jahren wiederholt auf die notwendige Ausbeutung der Schutzländer für die heimische Gefrierfleischversorgung hingewiesen. In düsteren Prognosen betonten sie immer wieder, daß das Reich für den Fall eines Krieges weder eine ausreichende Vorratswirtschaft betrieben, noch günstige Lagermöglichkeiten geschaffen habe. Beides sollte sich in den Kriegsjahren für die Bevölkerung schließlich fürchterlich auswirken.

Bemerkenswerterweise war es in Deutschland ein anderes Produkt, das den Aufbau von Kühlketten stark förderte: das Ei. Vor dem Ersten Weltkrieg gab es einen unvorstellbar großen Umschlag von Eiern, für die - meist in Hafenstädten - riesige Lagerhäuser errichtet wurden. In ihnen mußte eine konstante Temperatur von etwa einem Grad Celsius

10 Eis- und Kälte-Industrie, Bd. 13 (1911), S. 68

Tiefkühlnahrung ist keine Erfindung unserer Tage. Im Zweiten Weltkrieg wurden in Deutschland bereits mobile Gefrierapparate bei der Fleischverarbeitung für den Heeresbedarf eingesetzt. In diesen Apparaten - von Clarence Birdseye (1886-1956) in den zwanziger Jahren in Amerika entwickelt - konnten die in flache Schachteln gepreßten Lebensmittel zwischen Aluminiumplatten, in denen Kanäle für verdampfendes Ammoniak verlaufen, rasch tiefgekühlt werden. Die ursprüngliche Idee, Tiefkühlnahrung in praktischen Haushaltspackungen anzubieten, wurde in Deutschland allerdings - lange vor der zivilen Nutzung - für militärische Bedürfnisse zweckentfremdet.

herrschen, während möglichst feuchte Luft die gestapelten, mit jeweils 1440 Eiern gefüllten Lattenkisten umfächelte, aus denen die Holzwolle herauskräuselte. Hauptlieferant war - Rußland. Vor dem Ersten Weltkrieg importierte Deutschland aus dem weiten Zarenreich jährlich insgesamt etwa 2,4 Milliarden Stück. Allein in Berlin wurden pro Tag mehr als 1,7 Millionen Eier verzehrt.[11] Größter europäischer Konsument war allerdings England mit rund 2,8 Milliarden im Jahr; 1912 kamen davon allein 1,13 Milliarden aus Rußland.

Ähnlich verhielt es sich mit der Butter. Rußland, insbesondere Sibirien, war zeitweise auch das ‚Butterfaß' Europas. Seit 1899 fuhren Sonderzüge mit Butter nach Westen, deren Waggons mit Eis gekühlt wurden. In Abständen von etwa 170 Kilometern standen Eislager an der Strecke zur Auffüllung der Waggons mit Frischeis, bis die Transportzüge in einem der Ostseehäfen eintrafen, wo die Butter zwischengelagert wurde. Der größte Butterumschlagplatz Europas war das lettische Windau, dessen Lager- und Verladeanlagen 1907 nach modernsten Überlegungen errichtet worden waren. Innerhalb von sechs Stunden konnten über fünfzig Waggons entleert werden. Ein Heer von Arbeitern rollte die Butterfässer in ein Verteilergeschoß, von wo sie mit Aufzügen in die einzelnen Lagergeschosse transportiert wurden. Für Butter wie für Eier galten qualitativ und mengenmäßig die Monate von April bis Juli als die beste Einlagerzeit. Aus verkaufstaktischen Gründen hielt man beide Produkte bis zur Weihnachtszeit zurück, weil dann höhere Preise erzielt werden konnten. Nun wurde die Ware auf zahllose ‚Butterdampfer' verladen, die skandinavische, englische und deutsche Häfen anliefen, wo die fettige Fracht profitabel verkauft wurde.

Verglichen mit der damaligen Situation herrschen heute umgekehrte Verhältnisse. Die landwirtschaftliche Überproduktion der Europäischen Gemeinschaft stellt uns seit den siebziger Jahren vor entgegengesetzte Probleme. Nachdem hier die Bauern den hoch subventionierten Viehbestand und damit den ansteigenden ‚Milchsee' ständig vergrößert hatten, wurde es gleichzeitig immer schwieriger, die wachsenden ‚Butterberge' abzubauen. Die Konkurrenz pflanzlicher Fette (Margarine) war groß, Butter für die meisten Verbraucher zu teuer. Nur der Verkauf verbilligter ‚Weihnachtsbutter' schien eine populäre Möglich-

11 Vgl. Georg Göttsche (siehe Anm. 11), S. 194 ff.

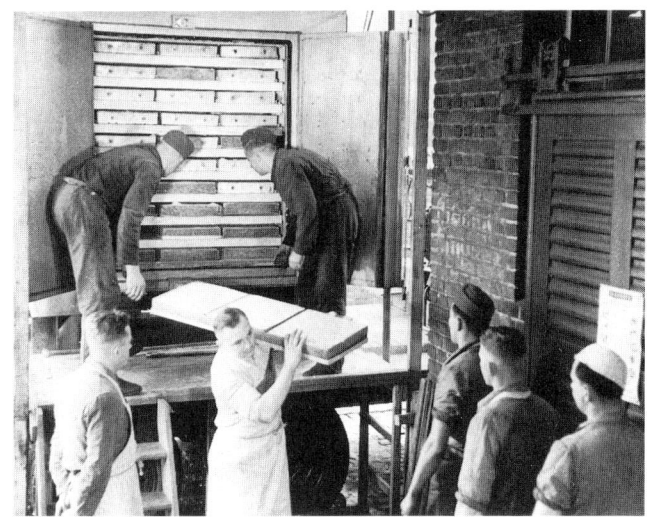 

keit, den gefüllten Kühlkammern in Europas Kälteburgen zuleibe zu rücken. Allerdings wurde nur wenigen Konsumenten klar, daß es sich bei diesen Aktionen um Notverkäufe häufig schon überlagerter, alter Butter handelte und daß sie die Käufe mit ihren Steuergeldern selbst subventioniert hatten. Denn die Verantwortlichen in Brüssel mußten beispielsweise für die 200.000 Tonnen Lagerbutter, die 1987 um Weihnachten in der EG zum Sonderpreis verteilt wurden, 700 Millionen Mark ‚zubuttern', eine Summe, zu der auch die ständigen Kosten für Transporte, Lagerung und Miete der Kühlhäuser zählen. Unter-Preis-Verkäufe in die Sowjetunion erschlossen neue Absatzmöglichkeiten, wuren aber wegen politischer Ressentiments wieder abgeblockt. Schließlich wird das unrühmliche Ende des einst hochwertigen und teuren Milchprodukts in Abdeckereien meist verschwiegen, wo es zu Tierfutter verarbeitet wird. Ein Ende des eiskalten Teufelskreises ist nicht in Sicht. Verständlicherweise weigern sich die Landwirte, ihre Viehbestände einzuschränken. Viele sind von der Vorstellung entsetzt, daß dies nur über Kopfprämien für jedes nicht existierende Stück Milchvieh gehen soll.[12] Moderne Technik und Organisation sowie internationale Handelsverflechtungen haben die Überproduktion an Lebensmitteln zu einem beständigen Problem gemacht. Seine Lösung wird durch die kostenintensive Einlagerung der Überschüsse in den Kühlhäusern nicht einfacher.

Die Kühlkette unserer Tage ist gekennzeichnet von unauffälliger Perfektion. Nach dem Zweiten Weltkrieg entstand 1949 auf dem Gebiet des Kühltransports durch Zusammenschluß der nationalen Bahngesellschaften die ‚Interfrigo'. Sie unterhält in einem grenzübergreifenden Netz eine große Anzahl von Kühlwaggons, die je nach Ladegut mit Wassereis, Trockeneis oder Luft gekühlt werden können. Die Entwicklung der Maschinenkühlung ermöglichte bald auch den Kühltransport über weite Entfernungen auf der Straße. In modernen Kühlhäusern haben sich die Lagermöglichkeiten derart diversifiziert, daß auch empfindlichste Güter leicht konserviert werden können. Durch die in eisiger Kälte hoch aufragenden Regalreihen summen von dick vermummten Fahrern gesteuerte Gabelstapler, um die Menschheit mit einer im Kälteschlaf befindlichen Warenwelt zu beglücken. Auf Euro-Paletten,

Die vier Aufnahmen stammen aus einer Serie über Gefrierfleischherstellung nach dem Prinzip Birdseye's für die Versorgung an der Front; sie entstanden 1940 im Mülheimer Schlachthof. Im Bild links außen wird das schlachtfrische Fleisch in Kartons verpackt, die anschließend in dem Tunnelgefrierapparat (rechtes Bild) auf dem Lastwagen eingefroren werden. Oben links: Die zu flachen Platten gepreßten Fleischkartons werden dem Gefrierapparat entnommen und anschließend in dem transportablen Kühlbehälter gestapelt und bis zur Verwendung gelagert (oben rechts).

12 Vgl. Rudolf Wagner, Alles in Butter, in: Die Zeit, Nr. 44, 26. 10. 1984, und Dirk Kurbjuweit, Wie kommt der Butterberg in den Kühlschrank, in: Die Zeit, Nr. 8, 13. 2. 1987, sowie Thomas Hanke, Stinkt zum Himmel, in: Die Zeit, Nr. 24, 5. 6. 1987.

normiert und in stapelbare Kartons verpackt, warten Melonen, Hummer, Speiseeis, Fischstäbchen, Kohl und Kiwis auf die Auslieferung.

Das Spiegelbild dieser Welt hinter den Kulissen unserer Konsumgesellschaft ist der Supermarkt.[13] In seiner oft hermetisch wirkenden Abgeschlossenheit findet sich die aufgetürmte Warenfülle der Kühlhäuser wieder, mit dem Unterschied der Sicht- und Greifbarkeit. In der unendlichen Reihung der hintereinander, übereinander gestapelten Kartons und Pakete, in denen sich die Ware befindet, wird der Überfluß evident. Farbige Abbildungen verweisen auf den Naturzustand des Inhalts, ihr vollkommenes und unverändertes Muster wird gefeiert. Erbsen so grün, die Erdbeeren so rot. Einen Sonderfall stellen die Fischstäbchen dar, rechteckige panierte Häppchen, die mitnichten auch nur die entfernteste Ähnlichkeit zum Fisch mit Gräten und Schuppen aufweisen. Längst gesellten sich zu den vereisten Naturerzeugnissen die weiterverarbeiteten Produkte, Fertiggerichte, die man nur noch aufwärmen muß. Hier herrscht Internationalität, auch wenn die Zubereitung meist in deutschen Lebensmittelfabriken stattgefunden hat. Ob Cous-Cous oder Leipziger Allerlei, alles ist zerkleinert, der Packungsform unter- und eingeordnet und wird dem Verbraucher als non plus ultra der schnellen Küche offeriert: „Putzen, Gräten, Zerkleinern und ähnlich uninteressante Vorbereitungsarbeiten entfallen", schwärmt das Deutsche Tiefkühlinstitut in einer Informationsschrift. Nie war das Warenangebot so groß, und nicht einen Augenblick hat es den Anschein, als könnte die Palettenflut ein Ende nehmen, die mit ihren Kartontürmen immer neuen Nachschub für die Kühlregale heranschafft.

Als Kathedralen des Überflusses könnte man die Lebensmittelabteilungen großer Kaufhäuser bezeichnen, umso mehr als die profanen offenen Truhen Wandschränken mit gläsernen, edelstahlumrahmten Türen gewichen sind. In diesen hermetischen ‚Schreinen' lagern übersichtlich aufgestapelt und geordnet die Schachteln mit gefrorenen Le-

13 In Oggersheim wurde 1957 von Herbert Eklöh der erste Selbstbedienungsladen in Deutschland eingerichtet, nachdem er bereits 1938 in dieser Richtung experimentiert hatte. Vgl. Ullrich Hellmann (siehe Anm. 1), S. 121

Gefrierraum für Fische der ‚Berliner Gesellschaft für Markt- und Kühlhallen', Berlin 1912. Die Fischverarbeitung repräsentiert die ‚Kühlkette' in besonderer Weise. Schon früh entwickelte man Techniken, die Fische gleich nach dem Fang an Bord einzufrieren, damit sie die oft noch Wochen andauernden Fangreisen unbeschadet überstanden.

bensmitteln, gleich ob es sich um Pizza, Petersilie oder Putenschnitzel handelt. Die unglaubliche Bandbreite des Angebots fasziniert, doch macht die genormte Gleichförmigkeit der beinharten Schachteln auch Verluste deutlich. Dies ist keine Welt des Riechens und Anfassens, des Probierens und individuellen Auswählens mehr; Gerüche, Farben und Formen sind nicht länger im Angebot. Einen vorläufigen Höhepunkt dieser extremen Entwicklung bilden die angelsächsischen ‚Frozen Food Stores‘, Nekropolen eines ehemals lebendigen Verkaufsgeschehens. Der Kunde wandelt von einem Lebensmittelsarg zum anderen, in der Hoffnung, das Gewünschte am naturähnlichen Aufdruck auf der vereisten Schachtel wiederzuerkennen. Dies ist die Welt maximierter Produktverarbeitung für Bedürfnisse, die vom schnellen Konsum geprägt sind. Bei der Banane wurde eingangs festgestellt, daß wir uns kaum mehr Gedanken darüber machen, wo sie herkommt, unter welchen Umständen sie zum Produkt wird. Sie ist uns alltäglich geworden. Tiefgekühlte Waren und Fertiggerichte hingegen errichten einen eisigen Wall zwischen nicht mehr faßbaren Erzeugern und Endverbrauchern. Nur ein senti-mentaler Verlust? Und schließlich - nicht alle Glieder der Kühlkette sind solide geschmiedet. Zumindest eines ist in sensibler Weise geflochten: aus Stromkabeln.

Straßenverkaufskarren der ‚Deutschen Seefischhandels AG‘ in Berlin, vor 1914. Letztes Glied der ‚Kühlkette‘ vor dem Verzehr: Auf Eis gebettet behielt der Fisch auch in der Sommerhitze der Stadt noch seine Form - zumindest für eine gewisse Zeit.

Vorratskeller vor Einführung des Kühlschranks, Holzstich um 1900. Im kühlen Dämmerlicht schlummern hier verschiedene Nahrungs- und Genußmittel in eigens für längere Lagerzeiten entwickelten Behältnissen. Der an der Decke hängende Schinken, eingemietete Kartoffeln, Äpfel und Birnen in der Stellage, Rüben in der Sandkiste, Sauerkraut, Essig und Säfte in Bottichen, Fässern und Flaschen sind beredte Zeugnisse einer häuslichen Vorratswirtschaft, die einen großen Teil der hausfraulichen Arbeit in Anspruch nahm. Mit der künstlichen Kühlung und dem Aufkommen der Tiefkühlkost wurden viele traditionelle Konservierungs- und Aufbewahrungsmethoden überflüssig.

HÖCHST UNAUFFÄLLIG

Das typische Anlaufgeräusch der Maschinen ist bekannt, auch ihr gleichmäßiges, leicht vibrierendes Brummen, das andauert und nach einer Weile mit einem belegten Röcheln endet. In ruhiger Nacht - die Zimmertüren stehen offen, und man befindet sich gerade in einer labilen Phase des Schlafes - kann es auch stören, doch es hört sich solide an, sonor und ein wenig schwingend, solide auch in seiner Wiederholung. Dem Einschlafenden gibt es die Versicherung geregelter Aktivitäten mit in die Nacht, den Eindruck, es sei noch jemand, wie immer, im Hause und alles in Ordnung. Man darf sich zufrieden zur Seite drehen.

Veranlaßt durch den Thermostat setzt sich der kleine Motor in Bewegung und treibt den Kompressor an. Der saugt verdampftes Kältemittel aus dem Verdampfer ab und preßt es draußen dicht zusammen. Dort gibt es seine Wärme weiter an die Umgebungsluft, verflüssigt sich im Kondensator und strömt erneut in den Verdampfer, wo es entspannt verdampfen kann und wieder Wärme an sich bindet. Verdampfen, verdichten, verflüssigen und erneut verdampfen in permanenter Wiederkehr. In solchen Kreislaufprozessen geht es um Vorgänge und nicht um Zustände, nicht um ein Vorher und Nachher, sondern um dauernde Transformationen, um ständige Bewegung. Das ist der Unterschied zum Eis. Eis bindet zwar auch Wärme, wenn es schmilzt, und sorgt, während es vergeht, für einen kühlen Raum, im motorisierten Kreislauf aber verbraucht sich nichts.

Kühlschränke sind Perpetua mobilia für den Hausgebrauch, und wenn auch das alte Ziel, die unermüdliche Bewegung der Himmelsmechanik zu begreifen, also das, was jenseits des Mondes ist, auf die Erde zu holen, längst auf der Strecke geblieben war, so haben doch die irdischen Versuche mit Kreislaufsystemen zu einem sehr praktischen Ergebnis geführt. Der Anspruch der Kälteingenieure, ein Gerät zu bauen, das „vollkommen automatisch, sich in der Wirkung selbst betätigt" ist die triviale Ausgabe dessen, was als Hoffnung jahrhundertelang bestand und aufgegeben werden mußte, als Ideal aber dennoch nicht verschwand. Noch um 1910 hatte der Dichter Paul Scheerbart in Berlin unermüdlich daran gearbeitet. Seine ‚Geschichte einer Erfindung' berichtet von zersägten Eierkisten und montierten Blechen, von Schienen und Achsen, von der Opposition gegen die Wissenschaft. „Was ging mich Robert Mayer an." Fraglos verfolgte er ein großartiges Ziel mit seinen Konstruktionen, „denn dadurch ist ja die Menschheit von aller Arbeit erlöst". Der Dichter und ‚Oberschlosser' setzt jeden freien Pfennig dafür ein und stellt endlich zufrieden fest: „Ich glaube, daß mirs gelungen ist. Jedenfalls habe ich ein Buch darüber geschrieben."

Der Aufstieg des Kühlschranks zur Perfektion und Unabdingbarkeit

Am Sektkühlschrank im riesigen Weinlager des weltberühmten Berliner Hotels ‚Adlon', 1913. Die technisch aufwendigen und kostspieligen Kühlinstallationen lohnten sich zunächst nur für gastronomische Großbetriebe.

Von aller Arbeit erlöst. Ein Wunschtraum? Oder war seine Geschichte nicht hinter der tatsächlichen Entwicklung weit zurückgeblieben? Denn während Scheerbart noch Räder zeichnete und mit Latten und Blechen Bewegungsmodelle erprobte, arbeiteten Ingenieure in Maschinenfabriken und kleinen Werkstätten längst mit Erfolg an nützlichen Kreislaufprozessen. Bei Kühlmaschinen war es ihnen zufriedenstellend gelungen, und es mußte doch sicher funktionieren, weil Hotelküchen und Sanatorien, Gaststättenbetriebe und Lebensmittelhandlungen einer zuverlässigen Kühllagerung ihrer verderblichen Vorräte bedurften. Um 1910 bot AEG motorbetriebene Anlagen an - zu einem Preis, der dem Jahreseinkommen einer Arbeiterfamilie entsprach. BBC hatte die Rechte an den robusten französischen ‚Audiffren-Singrün'-Maschinen erworben, und Escher Wyss & Cie begannen gerade ihre kompakten ‚Autofrigor'-Aggregate zu entwerfen.

Alles das war nur konsequent, gründete auf langjährigen Erfahrungen und war kein Ergebnis von Träumereien. Hatten doch bereits vierzig Jahre zuvor große Maschinenanlagen in Brauereien, Schlachthäusern und Eisfabriken beweisen können, wie nützlich die maschinell produzierte Kälte ist, die sich, unbeeinflußt von Klima und Jahreszeiten, überall und jederzeit, sozusagen gegen die Natur herstellen ließ. Der Zyklus des Jahres verlor so an Bedeutung, weil ein künstlicher Kreislauf niedrige Temperaturen auch außerhalb der Wintermonate garantierte. Diese Gewißheit ließ die Bierbrauer beispielsweise beruhigt dem Sommer und dem nun gesicherten Geschäft entgegensehen. Und als die Erfindung kleiner Elektromotoren die monströsen Dampfmaschinen vertrieb und die Kältemaschinen handlicher machte, blieb nur noch die Aufgabe, ein Steuersystem zu entwickeln, das den Kreislauf des Kältesystems selbsttätig regulierte und damit erlaubte, die kleine Maschinenanlage auch dem technischen Laien auszuliefern.

In den zwanziger Jahren schon war der Kühlautomat für den Hausgebrauch weitgehend komplett, ein viel zu wenig beachtetes Ereignis. Es war ein Gerät entstanden, das sich fast selbst genügt, niemanden braucht, sichtlich nichts verbraucht und außerdem nützliche Arbeit tut. Selbsttätig. Kühlschränke sind beinahe perfekte Automaten. Sie bereiten keine Probleme. Man braucht sie nicht auszuschalten und kann sie ohne Sorge unbeaufsichtigt arbeiten lassen. Jahrelang. „Just plug in a Coldspot ... and forget it!" warb damals der amerikanische Versandhauskonzern Sears, Roebuck & Co. selbstbewußt für seine Geräte. Waren nicht Träume in Erfüllung gegangen? Beinahe. Nichts läuft vollkommen von selbst.

Schon die mittelalterlichen Entwürfe hatten in der Praxis die Probleme nicht vollständig lösen können, sie haben aber Automatenphantasien beflügelt, deren Resultate mechanische Puppen waren und bewegliche Tiere aus Blech, schließlich auch nützliche, selbsttätige Arbeitsmaschinen. An den Regeln der Himmelssphären war man inzwischen sowieso nicht mehr interessiert, und der Ingenieur durfte sich schon als ‚Creator' fühlen, wenn er Maschinen erfand, die, wie auch die frühen Haushaltsmaschinen, wenigstens die Hoffnung auf ein von mühsamer Arbeit befreites Leben enthielten. Das war schon ein Stück Himmel auf Erden. Besser als in den Kühlapparaten konnte das eigentlich nirgends gelingen, weil diese über ihr technisches Ideal hinaus als Vorratsbehälter mit noch ganz anderen Vorstellungen von einem besseren Leben zu belegen waren, Vorstellungen, die ebenfalls in vergangenen Zeiten bereits Ausdruck gefunden hatten: in Stillebenmalereien und in Bildern der Freßlust und des Müßiggangs, Motiven übrigens, die bei der Propagierung der Kühlgeräte bis in die sechziger Jahre in Szene gesetzt worden sind. Auch hier geht es wieder um den Himmel auf Erden und das heißt - um die verkehrte Welt.

Während die holländischen Stilleben des 16. und 17. Jahrhunderts sich als Bilder der Entdeckung und Eroberung fremder Länder lesen lassen, die in ihren sorgsam komponierten Früchtearrangements gleichsam Collagen räumlich und zeitlich sehr verschiedenartiger Natur wiedergeben - montierte Natur - und damit zeigten, daß die Ordnung der Dinge in Bewegung geraten war, zeichnen Schlaraffiabilder Gegenwelten zur Realität. Bekannt sind die Freßparadiese, wo gebratene Tauben einem trägen Esser geradewegs in den geöffneten Mund fliegen und knusprige Hühner mit Besteck im Rücken dem untätigen Schlaraffen entgegeneilen. Solche Szenen malen das Ideal des Konsums: Nichts tun und doch alles bekommen. So jedenfalls liest sich die Botschaft für ein gläubig-kindliches Gemüt. Sie ist bis heute wirksam geblieben.

Die adrette junge Dame kniet ergeben vor einem hauptsächlich in der Gastronomie verwendeten Großkühlschrank der frühen Jahre. Dieses AEG-Modell mit aufgesetztem Kompressor wurde 1913 hergestellt. Für private Haushalte waren solche Kühlschränke in der Regel noch zu groß und zu teuer.

Mit dem Öffnen der Tür leuchtet ein Licht. Glanz erfüllt den kleinen Raum und berührt auch den, der es veranlaßt hat. Tagsüber wird das zwar kaum registriert, fehlt aber das Licht, scheint mehr defekt zu sein, als nur ein elektrischer Kontakt. Das Licht spendet Fülle. Es ist wichtig, aber doch nur Ouvertüre, denn jetzt breitet sich alles aus. „Da glänzt ein hellrotes Weingelee, dort warten die Kugeln aus Sardellenbutter neben dem geeisten Obstsalat." Die Bauknecht-Broschüre der fünfziger Jahre spiegelt noch etwas von der Faszination dieser beleuchteten Welt. Heute behaupten Klarsichtfolien über vertrockneten Schinkenscheiben saftige Frische, und die Reflexe mattsilbern glänzender Aluminiumdeckel wollen dem Inhalt eines Plastikschälchens den Anschein geben, appetitlich und delikat zu sein.

Aber ebenso wie ein technisch fast geglücktes Ideal kaum noch Beachtung findet, sind auch die paradiesischen Bilder Alltag geworden. Das wenig aufregende Ambiente einer Einbauküche mag mit dazu beigetragen haben. Doch selbst so verrückte Szenarien wie die Supermarktwelten, diese Kapitalen moderner Kältetechnik mit ihren endlos langen tiefgekühlten Warenstraßen und großräumigen Kälteinseln, vermögen kaum zu beeindrucken. Der Griff zur Tiefkühlware gehört zur Alltagsroutine und ist doch eigentlich - näher betrachtet - ein Kälteabenteuer. Während die Hand in arktische Zonen taucht, bleibt der Körper von angenehmen Temperaturen umgeben. Frost und Sommerwärme existieren nur Zentimeter getrennt voneinander, im Kontrast von vierzig Grad. Körper und Hand gehören einige Sekunden lang extrem unterschiedlichen Temperaturbereichen an, und all das geschieht in einem klimatisierten Raum, für den Sommer und Winter sowieso keine Rolle mehr spielen. In einer künstlichen Welt wie dieser erscheinen auch die kaltdampfenden Waren nicht fremd. Niemand reagiert überrascht.

Was aber hat in Gang gesetzt werden müssen, um solche Kontraste beherrschen zu können? Die Prozesse, die solchen Situationen die Grundlage geben, sind wenigstens ebenso imponierend, wie die phantastischen Aktivitäten, von denen die Kältegeschichte weiß, mit dem gravierenden Unterschied allerdings, daß die Kälte aus den Maschinen

In der Zeit des Nationalsozialismus fügte sich die Devise ‚Kühle elektrisch - Kampf dem Verderb!' zur Bewahrung des ‚Volksgutes' nahtlos in die Argumentation der allgemeinen Spar- und Durchhalteideologie.

‚Erfüllte Sommerwünsche' versprach der AEG-Kühlschrank in einer Anzeige von 1938. Ganz nach dem noch lange vorherrschenden Rollenverständnis nimmt jedes Familienmitglied seinen Platz ein.

Der Kühlschrank für 350 RM. – und was er alles fasst

Der Trommelkühlschrank, den die Firma Bosch 1933 vorstellte, verschwand schon einige Jahre später wieder vom Markt. Er hätte eigentlich durch seine - für damalige Verhältnisse - ökonomische Energieverwertung, seine platzsparende Form und seine relative Preiswürdigkeit zu einem ‚Volkskühlschrank' werden können, doch blieb in den dreißiger Jahren der Kühlschrank für Alle - trotz aller Bemühungen der Gerätehersteller - eine Utopie.

kaum über bewegende Bilder verfügt. Tägliche Kurierdienste mit schneebepackten Kamelen im Orient; Maultiere transportieren in Stroh gehülltes Gletschereis nach Lima; das Eis amerikanischer Seen kommt als Schiffsfracht bis nach Kalkutta. Solche Szenen der Vergangenheit setzen heute noch Bilder frei, weil die Anstrengungen, die damals nötig waren, immer noch begreifbar sind. Dagegen bleiben die erheblichen Energieaufwendungen für den Kältebedarf in Fabriklagern und Zentraldepots, in den regionalen Auslieferungslagern und den Transporteinrichtungen zur Versorgung der Verkaufstruhen des Handels unanschaulich. Beeindruckend ist allenfalls die Perfektion der Organisation. So was formuliert sich schließlich nicht mehr in fesselnden Bildern, wird aber selbstverständlich manifest. Bis zu dreißig Prozent des Produktpreises beanspruchen Lagerung und Transport eines Tiefkühlartikels. Die Entwicklung der künstlichen Kälte ist eine Geschichte der Bilderverluste.

In den Schlaraffiaphantasien spielte seit den spanisch-portugiesischen Eroberungsfahrten ein Kontinent eine Rolle, der für die europäische Kälteindustrie im 19. und 20. Jahrhundert das Land erfüllter Träume darstellte. Eishändler und Kältemaschinenfabrikanten erhielten von hier Berichte über die Erfolge eines Geschäftes, das sich in Europa damals erst zögernd entwickelte, ein Geschäft, das erdumspannend operierte. Um 1860 schreibt der österreichische Weltreisende Karl von Scherzer bewundernd über das „Volk der Yankees", das „selbst einen so flüchtigen, leicht verderblichen Artikel wie Eis, allen Temperaturhindernissen zum Trotz, viele tausend Meilen weit verführt und in den verschiedensten und gerade heißesten Theilen der Erde, in Westindien und Südamerika, in Asien und Afrika mit Vortheil auszubeuten

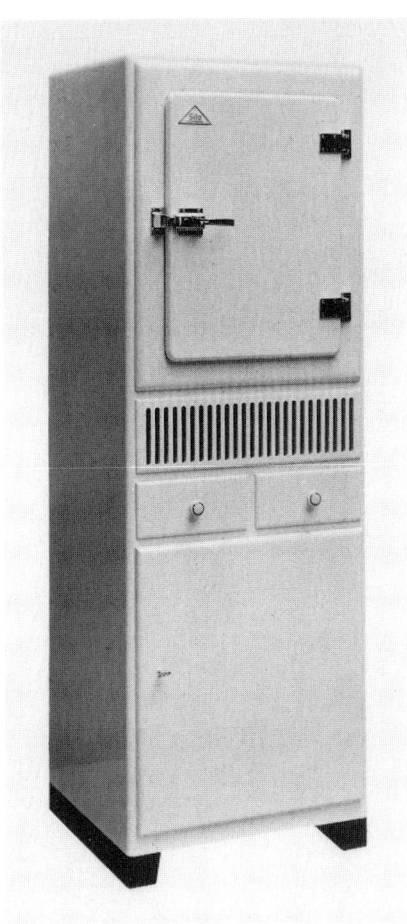

In Anbetracht der nach dem Zweiten Weltkrieg entstehenden Kleinwohnungen entwickelte die Firma ‚Silo' 1953 den ersten Einbaukühlschrank. Diese mutige Lösung von 1953 hat sich jedoch nicht durchgesetzt.

versteht". Hier zeigt sich deutlich, wie sehr die Geschichte der künstlichen Kälte immer auch ein Stück verkehrte Welt beschreibt. Nichts anderes ist das glitzernde Stück Eis im Sommer, ein kühles Getränk unter südlicher Sonne, die in einem Küchenmöbel verschlossene Kälte und das tiefgefrorene Menü im Mikrowellenherd.

So gesehen sind Kühlschränke Konstruktionen gegen die Natur der Dinge. Da aber jeder Haushalt in den hochindustrialisierten Ländern ein solches Gerät besitzt, ist diese Opposition normal. Immerhin kann eine Stadt wie München mit sicherlich mehr als 350.000 Haushalten bei 1,3 Millionen Einwohnern mit einem Kühlvolumen von mindestens 50.000 Kubikmetern rechnen, allein für den privaten Haushaltbedarf. Das ergibt einen Gesamtraum von 37 Metern Seitenlänge - acht Grad kalt, Tag und Nacht, jeden Tag, auch im Sommer - verstreut auf Tausende kleiner Würfel, dicht im Stadtgebiet verteilt. Jede Wohnung enthält eine Portion Kälte. Würde in eine Weltkarte nur die Position der Kühlschränke eingezeichnet, man erhielte ein klares Bild über die Zentren der Industriezivilisation. Und ist nicht die gegenwärtige Form der so unauffällig in das Mobiliar der Küche eingebauten Geräte Beleg dafür, wie sehr verkehrte Welten haben alltäglich werden können? Die Wandschranksysteme mit ihren Geräteimplantaten möchten zeigen, daß alles in Ordnung ist. Von links nach rechts und von unten nach oben. Beruhigend. Man könnte auch sagen, daß die diskrete Existenz des Kühlschrankes in der Küche die späte ästhetische Entsprechung ist zu einem technischen System, das bloß funktionieren soll und, hermetisch verschlossen, sich jeder Zuwendung versagt.

Das ist die jüngste Geschichte der Kühlung im Haushalt. Sie hat Vorgeschichten, und die erzählen deutlich, wie wenig selbstverständlich der gegenwärtige Zustand eigentlich ist. Die frühen Geräte paßten noch nicht in die Wohnung, es waren monströse Schrankungetüme, klobige Stahlblechbehälter, motorisierte Möbel, aufdringlich und laut, nicht zu vergleichen mit den heutigen, unauffälligen Automaten. Ihre dickwandigen Türen bewegten sich in schwerfälligen Scharnieren, und es fehlte beim Öffnen das Licht. Aber was hätte es auch beleuchten sollen? Die Fülle kühl zu lagernder Waren begann ja gerade erst zu entstehen. Doch obschon sich das Warenangebot in Grenzen hielt, zeigten mehr und mehr Firmen - auf der Suche nach künftigen Anwendungsgebieten für ihren Maschinenbau - Interesse am motorisierten Kältegeschäft. Der Krieg war verloren, und einige der bisher produzierten Maschinen gehörten nicht mehr zum Programm. Borsig stellte in den zwanziger Jahren Kleinkältemaschinen her, Rumpler baute Absorbergeräte, auch das Maschinenbauunternehmen Lanz. Es gab die Mannesmann Kälte-Industrie, und in Sachsen wurden DKW-Kühlschränke gefertigt. Voller Hoffnung richtete sich der Blick vieler Unternehmer nach Amerika, wo Firmen wie Frigidaire und Kelvinator bereits mit der Serienfertigung begonnen hatten. Amerika galt der europäischen Kälteindustrie seit Jahrzehnten schon als wahres Schlaraffenland mit geradezu unglaublichen Geschäften, nun auch bei den Haushaltsgeräten. Und wer zur Information nach Amerika reiste, kam enthusiasmiert zurück, denn dort wurde bereits 1926 mit einem Absatz von 200.000 Kühlschränken gerechnet. Das versprach goldene Zeiten.

Deutsche Unternehmen entwickelten vielfältige Beziehungen zu amerikanischen Firmen. Alfred Teves brachte in den zwanziger Jahren den Ingenieuren seiner Frankfurter Kühlerfabrik einen amerikanischen Kühlschrank mit, ließ die Konstruktion prüfen und begann 1927 mit der ‚Ate'-Produktion. Erich Fink aus Asperg besuchte Copeland Products Incorporated und kehrte mit einem Kooperationsvertrag für ‚Eisfink' zurück. Auf den Maschinen der amerikanischen Firma stand in unübersehbar großen Buchstaben das Wort ‚Quiet'. AEG vereinbarte mit General Electric den Verkauf des ‚Monitor-Top', des ersten in Millionenstückzahl weltweit abgesetzten Kühlschranks. Ein Exemplar hat 1928 Robert Ripley bei einer U-Bootfahrt zum Nordpol begleitet. Der ‚Monitor-Top' begründet bei AEG die ‚Santo'-Produktion der folgenden Jahre. General Motors läßt gegen Ende der dreißiger Jahre seine ‚Frigidaire'-Modelle bei Opel in Rüsselsheim produzieren.

Aus dem Eisgeschäft des 19. Jahrhunderts hatte sich in Nordamerika endgültig eine wirtschaftlich starke Kälteindustrie entwickelt, die, gestützt durch den Wohnungsbau und gefördert von der Elektrizitätswirtschaft, auf Massenkonsum setzte und dadurch auch anderen Konsumbereichen Impulse gab. Ohne die Erfolge im Eis- und Kühlschrankgeschäft hätte ein Produkt wie Coca Cola niemals zum ‚national family drink' werden können. Erst der Kühlschrank garantierte diesem, bei Normaltemperaturen unerträglich süßen Getränk den gekühlten Genuß zu Hause. ‚Take home a carton', lautete der Slogan in den zwanziger Jahren, und das Bild zeigte eine junge Frau mit einem Sechserpack in der Hand. Der ‚sixpack' hat genauso wie das, was er verpackt, mit Hilfe des Kühlschrankes Karriere gemacht. Ganz allgemein gilt, daß die Kälte dem ‚american way of life' vitale Grundlage wurde; das zeigt sich nicht zuletzt in Hollywood. Welcher Filmstar hatte in den vergangenen Jahrzehnten keine Szene mit Icecubes und Scotch, wer bewahrte nicht seine Unterwäsche im Kühlschrank auf oder wenigstens die Schuhe im Gemüsefach?

Viele Unternehmer versuchten sich um 1930 in Deutschland im Kühlschrankgeschäft. Auch hier hatte die Elektrizitätswirtschaft einen neuen, profitablen Stromabnehmer entdeckt. Amerikanischen Angaben zufolge entsprach der Verbrauch dieser Geräte dem Bedarf von beinahe dreißig Waschmaschinen. Manche Firmen scheiterten an den hohen Investitionen, andere vermochten technische Probleme nicht zu lösen, und schließlich verhinderte der Krieg die Ausdehnung einer Produktion, die bei niedrigen Stückzahlen bereits in den späten dreißiger Jahren einen Standard einander ähnlicher Bautypen entwickelt hatte, mit Modellformen, bei denen eine Einpassung in den Möbelbestand der Küche berücksichtigt wurde. Das lag nahe, weil das Kühlmöbel immer noch aus einer blechverkleideten Holzunterkonstruktion bestand, also im wesentlichen auf Tischlerarbeit basierte, und außerdem war es sinnvoll, weil die Geräte im Wandel der Zeiten auch in solchen Haushalten genutzt werden sollten, die keine großzügigen Wirtschaftsräume besaßen, sondern nur eine eng bemessene Küche.

Während Anzeigen und Prospekte in kräftigen Farben die komfortablen Seiten motorgekühlten Lebens malten, stellten sich die Geräte selbst eher als nüchtern-zweckmäßige Konstruktionen vor. Attraktiv war die Kälte vielleicht in den damaligen Eispalästen, nicht aber im Haushalt. Wozu auch, wenn selbst Propagandisten der ‚Technik im Haushalt' den Effekt der Verdunstungskälte empfahlen. „Der Junggeselle oder die Junggesellin begnüge sich damit, das zu kühlende Ge-

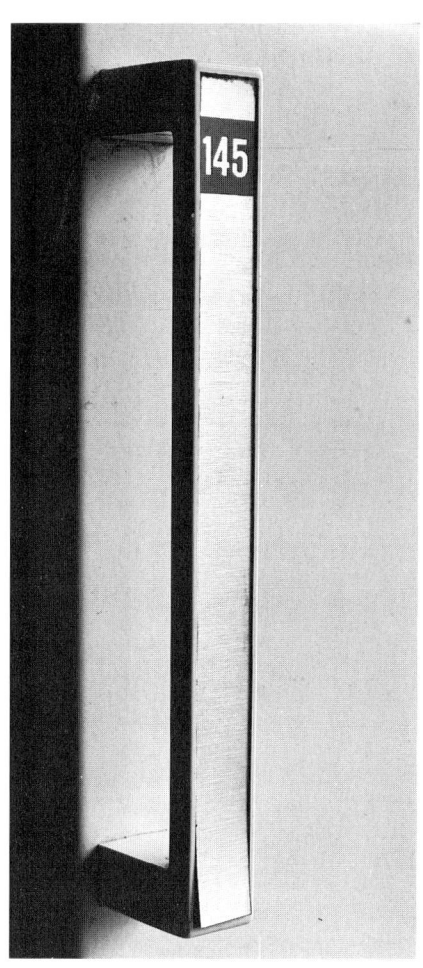

Viele Designer haben sich in der Entwicklungsgeschichte des Kühlschranks der Gestaltung des Türgriffs angenommen, war er doch das einzige Bauelement, das besonders geformt werden konnte. Heute kommt uns der Griff allerdings ‚Ganz unauffällig ...'.

Die hohe Zeit des Kühlschranks begann in Deutschland erst in den fünfziger Jahren. Der Nachholbedarf war enorm: 1953 konnten gerade sechs Prozent der Haushalte ein solches Gerät aufweisen. An die damaligen Konsumsehnsüchte weiter Teile der Bevölkerung appellierte die üppige Schaufenstergestaltung in einem Nürnberger Geschäft mit Palmendekoration und dem verheißungsvollen Slogan: „Das Beste wär ein Frigidaire".

tränk z. B. mit dem nassen Wollstrumpf auf den gewünschten Kältegrad zu bringen." Es gab allerdings Geräte, die ihrer außergewöhnlichen Form wegen auffallend waren. Dazu gehörte das erste von Bosch produzierte Modell, 1933 zur Frühjahrsmesse in Leipzig vorgestellt. Hier handelte es sich eigentlich nur um die Präsentation eines Kühlsystemes auf Beinen, um einen Verdampferraum mit angehängtem Motor, bei dem auf Möbelkonventionen verzichtet wurde. Nur wenige Jahre blieb dieser Kühlschrank mit radikaler Trommelform im Angebot, eher ein Dokument dafür, daß sich die Ingenieure noch einmal hatten formentscheidend durchsetzen können, als ein Ausweis ästhetischen Anspruches. Das war möglich, weil bis zum Beginn der dreißiger Jahre durchaus unterschiedliche technische Lösungen diskutabel erschienen.

In Amerika war alles ganz anders. Vor allem das biedere Schreinerhandwerk behinderte eine Massenproduktion, die weiter expandieren wollte, und so mußten die blechumrandeten Holzrahmen selbsttragenden Stahlblechkarosserien weichen, die, nach Fabrikationsmethoden der Automobilindustrie hergestellt, immer eleganter wurden, sich in der Dynamik ihrer Formen gegenseitig überbietend. Nur so konnten 1950 sechs Millionen Kühlschränke abgesetzt werden. Sie waren in dieser Zeit ähnlich begehrt wie die Automobile, und in der allgemeinen Begeisterung für Motorisierung wurde der Kühlschrank zur Limousine der Küche. „Der Lärm der Straße dringt in das Haus", nannte der futuristische Maler Umberto Boccioni 1911 ein Bild. Jetzt sind nicht allein diese Geräusche in der Wohnung.

In Deutschland gab es weder in den dreißiger noch in den vierziger Jahren einen nachhaltigen Bedarf. Bemerkenswert ist allerdings, daß die sich zwischen 1938 und 1945 entwickelnde Tiefkühlproduktion einen Umfang annahm, der erst um 1970 wieder erreicht werden konnte. An gefrorenem Obst, Gemüse und Fisch als Heeresproviant zeigte der Staat großes Interesse. Im zivilen Alltag spürte man von Tiefkühlkost damals kaum etwas, und niemand hätte in dieser Zeit behauptet, ein Kühlschrank sei lebensnotwendiger Bestandteil der Existenz. Nicht einmal ein Prozent aller Haushalte besaß ein Gerät. Noch 1951 wurde im Deutschen Bundestag sogar diskutiert, solche Gegenstände mit einer Luxussteuer zu belegen. Dreißig Jahre später sieht alles ganz anders aus. Das Verwaltungsgericht in Berlin stellt 1984 fest, eine der Würde des Menschen entsprechende Lebensführung erfordere den Kühlschrank und verlangt, einem Sozialhilfeempfänger seien die Anschaffungskosten für ein Kühlgerät zu ersetzen. Schon Anfang der sechziger Jahre hatte das Oberlandesgericht in Frankfurt in einem vielbeachteten Urteil die Unpfändbarkeit des Gerätes mit den veränderten Lebensverhältnissen begründet. Zu dieser Zeit besaßen 54 Prozent der westdeutschen Haushalte einen Kühlschrank.

Phantastisch wird etwas genannt, was unwirklich ist, verstiegen oder überspannt, oder das Vorstellungsvermögen extrem beansprucht. Die Geschichte der künstlichen Kälte ist reich an erstaunlichen, bizarren Ereignissen. Antonius Heligabalus ließ um 220 v. Chr. mit Schnee aus dem Apennin einen Berg in seinem sommerlichen Palastgarten in Rom errichten, und Carinus pflegte um 280 v. Chr. sein Badewasser mit Schnee bereiten zu lassen. Der Kaufmann Hans Ulrich Krafft berichtet im 16. Jahrhundert vom orientalischen Schneehandel im Libanon. „Es wird großes Geld daraus gelöst." Aus dem Jahre 1740 ist überliefert, daß in Lübeck vor dem Holstentor ein Löwe von zwei Metern Länge stand, umgeben von fünf Kanonen und einem Soldaten mit Schilderhaus. „Alles von Eise nachgemacht." Ist es nicht genauso phantastisch, daß ein Gerät, dem man noch um 1950 in Deutschland wenig Verbreitungschancen gab, ein Jahrzehnt später als notwendig gilt? Notwendend?

Werbeplakat der Firma BBC aus dem Jahr 1959 von Kurt Glombig.

Vieles war in Bewegung geraten in den Mangelzeiten der Nachkriegsjahre, auch in der Phase beginnenden Wohlstandes in den Jahren danach, und führte zu verqueren Resultaten. Die Konstellation von erlebter Not und beginnender Zuversicht hat sich in einigen Gegenständen des Alltags besonders deutlich ausgewirkt. Unbequeme Kleinstautomobile versprachen bei aller Qual der Beförderung neue Mobilität. Klappmöbel bewahrten in engen räumlichen Verhältnissen noch den Schein von Wohnkomfort, und Kühlschränke der damaligen Zeit verkörperten neuen Besitz und Mangel zugleich. Kühle Aufbewahrungskeller, Vorratsnischen und Speisekammern waren Opfer des sozialen Wohnungsbaus geworden, und so bot sich der Kühlschrank als Ersatz, als Keller in der Küche. Gleichzeitig aber war er auch sichtbarer Beweis für den Beginn eines besseren Lebens, war Tresor neuen Wohlstandes und gehörte deshalb zu den begehrten Objekten des Konsums, und so sah er auch aus.

Auf einer Tagung der Arbeitsgemeinschaft der Kälteindustrie hatte man noch 1951 selbstkritisch erkannt, daß die Produktformen der ausländischen Konkurrenz den Geschmack mehr entsprachen „als das, was wir heute auf diesem Gebiet in der Lage sind anzubieten". Bald aber brillierte man mit neuen Geräten, die nach dem Vorbild von ‚Frigidaire' gestaltet waren. Chrom, strahlendes Weiß und spiegelnder Glanz - so zeigten sich Kälte und Frische jetzt weitaus attraktiver als an den staksigen Stahlblechmöbeln mit ihrem vernickelten Schloß und den plumpen Beschlägen. Das sichtbare Erlebnis von Kälte - frostig glitzernder Schnee und der harte Glanz von Eis - konnte im technischen Gerät der fünfziger Jahre noch einmal eine beeindruckende Umsetzung finden. Vielleicht, weil hier, nach amerikanischem Vorbild, beim Entwurf der Gehäuse andere Erfahrungen genutzt wurden als die aus der Welt der Ingenieure. Deren Arbeit rückte immer mehr hinter das Gerät, während das Relief der Vorderseite in Materialdemonstration, Oberflächenbehandlung und dem Arrangement der plastischen Details bestimmt wurde von denen, die fähig waren, einem Körper zur Geltung zu verhelfen: Modezeichner, Theaterdekorateure, Schmuckspezialisten, Absolventen von Kunstschulen.

Anfang der sechziger Jahre war der Nachkriegshunger weitgehend gestillt, und der Glanz mancher voluminöser Objekte verlor jetzt an Anziehungskraft, erschien bald eher ein wenig penetrant. Die dickbäuchigen Kühlschränke bremsten den Warenfluß sogar, denn mit der zunehmenden Geschwindigkeit der Produktionsprozesse konnten die wuchtigen Blechpressen, mit denen die Türwölbungen bisher hergestellt wurden, nicht mehr mithalten. Abkantmaschinen hatten jetzt die

Geriet in Wirtschaftswunderzeiten die permanente Steigerung des Stromverbrauchs zum Maßstab des Volkswohlstands, so gilt heute eher das Gegenteil. Je weniger Strom ein Gerät benötigt, desto besser. Diese schmucklose Werbephotographie aus dem Jahre 1989 soll versinnbildlichen, daß eine harmlose 40-Watt Glühbirne im Vergleich zu heutigen Kühltruhen geradezu eine unverantwortliche Stromfresserin ist.

räumliche Form der Bleche zu biegen, und sie sorgten dafür, daß aus der bauchigen Tür die flache Platte wurde, und sie machten alles schneller.

Alles wurde jetzt flach oder verschwand ganz. Griffe wurden zu Leisten, Scharniere sah man außen nicht mehr, und metallene Markenzeichen verwandelten sich in aufklebbare Papieretiketten. Die ‚neue Linie' entstand, die ‚cubic-line' oder ‚sheer-line', und die bisher attraktiven Körper waren im Weg, paßten nicht mehr in die Küche. Sie galten vielen nur noch als Zeichen einer Zeit des Mangels, an die man sich nicht mehr erinnern wollte. Sie waren veraltet. Der Wechsel von der weichen, bauchigen Form der fünfziger Jahre zum winklig-flachen Schrank hatte seine Begründung nicht allein in einer veränderten Produktionstechnik. In Amerika war der Markt für die chromglänzenden Küchengeräte, die ‚anodized monuments', weitgehend gesättigt,

Wenn man schon dem Produkt die Sparsamkeit nicht ansieht, so sollen wohl die danebenstehenden Schotten die entsprechende Assoziation hervorrufen. Oder sollte sich hinter diesem Werbephoto der späten achtziger Jahre gar ein emanzipatorischer Hinweis auf die sich langsam wandelnden Geschlechterrollen im Haushalt verbergen?

Kühlschrankproduktion auf Hochtouren. In den sechziger Jahren, als diese Aufnahme bei Siemens in Berlin entstand, waren die deutschen Haushalte bereits zu über achtzig Prozent mit Kühlschränken ausgestattet.

und man hatte als neues Gerät die gesamte Küche entdeckt, der sich das Einzelgerät als Bestandteil einpassen mußte. Die Form der ‚sheerline' wurde Ende der fünfziger Jahre von ‚Frigidaire' vorgestellt, und es ist bezeichnend, daß Mannequins in ellenbogenlangen, schwarzen Handschuhen diesen neuen ‚Look' präsentierten. Solche Handschuhe fixieren auf das Nackte, weil sie - um ihn enganliegend zu bedecken - den entblößten Arm verlangen. Nackt sind auch die neuen, glatten Geräte, von denen eigentlich nur noch Fronten übrigbleiben, wenn sie in die Küchenzeile eingepaßt werden. ‚Sheer' heißt rein, glatt, hauchdünn, durchsichtig.

Wieder hatte die amerikanische Kälteindustrie die Entwicklungen in Europa vorgezeichnet und war den Unternehmen der alten Welt deutlich voraus. Reisen nach Amerika endeten jetzt nicht selten mit sorgenvollen Kommentaren. Wilhelm Loh, Produzent der ‚Silo'-Kühlschränke in Siegen, schrieb 1964: „Für uns als deutsche Fabrik, die mit deutschem und italienischem Wettbewerb rechnen muß, kann es nur eine Folgerung geben: Entweder Auslauf und Aufgabe der Kühlschrankfertigung oder mit verstärktem Maße Abschaffung der manuellen Fertigungsmethoden." Auch in Amerika, stellte er fest, gab es nur noch wenige konkurrenzfähige Firmen, die fähig waren, die hohen Investitionskosten für Maschinen und Einrichtungen bereitzustellen. Einrichtungen, die den Arbeiter nur noch die Fertigung beaufsichtigen lassen. Er „legt vielleicht ein Teil ein und raucht im übrigen seine Zigarette".

Von den mehr als vierzig Kühlschrankfirmen, die in den fünfziger Jahren in Deutschland existierten, überlebten nur wenige. Selbst bekannte Unternehmen wie ‚Ate' in Frankfurt gaben ihre Produktion um 1960 auf. Opel übertrug seine ‚Frigidaire'-Produktion einem Werk in Paris. Die wenigen Erfolgreichen erwartete ein aussichtsreiches Geschäft. Auf der Herbstmesse in Köln 1961 lud Bosch zu einer Show mit dem Orchester Kurt Edelhagen ein, mit Heinz Erhard und mit Elfie Mayerhofer von der Staatsoper Wien. Die Kooperationen auf dem Hausgerätesektor nahmen zu, und dadurch konnten trotz sinkender Produktion insgesamt bei den Kühlschränken große Stückzahlen gefertigt werden. 1969 betrug die Marktsättigung 87 Prozent.

Die Zeit, in der Kühlschränke Schmuckstücke sein durften, liegt dreißig bis vierzig Jahre zurück. Inzwischen sind sie unscheinbar geworden und zählen nicht mehr zu den begehrten Dingen, um die das Leben sich zentriert. Autos und Eigentumswohnungen, Elektronikgeräte und Designermode besitzen mehr Attraktivität. Das bedeutet nicht, daß Kühlschränke weniger wichtig geworden wären. Sie gehören zu einer mobilen Gesellschaft. Sie sind wie Tankstellen, die man benutzt, wenn man weiterfahren möchte; und so wie es dort ballastfreie Energiekonzentrate gibt, die ein Fahrzeug nicht unnötig beschweren, gibt es hier die Nahrung als gereinigten Kraftstoff im kleinen Tiefkühlkarton. Es sind Versorgungsstationen, die man ansteuern muß, weil es ohne sie kaum noch läuft. Es sind Depots, Zwischenlager, die bereithalten, was man alltäglich benötigt und was Erleichterung verspricht.

Wozu sollte daher Kühlschränken mehr Aufmerksamkeit geschenkt werden als unbedingt nötig? Sie wollten seit jeher verschwinden, suchten immer schon, wie jeder Schrank, die Nähe zur Wand. Und deutlicher als ein Schrank sind sie als Elektrogeräte der Wand fest verbunden, sind also beinahe mit der Wohnung verwachsen, sind, wie andere Installationen, Bestandteile des Wohnens. Nein, mehr noch. So wie man einen Glauben hat, über ein Konto verfügt und Hygienevorstellungen pflegt, so gehört auch die Kälte dazu. Mit ihr verbinden sich bestimmte Handlungen, wichtige Objekte und zentrale, gemeinsame Orte. Das reicht vom Lichtereignis des Öffnens bis zu den Begegnungen in den Supermärkten, von den täglichen Verbeugungen vor den Geräten bis zur Bereitschaft, einen gepreßten Kälteblock Nahrung zu nennen. Alles das ist unspektakulär und so gewöhnlich wie jedes ritualisierte Verhalten, sofern man es selbst praktiziert, und es macht zufrieden.

Die Aussichten für die Zukunft lassen sogar noch bessere Zeiten erwarten: den automatisch sich selbst versorgenden Schrank. Endlich werden die Geräte alles in eigener Regie übernehmen. Auf einen allgemeinen Standardbedarf, die gelegentlichen Sonderwünsche und einen ausgewogenen Wochenplan programmiert, erledigen sie dann selbst Bestellungen in den Supermärkten und finden in kürzester Zeit die günstigsten Angebote. Sobald etwas fehlt, ordern sie umgehend die benötigte Ware, machen eventuell Vorschläge für ein neu kombiniertes Gericht. Und wenn der Kundendienstfahrer mit dem Paket unterm Arm in der Tür steht und sagt: „Das hat Ihr Kühlschrank gestern bestellt", dann sind wir dem Paradies wieder ein Stück nähergekommen.

VOLLKOMMENHEIT
ENTSTEHT
OFFENSICHTLICH
NICHT
DANN,
WENN
MAN
NICHTS
MEHR
HINZUZUFÜGEN
HAT,
SONDERN
WENN
MAN
NICHTS
MEHR
WEGNEHMEN
KANN.
DIE
MASCHINE
IN
IHRER
HÖCHSTEN
VOLLENDUNG
WIRD
UNAUFFÄLLIG.

(Antoine de Saint-Exupery)

In kecken Kostümen posieren diese drei Clowns auf dem Eis des Berliner Admiralspalastes, um 1925. Drolerien waren in den großen Eispalästen feste Bestandteile von Schaulauf- und Kostümveranstaltungen und diese wiederum Vorläufer der in den dreißiger Jahren entstehenden kommerziellen Eisrevuen.

STILLSTAND UND BEWEGUNG

Mit dem Eiskunstlauf ist es wie mit der Liebe: Man wartet darauf, daß es endlich richtig losgeht, und da - ist es schon wieder vorbei. Und doch! Was haben Mann und Frau bis dahin nicht alles miteinander angestellt! Atemlos sind sie hintereinander hergerast, haben sich gepackt, an den Händen, an den Füßen, an der Hüfte, wo immer sie den anderen zu fassen kriegten, sind endlich einander gegenüber gestanden, den Blick unbarmherzig fest auf die Körpermitte des anderen gerichtet, dann wieder haben sie ihr Ziel völlig aus den Augen verloren, denn sie sind rückwärts gelaufen, der Mann stets vorneweg, wie immer, wenn keine Gefahr besteht, er wußte ja, es geht immer nur im Kreis herum. Sehnsuchtsvoll haben sie die Arme nacheinander ausgestreckt, doch kaum begegneten sie einander, so flohen sie sich schon wieder.

Meist war es an der Frau, sich unbequemst zu verrenken, um den Wünschen des Mannes gefügig zu sein, die der gar nicht mehr aussprechen mußte, so eingespielt war das Paar, so vertraut das Ritual. Ließ er sie zwischen seinen Beinen durchschlüpfen, so grätschte er sie nicht einmal besonders weit, denn das wäre ihm lächerlich erschienen, sollte sie doch sehen, wie sie durchkam! Sie tat es in der Hocke, und wehe ihr, sie kam drüben nicht mit Anstand wieder hoch. Sie war sein Planet, er ihre Sonne, denn sein war die Kraft, sie hochzustemmen. Blieb ihr nur, mit verlegener Ironie den Kopf in den Nacken zu werfen. Tat sie das hauchdünn über dem Boden, beinah in Rückenlage, während er sie nur mit einer Hand zu halten geruhte, so nannte man das die Todesspirale, denn gefahrlos sinkt keine Frau so tief. Dann wieder täuschte er alle, die zusahen, trug sie auf Händen, sie mußte es geschehen lassen, es war wie ein ewiges Über-die-Schwelle-getragen-werden. Er hat sie dann noch ein bißchen herumgeschleudert, sei es nur, um zu zeigen, wessen er fähig ist, doch längst hat sie gelernt, auch dabei keine Miene zu verziehen. Alsbald sind sie synchron in die Höhe gesprungen, die Frau rutschte ein wenig auf den Knien um ihn herum, dann warf sie sich ihm an den Hals. Aber auch das gab es: Er streckte sein Bein zierlich nach hinten, sie spagatete nach vorne, legte ihren Fuß dabei auf seine Wade, und dermaßen zärtlich verhakt zogen sie unvermutet langsam kleine Kreise. Doch bevor Dritte die verworrene Intimität dieses kostbaren Augenblicks begreifen konnten, war es schon wieder vorbei.

Manchmal faßten sie sich ganz banal an den Händen, dann wieder taten sie nur so, oder die Frau warf wie zum endgültigen Abschied die Arme nach hinten, die er sofort packte, als ob er sie nie wieder loslassen wollte. Bevor die Zuschauenden darüber gerührt sein konnten, katapultierte er die Frau weit von sich, demütig ausgestreckt landete sie auf

Traumtänze(r)
auf dem Eis

Die Norwegerin Sonja Henie (1912-1969) war wohl die berühmteste Eiskunstläuferin aller Zeiten. Sie ließ sich ihren Weltmeistertitel, zu dem drei olympische Goldmedaillen kamen, zwischen 1927 und 1936 von niemandem streitig machen. Das linke Bild zeigt sie mit Hilde Holovsky und Fritzi Burger, den beiden Nächstplazierten der Damen-Eislaufweltmeisterschaft 1931 in Berlin.

dem Boden. Doch ihr Fall war grazil. Denn sie wußte, sie mußte ihm helfen, sein Gesicht zu wahren. Dann starrte er herrisch ins gaffende Publikum, das sich in seiner Verlegenheit nicht anders zu helfen wußte, als heftig zu applaudieren. Da übermannten auch ihn seine besseren Gefühle, und er half der Frau wieder auf die Beine. Hatte es sich bei der Dame um Irina Rodnina oder Marika Kilius gehandelt, so stellten sich nach Abschluß des Laufs die Machtverhältnisse hinter der Bande etwas anders dar. Das allzeit mögliche da capo des schlitternden Aktes verdanken Mann und Frau einer grandiosen Erfindung, dem Kunsteis. Welch sublime Schöpfung! Viel zu sehr waren die Paare auf dem Eis den Jahreszeiten und anderen biologischen Perioden verpflichtet. Ein Hoch dem Ingenieur, der sie davon befreit hat.

Es hatte alles ganz harmlos angefangen. Denn eigentlich gibt es nichts, was es nicht schon immer gegeben hätte. In diesem Fall die Schlittschuhe. Menschheitsforscher haben ein paar längliche Knochen gefunden in einer Gegend, in der es manchmal recht kalt war, und daraus den messerscharfen Schluß gezogen: Unsere Vorfahren liefen auch schon auf dem Eise. Doch sie taten es noch mit Sinn und Verstand, wollten lediglich von einem Punkt zum anderen kommen, wie es auch heute noch jeder anständige Holländer tut. So weit seine Flüsse und Kanäle noch zufrieren. Allerdings hatten die Holländer die menschliche Schwäche, mit ihren Laufleistungen zu prahlen. An einem Tag zwölf Städte! Das mußte einfach schriftlich festgehalten werden, und daher wissen wir, Claas Arais Caiskooper, Maindert Arents, Jacob Blaci und

Jacob Buur haben Harlem, Amsterdam, Weeß, Muiden, Naarden, Pampus, Monnikendam, Edam, Pumerend, Hoorn, Enkhuizen und Alkmar heimgesucht, bevor sie in wildem Schneegestöber endlich wieder in Koog zu Hause waren. Das war 1676, und der Mond schien helle. Frauen liefen keine mit. Nicht, weil sie keine Lust gehabt hätten - Frauen liefen in Holland sehr früh Schlittschuh, und keiner fand etwas dabei -, aber sie wären schön durchgefroren heimgekehrt: Es hatte sich eingebürgert, daß die Frauen nur in der Unterwäsche eisliefen. Welche Frau wäre dafür nicht dankbar gewesen! Nichts engte sie ein. Bauern und feine Leute liefen gemeinsam, und die Vornehmheit der einen mischte sich mit der Kosewütigkeit der anderen. Wer einem weiblichen Wesen die Schlittschuhe anlegen half, den belohnte ein Kuß.

In Paris war alles anders. Die Damen dachten nicht daran, selbst zu laufen. Sie ahnten wohl, auf welche Tändeleien das hinauslaufen würde, denen sie sich nicht würden entziehen können, ohne als Spielverderber dazustehen. Sie stiegen lieber in Schlitten ein und ließen sich von den Herren ziehen. Die machten für sich das Beste draus und warfen die Damen - pardon! - bei jeder sich bietenden Gelegenheit aus dem Gefährt. Und da sich die Herren in der Spaßigkeit dieses Zeitvertreibs ziemlich einig waren, purzelten die Damen sehr oft aus den Stuhlschlitten, mußten, wie sie es vorausgeahnt hatten, gute Miene zum bösen Spiel machen und wieder einsteigen. Bis zur nächsten Karambolage. Man gewöhne sich an alles, pflegten sie zu sagen, und hofften, daß bald wieder die Sonne scheinen möge. Immerhin waren - fünfunddrei-

Wer gut schnürt ... Sonja Henie im Berliner Sportpalast (links). Ihre überragende Popularität fand ihren Niederschlag in dem zärtlichen Beinamen ‚Häseken'. Nach ihrem vierten Weltmeisterschaftssieg erhält Sonja Henie 1930 im New Yorker Madison Square Garden den Siegerpokal von Charles T. Church, dem Präsidenten der US-amerikanischen Eiskunstlaufvereinigung.

ßig Jahre nach der Revolution - die Herren sehr hübsch gekleidet: In ihren scharlachroten Jacken mit Amazonenschößchen, dunkelblauen Beinkleidern, dem hohen Hut und dem Carbonarimantel mit den goldenen Quasten sahen sie ganz allerliebst aus. Der Stuhlschlitten war von Mahagoni und vergoldeter Bronze, und bevor sie wieder einmal das Eis küssen mußten, saßen die Damen auf samtenen Kissen leidlich bequem.

Die deutschen Damen hatten sich der Zumutung nicht so klug zu erwehren gewußt. Goethe lächelte, wenn er von Klopstock sprach und dessen charmantem Trick, Frauen und Mädchen unter dem Vorwand um sich zu scharen, er wolle sie das Schlittschuhfahren lehren. Er wußte, wovon er sprach, denn er war selbst ein leidenschaftlicher Eisläufer. In Weimar erst recht, wo er sogar Frau von Stein dazu animierte, aber auch schon in Frankfurt. Das artige Aussehen nahm er

Maxi Herber und Ernst Baier beim Olympiakürlauf 1936 in Garmisch-Partenkirchen, den sie unter den Augen des ‚Führers' absolvierten. Sie errangen in diesem Wettbewerb die Goldmedaille. Wie Sonja Henie und der Wiener Karl Schäfer setzten sie - jeder in seiner Disziplin - neue Maßstäbe im Eiskunstlauf der Zwischenkriegszeit.

den Franzosen vorweg: Er lieh sich kurzerhand den Pelz seiner Mutter, die ihn zu bewundern gekommen war, denn ihn fror mittlerweile doch etwas. Der purpurfarbene Pelz reichte ihm bis an die Waden, und eitel wie immer befand er, die Zobelapplikationen, goldenen Schnüre und Quasten hätten ihm nicht übel gestanden. Die Ausstatter der seltsam obsoleten Eisrevuen von heute orientieren sich ganz unmittelbar an dieser glitzernden Vorliebe.

Goethe sprach auch gern darüber. Als er Klopstock schließlich persönlich begegnete, mied er das Thema Literatur, da er sich nicht streiten wollte, und diskutierte lieber das Schlittschuhlaufen. Und es ist Goethe zu verdanken, daß es Schlittschuh und nicht Schrittschuh heißt, wenn er auch selbst in der Novelle vom Mann von fünfzig Jahren einmal in die alte Bezeichnung zurückfiel. Gegen Kunststücke auf dem Eise wehrte er sich vehement. So weit war es noch nicht. Auf dem Eise herrschte

Anläßlich ihres Auftritts in Nürnberg würdigte die Lebkuchenstadt den olympischen Erfolg von Maxi Herber und Ernst Baier 1936, indem sie ein Prachtexemplar der würzigen Backware mit einer Figur des Siegeslaufs, in Zuckerguß verewigt, als Gastgeschenk überreichte. Das Dekorationsmotiv spiegelt die tänzerische Pose des Goldlaufs von Garmisch-Partenkirchen. Sie wurde zu einer Art Markenzeichen des erfolgreichen Eislaufpaares.

Für ‚Holiday on Ice' springen Kay Servatius und Arnold Shoda hier scheinbar schwerelos über die glitzernde Eisfläche. Das war 1958, als das Interesse an Eisrevuen so groß war, daß allein in Amerika vier große Unternehmen existierten und in Europa die berühmte ‚Wiener Eisrevue' auf ihren Tourneen umjubelt wurde.

noch der Urzustand. Sobald Männer und Frauen gemeinsam liefen, bahnten sich dort andere Dinge an als doppelte Rittberger. Und solange sie noch in aller Unschuld liefen, waren sie ihren Emotionen schutzlos ausgeliefert. Hilarie und Flavio legen einander die Hände auf die Schultern und wühlen einer in des anderen Locken. Doch leider ist Hilarie mit Flavios Vater verlobt, jenem Major von fünfzig Jahren, der seiner jungen Braut so ungeheure Opfer kosmetischer Art zu leisten bereit ist. Es hilft alles nichts, sein Erscheinen auf der Eisfläche verdirbt dem Paar die Laune, raubt ihm die Unschuld, Hilarie fällt, birgt den Kopf im Schoß des Jünglings. Delikat! Der Major holt Helfer. „Hier bei diesen hohen drei Erlen find ich euch wieder!" Aber sie warteten nicht auf ihn.

Der Wildheit der Herzen entsprach die Wildheit draußen. Das Eis kann brechen, es kann schmelzen, der Mensch kann auf der Scholle fortgetrieben werden. Er muß wissen, wie weit er gehen und laufen kann. Kühl muß er bleiben und eine Verantwortung übernehmen, die über das Diesseits hinausgeht. Früh mißbilligte die schwedische Kirche die Mündigkeit ihrer Gläubigen auf dem Eise. Es galt als Sünde, bei gefährlicher Witterung auf das Eis zu gehen. Wer es dennoch tat und einbrach, wurde ohne kirchliches Begräbnis verscharrt. Die anderen Teilnehmer der Rutschpartie sitzen längst im Trockenen, da sausen

Sonja Henie als Eislaufprinzessin in ‚Thin Ice'. Zwischen 1937 und 1945 war sie in den USA der Star in zehn Eislauffilmen. Nach ihrem Rückzug vom Amateursport 1936 hatte sie hier auch eine eigene Eisrevue entwickelt, die als kommerzielles Unternehmen und als Hollywoodspektakel Vorbild für die Gründung neuer Eisshows wurde.

Holk und Ebba immer weiter hinaus. „Wer an zurück denkt, will zurück", sagt die Hübsche schnippisch, als Holk sie fragt, ob sie noch weiter auf den Arree-See hinaus mit ihm flitzen wolle. Doch da hat er sie selber schon am Arm zurückgerissen. Er weiß es noch nicht, aber sie weiß es umso genauer: Dieser Paarlauf wird nicht fortgesetzt, bleibt romantische Eskapade. Treuherzig hat nur Holk an die Ehe gedacht. ‚Unwiederbringlich'. Fontane hat seine unglücklichen Paare gern in den Winter gejagt. Auch Effi fällt bei Eis und Schnee, und es braucht nicht weiter begründet zu werden, warum Mathilde Möhring mit ihrem Hugo bloß eine Kurzehe führt: Diese beiden haben den Schlittschuhläufern nur zugesehen.

Im sicheren Stuhlschlitten blieb auch Ferdinand Lassalle sitzen. Ganz klassenbewußter Sozialdemokrat mietete er sich einen Schlittenkuli, der ihn schieben mußte. Ein Frauenmann im Damensitz. Wie albern hätte das Tolstoi gefunden. Lewin und Kitty auf dem Eise. Sie ist nicht verliebt in ihn, aber verehrt ihn, und das ist die beste Basis für eine Ehe. Tolstoi sah einen angelegten Eislaufplatz und blitzartig wurde ihm klar, was das bedeutete: Koketterie nur noch vor Zeugen, Verstellung, Kristallisation des Balzrituals - Eiskunstlauf! Lewin beobachtet einen jungen Mann, der mit der Zigarette im Mund, Schlittschuhen am Fuß eine

'Die Garde marschiert auf!' in einer 'Holiday on Ice'-Revue von 1958. Das Corps de ballet einer amerikanischen Eisrevue umfaßte zwischen 24 und 36 Damen und 12 bis 24 Herren. Hier im Bild sind alle 36 Mädchen in voller Montur auf den Kufen.

gewöhnliche Treppe hinunterpoltert und sicher ausbalanciert auf dem Eis einfach weiterläuft. Welch ein Bravourstück! begeistert sich Lewin, macht es ihm nach, kommt mit der Hand am Boden auf. Punktabzug bei Kitty, denn ihr zärtlicher Gedanke „Lieber Kerl!" ist rein geschwisterlicher Natur. Doch alles andere war schon vorhanden. Das Festklammern der Hände, das Laufen im Kreis, die Bande, die nur einen Zugang offenließ. Und das Bekenntnis des Mannes, er sei einst darauf aus gewesen, den Gipfel der Vollkommenheit zu erreichen. Nachdem er dieses Ziel aufgegeben hat, ist er für die Ehe reif.

Nur vordergründig bedeutet das Zweisamkeit. Mit der Ehe geben zwei Menschen dem Rest der Gesellschaft das Recht, sich von Stund an in alles einzumischen, Juroren der vermeintlichen Idylle zu sein. Kein Schritt vom Wege mehr, kein Stolpern ohne Zeugen, kein Fall ohne promptes Verdikt. Zu Beginn der Geschichte des Eislaufs hatte es nur den rein männlichen Paarlauf gegeben. Das war natürlich ganz unverfänglich. Und wie klug waren die Engländer! Englischer Stil, das hieß, einander in möglichst großen Bögen zu umkreisen. Auf den Befehl des 'Callers' hatten sich Damen und Herren kräftig abzustoßen, Sekunden später auf dem Eis zur Bildsäule zu erstarren, die Augen nach rechts, Kommando „Change!", ein Stoß, Bildsäule, Augen nach links und so weiter. Eislaufchronisten hielten das für rückschrittlich. In Wahrheit war es die Quintessenz des Eiskunstlaufs schlechthin: Stillstand in der Dynamik, Mobilität in der Erstarrung. Stemmt heute der Herr die Dame, so muß er sie wenigstens so lange gehalten haben, bis es alle sehen konnten. Ohne Schlittschuhe, ohne ein schwereloses Dahingleiten würde niemand Aufhebens davon machen, aber so gilt ein schlichtes lebendes Bild auf einmal als Kunstwerk. Sehr en vogue war bei den Briten der ‚Mond': Man ging in die Hocke, zog die Knie weit auseinander und breitete die Arme aus. Der Gesichtsausdruck entsprach sehr schön der Angst, dabei umzufallen. Genialer konnte keine Figur das Wesen des Kunstlaufs fassen: Stillstand in der Bewegung! Denn bis der Mensch merkt, daß der Vollmond weiterzieht, ist er längst eingeschlafen. Ohnehin eingefroren sind die Gefühle der Läufer beim Eistanz. Anders hielten die Paare den Flirt gar nicht aus. Tändelnd ironisch das französische Geschwisterpaar Isabelle und Paul Duchesnay, eisig still zunächst die Juroren, freudig bewegt das Publikum: Mann Paul spielte Mond, wanderte graziös um Frau Isabelle und fand gar nichts dabei. Die Zuschauer applaudierten verzückt. Hätten sie gewußt, warum, hätten sie erschreckt inne gehalten. Vergnügter und beschwingter wurde nie zuvor auf Eis und anderswo die Macht des Herrn gebrochen.

Kleine Mittel, sparsam eingesetzt, können einen Mann verrückt machen. Jackson Haines, dem ersten großen Eiskunstläufer der Welt, genügten wenige Zeilen von Giacomo Meyerbeer. „Wie tragen die Mädchen,/ Die zierlichen, schlanken,/ So leicht auf dem Haupte/ Die Lasten so schwer!/ Sie gleiten, sie fliegen/ Rasch, gleich den Gedanken,/ Auf spiegelnder Fläche/ Des Eises daher." Jackson Haines durfte in Meyerbeers Oper ‚Der Prophet' nach diesen Zeilen auf Rollschuhen über die Bühne schweben, und er beschloß, Eiskunstläufer zu werden. Sein Entschluß brachte immerhin die Tschechen dazu, den Wenzelsplatz in Prag im Winter 1870 unter Wasser zu setzen, um Jackson Haines

Das Eisballett von Maxi Herber und Ernst Baier in der Festhalle am Berliner Funkturm, 1954. Dem Beispiel Sonja Henies folgend, versuchte das deutsche Eislaufpaar, nach dem Zweiten Weltkrieg mit einer eigenen Show seine sportlichen Verdienste in klingende Münze umzusetzen.

Sportbegeisterung und die Rasanz des schnellen Spiels auf dem spiegelnden Eis des Berliner Sportpalasts gibt die Illustration des Münchner Malers Felix Schwormstädt wieder. Diese Szene aus einem international besetzten Eishockeyturnier des Berliner Schlittschuh-Clubs wurde am 5. März 1927 in dem Blatt ‚Die Woche' veröffentlicht.

Das Eisrevue-Unternehmen ‚Holiday on Ice' inszenierte 1990 die ‚Reise um die Welt in 80 Tagen'; klar, daß man sich hierbei auch im Wilden Westen auf Kufen fortbewegte.

Oben links: Hochdekorierte Eisschnellläufer brauchten sich um 1900 keine Sorge um das passende Kostüm machen. Die Abbildung zierte eine zeitgenössische Werbebroschüre aus Prag. Oben rechts: Margarete Sobek, die Primaballerina des ersten Berliner Eispalastes mit ihrem Partner Paul Münder bei dem von ihr kreierten ‚Apachentanz' auf dem Eis. Die Aufnahme entstand vor 1914.

Der Eislaufstar Norbert Schramm mit Corps de ballet in einer Produktion von ‚Holiday on Ice', 1990.

Gundi Busch wird 1954 Weltmeisterin im Eiskunstlauf der Damen in Oslo. Stolz präsentiert sie ihre Sprünge vor der Nachwuchsläuferin Ina Bauer.

Der Weg zur Meisterschaft fordert seinen Tribut, zu dem oft leider auch der Verzicht auf die Freuden einer von Pflichten unbeschwerten Kindheit zählen. Wer Eisprinzessin werden will (oder soll), muß frühzeitig aufs harte Eis. Aufnahme aus den 1960er Jahren (unten).

einen Schaulauf zu ermöglichen. Der Amerikaner pflegte vor seiner Spirale, die einen kolossalen Schwung gehabt haben soll, die Kufen seiner Schlittschuhe in heißes Wasser zu tauchen. Seine Pelzmütze saß so locker, daß sie bei der Schlußpirouette neckisch vom Kopf flog. Nur sauertöpfische Chronisten ärgert die Absicht daran. Der Eislauf, dichtete Klopstock, gebe Freuden, die das Roß muthig im Lauf niemals gab. Ein Pferd hat auch eine dem Menschen vollkommen entgegengesetzte Mentalität. Man erkennt das ganz leicht am Dressurreiten, für das nur sehr wenige Menschen eine Vorliebe haben, das der Veranlagung des Pferdes aber haargenau entspricht: Nicht Stillstand in der Bewegung, sondern Bewegung im Stillstand lieben Hengst und Stute.

Das männliche Exemplar der menschlichen Spezies liebt Knochenbrüche und Blut, das aus den Adern spritzt. Es liebt Eishockey. Ästhetik war dabei nie wichtig. Anfangs sollen gefrorene Roßäpfel die Rolle der Pucks übernommen haben. Die Schläger waren simple Keulen. Heute sind nur ‚unkorrekte Körperangriffe' verboten. Beim ordentlich ausgeführten Bodycheck hat kein Schiedsrichter etwas dagegen, wenn der angegriffene Spieler im hohen Bogen durch die Luft fliegt. Eishockeyspieler brauchen keine Musik, um in Schwung zu kommen. Eiskunstläufer reißt erst die Musik auf das Eis.

Eine der größten Eisläuferinnen der Welt, die Berlinerin Charlotte Oelschlägel, fand ihren ersten Tag im Eispalast in der Lutherstraße ziemlich doof. Da begann die Kapelle zu spielen, die Siebenjährige rief: „Bei die Musike kann ick nich stille sitzen!" und stürzte sich ins Getümmel. Später feierte sie New York und der Rest der Welt. Die Todesspirale wagte sie mit ihrem Mann Curt Neumann als erste. An Meisterschaften nahm sie nicht teil; sie war Profi von Anfang an. Nicht alle Frauen waren auf dem Eis so schnell bereit, sich von Männern den Marsch blasen zu lassen. Maxi Herber, die mit ihrem Partner Ernst Baier in den dreißiger und vierziger Jahren so großen Erfolg hatte, fürchtete bei ihrem Debut, durch die heftigen Bläser des Orchesters könne ihr Gleichgewichtsgefühl irritiert werden.

Wie oft und für wie viele Eisläufer waren die Mühen umsonst? Hier entlädt sich Ina Bauers Enttäuschung in Tränen an der Schulter ihrer ‚Eismutter': sie wurde 1959 in Davos nur Vierte (oben).

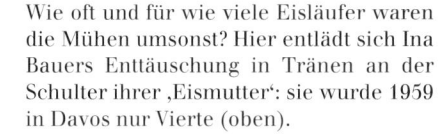

Marika Kilius und Hans-Jürgen Bäumler waren d a s deutsche Traumpaar der frühen sechziger Jahre. Das Publikum in der Halle und vor den Fernsehern hielt den Atem an, wenn sie sich gegen das gefürchtete sowjetische Konkurrentenpaar Ludmilla Belousova/Oleg Protopopow zu behaupten hatten.

Gut ausstaffiert für die Olympiade in Garmisch-Partenkirchen 1936: Teiji Homna, der japanische Eishockeytormann. Er hatte nur zweimal Gelegenheit, seine große Ausrüstung zu zeigen.

Ungern lassen sich Männer auf den direkten Wettstreit mit Frauen ein. Rein versehentlich ließen sie die Engländerin Madge Syers-Cave an den Weltmeisterschaften der Herren 1902 in London teilnehmen. Der Schreck war groß, als sie hinter Ulrich Salchow den zweiten Platz belegte. Schleunigst wurde die Weltmeisterschaft für Damen eingeführt. Nach Madge Syers gewann Lily Kronberger vom Budapester Eislaufverein die Weltmeisterschaft. Eine Pionierin auch sie: Als erste tanzte sie zu Musikbegleitung. Zu diesem Zweck hatte sie sich eine Militärmusikkapelle mitgebracht. Eisläuferinnen wissen sich eben auch stillstehende Gesellschaftsformen für ihre Bewegungen nützlich zu machen. Katarina Witt hatte das Pech, nicht gleich zu merken, daß der Stillstand in Fluß kam. Die Geschichte schritt fort, Kati blieb stehen. Fort auch ihr Freund, der die Erklärung ‚Künstler gegen Honecker' unterschrieben hatte. Gefühle haben weder in der Politik noch im Sport etwas verloren.

Der moderne Eiskunstläufer John Curry verlangt von seinen Choreographen, sie mögen ihm klassische oder moderne Choreographien ohne Handlung und ohne dramatische oder seelische Emotionen liefern. Sie taten es, das Publikum hatte nichts mehr zu entziffern, und könnte John Curry nicht so exzellent laufen, wäre die Idee ein noch größerer Flop geworden. Aber im Grunde hatte er recht. Jeder Amateur weiß sich im Laufe seiner Karriere so vielen Emotionen ausgesetzt, daß er genug hat für ein ganzes Leben. Die Juroren! Die Noten! Das Publikum fühlt, die Jury rechnet. Aus allen Wolken fällt das Publikum, wenn es hört, einer habe sich verrechnet. Da laufen seine Lieblinge in Höchstform, und der parteiische Banause vergibt lumpige Fünf Komma Drei. Fehlentscheidungen sind an der Tagesordnung, schlagen Wunden, die niemals verheilen. Noch heute nagen die Österreicher an dem Preisrichterskandal, der ihre Herma Szabo 1928 in Oslo den Weltmeistertitel kostete und die bienenfleißige Sonja Henie auf den Thron erhob. Herma

Der harte und schnelle Kampf um den Puck führt oft zu einer auch über die Bande reichenden Bedrängnis: Eishockeyspieler und Zuschauer in Stockholm, 1954.

Szabo zog verbittert die Konsequenzen und sich aus dem Geschäft zurück. Blutjung waren die Gewinnerinnen immer. Sonja Henie war 1928 ganze fünfzehn Jahre alt. Wird das eislaufende Kind zur Frau, sind die Folgen katastrophal. Vorher ist der Körper spindelförmig. Eine Spindel rotiert zitterfrei. Mit Busen und Po erinnert die unsicher gewordene Drehung an einen ‚nicht ausgewuchteten Autoreifen', wie ein Sportjournalist rüde und richtig bemerkte. Sollen alle Tränen umsonst gewesen sein? Primadonnen hungern sich freiwillig fast zu Tode. Eisläuferinnen lassen nur traurig die Dreifachsprünge weg, denn spätestens bei der Landung wackeln sie. Sowjetische Eismädchen machten schon zu Zeiten des Kalten Krieges aus ihrem körperlichen Handikap das Beste: Sie waren so tief dekolletiert wie keine westliche Kollegin. Doch der Bonsaiwuchs der Eiskünstlerinnen war stets Anlaß zu frivolen Mutmaßungen: Als Maxi Herber 1935 in New York mit ihrem Partner und mit ihrem Manager im Taxi zum Schaulaufen fuhr, wurden sie von der Polizei aufgehalten: Zwei Männer und ein Kind, das konnte doch nichts anderes als Kidnapping sein.

Am Ende jedes Laufs die Befreiung, die Erlösung von allen irdischen Qualen, die Pirouette, der schnellste vorstellbare Stillstand. Denn dann, endlich, weiß niemand mehr, ob das nun Männchen oder Weibchen ist.

Die Wandmalerei einer Eishockeyszene über dem Kassenhäuschen des Berliner Sportpalastes war vor dem Krieg weithin werbewirksam zu erkennen. Eine wehmütige Reminiszenz an die große Vergangenheit der Eissportveranstaltungen in diesem berühmten Bau vermittelt die Aufnahme von 1945/46. Der Sportpalast wurde 1973 abgerissen.

Selbstbewußtsein strahlt die links abgebildete junge Dame aus - es dürfte nicht leicht gewesen sein, ihr auf den stählernen Fersen zu bleiben. Werbepostkarte der Remscheider Schlittschuhfabrik F.W. Hens aus der Zeit um 1920. Auch das beschwingt sich drehende Paar daneben gibt sich selbstbewußt - auf den Kufen der traditionsreichen Remscheider Schlittschuh- und Rollschuhfabrik David Sieper Söhne (gegründet 1803). Vertreter-Werbekarte aus den Jahren vor dem Ersten Weltkrieg.

DER LETZTE SCHLIFF

Remscheid als Schlittschuhschmiede der Welt

Es gibt wohl kaum einen Erwachsenen, der angesichts einer winters von Kindern glattgeschlitterten Rutschbahn der Versuchung widersteht, - unbeobachtet natürlich - samt Aktenkoffer so richtig Anlauf zu nehmen und für atemlose Augenblicke dem Rausch des Gleitens zu verfallen. Das kleine Abenteuer knüpft an jene Phase der Kindheit an, die meist mit einem ersehnten Geschenk begann: ein Paar Schlittschuhe unter dem Weihnachtsbaum, zwei blinkende, schwer in der Hand liegende Stahlschienen mit angeflanschten Halterungen, die sich nach ein paar Drehungen mit dem beigefügten Vierkantschlüssel um Absatz und Sohle schlossen (und sie oft genug ruinierten). Wo kamen sie her, diese kleinen eisernen Engel, auf deren Flügeln sich Kraft und Wendigkeit in hartem Spiel verbanden oder auch Schwung und Grazie zu scheinbar schwerelosem Traum?

Die Lust, sich aufs Glatteis zu begeben, ist alt. Funde geschliffener Knochen aus Stein- oder Bronzezeit zeugen von bemerkenswert frühen Überlegungen, durch Unterschnallen solcher Hilfsmittel die Auflagefläche der Füße zu verkleinern, den Reibungskoeffizienten zu verringern und somit das Verhältnis von Aufwand und Leistung zu optimieren. Aus späteren Jahrhunderten belegen zahlreiche Werke insbesondere der niederländischen Malerei mit stimmungsvollen Winterszenen das Vergnügen ebenso wie den Nutzen des leichten, schnellen Fortkommens auf schmalen Kufen. Der Anfertigung letzterer widmete man sich mit zunehmender Aufmerksamkeit, wobei sich naturgemäß spezielle Zentren der Erzeugung hochwertiger Schlittschuhe entwickelten.

Die Geschichte der Schlittschuhfabrikation in Deutschland ist eng verknüpft mit Remscheid im Bergischen Land. Sie nahm ihren Anfang mit der ersten Erwähnung einer Schlittschuhherstellung im Jahre 1650 und fand ihren Höhepunkt in dem großen Industrialisierungsschub zwischen 1880 und dem Ersten Weltkrieg, als Remscheid die ‚Schlittschuhschmiede der Welt' wurde. Warum gerade Remscheid? Eigentlich sollte man die Hochburg der Schlittschuhproduktion eher in den nordischen Ländern vermuten, während das Bergische Land nicht eben als Zentrum des Eislaufs zu bezeichnen ist. Und doch hat die Schlittschuhindustrie gerade hier alles gefunden, was sie benötigte: Rohmaterialien, gut entwickelte Produktionsmöglichkeiten und günstige Handelswege. Das hügelige Land mit seinen zahlreichen Flüssen und steten Gefällen bot günstige Voraussetzungen für die Einrichtung unzähliger Wasserhämmer und Schleifkotten, die in den Tälern der Wupper, des Morsbachs und des Eschbachs einen optimalen Standort fanden. Für die heißen Schmiedefeuer gab es in der waldreichen Umgebung genügend

Von oben nach unten:
Verstellbare Schlittschuhe mit Schlüssel, doppelkufige Schlittschuhe und zwei Holländerschlittschuhe. Farbig lavierte Tuschfederzeichnungen, die 1876-78 von Ernst Birgden für das Musterbuch des Remscheider Handelshauses Jacob Grothaus angefertigt wurden. In dem Buch sind in akribischer Präzision - als Ersatz für Originalmuster - Werkzeuge und Geräte von der Feile bis zur Säge und vom Korkenzieher bis zum Waffeleisen festgehalten.

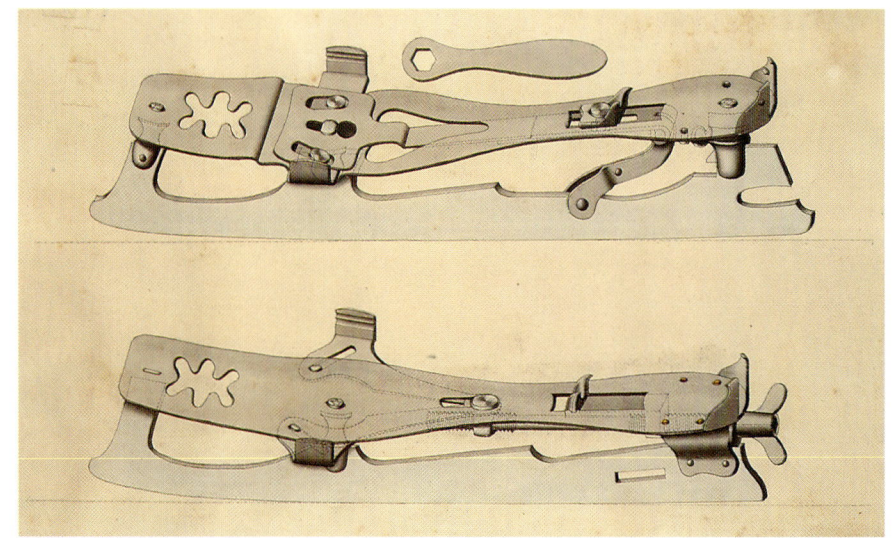

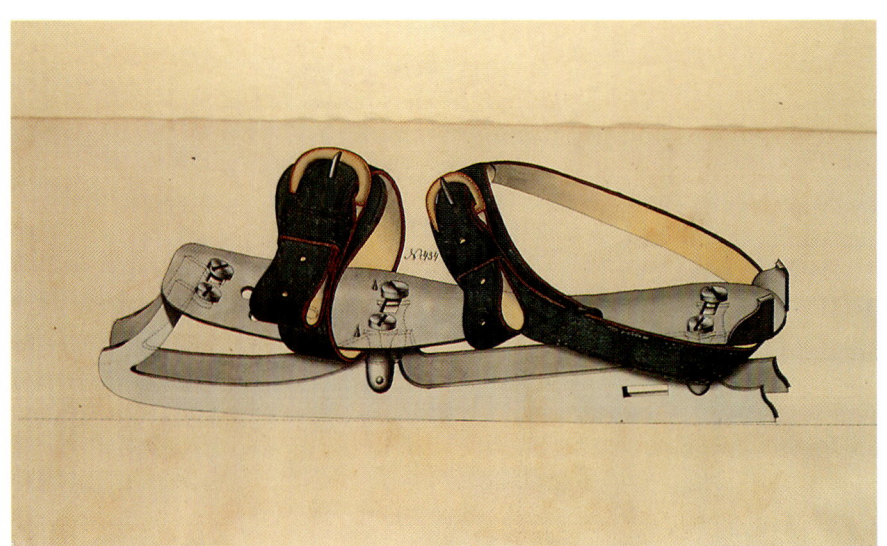

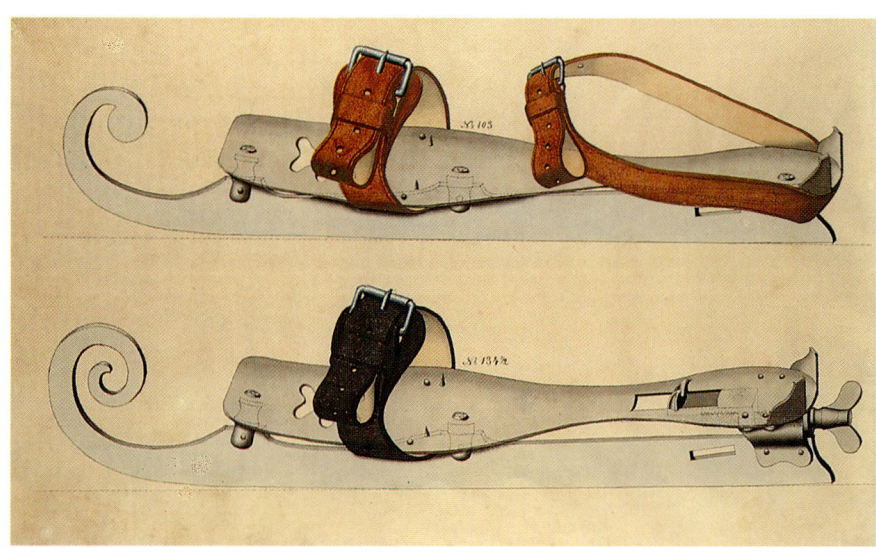

In hoc signo vinces! Der Eisbär wurde 1924 zum Markenzeichen der neu gegründeten Polar-Werke. Sie entstanden durch den Zusammenschluß der drei damals bedeutendsten Remscheider Schlittschuh-Hersteller: Eduard Engels (gegr. 1790), David Sieper Söhne (gegr. 1803) und F.W. Hens (gegr. 1863). Mit der Konzentration versuchte man, der stärker werdenden Konkurrenz und der krisenhaften Entwicklung in den zwanziger Jahren zu begegnen. Die Firma F.W. Hens schied nach kurzer Zeit aus dem Verbund aus.

1 Vgl. A. C. Broere, Schaatsen en schaatsenmakers in de 19e en 20e eeuw. Franekker van Wijnen 1980, S. 31

Brennmaterial. Seit Beginn des 17. Jahrhunderts nutzten Schmiede und Schleifer im Bergischen Land die Wasserkraft, Ende des 18. Jahrhunderts wurden über zwanzig Hammerwerke und Schleifkotten allein im Morsbachgebiet gezählt.

Die bergischen Hammerwerke verarbeiteten zunächst das Rohmaterial der örtlichen Schmelzhütten zu Vor- oder Halbmaterial für die Grob- und Kleinschmiede. Eisen- und Stahlgarben wurden unter den Reck- oder Raffinierhämmern zusammengeschweißt und gereckt und so zu Knüppel- und Stabstahl veredelt. Diesen ausgezeichneten Raffinierstahl benötigte die Schlittschuhfabrikation als Rohmaterial für die Herstellung der Kufen oder Läufe. Er wurde entweder in Remscheid weiterverarbeitet oder auf der ‚Eisenstraße' nach Holland - dem Mutterland des Eislaufs - im Tausch gegen Weidevieh ausgeführt.[1] Die bergischen Kaufleute lernten auf ihren Fernreisen neue Kleinschmiedeartikel kennen und führten sie in die heimische Produktion ein. So hat wohl auch die Produktion der holländischen Schlittschuhe in die Remscheider Kleineisenindustrie Einzug gefunden.

Titelblatt der für eine Wiener Filiale der Schlittschuh-Fabrik von Eduard Engels, Remscheid, herausgegebenen Preisliste für die Saison 1906/1907.

Im Titelbild der Preisliste für 1924 der Schlittschuhfabrik von F.W. Hens in Remscheid-Hasten verbinden sich Stolz auf die industrielle Betriebsamkeit - symbolisiert durch die ansehnliche Fabrik im Hintergrund - mit der Verheißung sportlicher Eleganz auf den Kufen ihrer Produkte.

Die Remscheider Schmiede konnten - und dies war die wesentlichste Voraussetzung für Remscheids Weg zur Schlittschuhmetropole - auf eine lange Tradition in der Schmiedekunst zurückgreifen. Sie hatten dem Sensenhandwerk und der Sichelherstellung bereits im 17. Jahrhundert zu einer Blüte verholfen, als sie lernten, in mühevoller Kleinarbeit die Schneiden der Sensen mit der Hand zu verstählen. Die gleiche Technik wurde anfangs auch für die Verstählung des untersten Teils des Schlittschuhlaufs angewandt. Da ein engherziger Beschluß des Handwerksgerichts 1687 aber die weitere Ausübung der Sensenschmiederei unmöglich machte, verlegten sich die Schmiede auf die Herstellung aller möglichen Kleineisenwaren - unter anderen eben auch auf die der Schlittschuhe.

Zunächst wurden in der Remscheider Kleineisenindustrie Holzschlittschuhe hergestellt, die sogenannten Holländer. Wir kennen sie bereits aus dem 14. Jahrhundert von holländischen Abbildungen. Tatsächlich wurden sie noch bis zum Zweiten Weltkrieg in Remscheid fabriziert. Charakteristisch für ihre Herstellung war die bis in die Zeit der Industrialisierung hineinreichende Arbeitsteilung: Der Kleinschmied des Bergischen Landes erhielt aus den Hammerwerken eine bereits vorgewalzte und verstählte Stange. Er schmiedete daraus den Lauf, feilte, richtete und härtete ihn und brachte ihn in einem Tragekorb auf dem Rücken, dem sogenannten ‚Liewermängken', zu den Schleifkotten in die Täler, wo die Läufe ihren Schliff bekamen.

Bereits 1748/49 wurde der Hohlbahnschliff für die Läufe eingeführt, ein Zeichen des wachen Erfindungsgeistes und steten Verbesserungswillens der Schmiede und Schleifer. Die Schlittschuhholzmacher, die ‚Hölzer', schnitzten die Sohlen aus dem einheimischen Buchenholz, für feinere Modelle verwendeten sie Nußbaum. Mit Hilfe eines Profilhobels zogen sie eine Furche zum Einlegen der Laufschiene. Sie bohrten die Schlitze für die Befestigungsriemen, die Löcher für Absatzschraube und Sohlendorn am hinteren und vorderen Teil der Holzsohle. Dann wurden Holzsohle, Laufschiene und Lederriemen zusammenmontiert und die fertigen Schlittschuhe wieder dem Kleinschmied abgeliefert, der die Ware vertrieb. In der ersten Hälfte des 18. Jahrhunderts ging diese Verbindung von Produktion und Vertrieb verloren. Kommissionäre, Zwischenhändler und Verleger bemächtigten sich des Handels mit Rohstoffen und Endprodukten und konnten nun die Preise und die Arbeitsorganisation diktieren. Dadurch verloren zum Beispiel die Hölzer ihre bisherige Stellung als selbständige Handwerker und wurden zu lohnabhängigen Hausindustriellen.

Nachdem 1804 alle gewerblichen Privilegien und die Zünfte aufgehoben worden waren und 1809 die Gewerbefreiheit eingeführt wurde, erlebte die Remscheider Schlittschuhindustrie ihren ersten Aufschwung. Im Laufe des 19. Jahrhunderts stieg die Zahl der Hölzermacher und der Schmiede stark an; seit den 1840er Jahren kam fast auf jeden Schmied ein Hölzer, ein Zeichen für den großen Umfang der Arbeitsteilung. „In der Regel war die Schlittschuhbranche jener Zeit ein Einmannbetrieb, der höchstens noch einen Gesellen beschäftigte."[2] In dieser Situation, in der die kleinbetriebliche Organisationsform und die Hausindustrie in der Schlittschuhproduktion vorherrschten, trat um 1850 der Ganzmetallschlittschuh auch im Bergischen auf den Plan, der die Produktionsbedingungen grundlegend veränderte.

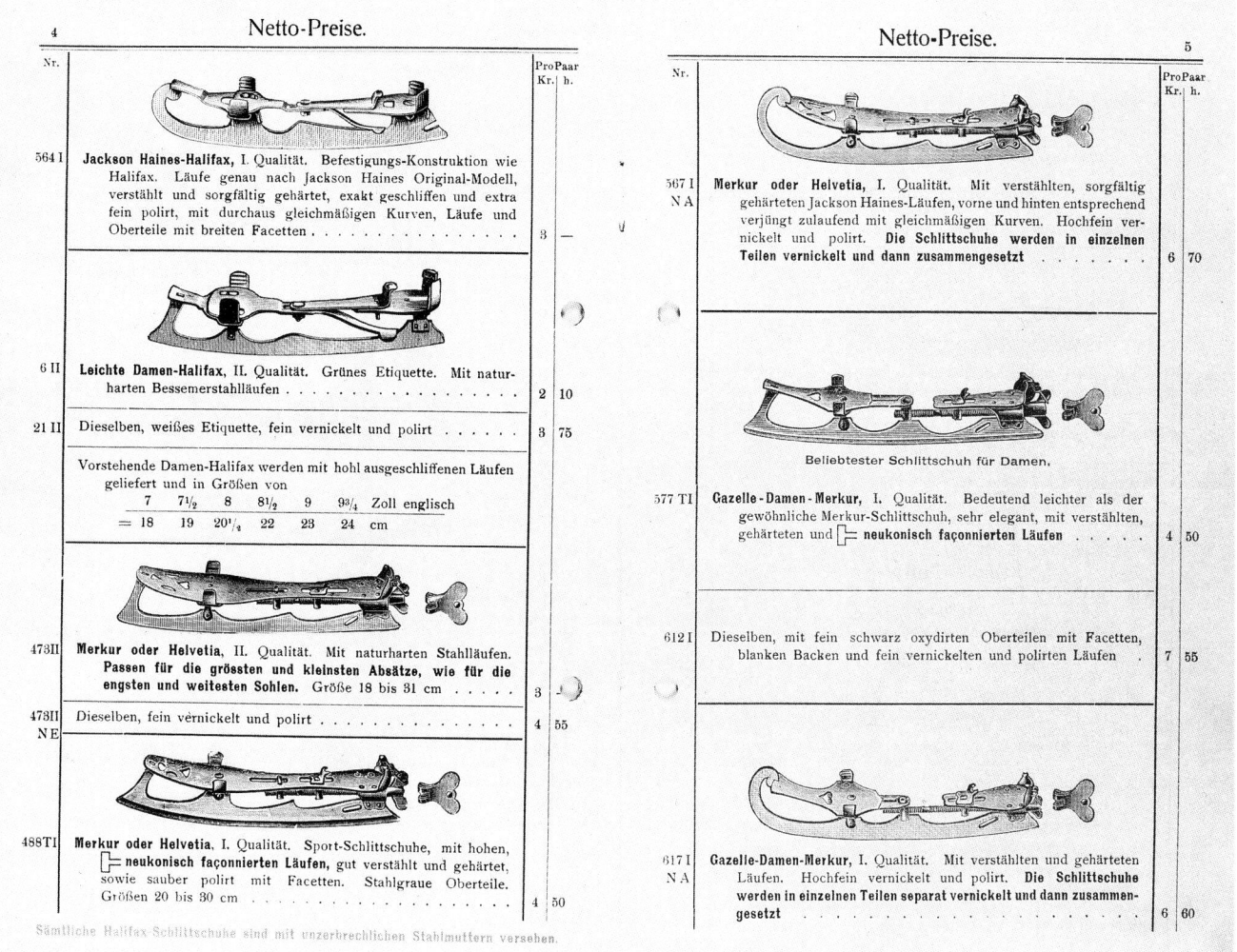

Verschiedentlich wird angenommen, das erste Modell dieser Art sei der ‚New Yorker Clubschlittschuh' gewesen, der 1862 durch einen gewissen Mister Watkins nach Berlin gebracht wurde. Dabei wird jedoch übersehen, daß in England schon seit Beginn des 19. Jahrhunderts Metallschlittschuhe hergestellt und entsprechende Patente bereits 1819 erteilt worden waren. Weite Verbreitung fand der neue Schlittschuhtypus auf dem europäischen Kontinent aber erst seit den sechziger Jahren, als der Eiskunstlauf mehr und mehr in Mode kam. Jackson Haines, einer der ersten amerikanischen Eiskunstläufer, zeigte damals in den europäischen Großstädten seine Figuren, die überall mit großer Begeisterung aufgenommen und nachgeahmt wurden. Das allgemeine Interesse an diesem Sport war geweckt und wuchs in der Folgezeit stetig, noch besonders beschleunigt durch das Aufkommen der künstlichen Eisbahnen seit 1880. Allerdings war auf deren begrenzten Flächen das einfache Geradeaus-Laufen, das sogenannte Holländern, wie es auf den Natureisflächen üblich war, kaum mehr möglich. Das Figurenlaufen bürgerte sich ein. Für die komplizierten Sprünge und Kreise des Eiskunstlaufs taugte der Holzschlittschuh jedoch nicht, da die Riemen das Rutschen des Schlittschuhs nicht verhindern konnten. Gehobene Ansprüche an einen stabilen, bruchsicheren und fest mit dem Fuß verbun-

Auszug aus der Preisliste der Firma Engels von 1906/1907. Unter den Modellen dominierte der Jackson Haines-Halifax-Typ, der die Vorzüge der Hebel-Spannbefestigung des Halifax-Schlittschuhs mit dem verstählten, geschliffenen Lauf des Jackson Haines-Modells verband. Der Halifax-Schlittschuh verschwand nach 1922 aus den Katalogen, an seine Stelle traten die Schraubenschlittschuhe (anfänglich auch ‚Club-Schlittschuhe' genannt).

2 Gerhard Esser, Remscheids Weg zur Schlittschuhschmiede der Welt. Ein bergischer Geschichtsbeitrag zur Entwicklung der Schlittschuhe und des Eislaufs (Beiträge zur Geschichte Remscheids. Hrsg. vom Stadtarchiv Remscheid. Heft 10), Remscheid 1978, S. 75

Trotz der riesigen Stückzahlen, in denen die Schlittschuhe nach Einführung mechanisierter Herstellungsmethoden gefertigt wurden, blieb die Arbeit in den Remscheider Betrieben dem traditionellen, handwerklichen Können des Einzelnen stark verbunden. In der Feinschleiferei (links) beispielsweise wurde noch jeder Lauf einzeln bearbeitet. In der Aufmacherei befestigten Arbeiter die gestanzten Sohlen- und Absatzplatten an den Kufen.

denen Schlittschuh wurden gestellt. Doch diesen präzise und in großen Mengen zu fertigen, ermöglichte erst die Mechanisierung der Produktion im Fabrikbetrieb.

Ausgangspunkt der industriellen Fertigung war die Erfindung des sogenannten Halifaxschlittschuhs, der 1865 in der kanadischen Stadt gleichen Namens von einem Mister Forbes entwickelt wurde. Bei diesem Hebelschlittschuh wurden die verstellbaren Klauen durch einen mit einer Feder verbundenen Hebel an Absatz und Sohle fest angedrückt und verbanden so den Schlittschuh mit dem Schuhwerk nahezu unlösbar. Da alle seine Teile aus Blechen gestanzt wurden, konnte die Herstellung weitgehend maschinell erfolgen. In Remscheid wurden das neue Produkt und seine Fertigungsverfahren schnell und erfolgreich aufgegriffen. Als 1885 das Patent auf Halifaxschlittschuhe in den Vereinigten Staaten ablief, konnten noch im selben Jahr bereits etwa 200.000 Paar aus Remscheid in die USA und nach Kanada exportiert werden.

Die Remscheider Schlittschuhfabrikanten leisteten aber auch wichtige Beiträge zur technischen Weiterentwicklung des Schlittschuhs. Bahnbrechend wirkte hierbei vor allem die Entwicklung des Schraubenschlittschuhs ‚Merkur' durch den Erfinder und Unternehmer Johann Peter Becker Ende der siebziger Jahre. Bei diesem Modell konnten – ähnlich wie bei dem vereinfachten Typ ‚Heros' – durch eine lange Schraube in der Mitte des Schlittschuhs die Klammern vorn und hinten gleichzeitig geschlossen werden. Nach Ablauf des Patentschutzes 1886 kopierten auch andere Remscheider Fabrikanten den vielgefragten Schraubenschlittschuh ‚Merkur', der geradezu zur Grundlage des weiteren Wachstums der lokalen Industrie wurde.

Neue technische Möglichkeiten der industriellen Schlittschuhherstellung eröffneten die Kaltverformung der Stahlbleche und Bandeisen durch die in den 1890er Jahren aufkommenden Pressen und Stanzen. Die Kurbel- oder Exzenterpresse ermöglichte das Ausstanzen von Soh-

lenplatten, Absatzklammern und Läufen und ersetzte so die handwerkliche Warmverformung durch die Schmiede. Walzwerke lieferten nun das Vormaterial und übernahmen auch das Konischwalzen der Schlittschuhläufe. Als einzige handwerkliche Schmiedearbeit verblieb nur noch die Gestaltung des Horns, das je nach Form unter dem Fallhammer mit Hilfe von Gesenken oder - wie zum Beispiel bei der Firma Weigand in Remscheid noch bis zum Zweiten Weltkrieg - frei aus der Hand warm gestaltet wurde.[3] Alle weiteren herkömmlichen Schmiedearbeiten waren jedoch überflüssig geworden. Die „Folge davon war, daß sich die Schlittschuhherstellung immer mehr auf einige kapitalkräftige Großbetriebe konzentrierte. Von den vielen handwerklichen Kleinbetrieben der 1870er und 1880er Jahre konnten sich nur noch Firmen halten, die ihre Betriebe durch neue Fabrikationsmethoden und Maschinen auf Massenherstellung ausbauten und durch kaufmännische Organisation sich ihren Anteil am Bedarf der Welt zu sichern verstanden."[4]

Die Zahl der Remscheider Schlittschuhbetriebe ging allein zwischen 1896 und 1913/14 von 32 auf zwanzig zurück. Unter den 25 Betrieben des Jahres 1901 befanden sich dreizehn kleine Werkstätten mit zwei bis fünf Arbeitern. Die übrigen waren Mittel- und Großbetriebe, die zusammen 637 Personen beschäftigten.[5] Allein die Firma Johann Peter Becker, die bis zum Zweiten Weltkrieg als größte Schlittschuhherstellerin der Welt galt, hatte um die Jahrhundertwende eine Belegschaft von dreihundert Arbeitern, die bei starker Nachfrage sogar kurzfristig auf bis zu 1200 Personen anwachsen konnte. In diesen Zeiten der Hochkonjunktur verließen dann an einem zehnstündigen Arbeitstag bis zu zweitausend Schlittschuhpaare der verschiedensten Modelle die Fabrik.

Zwischen zwei und drei Millionen Paar Schlittschuhe gingen um die Jahrhundertwende aus den Remscheider Produktionsstätten hervor. Über die damaligen Lohnverhältnisse berichtet eine zeitgenössische Studie, daß „der Arbeiter für das Auspressen von 100 Paar 4 Pfg. erhält,

Zwischen den einzelnen Produktionsschritten wurde die Verarbeitung immer wieder geprüft, wie zum Beispiel durch optische Kontrolle der gestanzten Läufe (rechts). Das linke Bild zeigt das Auslegen von Röhren-Hockeyschlittschuhen in der Spritzkabine, in der sie nach dem Vernickeln mit farblosem Lack eingesprüht wurden. Neben der Massenfertigung wurden mitunter auch Sonderwünsche von Abnehmern berücksichtigt und zum Beispiel Szenen aus dem Winterleben in die seitlichen Laufflächen eingraviert. Aufnahmen aus den Polar-Werken Remscheid, 1950.

3 Vgl. Hermann Haedicke, Die Technologie des Eisens. Handbuch für den praktischen Maschinenbau und die Stahlwaren- und Kleineisenindustrie, in: Buch der Erfindungen, Gewerbe und Industrien, Bd. VI., Leipzig 1900, S. 360
4 Gerhard Esser (siehe Anm. 2), S. 107
5 Franz Ziegler, Wesen und Wert kleinindustrieller Arbeit, gekennzeichnet in einer Darstellung der bergischen Kleineisenindustrie, Berlin 1901, S. 381

Titelbild der ‚Schlittschuhliste Nr. 37' (1937) der Polar-Werke Engels & Sieper KG, Remscheid. Nicht nur durch die flotte Aufmachung unterschied sich diese Firmenschrift von früheren Ausgaben. Zahlreiche Modelle für den inzwischen weit verbreiteten Eishockey-Sport ergänzten die traditionelle Produktpalette. Auch verbanden sich in der Werbung der Ruhm von mehrfachen Weltmeistern und Olympiasiegern mit dem ‚ihrer' Marke.

6 Franz Ziegler (siehe Anm. 5), S. 379

und doch kann hierbei ein Arbeiter von 14-16 Jahren leicht zwei Mark am Tage verdienen. Geübte, fleißige Arbeiter erhalten für die Montierung der besseren Sorten im Akkordlohn bis zu zehn Mark und mehr - für den Tag - ein zwar hoher Lohn, aber in anbetracht der bei frostarmen Wintern eintretenden gänzlichen Verdienstlosigkeit nicht zu hoher Lohn."[6] Auch das Fräsen und Lochen der Schlittschuhe wurde im Akkord durchgeführt. Trotz der großen Bedeutung dieser Arbeits- und Entlohnungsform, die üblicherweise die Einstellung minderqualifizierter Arbeitskräfte zur Folge hat, blieb der Anteil der Facharbeiter erstaunlich hoch. Ihr Können bildete letztlich im Verbund mit einer modernen Maschinenausstattung die Grundlage für den Aufstieg Remscheids zur ‚Schlittschuhschmiede der Welt'.

Remscheider Schlittschuhe waren zu einem großen Teil für den Export bestimmt. Sie fanden Absatz vor allem in den frostreichen Gebieten Osteuropas, in Skandinavien und Rußland sowie in Kanada und den USA. Sogar China und der Libanon zählten zu den Käuferländern. Holland hingegen blieb der traditionelle Hauptabnehmer für die in Remscheid auch weiterhin produzierten Holzschlittschuhe. Diese Exporte, die bis zum Jahr 1939 vierzig Prozent der gesamten Produktion ausmachten, waren lebensnotwendig für das oft genug unsichere Schlittschuhgeschäft, das trotz künstlicher Eisbahnen nach wie vor abhängig von kalten Wintern blieb. Schließlich gab es Kunsteisbahnen ja nur in den größeren Städten, sie kosteten Eintritt und standen so nur einem begrenzten Kreis der eissporttreibenden Bevölkerung zur Verfügung. Ein milder Winter bedeutete für das Binnenmarktgeschäft weniger Nachfrage, folglich Umsatzeinbußen, überfüllte Lager und Kurzarbeit im darauffolgenden Frühjahr, manchmal sogar Entlassungen. Um sich dagegen abzusichern, wurden saisonunabhängige Artikel mit in das Produktionsprogramm aufgenommen: Neben gepreßten Massenwarenartikeln - Kistenöffner, Zirkel, Sägensetzer, Schraubendreher oder Kluppenkästen - wurden seit der Jahrhundertwende von einigen Schlittschuhfirmen auch Rollschuhe hergestellt. Auch die 1926 entwickelten, aber erst in den fünfziger Jahren in Mode kommenden Gleitschuhe, für die nur eine dünne Schneedecke benötigt wurde, entsprangen letztlich dem Bedürfnis, gegen die geschäftsschädigenden Launen milder Winter gerüstet zu sein.

Nach 1914 wurde die einstmals marktbeherrschende Stellung der Remscheider Schlittschuhindustrie schwer erschüttert. Durch die beiden Weltkriege erfuhr das Auslandsgeschäft erhebliche Einbußen. Der Export in die Sowjetunion wurde verboten, die USA und Kanada verlangten hohe Schutzzölle für Importe, und nach 1945 fiel der Osthandel gänzlich aus. Zudem entstanden seit den zwanziger Jahren Konkurrenzfirmen in fast allen Ländern. Kanadische, schwedische, englische und tschechische Produkte drängten auf den internationalen wie nationalen Schlittschuhmarkt und drückten die Preise. Infolgedessen ging die Zahl der einschlägigen Remscheider Betriebe von siebzehn im Jahr 1922 auf elf im Jahr 1935 zurück. 1951 gab es in der Stadt nurmehr sechs Hersteller. Trotzdem blieb der Name Remscheid nach wie vor ein Symbol für hochwertige Schlittschuhe. Dies lag vor allem daran, daß die Schlittschuhe der großen Eisstars im Bergischen Land regelrecht maßgeschneidert wurden. So wurde unter anderem mit dem Modell ‚Wien Original - Les Alexander' der Firma F. W. Hens fünfmal die Weltmei-

Telegramm-Schlüssel für Schlittschuh-Bestellungen.

Telegramm-Adresse: **Sieper Söhne Remscheid-Hasten.**

cm	18 cm	19 cm	20 cm	21 cm	22 cm	23 cm	24 cm
Zoll	7 Zoll		7½ Zoll	8 Zoll	8½ Zoll	9 Zoll	
1 Paar	Aachen	Bamberg	Danzig	Eberswalde	Falkenburg	Geldern	Hagen
2 Paar	Adorf	Barmen	Darmstadt	Eilenburg	Fehrbellin	Gera	Halle
3 Paar	Ahaus	Bartenstein	Delitzsch	Einbeck	Filehne	Gladbach	Hamburg
4 Paar	Ahlen	Bautzen	Demmin	Eisenach	Flensburg	Glatz	Hameln
5 Paar	Alfeld	Bayreuth	Dessau	Eisleben	Forbach	Glauchau	Hamm
6 Paar	Altena	Belgrad	Deuben	Elberfeld	Forst	Gleiwitz	Hanau
7 Paar	Alzey	Benrath	Diez	Elbing	Frankenberg	Gmünd	Hannover
8 Paar	Amberg	Berlin	Dillingen	Emden	Frankfurt	Gnesen	Haspe
9 Paar	Anklam	Beuthen	Dirschau	Emmerich	Fraustadt	Goch	Heide
10 Paar	Ansbach	Bielefeld	Döbeln	Ems	Freiberg	Görlitz	Heidelberg
11 Paar	Apolda	Bingen	Dortmund	Erbach	Freising	Göttingen	Heilbronn
12 Paar	Arnstadt	Bocholt	Dresden	Erfurt	Friedberg	Goldap	Herford
15 Paar	Arolsen	Bochum	Driesen	Erlangen	Friedland	Goslar	Herne
20 Paar	Arys	Bonn	Düren	Essen	Friesack	Gotha	Hildes...
25 Paar	Aue	Bremen	Dürkheim	Esslingen	Fritzlar	Graudenz	Hildesheim
30 Paar	Auerbach	Breslau	Düsseldorf	Eupen	Fürth	Greiz	Hof
40 Paar	Augsburg	Brieg	Duisburg	Eutin	Füssen	Grimma	Homburg
50 Paar	Aurich	Burg	Durlach	Eylau	Fulda	Guben	Husum

Telegramm-Adresse: **Sieper Söhne Remscheid-Hasten.**

25 cm	26 cm	27 cm	28 cm	29 cm	30 cm	31 cm	32 cm
9½ Zoll	10 Zoll	10½ Zoll		11 Zoll	11½ Zoll	12 Zoll	12½ Zoll
Kahla	Lahr	Magdeburg	Nakel	Oberhausen	Paderborn	Radeberg	Saalfeld
Kalk	Landau	Mainz	Namslau	Oederan	Pankow	Rastatt	Saarburg
Kamenz	Landsberg	Mannheim	Nauheim	Oels	Papenburg	Rastenburg	Sagan
Cannstatt	Landshut	Marburg	Naumburg	Oelsnitz	Parchim	Rathenow	Sebnitz
Karlsruhe	Lauban	Mayen	Neheim	Offenbach	Pasewalk	Ratibor	Sensburg
Kassel	Leer	Meerane	Neisse	Ohlau	Passau	Rawitsch	Siegburg
Kattowitz	Leipzig	Mehlis	Neumark	Ohligs	Penig	Rees	Soest
Kempten	Lemgo	Meiningen	Neurode	Ohrdruf	Perleberg	Regensburg	Solingen
Kiel	Lennep	Meissen	Neusalz	Oldenburg	Pforzheim	Remscheid	Sonneberg
Kleve	Liegnitz	Memel	Neuss	Oldesloe	Pirmasens	Rendsburg	Sorau
Koblenz	Limbach	Merseburg	Neustadt	Opladen	Pirna	Reutlingen	Speyer
Köln	Linz	Metz	Neuwied	Oppeln	Plauen	Rheydt	Stargard
Kolmar	Lippstadt	Minden	Nienburg	Ortelsburg	Pless	Riesa	Steele
Cottbus	Lissa	Mittweida	Norden	Oschatz	Posen	Rixdorf	Stendal
Krefeld	Löbau	Mülheim	Nordhausen	Osnabrück	Potsdam	Rochlitz	Stettin
Kreuznach	Lübeck	München	Northeim	Osterode	Prenzlau	Rosenheim	Strassburg
Küstrin	Lüneburg	Münster	Nossen	Ostrowo	Pulsnitz	Rostock	Stuttgart
Kulm	Lyck	Myslowitz	Nürnberg	Ottensen	Pyritz	Rudolstadt	Suhl

Jeder Städte-Name nach obigen Angaben bedeutet also gleichzeitig Grösse und Quantum. Die Fluss-Namen auf umstehender Seite bezeichnen die betr. Sorte resp. Nummer der Schlittschuhe.

Bitte wenden!

---

sterschaft im Kunstlaufen gewonnen. Der sechsfache Weltmeister Karli Schäfer entwickelte mit der Firma ‚Polar' sein eigenes Modell, und die Stürmerwerke stellten den Typ ‚Olymic-Crown' nach einem Vorschlag des mehrfachen Weltmeisters und Olympiasiegers Dick Button und seines Trainers Gustav T. Lussi her.

1950 konnten die Remscheider Fabrikanten noch zwanzig Prozent ihrer Produktion exportieren, vor allem nach Holland. Dort wurden sie allerdings ab 1966 von japanischen Herstellern verdrängt, deren Produkte nur halb so teuer waren. Gegen diese Konkurrenz vermochten sich die letzten drei Remscheider Firmen nicht zu behaupten, da sie keine Möglichkeiten sahen, Kosten und Preise durch Rationalisierungs- und Modernisierungsmaßnahmen entscheidend zu senken. Produktionsprobleme bereiteten vermutlich vor allem die Schlittschuhcomplets, die seit den 1970er Jahren an erster Stelle des Modellangebots standen. Die dafür benötigten Stiefel konnten nicht in den mittelständischen Schlittschuhfabriken mit ihren metallverarbeitenden Maschinen hergestellt, sondern mußten angekauft werden. Es gelang jedoch nicht mehr, den qualitativen Sprung in der Modellentwicklung, der sich schon in den fünfziger Jahren angedeutet hatte, nachzuvollziehen. 1988 schloß in Remscheid die letzte Schlittschuhfirma ihre Tore für immer.

Dieser Telegrammschlüssel aus einer Preisliste von 1909 sollte nicht Beihilfe zum Stadt-Land-Fluß-Ratespiel leisten, sondern diente zur Einsparung von Telegrammkosten. In Verbindung mit den für die Schlittschuhsorten anzuwendenden Flußnamen lautete etwa die telegrafische Bestellung für: „Schraubenschlittschuhe No. 21 mit Riemen, 5 Paar à 22 cm, 6 Paar à 24 cm und 4 Paar à 26 cm" nunmehr ganz einfach: „Don Forbach Hanau Landshut". Solche Schlüssel wurden noch bis in die dreißiger Jahre verwendet. (Der hier abgedruckte wäre heute eine kleine gesamtdeutsch-topographische Lernhilfe.)

Hallen-Kunsteisbahn, um 1900. Der Ort ist leider unbekannt. Manche Indizien wie die Darstellung von Pyramiden an den Wänden mögen auf England deuten, wo derartige Bildmotive sehr beliebt waren. Interessant ist, daß die Ausübung des Eissports nicht von den gewohnten winterlich-alpinen Bildern, sondern von solchen Wüstensujets umrahmt wird - vielleicht ein Ausdruck für den Triumph der Technik über klimatische Gegebenheiten.

KUNSTWELTEN

Das stattliche, festlich beflaggte Gebäude am Rande des Brüsseler Bois de la Cambre wartete 1875 mit einer Sensation auf: mit der avantgardistisch anmutenden, gesellschaftlichen Vergnügung des Sommerschlittschuhlaufens. Zum Eintrittspreis von 1½ Franken konnte jeder „unter dem blauen strahlenden Sommerhimmel, umgeben von frischgrünendem Gebüsch und süßduftenden Blumen, die Winterfreude des Schlittschuhlaufens genießen".[1] Man schwebe über eine Asphaltfläche, „welche die Glätte des Eises künstlich nachahmt", das heißt: man fuhr! Denn in Vorwegnahme des späteren Rollschuhsports waren die Schlittschuhe mit Rollen versehen. Die Leipziger ‚Illustrirte Zeitung', die über das neuartige Vergnügen in Brüssel berichtete, bedauerte das Zurückweichen der traditionellen Volksspiele und Volksbelustigungen vor den überzogenen, kosmopolitischen Zerstreuungen: „Man werfe einen Blick aufs Theater, in die Romanliteratur, auf die öffentlichen Belustigungen, überall hascht man nach Neuem und drängt die Menge sich zum Ungewöhnlichen, Außerordentlichen, Sensationellen, überall bekundet sich eine krankhafte Überreizung des Geschmacks. Man hat nur noch Auge und Sinn für Übertreibungen."[2] Das belgische Experiment bewies nur einmal mehr das ausgesprochene Interesse an einer Erweiterung der bis dahin begrenzten Möglichkeiten zum Schlittschuhlaufen. Der zitierte Bericht schloß übrigens mit der Beobachtung, daß Engländer und Engländerinnen die fleißigsten Besucher der Anstalt seien. „Sie behaupten, das Sommerschlittschuhlaufen sei ein probates Mittel gegen den Spleen."

Ein selbst etwas spleenig anmutender Versuch, die naturgegebene Beschränkung dieser Sportart zu überwinden, lag damals bereits über dreißig Jahre zurück und war - in England unternommen worden. In London wurde am 14. Dezember 1841 in der heutigen Marylebone Road das Muster einer ersten Kunsteisbahn vorgestellt und von einigen der besten Schlittschuhläufer Englands ausprobiert. Wenige Wochen zuvor, am 2. November, hatte Henri Kirk ein Patent auf seinen „Ersatz für Eis zum Zwecke des Schlittschuhlaufens und Gleitens"[3] erhalten. Bei dem ‚Kunsteis' handelte es sich jedoch um ein Surrogat. Eine Mixtur, deren Hauptbestandteil Alaun war, wurde zusammen mit Schweineschmalz in einem Kupferkessel erhitzt und anschließend in flache, zwei Zentimeter hohe Formen von je einem Quadratmeter gegossen. Das Schweineschmalz erhöhte den ‚Rutschfaktor' auf der nach dem Abkühlen erhärteten Masse. Aus vielen solcher Platten zusammengesetzt, entstand in dem 1842 eröffneten ‚Glaciarium' eine für jene Zeiten veritable ‚Eis'-bahn. Die Lauffläche, stimmungsvoll umrahmt von gemalten Sze-

Eispaläste,
Freiluftbahnen und
die Mode am Rande

1 Illustrirte Zeitung, Nr. 1676, 14.8.1875
2 Illustrirte Zeitung (siehe Anm. 1)
3 Patent Office, Pat. No. 9134, A Substitute for Ice for Skating and Sliding Purposes, London 1841

Der Holzstich von 1893 zeigt das Eisbahn-Etablissement ‚Nordpol' in Paris, neben dem ‚Palais de Glace' der zweite große Treffpunkt der Gesellschaft auf dem Eis in der Seine-Metropole. Sehr schön erkennt man die gemalten Alpenszenen und die Hütteneinbauten, die eine winterlich gesunde Atmosphäre vermitteln sollten.

nen mit Motiven der Schweizer Bergwelt, maß immerhin vierzig mal neunzig Meter. Doch allzulange hielt der Reiz des Neuen auch bei den eingefleischten Anhängern dieses eleganten Sports nicht an. Das Risiko, bei Stürzen durch eine aufgewühlte, nach Schweineschmalz duftende Masse zu schlittern, lockte nach 1844 keinen mehr in die bei sommerlicher Hitze ohnehin etwas streng riechende Halle.

Auch die nächste, diesmal aber echte Kunsteisbahn sollte in London entstehen. Sie verdankte ihren Ursprung eher dem Zufall. John Gamgee, Professor am Londoner Albert Veterinary College, hatte zur Vermeidung der Einschleppung von Tierseuchen den Import von Gefrierfleisch aus Übersee initiiert und selbst in den Bau von Kühllagerräumen zur Aufnahme der Lieferungen investiert. Als der erste Kühltransport aus Australien infolge technischer Pannen fehlschlug, kam Gamgee auf die Idee, in den nun nutzlosen Räumen eine Eislaufbahn zu gefrieren. Seine Versuche hatten Erfolg. Am 7. Januar 1876 eröffnete er die erste Kunsteisbahn, die diese Bezeichnung wirklich verdiente. Sie trug gleichfalls den Namen ‚Glaciarium', stand jedoch nicht dem breiten Publikum offen. Nur beitragzahlende Mitglieder fanden Zugang in die fünfzehn Meter hohe Halle, auf deren Wänden wiederum schweizerische Alpenszenen dem Läufer winterlich-gesunde Umgebung suggerierten. Wenig später entstanden nach Gamgees Patent weitere große Hallenkunsteisbahnen in Manchester (1877), Southport (1879) und jenseits des Atlantiks im New Yorker Madison Square Garden (1879).

Aber auch diesmal, obwohl den Eisflächen die Qualität natürlichen Eises auf Seen oder Flüssen attestiert wurde, ‚fror' die anfängliche Begeisterung bald ein. Sie erlebte erst gegen Ende des 19. Jahrhunderts eine Wiedergeburt, die gleichsam paneuropäischen Charakter haben sollte. Dazu trug sicher eine Reihe trostlos milder Winter bei, die in den neunziger Jahren die Freunde des Eissportes in Mitteleuropa zur Verzweiflung brachte. Rettung brachten Wissenschaftler und Techniker, die die Möglichkeit künstlich erzeugbarer Kälte zum Postulat der Zeit gemacht und in Ansätzen vorhandene Technologien weiterentwickelt hatten. Selbst wenn ihre Bemühungen zunächst mehr den Bedürfnissen der Brauereien, Schlachthöfe und Markthallen galten, so konnte doch schon bald auch das Vergnügen auf dem Eis unters Dach gebracht und von der Laune des Klimas unabhängig gemacht werden.

1881 entstand als Attraktion der Patent- und Gebrauchsmusterschutz-Ausstellung in Frankfurt am Main nach dem Lindeschen System eine - allerdings nur temporäre - Kunsteisbahn in einer Halle, die der Architekt Wallot mit Blockhausbauten, mächtigen Fahnenträgern und Eisbären geschmückt hatte. 1892 eröffnete Felix Unsöld im Münchner Stadtteil Lehel seine ‚Unsöldsche Eisbahn', die sich bis zu ihrer Zerstörung 1943 großer Beliebtheit erfreuen sollte. Vier Jahre später baute man in Nürnberg im Rahmen der großen Bayerischen Landesgewerbe- und Industrieausstellung die erste öffentliche Kunsteis-Hallenbahn nach dem Lindeschen System im süddeutschen Raum. War ihr Äußeres mit dem flachen Satteldach und Eisenfachwerk eher einfallslos, so konnte man innen den letzten Stand der Technik bestaunen. „Der rechteckigen, 612 qm grossen Lauffläche lag das Doppelbecken-System mit Soleflächenkühlung zugrunde. Dieses besteht aus zwei ineinandergelegten

Plakat für die Kunsteisbahn des Wiener ‚Cottage Eislaufvereins' im XIX. Bezirk in der Hasenauerstr. 4, um 1914. Neben der 1909 eröffneten Engelmannschen Freiluft-Kunsteisbahn entstanden 1912 die des ‚Cottage Eislaufvereins' und 1913 die des ‚Wiener Eislaufvereins'.

Der Pariser ‚Palais de Glace' auf einem Holzstich von 1890. Die über zweitausend Quadratmeter große Eisfläche war von einer breiten Promenade umgeben. Für das ganzjährige Eislaufvergnügen wurde kein Neubau errichtet, sondern die große Anlage der ‚plaza de toros' umgewandelt. Sie lag in der Rue Pergolèze in der Nähe des Place d'Étoile.

Außenansicht des ‚Admiralspalastes' in der Berliner Friedrichstraße, 1912 (oben). Die von fünf mächtigen dorischen Säulen geteilte, mit Reliefplatten reich überzogene Fassade kündete auch zur Straße hin von Exklusivität. Bäder, Kino und Casino ergänzten das Angebot an Zerstreuungsmöglichkeiten. 1922 wurde hier der Eislaufbetrieb endgültig aufgegeben. Heute beherbergt der Bau das Metropoltheater.

Die Fassade des Berliner ‚Eispalastes' in der Lutherstraße 22-24, um 1912 (oben rechts). Dahinter vermutete man nur schwerlich einen riesigen Hallenbau, der die zweitausend Quadratmeter große Eisbahn überspannte. Nach seiner Stillegung im Ersten Weltkrieg wurde der ‚Eispalast' von der ‚Scala-Palast G.m.b.H.' in ein Theater umgewandelt und als ‚die Scala' weltberühmt.

4 Georg Göttsche, Die Kältemaschinen und ihre Anlagen, Hamburg 1912-1915, S. 295 f.

flachen eisernen Becken, von denen das obere die Eisschicht enthält, während durch das untere die kalte Salzsole zirkuliert, sodass der Boden des Eisbeckens allein den Wärmeaustausch zwischen Eis und Sole (-9 bis -10° Cels.) vermittelt."[4] Es sei hier daran erinnert, daß salzhaltige Lösungen bei Minusgraden länger flüssig bleiben, weil ihr Gefrierpunkt tiefer liegt als der des Süßwassers. Obwohl die Nürnberger Bahn mit großem technischen Aufwand betrieben wurde, flaute der Zuspruch nach wenigen Jahren schon wieder ab. 1905 stellte man den Betrieb der Eisbahn ein und nutzte das Gebäude als Stangeneislager der benachbarten Kunsteisfabrik.

Sprach man bei der Unsöldschen und der Nürnberger Eisbahn wegen ihrer kastenförmigen, simplen Fachwerk-Architektur ebenso geringschätzig wie liebevoll vom ‚Schachterl-Eis', so hatte in den großen Metropolen der Welt nahezu gleichzeitig die bis zum Beginn des Ersten Weltkrieges während Ära der pompösen Eispaläste begonnen. In Paris konnte man 1892 in der Rue Clichy im ‚Pôle Nord' über 625 Quadratmeter Eislauffläche gleiten, ein Jahr später im ‚Palais de Glace' (900 Quadratmeter), dem übrigens einer der Väter der modernen Plakatkunst, der Franzose Jules Cheret, einen beträchtlichen Teil seines Œuvres widmen sollte. 1894 entstand in San Francisco eine Halle mit 900 Quadratmetern Eisfläche, in Baltimore die der ‚Arctic Skating Co.' mit 1500 Quadratmetern. 1895 eröffneten der ‚Prince's Skating Club' und ‚Hengeler's Circus' in London, wo man noch im selben Jahr auch in den Weiten der ‚Niagara Hall' auf einer Eisbahn nach Unsöldschem Patent seine Kreise ziehen konnte. 1896 annoncierte Brüssel die Eröffnung des ‚Le Pôle du Nord'. Jenseits des Großen Teiches entwickelte sich der Sport auf dem Kunsteis gleichfalls schnell zur Liebhaberei. Die größten Kunsteisbahnen fanden sich jedoch nicht in den USA, sondern in Kanada, das einer unheilbaren ‚Eishockey-Sucht' verfiel.

Das Eisfieber erreichte nach der Jahrhundertwende auch Berlin, wo mit dem ‚Eispalast' in der Lutherstraße (1908), dem ‚Admiralspalast' in der Friedrichstraße (1909) und dem ‚Sportpalast' (1910) in der Potsdamer Straße in kurzer Zeit gleich drei Schlittschuh-Arenen ihre Tore öffneten. Der ‚Sportpalast' entsprach einmal mehr dem Berliner Hang

zum Superlativ, denn mit seiner 2510 Quadratmeter großen Eisfläche hatte er die größte Halleneisbahn Europas (der ‚Eispalast' brachte es auf 1900, der ‚Admiralspalast' auf 1000 Quadratmeter). In allen großen Eislaufpalästen umgaben Promenaden und Galerien die zentrale Eislauffläche, schmückten animierende alpine Winterszenen die Wände. Verschwenderisch ausgestattete Restaurants, Salons und Umkleideräume boten Möglichkeiten der Kommunikation und Erholung, so daß die Eispaläste sich zumindest für kurze Zeit zu neuen Zentren des ‚mondainen' gesellschaftlichen Lebens entwickelten. Genau dies war das erklärte Ziel ihrer Betreiber, die in den hohen, üppig dekorierten Hallen nicht nur eine Manifestation des Eissports sahen, sondern „Institute für gesellschaftliche Zusammenkünfte der großen Welt, welche auch während des Tages einige Stunden anregend verplaudern, welche ‚Körper-Kultur' in ihrer höchsten Ausbildung treiben, einem ‚verfeinerten Sport' huldigen und die endlich die ‚wissenschaftlich genehmigte Hygiene' in der angenehmsten Umgebung und nach methodisch erprobten Formen betreiben will", wie ein Prospekt des Berliner ‚Eispalastes' 1908 verhieß.

Dem Glatteis lag eine verborgene Technik zugrunde, die in kurzer Zeit ausreifte und Verbreitung in aller Welt fand. Von dem bereits erwähnten Doppelbeckensystem war man sehr bald abgekommen, weil die nötigen Riesenwannen ebenso kosten- wie energieintensiv waren. Statt dessen verlegte man für die kühlende Sole sogenannte Endlosrohre, die parallel und im Abstand von neun bis zehn Zentimetern das gesamte Areal der späteren Eislauffläche überzogen. Ihre Gesamtlänge erreichte im Falle der Sportpalast-Eisbahn rund zwanzig Kilometer. Anfänglich setzte man die Bahnrohre selbst bis zu zehn Zentimeter unter Wasser, das durch den direkten Kontakt mit den kalten Soleleitungen gefror. Später ging man dazu über, die Rohre in eine Betonschicht einzubetten, auf der dann nur eine zwei bis drei Zentimeter hohe Wasserschicht zu gefrieren war, was eine große Energieeinsparung bedeutete.

Herz der Kunsteisbahnen war jeweils das Maschinenhaus, in dem beeindruckende Ensembles von Dampfmaschinen, Kälteaggregaten und Solepumpen für zwei stabile Kreisläufe sorgten: für den des Kälte-

Innenansicht des ‚Eispalastes', um 1908 (Postkarte). Die weite Eisfläche war für den Aufenthalt von bis zu eineinhalbtausend Personen berechnet, die Galerien und Restaurationsräume konnten noch einmal doppelt soviel Menschen aufnehmen. Damit zählte der ‚Eispalast' - für kurze Zeit - zu den Berliner Großveranstaltungshäusern.

Von Victor Mignot stammt dieses Plakat für den ‚Le Pôle Nord', den 1896 eröffneten Brüsseler Eislaufpalast in der Rue Grétry. Es warb für die Möglichkeit eines zivilisierten Freizeitvergnügens für die ganze Familie.

Der Holzstich von 1908 gibt ein stimmungsvolles Bild von der Gesellschaft auf dem Eis des Pariser ‚Palais de Glace' (unten). Dem Anschein nach haben sich hier nur die besseren Kreise dieses eigentlich demokratischen Freizeitvergnügens erfreuen können. Es wird wohl am Eintrittspreis gelegen haben.

Modevorschläge der ‚Illustrirten Zeitung' vom 20. Dezember 1900: links ein „Eislaufcostüm aus braunem Atlastuch mit Sealskin-Jäckchen, rechts ein Costüm aus pfauenblauem Tuch mit Chinchillabesatz, der dem ganzen Anzug erst das richtige winterliche Gepräge gibt und auch in einfacher Ausführung sehr gut aussieht".

Jules Cheret (1836-1932) zählte neben Henry de Toulouse-Lautrec zu den Revolutionären der Plakatkunst im letzten Jahrzehnt des 19. Jahrhunderts. Sie schufen mit der gleichgewichtigen Komposition von Text und Bild einen neuen Stil der Illustration. 1893 bis 1896 entwarf Cheret eine Reihe von Blättern für den ‚Palais de Glace', zu denen auch das hier abgebildete aus dem Jahre 1893 zählt.

Christian Wild, Plakat für die ‚Künstliche Eisbahn der ‚Gesellschaft für Linde's Eismaschinen' auf der Bayerischen Landesausstellung in Nürnberg 1896. Diese Kunsteisbahn war die erste öffentliche, nach dem Lindeschen System gebaute Anlage in Deutschland.

mittels zur Kühlung der Sole und für den der Sole zur Aufrechterhaltung der Eisfläche. Eine Darstellung aus dem Jahr 1937 macht den komplexen Vorgang des Wärmeaustausches zur Kälteerzeugung vielleicht etwas begreiflicher: „Das Ammoniak, das Kälte enthält, hat das Bestreben, seine Minusgrade nach außen durch die Rohre abzustoßen. Es ‚sehnt sich' nach Erwärmung und Verflüssigung. Nun erschreckt die Sole, kühlt sich ab und läuft schnatternd vor Kälte durch unterirdische Gänge in ein zweites Rohrsystem, das in einer Betonschicht liegt. Diese Schicht ist das Parkett der Stars auf Schlittschuhen."[5]

Der Betriebsaufwand war infolge der unterschiedlichen Anforderungen beträchtlich. Die Oberfläche des Eises mußte so kalt sein, daß das Niederschlagswasser sofort gefror. Andererseits sollte die Raumtemperatur etwa achtzehn Grad betragen, um Nebelbildung zu verhindern und einen angenehmen Aufenthalt auf den die Eisbahn umgebenden Galerien zu ermöglichen. Da sich beispielsweise im ‚Sportpalast' auf Galerien und in den angrenzenden Galerien bis zu zehntausend Personen aufhalten konnten, war mit einer beträchtlichen Hitzeentwicklung zu rechnen, zu der die vielen Lampen noch das ihrige beitrugen. Die ständigen Temperaturprobleme mit der Eisbahn wurden noch vermehrt durch eine ‚Gefahr', die dem komplizierten Kältehaushalt von den Eisläuferinnen drohte: „Ein nicht zu vergessender Umstand bei der Projektierung von Kunsteisbahnen ist, daß das weibliche Geschlecht auf der Eisfläche bei weitem überwiegt. Hier liegt die Schwierigkeit. Das schöne Geschlecht erzeugt einen weit größeren Wärmebetrag, der durch die Form der üblichen weiblichen Kleidung direkt gegen die Eisoberfläche gedrückt wird; ... sowie jedoch der weibliche Teil der Läufer sich plötzlich stark vergrößert, ist es beinah unmöglich, ein oberflächliches Schmelzen des Eises zu verhüten."[6] Gegen die verschiedenen Wärmeeinwirkungen halfen nur erhöhte Leistungen der Kältemaschinen, was wiederum die Betriebskosten in die Höhe trieb. Und die

Innenansicht der ‚Unsöldschen Eisbahn' in München, um 1900 (Postkarte). Der Kältetechniker und Ingenieur Felix Unsöld baute 1892 in der Galeriestraße eine Eisfabrik und zugleich eine kleine Eisbahn in gedeckter Halle, die von den Münchnern zärtlich ‚Schachterleis' genannt wurde. Sie blieb über ihre Zerstörung im Oktober 1943 hinaus ungemein beliebt, denn nach dem Zweiten Weltkrieg wurde sie als Freiluftbahn weiter in Betrieb gehalten.

Finanzlage der Eispaläste bereitete ohnehin Kopfzerbrechen: „Wohl jede Grossstadt möchte eine solche Kunsteisbahn besitzen, aber sowohl die Anschaffungskosten als auch die der Unterhaltung sind sehr grosse, zumal wenn dieselben in palastartigen Gebäuden mit übertriebenem Luxus eingerichtet werden, für die die Verzinsung allein schon enorme Einnahmen voraussetzt. Dieses grundfalsche Prinzip führte denn auch bei vielen solchen ‚Eispalästen' zu einem finanziellen Mißerfolg, der in Berlin besonders krass hervortrat."[7] Zwar war den meisten Hallenkunsteisbahnen zur besseren Ausnutzung der Kälteleistungen noch eine kommerzielle Eisfabrikation angeschlossen, doch mußten die großen Häuser spätestens nach Ausbruch des Ersten Weltkrieges wegen mangelnder Rentabilität schließen. In Berlin gelangten ‚Eispalast' und ‚Admiralspalast' übrigens später als Varietétheater zu Weltruhm, während der ‚Sportpalast' in den zwanziger Jahren mit einer modernen Kälteanlage ausgerüstet wurde und bis in die Nachkriegszeit Schauplatz zahlreicher großer Eissportveranstaltungen wurde.

Daß die pompösen Eispaläste eher extravagante Zentren gesellschaftlichen Lebens als eines gesundheitsfördernden Breitensports waren, rief schon zu Zeiten ihres Bestehens Kritik hervor. „Einerseits trug hierzu die wenig angenehme Konsistenz der Eisfläche, andererseits das

Bemerkenswert modern mutet das Innere der Linde-Kunsteisbahn an, die 1896 anläßlich der Landesgewerbeausstellung in Nürnberg gebaut wurde. Trotz der aufwendigen Technik, mit der die Anlage betrieben wurde, mußte sie 1905 wegen mangelnden Zuspruchs schließen. Sie wurde danach als Lager für die benachbarte Stangeneisfabrik genutzt.

5 Der Angriff, Berlin, Ausgabe vom 24.10.1937
6 Zeitschrift für die gesamte Eis- und Kälteindustrie, Jg. 1916, Bd. XVIII, S. 187
7 Göttsche (siehe Anm. 4), S. 293

Porzellanfigur einer Schlittschuhläuferin, hergestellt 1911 von der Königlichen Porzellanmanufaktur in Berlin. Der noch vom Jugendstil geprägte Entwurf stammte von Hermann Hubatsch. Solche Darstellungen von sportlichen jungen Frauen galten als besondere Neuerung im Figurenprogramm der KPM.

Lina von Schauroth, Plakat für die ‚Eisbahn Festhalle Frankfurt a M.', um 1911.

Modeaufnahme für den harten Sport auf glattem Eis, 1908. Ungewöhnlich erscheint dem Betrachter auch heute noch, daß der Eishockeyschläger damals von zarter Hand geführt wurde. Wer wollte hier einem Bodycheck aus dem Weg gehen?

Erich Wohlfahrt, Plakat für die ‚Westend Eisbahn' am Kaiserdamm in Berlin, 1913.

Empfinden bei, in einem Raume dem Sport obliegen zu müssen, in dem durch die große Kälte der Eisfläche und durch die künstliche Heizung eine sehr ungleichmäßige Einwirkung von Kälte und Wärme auf den Körper stattfindet. Schließlich geht der große Vorteil des Schlittschuhsportes als gesundes Lungentraining im geschlossenen Raume mit Tabaksrauch und wenig Lufterneuerung verloren."[8] So richtete man bereits vor dem Ersten Weltkrieg ein Augenmerk darauf, die Ausübung des Schlittschuhsports auf die angestammte Jahreszeit zu beschränken und die neuen technischen Möglichkeiten lediglich dafür zu nutzen, die von November bis März währende Saison durch den Bau von Kunsteisbahnen im Freien zu sichern.

Künstlich angelegte Freilufteisbahnen waren an sich nichts Neues. Schon seit längerem galt das Überbrausen von Tennisplätzen oder gewalzten Rasenflächen in strengen Wintern als probates Mittel für die Einrichtung von Eisbahnen. Vielerorts ließ man solche Stätten alljährlich in frostigen Zeiten mit Wasserschichten überziehen, auf denen nach Gefrieren jeder seine Kreise ziehen konnte. Doch nur allzu oft wurde das Vergnügen geschmälert, wenn die erhoffte winterliche Kälte nur kurz anhielt oder ganz ausblieb. Es war also kein Wunder, daß man angesichts des bislang auf dem Gebiet der Kälteerzeugung Erreichten das Ideal des Eislaufs anstrebte, nämlich „in freier Luft auch in milden Wintern in ausgiebiger Weise das Eislaufen pflegen zu können".[9]

Bahnbrecher im wahrsten Sinne des Wortes war der Wiener Eduard Engelmann, dessen am 10. November 1909 eröffnete Eislaufbahn bis heute in Betrieb ist. Stolz vermerkte die 1959/60 zum 50jährigen Jubiläum erstellte Festschrift: „Es ist das Verdienst des Wiener Oberbaurats Ing. Eduard Engelmann - des Kunstlauf-Europameisters der Jahre 1892 bis 1894 und Begründers einer ganzen Dynastie von Weltmeistern -, daß es ihm gelang, eine Kunsteisbahn im Freien herzustellen. Engelmann hatte nicht nur als erster den Gedanken gehabt, eine solche zu schaffen, er führte ihn auch zielstrebig fort und wurde so der Schöpfer der ersten Freiluft-Kunsteisbahn. Bereits 1896 war sein Entwurf fertig. Die meisten Eiskältemaschinenfabriken hielten sein Projekt damals für undurchführbar. Engelmann setzte sich jedoch mit ganzer Kraft für seine Idee ein, und mit Hilfe eines Vereins, dessen Ehrenpräsident der damalige Wiener Vizebürgermeister Hierhammer war, ging er an die Ausführung. Die Augsburger Maschinenfabrik L.A. Riedinger lieferte die Kälteanlage, das Röhrenwalzwerk Witkowitz das 11 Kilometer lange Schlangenrohrsystem. Am 10. November 1909 konnte die erste Freiluft-Kunsteisbahn, die heute noch nach ihrem Schöpfer ‚Engelmann' heißt, in Wien-Hernals eröffnet werden. Schon 1912 kamen allein in Wien zwei weitere Freiluft-Eisbahnen, die des ‚Cottage-Eislaufvereines' und die des ‚Wiener Eislaufvereines', dazu. Dies bedeutete den Durchbruch der Idee der Kunsteisbahn in alle Welt."[10]

Die Wiener hatten mit der Engelmannschen Freiluft-Kunsteisbahn aus der Not eine Tugend gemacht, denn die hohen Herstellungs- und Betriebskosten fester Eispaläste hatten ansässige Unternehmer abgeschreckt. Zu Recht, wie ein 1927 zwischen dem Berliner ‚Eispalast' und der Wiener Engelmann-Eisbahn angestellter Rentabilitätsvergleich beweisen sollte. Belief sich der finanzielle Aufwand in Berlin durch die Gebäude- und Maschinenkosten auf 2120 Reichsmark pro Quadratmeter Eislauffläche, so waren es in Wien nur 70 Reichsmark.[11] Mit solchen

---

8 Hermann Löffler, Die Wiener Freiluft-Kunsteisbahn, in: Eis- und Kälte-Industrie, Bd.XII, 1910, S. 187-190
9 Löffler (siehe Anm. 9), S. 187
10 Heinz Polednik, Sport und Spiel auf dem Eis, Wels 1979, S. 83 f. Siehe auch Die erste Freiluft-Kunsteisbahn der Welt, in: Eis- und Kälte-Industrie, Nr. 1, 1932, S. 1-6, sowie Ludwig Gassner (Hrsg.), Kunsteisbahn Engelmann. Erste Freiluft-Kunsteisbahn der Welt. Festschrift zum 50jährigen Bestehen, Wien 1959
11 Gabor Hollerung, Freiluftkunsteisbahnen und deren Rentabilität, in: Die Kälte-Industrie, XXVII. Jg., Heft 4, Hamburg 1930, S. 37

Blick auf das dichte Soleleitungsnetz für die Eisbahn im Berliner ‚Sportpalast', 1936. Die erste Phase des Eislaufbetriebs dauerte nur von 1910 bis 1912. Erst 1925 reaktivierte man den ‚Sportpalast' für Eissportveranstaltungen. Damals wurde die kältetechnische Anlage von der Firma Borsig komplett erneuert.

Entfernen des Eises im Berliner ‚Sportpalast', 1930. Die Halle wurde in raschem Wechsel auch zu anderen Veranstaltungen genutzt. Berühmtheit erlangten die Sechs-Tage-Rennen des Fahrradsports, Boxkämpfe und Varietédarbietungen; berüchtigt wurden die politischen Versammlungen der Nationalsozialisten. In allen Fällen deckte man das Rohrsystem nach Abtauen der Eisbahn mit einem Holzboden ab.

Titelblatt einer Eislaufbroschüre aus den zwanziger Jahren.

12 Carl Wächtler, Die wirtschaftliche und nationale Bedeutung von Freiluft-Kunsteisbahnen, Typoskript, Berlin 1933, S. 3
13 Wächtler (siehe Anm. 12), S. 5
14 Wächtler (siehe Anm. 12), S. 4
15 Peter Seuffert, Freiluft-Kunsteisbahn in Nürnberg, in: 8-Uhr-Blatt, 25.3.1933

Rechnungen und der dringenden Forderung nach Unabhängigkeit von winterlicher Witterungswillkür artikulierte sich in den dreißiger Jahren eine regelrechte Bewegung mit der Devise: „Schafft Freiluft-Kunsteisbahnen!"

In Deutschland nutzten die Nationalsozialisten in jenen Jahren auch diese Bewegung propagandistisch aus. Anlaß war die Feststellung, daß es in Deutschland im Gegensatz zum Ausland nur eine einzige Freiluft-Kunsteisbahn (Berlin-Friedrichshain) gab. So forderte man 1933, in einem ‚Sofort-Programm' und einem anschließenden ‚Vierjahres-Programm' flächendeckend den Bau von insgesamt siebzig Freiluft-Kunsteisbahnen in Angriff zu nehmen.[12] Dahinter stand auch die Absicht, mit den dazu nötigen Arbeitsbeschaffungsmaßnahmen den volkswirtschaftlichen Aufschwung zu fördern, denn alle Lieferungen sollten ohne Ausnahme der deutschen Industrie und dem deutschen Handwerk zur Ausführung übertragen werden. Weitere Begründungen lagen darin, dem Ausland mit prosperierenden Schlittschuh-, Schuh- und Textilfabriken zu imponieren und zugleich bei Sportkämpfen das „vollkommen veränderte neue Deutschland und den neuen Geist seiner Menschen"[13] vorzuführen. Neben der erwarteten Rentabilität sollten die geplanten Eisbahnen dabei helfen, die Standes- und Klassengegensätze zu überwinden und selbst auf dem Eis ein politisches Klassenziel zu erreichen: „Es gibt wohl kaum eine Sportart, von der man sagen kann, dass bei allen Beteiligten die Seelen so gleichgeschaltet sind."[14]

1933 wurden auch in Nürnberg die ersten Pläne zur Errichtung einer Freiluft-Kunsteisbahn publiziert. Sie sollte im ehemaligen Cramer-Klett-Park an Stelle einer bereits seit Jahren dringend notwendigen, aber nie verwirklichten Stadthalle eingerichtet werden. Wie andernorts stand hier die Idee der Förderung der Volksgesundheit im Vordergrund. „Unter vielen Projekten, die in den letzten Jahren für Deutsche Städte ausgearbeitet wurden, liegt auch eines für Nürnberg vor. Gerade für unsere Heimatstadt dürften die Voraussetzungen für eine solche Bahn ganz besonders gute sein, denn wir haben hier nicht wie in München die Konkurrenz des Skilaufs zu fürchten, der für unsere überwiegende Arbeiterbevölkerung doch mit zu großen Kosten verknüpft ist und für

Die erste künstliche Freiluft-Kunsteisbahn Berlins entstand in den zwanziger Jahren im Bezirk Friedrichshain. Sie fand, wie die Abbildung aus dem Jahr 1937 zeigt, regen Zuspruch.

den auch die günstigen Schneeverhältnisse fehlen."[15] Tatsächlich wurde erst im Olympiajahr 1936 das ‚Linde-Stadion' in der Äußeren Bayreuther Straße eingeweiht. Nach dem Krieg manövrierte es stets am Rande des wirtschaftlichen Abgrunds. Im kalten Sommer des Jahres 1967 versuchte man, neue Kundschaft durch den gleichzeitigen Betrieb von Schwimmbad und Eisbahn zu gewinnen. Da das Wasser, das sich bei Kühlung der Eisbahnaggregate erwärmte, ins Schwimmbecken geleitet wurde, erhielt Nürnberg gleichzeitig sein erstes geheiztes Schwimmbad mit einer Wassertemperatur von 22 Grad. Unter dem Titel ‚Mit Schlittschuh und Bikini' konnte man einer Linde-Firmenmitteilung entnehmen: "Den Sportbegeisterten war die Möglichkeit gegeben, sozusagen von der Eisbahn ins Wasser zu springen. Bademeister Fick, der lange Zeit einsam die frische, kühle Luft im Linde-Bad genossen hatte, warnte jedoch: ‚Mit Schlittschuhen lasse ich keinen ins Wasser.'" Seit 1985 der Pachtvertrag auslief, wird dort ein Freizeit-Sportpark mit Gastronomie betrieben. Die Sommer-Eisbahn jedoch ist längst passé.

Wie wechselvoll auch immer die Geschichte der Kunsteisbahnen verlief, Tatsache bleibt, daß sie in jedem eine persönliche Affinität erweckten, der einmal dort auf Kufen seine Kreise zog. Nicht umsonst ist beispielsweise vielen Münchnern noch heute das ‚Schachterleis' ebenso ein feststehender Begriff wie das nach wie vor existierende Prinzregentenstadion. Hier, wie in den Eisarenen anderer Städte, herrschte unbeschwerte Geselligkeit. Man konnte neuen ‚G'spusis' hinterherjagen und sich die heimliche Sehnsucht erfüllen, Partner oder Partnerin in wirbelnder Fahrt ebenso kraftvoll wie innig zu umfassen. Der Reiz erhöhte sich noch, wenn abends Lichtspiele veranstaltet wurden und schwungvolle Musik die wogende Menge in tänzerischen Reigen das Oval umkreisen ließ. Da bot sich auch Gelegenheit, in modischer Kleidung am Rande der Eisbahn und zugleich im Mittelpunkt des Publikumsinteresses zu stehen.

Wie man auszusehen hatte, darüber informierte schon 1825 ein über diese Sportart aufklärendes Buch den Enthusiasten: "Der zweckmäßigste Anzug für den Schrittschuhfahrer würde unstreitig das treffliche, nicht zu enge ungarische Nationalkostüm: eine niedere Mütze, Dollmann oder Pelz, lange Hose und kurze die Wade nicht pressende Halbstiefel, aus dem Grunde seyn, weil diese Kleidung überall nur der Körperform folgt, die schöne Linie des guten Geschmacks zwischen dem zu viel und zu wenig am richtigsten trifft, und gar keinen entbehrlichen oder lästigen Überfluß durch unnütze Flügel und Fahnen - also die möglichst wenig äußere Oberfläche bildet und eben dadurch das Durchschneiden durch die uns allenthalben umgebende, oft entgegenströmende Luft am wenigsten hindert. ... So wie der Reisende, der Jäger, der Soldat, eine Jagdtasche oder dergleichen mit sich trägt, worin er die nothwendigsten Bedürfnisse zur Hand hat, so könnte auch der Eisläufer ein kleines Behältnis von länglicher Köcherform, in Leder oder Saffian gearbeitet, an einem ganz kurzen Band über die Schulter hängen, worin Schrittschuh, ein Messer, etwas Band oder Schnur für den Nothfall, einige Erfrischungen auf eine geschickte Art geordnet." Weniger ausschweifend hingegen sollten sich die Damen herausputzen, um durch die sportliche Betätigung nicht unkontrolliert optische Freizügigkeiten zu bieten. So vermerkte der Chronist weiter: "Da sie jedoch ... nur bei der ersten und zweiten Elementar-Uebung bleiben, und selten oder gar

Titelblatt einer Eislaufbroschüre aus den dreißiger Jahren. Die dringende Forderung nach Unabhängigkeit von winterlicher Witterungswillkür artikulierte sich in den dreißiger Jahren in einer regelrechte Bewegung mit der Devise: „Schafft Freiluft-Kunsteisbahnen!"

Freiluftbahn in Berlin-Neukölln, 1956. Endlos – im wahrsten Sinne des Wortes – waren die für moderne Kunsteisbahnen verlegten Rohre, die von der kühlenden Sole durchflossen wurden. Ihre Gesamtlänge erreichte leicht bis zu zwanzig Kilometer. Sie wurden anschließend in eine schützende, dünne Betonschicht gebettet, auf der nur eine dünne Wasserschicht zu gefrieren war.

nicht auf die dritte übergehen werden, so ist es gar nicht nöthig eine vom Gewöhnlichen stark abweichende weibliche Kleidung für die Eisbahn vorzuschlagen."[16]

In der Folgezeit versuchten die Herren unverändert im schmucken Husarenrock mit engen Trikothosen eine gute Figur auf dem Eise zu machen – ein Aufzug, der von dem in den 1860er Jahren als berühmtester Eiskunstläufer geltenden Amerikaner Jackson Haines eingeführt und lediglich durch die feschen Stulpenstiefel ergänzt worden war. Für die Frauen auf dem Eis schien sich unterdessen ein neues, weites Feld für kreative Modeschöpfungen zu öffnen. Sie konnten 1896 lesen: „Es empfiehlt sich für Damen im Kleiderschnitt die größte Einfachheit. Leichte Pelzkappe, das Kleid glatt, ganz ohne Faltenwurf, kurz, bis an die Knöchel reichend und leicht mit Pelz verbrämt. Ein Kleid mit vielen Falten sieht beim Eislaufen sehr häßlich aus. Ein langes Kleid ist direct gefährlich. ... Geht es schon nicht ohne das schreckliche Mieder, dann wenigstens das elastische und durchlässige aus den Niederlagen der Prof. Dr. Jäger'schen Normartikel. [Was wird diese Schleichwerbung wohl gekostet haben?] Das Mieder benimmt alle Gelenkigkeit und Geschmeidigkeit und ist meist die Ursache, dass viele Eisläuferinnen so geringe Fortschritte in ihrer Kunst machen. Jedenfalls trage man eine eigene und möglichst einheitliche Eiskleidung. Das ist dann auch das billigste, und wenn es Haus-, Ball- und Reitkleider etc. gibt, warum nicht auch Eiskleider?"[17]

Die Gesellschaftsspalten anderer Zeitschriften vertraten wiederum die Auffassung, daß selbst auf der Eisbahn nicht gespart werden sollte. So hieß es 1900 in einer Rubrik Mode/Neue Eislaufkostüme: „Fig.1 zeigt ein hübsches, jugendliches Costüm aus blauem Tuch mit Chinchillabesatz, der in einer schmalen Bordüre um den Rock läuft und das verrundete, nicht zu kurze Bolerojäckchen um den Rand und den doppelten Pelerinenkragen einfaßt. Auch die engen Ärmel schließen unten über

Eiskunstläufer in einem Husarenkostüm, das den Uniformen der alten österreichisch-ungarischen Armee nachempfunden ist. Photographie von Alfred Eisenstaedt, Arosa/Schweiz 1932.

Schützende Sonnensegel über der Freiluft-Kunsteisbahn Engelmann in Wien, 1931. Oberbaurat Eduard Engelmann hatte als erster den Gedanken in die Tat umgesetzt, eine Kunsteisbahn unter freiem Himmel zu bauen. Bereits 1896 war sein Entwurf fertig. Da man das Projekt anfänglich für nicht durchführbar hielt, konnte die Bahn erst 1909 eröffnet werden.

den kurzen Sammtpuffen mit einem Chinchillastreifen ab; der umgeschlagene Stehkragen ist von dunkelblauem Sammt, ebenso die lange, durch zwei Stahlknöpfe geschlossene Weste, die oben durch einen Latz von blauer, in Quersäumchen genähter Seide ergänzt wird. Den dunkelblauen Sammthut garnieren Straußfedern, die durch eine Sammtrosette mit Straßagraffe gehalten werden."[18]

Die glanzvollen Roben jener Gesellschaft auf dem Eis sind längst verschwunden, wenn auch weniger wegen der zitierten Erwärmungsgefahr, die den Bahnen der Eispaläste von schleifenden Damenröcken drohte, sondern eher wegen der allgemeinen Entwicklung des winterlichen Breitensports. Egal, ob infolge der Emanzipation oder einfach des Gebots der Zweckmäßigkeit: fortan zog man für das Vergnügen auf dem Eis an, was warm und praktisch war. Daran hat sich bis heute nichts geändert. Von Strumpfhosen und Jeans zu Pullover, Parka und Steppjacke ist alles erlaubt, und so bieten Winterszenen mit Eisläufern nach wie vor ein buntes Bild. Während die meisten Spiel- und Sportarten unserer Freizeitgesellschaft nur noch in besonders ‚designten' und entsprechend teuren Outfits gepflegt werden dürfen, was stets eine modische Uniformität nach sich zieht, braucht's für die Lust am Kalten nach wie vor ganz einfach - warme Sachen.

Neben vielen anderen modernen Vergnügungen wie etwa einer Bootsfahrt auf dem ‚eisernen See', dessen sich hebende und senkende Platten Wellengeschaukel suggerierten, bot der Berliner Lunapark am Halensee auch im Sommer die Extravaganz des Eislaufs auf einer Kunsteisbahn. Die Aufnahme stammt aus den dreißiger Jahren.

16 Christian Siegmund Zindel, Der Eislauf oder das Schrittschuhfahren. Ein Taschenbuch für Jung und Alt. Mit Gedichten von Klopstock, Göthe, Cramer, Krummacher und Kupfern von J.A. Klein, Nürnberg 1825, S. 41-44
17 Robert Holletschek, Kunstfertigkeit im Eislaufen. Fünfte, umgearb. und verm. Auflage, Troppau 1896, S. 5 ff.
18 Illustrirte Zeitung, Nr. 2999, 20.12.1900

Medhermeneutik: Erwärmungsplätze, 1988.
Kühlschrank, Mappen, zweiteiliges Bild; 200 x 245 cm.
Galerie Krings-Ernst, Köln.

DER KÜHLSCHRANK IN DER KUNST

München 1986: ‚Das Automobil in der Kunst'; Wien 1987: ‚Die Eisenbahn in der Kunst'; Kaiserslautern 1989: ‚Fußball in der Kunst'; schließlich auch ‚Der Hund in der Kunst' (R. Rosenblum, 1989): Im 20. Jahrhundert, insbesondere in dessen zweiter Hälfte, genießen ikonographisch ausgerichtete Sondierungen des historischen wie gegenwärtigen Kunstwerkfundus steigende Beliebtheit innerhalb des Methodenrepertoires von Ausstellungsmachern, kunstgeschichtlichen Systematikern und Zeitgeistexegeten. Nun also noch ‚Der Kühlschrank in der Kunst' - ein Desiderat.

Allerdings konnten die verschiedenen Vorläuferprojekte für sich in Anspruch nehmen, es bei ihren Themenstellungen mit Gegenständen der offenen Sympathie, wenn nicht gar Faszination eines breiten Publikums zu tun zu haben - ein Popularitätsbonus, der dem unauffälligen Gebrauchsobjekt Kühlschrank nur schwer zuzubilligen sein dürfte: Wer könnte mit solch schlichtem Möbel gegen technische Mythen oder nationale Lieblingsspielzeuge konkurrieren, wer es mit den Inhalten von Kindheitsträumen oder den Zielen emotionaler Zuwendung auf eine Stufe stellen!

Eingegliedert in die uniforme Phalanx der Einbauküchenelemente, kann der Kühlschrank geradezu als Vergegenständlichung eines verbreiteten Bedürfnisses nach Angepaßtheit gelten: Symbol des gesellschaftlichen Trends zum Übersehenseinwollen. Konzentriert auf seine Nutzanwendung, ist dieses Massenprodukt von der Innovationswut des Industriedesigns weitgehend verschont geblieben: ein funktionaler Gegenstand, an dem der Zwang zur permanenten warenästhetischen Gestalttransformation nahezu spurlos vorübergegangen ist. Der weiße Kubus von minimalistischen Formeigenschaften (allenfalls Türgriff und Firmenschild unterbrechen die Öde seiner in der Warenwelt unübertroffenen visuellen Sensationslosigkeit) entbehrt jeder sinnlichen Attraktivität.

Doch der Kühlschrank hat's in sich. Seiner kolossalen ästhetischen Unerheblichkeit zum Trotz ist er seit 1960 zum Instrument einer Kunst geworden, die in den Phänomenen industrieller Alltagskultur Symptome für die gesamtgesellschaftliche Bewußtseinslage zu entdecken sucht. Sein unspektakuläres Äußeres hat nicht verhindert, daß der banale Behälter über seine Inhalte zu einem aussagekräftigen Sinnbild von beträchtlicher sozialer, politischer und kultureller Signifikanz avanciert ist.

Beim Versuch, Methoden und Intentionen im künstlerischen Umgang mit dieser zivilisatorischen Selbstverständlichkeit zu inventarisieren,

Eine Inventur

Jean Tinguely: Le Frigo, 1960. 110 x 80 x 50 cm. Privatsammlung Schweiz.

Bertrand Lavier: Westinghouse, 1981. Sammlung S. und J. Brolly, Paris.

zeigt sich, daß die Bandbreite der Zugriffsmöglichkeiten sich auf die Aktualisierung dreier unterschiedlich orientierter, gelegentlich einander überlagernder Darstellungskonventionen beschränkt: die Reaktivierung einer in die erste Jahrhunderthälfte zurückverweisenden Form des Wirklichkeitsbezuges - das Readymade; der Beitrag zu einer inhaltlich auf den Stand der technischen Entwicklung gebrachten traditionellen Bildgattung - das Interieur; die Neuformulierung eines überkommenen kunsthistorischen Topos - die Füllhorn-Ikonographie.

Das abgetaute Readymade

Entgegen einer verbreiteten Kritikermeinung, das Objet trouvé habe die Subversionskraft seiner Antikunst-Attitüde bereits mit dem Dadaismus erschöpft, führen die von Künstlern während der zweiten Hälfte des 20. Jahrhunderts in die Terra incognita des bürgerlichen Alltags unternommenen Expeditionen zu Resultaten, unter denen das Fundstück Kühlschrank eine prominente Position einnimmt.

Als Stichdatum für die Verwendung des Kühlschranks in einem künstlerischen Aussagesystem, das sich Fragmenten der Wirklichkeit bedient, um Aufschlüsse über die Konventionen dieser Realität wie derjenigen der Kunst zu erhalten, muß 1960 gelten, jenes Jahr, in dem unter anderen Jean Tinguely sich in ironischem Mißbrauch angestammter Funktionen über die glänzende Herkunft seiner Sperrmülltrouvaille hinwegsetzt und sie mit neuen Inhalten zu neuem Leben erweckt. Selbst Schrott, beherbergt ‚Le Frigo'[1] eine Kollektion des Materials, über das der Apparatebastler immer wieder das sogenannte Maschinenzeitalter in seinem charakteristischen Spagat zwischen Funktionieren und Versagen, Effektivität und Leerlauf, Nutzen und Selbstzweck mit eigenen Mitteln bloßstellt. Der Blick, mit dem sich dieser Entsorger von Wirklichkeitsabfall für den Kühlschrank erwärmt, entdeckt gerade in dessen abgehaftertem Zustand die Rohmasse für eine alternative Technik. Vollgeräumt mit einer Mechanik aus Metallgestängen und -federn, Holz- und Eisenrädern darf die entlassene Küchenhilfe ihre stumm dienende Existenzweise aufgeben und sich artikulieren: „Wenn der Schrank geschlossen ist, hört man ein sprödes Klingeln der Spieldosen im unteren Fach der Tür. Wenn der Schrank geöffnet wird, ertönt ein Gebrüll."[2]

Der Kühlschrank also als röhrender Hirsch der Objektkunst: Entbunden von seiner Verpflichtung zur Konservierung eines künstlichen Klimas, wird das technische Nutzgerät lauthals zum Symbolträger jener kulturellen und ökonomischen Klimazonen, denen es entstammt. Emanzipiert von der Leine der Elektrizität dient es als Mittel provozierender Ansprache. Beim Umzug von der Küche ins Museum, vom Reich der Hausfrau in das der Musen, wandelt sich der unreflektiert benutzte Gegenstand zum Medium der Reflexion. Mit der Kontextänderung geht eine Gebrauchswertänderung einher: Die Ware wird zum Kunstwerk, um als solche jedoch sogleich wieder zur Ware zu werden. Und mit der Änderung seiner ontologischen Verfassung kippt der Kühlschrank von einem kalten Medium (im Sinne seiner Zweckbestimmung) in ein heißes (im Sinne Marshall McLuhans), von einem Instrument praktischer Handhabung in eines der visuellen Demonstration.

In dieselbe Richtung untergräbt H. P. Alvermann - kurz bevor er seine künstlerische Tätigkeit zugunsten des direkten politischen Engagements in der APO aufgibt - das Vertrauen in ein erwartungsgemäßes Funktionieren. In seinen skulpturalen Attacken gegen die neuralgischen Punkte der bürgerlichen Gesellschaft bedient auch er sich des Kühlschranks zur Subversion, indem er seinem ‚Neckermann'-Modell die Gemütlichkeit dadurch austreibt, daß er es zum Hamsterheim aufmöbelt: „My home is my castle" (1965). Bei seinem Ziel, die Abfallprodukte der Wegwerfgesellschaft zur „Vivisektion der Verhältnisse" einzusetzen,[3] sieht er auch den bewahrenden Apparat als Katalysator eines kritischen Bewußtseins gegenüber jener Zivilisation, als deren Paradigma er gelten soll. Wie bei Tinguely zielt bei Alvermann das Provokationspotential des künstlerisch umfunktionierten Containers mitten in die Vertrautheit der häuslichen Einrichtung, in die zufriedene Sattheit der warenproduzierenden und -konsumierenden Gesellschaft.

Ins Konzeptuelle weist dagegen der Zugriff Bertrand Laviers, der sich während der achtziger Jahre wiederholt den Kühlschrank als Objet trouvé im Rahmen des für seine Arbeit relevanten Schlüsselbegriffs der ‚Überdeckung' (‚recouvrement') nutzbar macht. Die Werkserie beginnt 1981 mit ‚Westinghouse', als er in ironischer Anspielung auf die traditionelle mimetische Funktion der Kunst das Verhältnis von Abbild und Abgebildetem thematisiert und einen Kühlschrank malt, indem er einen ebensolchen mit einer dicken weißen Farbschicht (in „einer Van Goghschen Handschrift")[4] bemalt. Nachdem ihm die Malerei als Kunst der Oberfläche auf diese Weise angemessen bewältigt scheint, wendet er sich der Bildhauerei als einer anderen Form der „Überdeckung eines Objektes durch ein anderes" zu. Ausgehend von der Beobachtung, „daß zwei vertraute, gewissermaßen klischeehafte Gegenstände, wenn man sie aufeinandersetzt, in eine andere, ebenfalls vertraute Bedeutungswelt eintreten",[5] bringt Lavier Kühlschränke in immer neue Kombinationen mit artfremden oder verwandten Objekten: mit einem Safe (‚Brandt/ Haffner', 1984; ‚Brandt/ Fichet-Bauche', 1985; ‚Sital/ Empire', 1986), einer Pflugschar (‚H/ Zanussi', 1988), einem Gesteinsbrocken (‚Beaunotte/ Nevada', 1989). In seinem Überdeckungsprinzip rücken die Kühlschränke in komplexe Spannungsverhältnisse zu den ihnen aufgezwungenen Bezugsobjekten. Berührt werden damit formale Relationen wie die von Sockel und Skulptur („Ein richtiger Kühlschrank stellt einen Sockel dar und wird zugleich ein solcher, ein wirkliches Pflugeisen stellt eine Skulptur dar und wird zugleich eine solche."[6]), von Exponat und Kontext, gleichzeitig aber wird die Konfrontation der disparaten Assoziationsfelder als Erkenntnismittel benutzt, um ein Bündel sozialer Bezüge zur Anschauung zu bringen. In der Situation des provozierten Dialogs kann das Readymade als Instrument zur Befragung der Kunst und ihrer gesellschaftlichen Rolle eingesetzt werden. Zur Diskussion stehen das Verhältnis von Kunstwerk und Museum, von Kunstproduktion und Kommerz, aber auch von Kultur und Natur, von Armut und Überfluß ...

Daß also die ihrem Funktionszusammenhang entrissene Alltagsbanalität nichtsdestoweniger geeignet ist, vielschichtige künstlerische Fragestellungen an Philosophie, Literatur, Ökonomie und Politik zu formulieren, demonstriert auch die Installation ‚Zeitmalzeit', die Gero Gries 1990 im Berliner ‚Laden für Nichts' eingerichtet hat und in der das Kühlschrank-Design als Metapher historischer Entwicklung sowie zur Thematisierung des Zusammenhangs von Form und Zeit genutzt wird.[7]

H.P. Alvermann: My home is my castle, 1965. 84 x 60 x 65 cm. Im Besitz des Künstlers.

1 „Im Supermarkt-Französisch wird das Wort ‚frigo' nicht nur für ‚Tiefkühltruhe' oder ‚Gefrierkammer' benutzt, sondern auch, mit einem Anflug von Geringschätzigkeit, für Gefrierfleisch. ‚Dr. Frigo' ist der Spitzname, unter dem ich hier allgemein bekannt bin." Eric Ambler, Doktor Frigo, Zürich 1979, S. 17
2 K. G. Pontus Hultén, Jean Tinguely. ‚Méta', Berlin 1972, S. 192. Für Hultén zeigt Tinguelys alternative Technologie „die ständige Verwandlung, der alle Dinge ausgesetzt sind, wenn sie nicht bis auf -273 gefroren werden" (Hultén, S. 37).
3 Vgl. H. P. Alvermann, Erklärung über mich, in Katalog: H. P. Alvermann. Objekte 1954-1966, Kunst- und Museumsverein Wuppertal, 1970, o. S.
4 Katalog: Aktuelle Kunst Europas. Sammlung Centre Pompidou, Deichtorhallen Hamburg, 1990, S. 56
5 Aktuelle Kunst Europas (siehe Anm. 4)
6 Xavier Douroux, Zu den Werken von Lavier in der Ausstellung, in Katalog: Liberté & Egalité. Freiheit und Gleichheit.
7 Zur Deutung der Installation vgl. die Interpretation von Thomas Wulffen in: Flash Art, Nr. 154 (Okt. 1990), S. 160 f.

Gruppe Leifsgade 22: The Edge Project, 1987. Installation in der Ausstellung Künstlergruppen zeigen Gruppenkunstwerke, Gesamthochschule Kassel, Halle K18.

Gero Gries: Zeitmalzeit, 1990. Laden für Nichts, Berlin.

Andy Warhol: Icebox, 1960. Öl, Tusche, Bleistift auf Leinwand; 170,2 x 134,9 cm. The Menil Collection, Houston.

Peter Saul: Icebox, 1960. Öl auf Leinwand: 173,2 x 148,5 cm. Frumkin/Adams Gallery, New York.

Martin Gostner: Effi Briest, 1989. 85 x 213,5 x 213,5 cm. Im Besitz des Künstlers.

Aber auch zum visuellen Literaturkommentar eignet sich das prosaische Haushaltsgerät, wenn es bei Martin Gostners Paraphrase zu Theodor Fontanes ‚Effi Briest' (1989) im Spannungsbogen zwischen Sinnvorgabe und aktueller Ausdeutung die psychologische Zwangslage gesellschaftlich geforderter Affektkontrolle reproduziert: „Woran scheitert man denn im Leben überhaupt? Immer nur an der Wärme", lautet die Bezugspassage in Fontanes Roman.[8] Auf einem Stück Küchenfußbodenbelag - einer Art flachem Sockel für sein mit gelber Wäscheleine eingeschnürtes Readymade - führt Gostner das Drama von emotionaler Erwärmung und sozialer Kälte mit modernen Requisiten auf: „Da der Kühlschrank nicht geöffnet werden kann und damit die Zufuhr von Wärme ausgeschlossen ist, garantiert dies - was die Kälteproduktion anbelangt - sein optimales Funktionieren. Vergleichen läßt sich ein derartiger Zustand ... mit der aufgrund von gesellschaftlichen Fesseln zur gefühlsmäßigen Unterkühlung gezwungenen Effi Briest."[9]

Und zum Vehikel des politischen Diskurses[10] wird der Kühlschrank unter anderem durch konzeptionelle Einbindung in eine Installation wie ‚Erwärmungsplätze' (1988) der Moskauer Künstlergruppe ‚Medhermeneutik' (Pavel Pepperstejn, Jurij Lejderman, Sergej Anufriev), die sich spezialisiert „auf die Parodie des offiziösen Diagnose-, Illustrations- und Kommentierungskultes im sowjetischen Kulturalltag ... . Ihre grotesk und neodadaistisch wirkenden Synthesen aus Readymades und Texten führen die traditionelle, darstellende Funktion der Kunst ad absurdum",[11] erläutert Peter Gorsen die Arbeit der Gruppe. „Gleich nach seiner Eroberung wurde Grönland in Dominosteine unterteilt", besagt der Text des Bildhintergrundes, und die Künstler verlauten dazu in einem pseudoinformativen Kommentar: „Die Gitter des Kühlschranks, deren Funktion Durchlässigkeit ist, können im Falle eines ‚Durchsickerns', ‚Faulens' der im Kühlschrank enthaltenen Texte von Nutzen sein ..., die Türen des Kühlschranks sind geöffnet, die Texte werden ‚aufgetaut' und ‚fließen' folglich ...".[12]

Die Signifikanz der kälteproduzierenden Apparatur bleibt aber auch dann noch wirksam, wenn im Zuge der künstlerischen Adaption das apparative Innere von seiner industriell gefertigten Erscheinungsform entkleidet und das wesentliche Funktionselement offengelegt wird. Wie die symbolische Potenz des Alltagsgegenstands in der bloßen Kühlschlange als Metapher emotionaler Erstarrung, letaler Atmosphäre und Endzeitlichkeit kulminiert, beweist als prominentes Beispiel die Rauminstallation ‚Gefrierfleischtruhe' (1984) von Joseph Beuys: „Vor zwei langen, schmalen, grau gestrichenen Kisten, auf denen ein Krummstab aus poliertem Eisen liegt", beschreibt Heiner Bastian das Environment, „hat Beuys ein Kühlaggregat gestellt und davor eine Rinne, die mit Fett gefüllt ist. Von der Decke hängen alte, hohe Winterschuhe aus Filz mit Lederkappen, ein loses Filzknäuel, daneben ein Holzstock mit einem Knochenring. An der Wand hinter den Kisten ist ein Filzkeil befestigt, und neben dem Kühlaggregat liegt eine teilweise mit Filz ummantelte Lampe auf dem Boden. Ein Elektroaggregat, das einst die Kühlvorrichtung versorgt hat, steht neben den Kisten ... . Der Name des Werkes spricht von Kälte, von Trostlosigkeit und letzter Verwahrung, von einem Ende wie ein Epitaph."[13] Wenn also Beuys hier im Rahmen der für sein Gesamtwerk zentralen Energie-Thematik das Kühlaggregat einsetzt, macht er sich dessen außerhalb des Kunstkontexts erwachsene Asso-

---

8 Theodor Fontane, Effi Briest, Frankfurt/ Berlin/ Wien 1975, S. 28. Zu dem der Installation beigegebenen Text von Thomas Kling siehe Katalog: 60 Tage Österreichisches Museum des 21. Jahrhunderts, Hochschule für angewandte Kunst Wien, 1989, S. 36.
9 Heinz Schütz, á la Bibliothek, in: Kunstforum international, Bd. 111 (Jan./ Febr. 1991), S. 336. Zum Verhältnis von Kühlschrank, Psychologie und Literatur siehe auch Buzz Spectors Objekt ‚Freeze Freud' (1990; 203 x 232 x 76 cm). „Spector has taken the collected works of Freud, frozen them in a block of ice and placed them in a working glass freezer. Many possible meanings are engendered by Spector's act of subversion, but I prefer to think that his intention was to put the chill on Freud's libidinous theories of human motivation." (Mark Levy, Freezing Freud and other Nasty Games, in: Art International, 4 (1990), S. 66

ziationskraft für die lebensfeindliche Dimension seines Environments zunutze: Die Mechanik der künstlichen Kälte evoziert den Kälteschlaf der Gefühle, die im Eis verkrampfte Lebensenergie führt zum stillgelegten Menschen.

Unter dem Energie-Aspekt kann schließlich sogar ganz auf die materielle Präsenz des Kühlgeräts verzichtet werden: Die Visualisierung von Kälte mitsamt ihrer Konnotationskette bedarf nicht mehr der Sperrmüllästhetik des Readymades, sondern kann auf elegantere Weise vorgetragen werden - über ihr Gegenteil. Um Kälte als unsichtbare Objekteigenschaft optisch zugänglich zu machen, bedient sich Stephan Reusse bei seiner ‚Thermovision' (1989) eines aufwendigen technischen Verfahrens, das unter anderem in der Medizin zur Lokalisierung von Wärmequellen oder -verlusten zum Einsatz kommt: Der Thermograph erzeugt Bilder, die nicht die äußere Erscheinung eines Gegenstands reproduzieren, sondern sich aus dessen Wärmeabstrahlungen konstituieren. Das Kühlgerät, das zur Erfüllung seiner Aufgabe der Energiezufuhr bedarf und daher Wärme abgibt, rückt über sein Pendant in den Bereich der Sichtbarkeit, entmaterialisiert zur „imaginären Skulptur" (Reusse), wahrnehmbar nur mittels einer Technik, die dort abbildet, wo die Kälte in ihr Gegenteil umschlägt. „Gleichzeitig besitzen die Bilder eine Bewegung, man weiß um das allmähliche Erkalten und damit Verschwinden des Gegenstandes, womit ein surreales Moment auftaucht, das vor allem im Film- und Fernsehgenre vorkommt. Und so sind die achtzehn Fernseher, die dastehen wie eine spiegelnde Medienwand, eben auch keine Fernseher, sondern Kühlboxen, Kästen mit einem eiskalten Inneren, zu dessen Produktion sie Wärme brauchen, die wiederum nur im kalten Blau sichtbar wird",[14] - Visionen vom Verschwinden des Readymades in den eisigen Abgründen der elektronischen Medien.

Im Reich der Hausfrau

Die Inanspruchnahmen der bildenden Kunst bestätigen den kulturellen Stellenwert des Kühlschrankes nicht nur dort, wo sie ihn isolieren, exponieren und ihm die unterschiedlichsten, mehr oder weniger gewaltsamen Gestaltwandlungen abnötigen, sondern auch dann, wenn sie ihn zurückstellen in seine häusliche Umgebung und ihm seine originäre Funktion belassen. Als unentbehrlich gewordene Requisite zivilisierter Lebensumstände kommt das Küchenmöbel überall da ins Blickfeld, wo es Künstlern darum geht, eine zeitgenössische Interieur-Situation glaubhaft zu machen, zu ironisieren, kritisch zu reflektieren oder als Klischeevorstellung zu denunzieren. Verwiesen auf ihren tatsächlichen Verwendungszweck, dient die kalte Kiste im Kontext privater Szenarios den verschiedensten Abbildungsverfahren als Transporthilfe des sozialen Kommentars, als Demonstrationsobjekt für die Stereotypen alltäglicher Lebensumstände und als Ansatzpunkt zur Verunsicherung selbstverständlich gewordenen Konsumverhaltens.

Daß damit eines der Hauptanliegen der Pop Art - jener „deep-frozenvariation des Happenings" (Alvermann) - formuliert ist, belegt eine Reihe collagierter Küchenstücke von Tom Wesselmann: ‚Interior Nr. 3' (1964), ‚Drawing for Interior Nr. 3' (1964), ‚Interior Nr. 4' (1964), ‚Still Life Nr. 30' (1963). In diesen menschenverlassenen Produktinszenierungen nehmen im Ensemble anderer Versatzstücke aus dem privaten

10 Vgl. auch den Einsatz des Kühlschranks im Environment ‚Österreich Zimmer' von Jan van Buygens, Kulturhaus Graz 1982. Vgl. Katalog: Peter Weibel. Inszenierte Kunst Geschichte, Österreichisches Museum für angewandte Kunst Wien, 1989, S. 130

11 Peter Gorsen, Ironischer Aufbruch zu einer Weltkunst, in: Frankfurter Allgemeine Zeitung, 6.12.1989

12 Pavel V. Pepperstejn/ Jurij Lejdermann, Äpfel im Schnee, in Katalog: Moskau - Wien - New York, Wiener Festwochen 1989, S. 94

13 Heiner Bastian, Joseph Beuys. Skulpturen und Objekte, München 1988, S. 312

14 Christoph Blase, Das Verschwinden der imaginären Skulptur im kalten Blau, in Katalog: Dem Herkules zu Füßen, Museum Fridericianum Kassel, 1989, S. 38

Tom Wesselmann: Interieur Nr. 4, 1965. Assemblage; 167 x 138 x 29 cm. Suermondt-Ludwig-Museum Aachen, Sammlung Ludwig.

Alex Colville: Refrigerator, 1977. Acryl auf Leinwand; 120 x 74 cm. Privatsammlung Kanada.

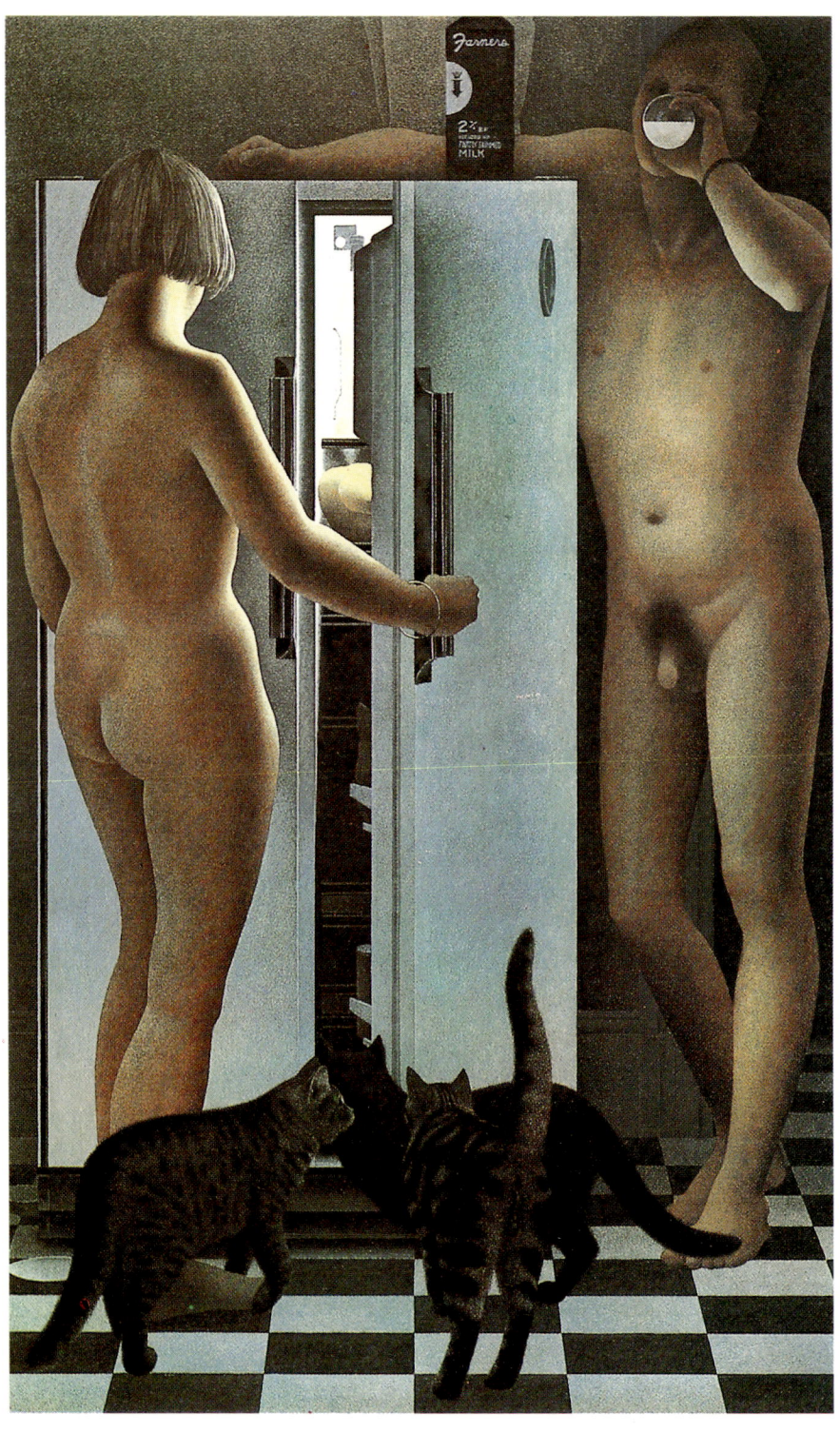

Handlungsrahmen zwischen Wohnen, Werbung und Konsum einmontierte Kühlschranktüren dominanten Zeichencharakter an: „Conventionality rules the kitchen in ‚Still Life Nr. 3' ... , though the pink G. E. refrigerator denotes a token assertion of individuality or an attempt to upgrade according to the latest fashion",[15] deutet Slim Stealingwood das rosarote Zitat aus der Küchenwirklichkeit. Mit Schrankflächen, Haushaltsgeräten, Nahrungsmitteln und Dekorationsstücken baut Wessel-

15 Slim Stealingwood, Tom Wesselmann, New York 1980, S. 107

mann verdichtete Stimmungsbilder eines geschlechtsspezifischen Arbeitsplatzes. Vorhanden, aber nicht mehr verwendbar, dienen die Realitätsfragmente in der Theorie einer Kunst, die die dingliche Wirklichkeit nicht mehr darstellt, sondern hinstellt, zur Erzeugung eines kritischen Abstands zu den wegen ihrer Nähe gewöhnlich übersehenen Paraphernalia des Alltagslebens - ein Erkenntnisverfahren, das für einen Interpreten von ‚Interior Nr. 4' auf die Art von Heideggers Fragen nach dem Verhältnis von Mensch und Welt Bezug nimmt: „Wir können die Türe des Eisschranks in Wesselmanns Gebilde nicht öffnen, um aus dem Schrank etwas herauszunehmen - dabei achten wir nicht auf die Türe, sind nicht bei der Türe, sondern bei dem, was wir aus dem

Richard Hamilton: $he, 1958 -1961. Öl, Lack, Collage auf Tischlerplatte; 122 x 81 cm. The Tate Gallery, London.

Howard Kanowitz: Kitchen Couple, 1976. Kohle auf Papier; 57 x 76 cm. Galerie Inge Baecker, Köln.

16 Walter Biemel, Pop-Art und Lebenswelt, in: Aachener Kunstblätter, Nr. 40 (1971), S. 209
17 Motivisch verwandt sind ‚Küche I' (1968; Bleistift, Filzstift, Plaka, Collage; 42 x 32 cm), ‚Küche II' (1968; Öl auf Leinwand; 115 x 83 cm), ‚Küche II' (1968; Farbstift, Plaka, Gouache; 44,8 x 33,5 cm).
18 Camilla Blechen, Nachrichten aus der Provinz, in: Frankfurter Allgemeine Zeitung, 2.11.1983
19 Zit. nach Margit Iffert, Nachts am Kühlschrank, in: Rheinische Post, 28.12.1983
20 Helmut Pranz, ‚Kühlschrank' (Ölharz und Eitempera auf Leinwand; 120 x 65 cm), im Besitz des Künstlers
21 So bilden beispielsweise in Peter Straubs amerikanischem Märchen ‚Schattenland' „Kühlschränke von grotesken Ausmaßen, vollgestopft mit Lebensmitteln" für den negativen Helden das aus Illustriertenwerbung collagierte Feindbild. (Peter Straub, Schattenland, München 1986, S. 85 f.)
22 Simon Wilson, Pop Art, München/ Zürich 1975, S. 40
23 Es existieren vier Vorstudien: ‚Studie für ‚$he' (1958; Bleistift, Tusche, Aquarell, Gouache auf Papier; 25,5 x 19 cm), ‚Studie für ‚$he' (1958/1969; Tusche und Gouache auf Papier; 25,5 x 19 cm), ‚Studie für ‚$he' (1958; Öl, Aquarell, Collage auf Papier; 23 x 17 cm), ‚Toastuum' (1958; Tusche, Aquarell, Sprühlack, Collage auf Papier; 44 x 38 cm).

Eisschrank brauchen - in diesem Augenblick, wo die Eisschranktür keine Tür zum Öffnen ist, erscheint sie als eigenständiger Gegenstand. Jetzt, wo der Gebrauch unterbunden ist, erscheint sie als etwas Zu-betrachtendes. Wir stellen fest, ob sie hübsch aussieht, protzig, dürftig - wir achten auf ihre Maße, auf ihre Gestalt. Aus dem Umgang herausgelöst wird sie zum ‚ästhetischen Objekt' - also zu einem für die Sinne zugänglichen Gegenstand des bloßen Betrachtens."16

Und selbst dort, wo es weniger um kritische Ironie als um kühles Registrieren faktischer Befindlichkeiten geht, bestätigt der Kühlschrank seine Bildwürdigkeit. So verweist im streng geometrischen Bildaufbau von Almut Heises Gemälde ‚Küche I' (1968)17 das neusachliche Bestreben nach emotionalem Abstand zu den Objekten des Interesses alle Einrichtungsgegenstände auf ihre Plätze. Im konstruktivistischen Raster der Küchenzeile geht auch der Kühlschrank auf Distanz und demonstriert in menschenleerem Raum die Fremdheit des Vertrauten.

Sabotage von Gewohnheit ist auch die Funktion des Kühlschranks in der Kohlezeichnung ‚Kitchen Couple' (1976) des amerikanischen Fotorealisten Howard Kanowitz. Monolithisch im Zentrum der Komposition placiert, trennt das Gerät die in der Küche aneinander vorbeilebenden Personen; wie ein Keil schiebt sich die schneeweiße Fläche zwischen das Paar und läßt die unterkühlte Atmosphäre einer nichtssagenden Zweierbeziehung spürbar werden.

Nicht in jedem Falle aber fungiert bei den Künstlern zeitgenössischer Interieur-Darstellungen das Kernstück häuslicher Hantierungen als Instrument der Vereitelung und Element der Verstörung. In Alex Colvilles ‚Refrigerator' (1977) - „zwei makellose Aktfiguren mit Renaissance-Provenienz neben einem Kühlschrank postiert"18 - kann das Gerät nicht verhindern, daß sich die anheimelnde Privatsituation hinterrücks in eine aktualisierte Version christlicher Bildvorgaben verlängert. In der peniblen Technik unterkühlter Wirklichkeitsreproduktion - „Ich male die gefrorene Zeit"19 - entwickelt der kanadische Maler über die vordergründige Szene einer Künstlerehe hinaus die moderne Formulierung des ‚Adam und Eva'-Themas: der hüllenlose Mensch in Eintracht mit dem Tier, die üppige Natur des Gartens Eden gebändigt durch die Technik, die Milch der frommen Denkungsart im Pappkarton, Paradies bei Kühlschranklicht. Und Eva am Schrank der Lüste erschließt den Zugang zu verbotenen Genüssen: zum Kühlschrank der Erkenntnis, Schauplatz nächtlicher Appetit-Anfälle und Hunger-Exzesse, zu lustvoll-ungezügelten Zugriffen auf den Inhalt, deren häufige Wiederholung die Vertreibung zwar nicht aus dem Paradies, so doch aus dem Gefilde der Schlanken nach sich zieht.

Und schließlich noch kann das unentbehrliche Einrichtungsstück dazu verwendet werden, einer weiteren traditionellen, primär auf die häusliche Lebenswelt bezogenen Bildgattung zeitgemäße Glaubwürdigkeit zu verleihen. Im Stilleben des späten 20. Jahrhunderts - als Beispiele: Isabel Quintanilla, ‚Glas auf dem Kühlschrank' (1972); Helmut Pranz, ‚Kühlschrank' (1990)[20] - können die Dinge und Dingarrangements formalen wie inhaltlich motivierten Halt finden auf der Abstellplatte des elektrischen Möbels, wobei der Konservierungsaspekt des gekühlten Sockels die Vanitas-Dimension des ‚nature morte' negiert und stützt zugleich. Resopalene Nüchternheit ersetzt die oftmals diffusen, malerisch nur mäßig definierten und kursorisch charakterisierten Tischplatten in den Stilleben des 17. und 18. Jahrhunderts: Basis der heutigen Dinge des Lebens ist der Kühlschrank.

Isabel Quintanilla: Glas auf Kühlschrank, 1972. Bleistift auf Papier; 48 x 36,5 cm. Privatbesitz.

Füllhorn der Marktwirtschaft

Seit der Antike gilt die Wundertüte, der ein nie versiegender Strom irdischer Güter entquillt, als Symbol des Überflusses und der Fülle, der Fruchtbarkeit der Erde und des Reichtums der Natur. Inzwischen ist diese Funktion auf den Kühlschrank übergegangen. Der nun rühmt freilich heute nicht mehr die Mannigfaltigkeit des ländlichen Segens, sondern der kapitalistischen Überflußproduktion. Er ist Statussymbol und Garant des Luxus, aber auch Anlaß des Unbehagens an der Konsumgesellschaft, ist Ausweis saturierter Kleinbürgerlichkeit und egoistischer Besitzstandwahrung in Kunst und Literatur.[21]

Präfiguriert durch sein Erscheinungsbild in der Werbung, hat sich für diesen Mythos der Zivilisation eine visuelle Standardformel ausgebildet - der Schrein mit verlockend halbgeöffneter Tür, den Blick auf seine üppigen Innereien freigebend -, mit der dem potentiellen Käufer solch technischer Errungenschaft nicht nur eine optische Gebrauchsanweisung an die Hand gegeben, sondern ihm dadurch zugleich geschmeichelt wird, daß man ihm zutraut, sich neben dem Gerät auch einen repräsentativen Inhalt leisten zu können.

Als Inkunabel dieser Füllhorn-Ikonographie hat Richard Hamiltons ‚$he' (1958 - 1961) zu gelten, eines der „ersten wirklich großen Meisterwerke der britischen Pop Art".[22] Denn gegen Ende der fünfziger Jahre ist der Künstler bei der Frage, was denn unser heutiges Heim so unvergleichlich anheimelnd macht, als wesentliche Teilantwort auch auf den Kühlschrank gestoßen. Sein collagierter Konsumtraum[23] exponiert die moderne Hausfrau - Amalgam visueller Leitbilder aus Illustrierten und Kunst, von Pin-up und Matrone - inmitten ihrer imagebildenden Accessoires: ironische Synthese aktueller ästhetischer Normvorgaben der massenproduzierten Lebenswelt. Als Vorlage für die raumbildende Ecke dient ihm die fotografische Vergrößerung einer

Almut Heise: Küche I, 1968. Öl auf Leinwand; 130 x 88 cm. Kulturbehörde der Freien und Hansestadt Hamburg.

Peter Klasen: Wagon Réfrigérant, 1977. Acryl auf Leinwand; 195 x 365 cm. Im Besitz des Künstlers.

Kühlschrankreklame: „The cadillac pink colour of this particular model of RCA Whirlpool's fridge/ freezer was adopted with enthusiasm for the painting",[24] kommentiert der Künstler seinen Bildfund, den er durch verschiedenste malerische Verfahren der Zeit verfremdet und veredelt. „Die glatte, fleischigrosa gemalte Kühlschranktür ... enthält in ihrem Innern eine in traditioneller europäischer Stilleben-Manier ausgeführte Coca-Cola-Flasche .... Auch das Gefrierabteil des Kühlschranks ist Collage aus einer Werbung für ein automatisches Abtausystem, fotografisch vergrößert und dann auf das Bild geklebt."[25] So entsteht „a sieved reflection of the ad man's paraphrase of the consumer's dream",[26] in dessen Vorbildern er voll Begeisterung die Wiedergabe der Füllhorn-Funktion des Kühlschranks - „this brillant high shot of the cornucopic refrigerator"[27] - entdeckt hat.

War 1960 mit Hamiltons ‚$he' das Leitfossil für das Sujet des geöffneten Warentresors in der Gegenwartskunst etabliert und mit dem Dollar-Zeichen im Titel bereits der Hinweis auf die Herkunft des Themas und das Zielgebiet der ironisch-affirmativen Kritik gegeben, greift Andy Warhol im selben Jahr das Bildmotiv auf, um mit seiner ‚Icebox' die

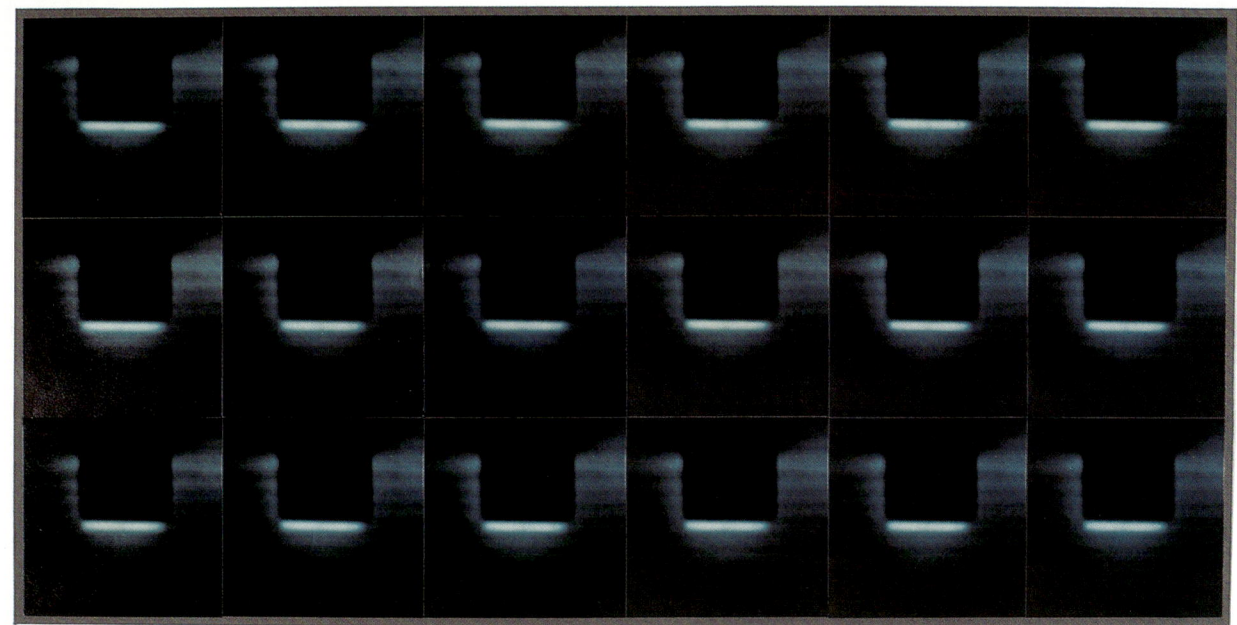

Stephan Reusse: Thermovision, 1989.

Ikonographie zu erweitern und gleichzeitig die Unterschiede zwischen der englischen und der amerikanischen Variante der Pop Art sichtbar werden zu lassen. Auch er adaptiert das Erscheinungsbild seines mechanischen Protagonisten in der Werbung: Währungs- und Preisangabe sind ins Kunstwerk übernommen (und signalisieren die Käuflichkeit von Kühlschrank und Inhalt, von Kunst und Künstler).

Während sich Hamilton jedoch mit der Visualisierung des Verhältnisses von Mensch und Maschine aufhält, ist bei Warhol für Nutzer kein Raum. Seine Konsum-Ikone kommt sogleich zur Sache: Der ehemalige Werbegraphiker greift in die Vollen, öffnet die Wunderkammer amerikanischen Produzierens und Vermarktens. Die zwei Flügel der Anlage etablieren sich als Bild im Bild: das Diptychon des gehobenen Lebensstandards. Die Kunst zelebriert die Selbstdarstellung des Kühlschranks als Lifestyle-Garantie. Was Slim Stealingwood über Tom Wesselmanns Warenstilleben sagt, gilt ebenso für Warhols Konsumismus: Auch er affirmiert den „high American standard of living. The variety, size and quantity of the fresh, canned foods give evidence of agricultural abundance, factory productivity, and a thriving consumer economy."[28]

24 Zit. nach: The Tate Gallery 1968-1972, London 1970, S. 87
25 Simon Wilson (siehe Anm. 22), S. 38/39
26 The Tate Gallery (siehe Anm. 24), S. 86
27 The Tate Gallery (siehe Anm. 24), S. 87
28 Slim Stealingwood (siehe Anm. 15)

Peter Stämpfli: Glacière, 1963. Öl auf Leinwand; 164 x 142 cm. Im Besitz des Künstlers.

29 Katalog: Made in U.S.A.. An Americanisation in Modern Art. The '50s & '60s, University Art Museum, University of California, Berkeley 1987, S. 108
30 Weitere Arbeiten Sauls zu diesem Thema: ‚Ice Box' (1960; Collage und Pastell; 49 x 61 cm), ‚Ice Box No. 3' (1961/62; Öl auf Leinwand; 151 x 153 cm).
31 Peter Klasen, ‚Isotherme' (1973; Acryl auf Leinwand; 162 x 130). „Er steigert die Präzision der Verarbeitung durch die metallische Kälte der Farben Blau, Grau, Schwarz. Diese Besessenheit ... , öffentliche Bilder oder Bildausschnitte zu ‚vereisen', zeichnete Klasen seit den frühen siebziger Jahren zunehmend aus." (Wolfgang Decker, Über die Bilder von Peter Klasen, in Katalog: Peter Klasen. Keep Out, Neue Galerie - Sammlung Ludwig, Aachen 1979, o. S.. Siehe auch P. Caso, Le décor glacial de Peter Klasen, in: Le Soir de Bruxelles, 7.6.1975.

Vor diesem Hintergrund seiner Funktion als Mittel zur Demonstration der internationalen Überlegenheit des amerikanischen Lebensstils wird der Kühlschrank gar zum Instrument des Kalten Krieges. Während die USA in den sechziger Jahren ihren Anspruch als führende Weltmacht auch über ihre florierende Warenproduktion legitimieren, kann im Konsummythos Kühlschrank ein amerikanischer Traum konserviert werden: „In the Kennedy years, America's international prestige was a national preoccupation, especially the superiority of American life and American economic system compared to Soviet life and the communist system. Without taking a political stance, American artists pay tribute to this superiority by focussing attention on precisely that realm in which America was unequivocally the world leader. While the USSR suffered scarcity and stagnation, the U.S. excelled in the production of food and consumer goods. While the USSR struggled to feed its own people, the U.S. exported its surplus manufactures abroad. And while the Soviet workers scrimped to buy generic products from state-controlled stores, Americans freely chose from a variety of prestigious, brightly labeled brand-name goods."[29] So feiert Sidra Stich noch 1987 - nicht weniger als die von ihr beschriebene Kunst - die Überheblichkeit westlichen Konsumdenkens.

Mitten in derartige Feierlichkeiten bricht - ebenfalls noch 1960 - Peter Saul mit seiner ‚Icebox', einem Gemälde, das in greller Übertreibung das für die Pop Art charakteristische Schwanken zwischen Affirmation und Kritik eindeutig zugunsten der höhnischen Parodie entscheidet.[30] Sein ‚Freezo-Rama', zum Bersten überfüllt, sprengt alle Grenzen des konsumptiven Anstands: die explosionsartige Ausschüttung des abstrusen Chaos der Supersonderangebote. Was dem Schrank entquillt, ist die Palette der Überflußproduktion aller Sparten. Hier wird der Kühlschrank vom Ableger des Supermarktes zum Supermarkt selbst. In furioser Malerei wird er als List zur Bewältigung des Warenüberangebots vorgestellt: Kaufen, mehr als zu verbrauchen ist, konsumieren unabhängig vom Bedarf! Schließlich kann doch der gehortete Reichtum im klimatisierten Werterhaltungssystem vor Verfall bewahrt werden, also: Kaufen, was der Schrank hält!

Als dann 1963 der Schweizer Peter Stämpfli - einer der ersten, die außerhalb der Erfindungsländer Großbritannien und USA mit dem Etikett des Pop-Art-Künstlers versehen werden - auf den Kühlschrank kommt, ist ihm die Euphorie der Opulenz suspekt: In seinem ‚Glacière' herrscht nicht der wuchernde Überfluß seiner Künstlerkollegen, sondern nur die gähnende Leere, die hinter dem Konsumismus klafft, die Hohlheit und Substanzlosigkeit eines gesellschaftlichen Ideals, das nur einer Wirtschaftskrise (oder eines Stromausfalls) bedarf, um dahinzuwelken. Diese Region ewigen Eises hält keine Verlockungen mehr parat, nur noch Verzicht, schneidende Kälte, Abweisung. Leergeräumt (bis auf einige Erfrischungen) läßt Peter Stämpflis karger Kasten das mögliche Versiegen des Warenstromes denkbar werden.

Noch einen Schritt weiter in Richtung Verzicht geht Peter Klasen mit seinen verriegelten Kühlräumen. In Bildern wie ‚Isotherme' (1973)[31] und ‚Wagon Réfrigérant' (1977) ist der Zugriff auf das konservierte durch Verschlüsse, Gestänge, Riegel verbarrikadiert. Der Blick wird versperrt durch das Nächstliegende: Trennwände, -flächen und Türen. Die mit schweren Bolzen und Hebeln gesicherten Luken verweigern die

Einsicht in die inneren Angelegenheiten der metallenen Kühlcontainer und -waggons. Das Bild fungiert als Barriere zwischen Eingeschlossenem und Ausgeschlossenen. Parallel zur Bildebene senkt sich die mit der Suggestionswirkung des Fotorealismus abgebildete Metalltür als eiserner Vorhang zwischen die Betrachtenden und das Kaltgestellte, zwischen Leben und Tod. Das kühle Äußere der Behälter entbehrt jeglicher Andeutung über ihren Inhalt - umso mehr provoziert es Mutmaßungen über den Charakter des Konservierten. Mit den Mitteln der Malerei hält also Klasen sein Publikum auf Abstand. Mit sachlichen Protokollen, in denen jegliche Emotionalität zur Abwehrgeste erstarrt ist, distanziert sich der Maler von den schwellenden Inhalten der Kühlschränke, deren Publikumswirksamkeit seine Künstlerkollegen der sechziger Jahre noch aufgesessen waren.

Das erhitzte Klima des beschleunigten Kommerzes ist hier in tiefgekühlten Bahncontainern neutralisiert. Das Füllhorn Kühlschrank hat dichtgemacht: Dem ökonomischen Konsumterror wird mit dem künstlerischen Wahrnehmungsboykott begegnet.

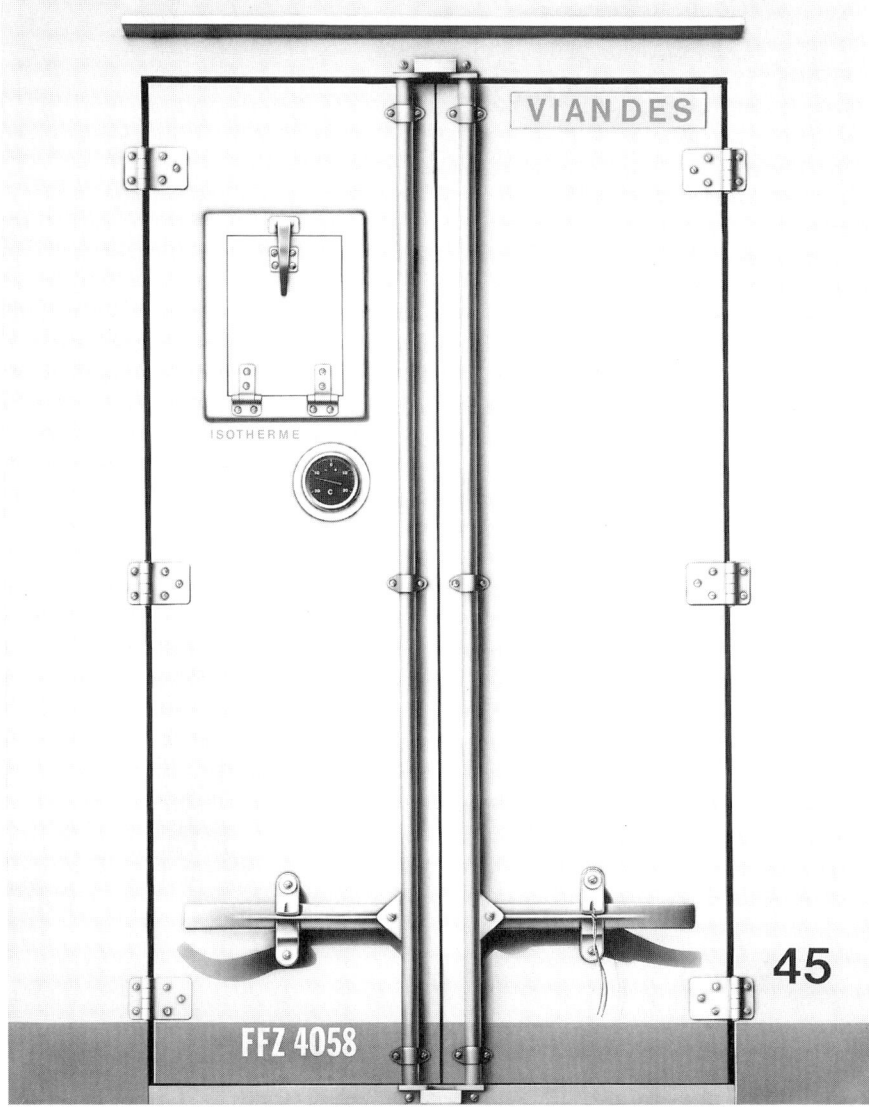

Peter Klasen: Viandes, 1974. Acryl auf Leinwand; 160 x 130 cm. Claudine d'Hellemmes, Paris.

Bühnenbild von Jürgen Rose zu Carl Sternheims ‚Der Snob' (1914) für eine Inszenierung an den Münchner Kammerspielen im Jahr 1983. Das Motiv von Caspar David Friedrichs Gemälde ‚Das Eismeer' wurde hier einmal mehr als Sinnbild jener Vereisung gewählt, der sich ausliefert, wer - wie bei Sternheim - die gesellschaftliche Stufenleiter emporklettern will. Der schöne Schein des Alltagslebens will gar nicht mal darüber hinwegtäuschen.

WIR BEDIENTEN DIE GEFRIERMASCHINEN

Im 19. Jahrhundert gehören Erzählungen von der ‚Eiszeit' zum Topos des Weltuntergangs. Die Imaginationen polarer Eiswüsten in Malerei und Dichtung erschließen Landschaften der Entfremdung und Gottverlassenheit, todgeweihte Gegenden.[1] Um die Wende zum 20. Jahrhundert grassiert die Angst, daß „alles Wasser auf der ganzen Erdkugel gefroren: und das ganze wundersame Räderwerk des Lebendigen auf dieser Erde still stände ... bis alles ein flaches Eisfeld ist, ein einziges grenzenloses Grönland: und in diesem Eise liegt das Leben, liegt die Menschheit begraben wie die sibirischen Mammute."[2]

Vor diesem Hintergrund mag das Lob der Eiszeit, dem man in den Jahrzehnten der historischen Avantgarde der Jahre 1910 bis 1930 begegnet, gänzlich unvermittelt erscheinen. Das Pathos, mit dem jetzt die ‚Eiszeit' als große Lehrmeisterin der Menschheit gepriesen wird - sie hat „unseren ökonomischen, technischen und moralischen Sinn bestimmt ... , unseren Willen gestärkt, uns denken gelehrt!" (Ernst Jünger) -, und der Trotz, mit dem man die ‚Abkühlung' als Segen der Zivilisation begrüßt,[3] sind freilich nicht unverdächtig. Sie erinnern daran, daß das provozierende Lob der Kälte mit dem ungebrochenen Widerstand des eingebürgerten Topos ‚Eiszeit = Weltuntergang' rechnet.

Man trifft in diesen Jahrzehnten den modernen Kältekult an Orten an, die den Bürger gegen die Modernisierung hatten abschirmen sollen, in den schönen Künsten und der Poesie. Max Webers Diktum von der Notwendigkeit des ‚Kältebades des Intellekts' wandert in die Poetik. Die Erkenntnis „muß kalt sein, sonst wird sie familiär", dekretiert Gottfried Benn.[4] Ein Kulturphilosoph erwägt die Notwendigkeit des „Wegs in den Gletscher",[5] ein Psychoanalytiker hält den „Kälteschock der Geburt" für unverzichtbar zur Stärkung des Realitätssinns des Kindes,[6] und die proletarische Pädagogik entdeckt, daß der Mensch eine Wegstrecke durch den Kälteraum zurückgelegt haben müsse, um für die Klassenkämpfe gefeit zu sein.[7] Die Aufwertung der Kälte durchdringt alle Spären des kulturellen Sektors - zumindest in der Metropole Berlin. Die vermessenste Aussage zum Kältekomplex findet man schließlich in der Polemik Bertolt Brechts gegen Thomas Mann aus dem Jahre 1924: „Sie werden bemerkt haben, daß die Luft sich in ihrem letzten Jahrzehnt abgekühlt hat. Dies kam nicht von allein und wird nicht aufhören von allein, ‚irgendwo' waren Gefriermaschinen in Tätigkeit. Nun: wir waren es, die sie bedienten."[8]

Ein rätselhafter Ausspruch, ein barbarisches ‚wir'! Die neusachliche Maschinenmetapher ist eine Anmaßung: Wir jungen Schriftsteller mit

Der Zeitgeist der Avantgarden

[1] Vgl. den Artikel „Eiszeit und Weltuntergang" in diesem Band.
[2] Wilhelm Bölsche, Wenn der Komet kommt!, in: ders., Vom Bazillus zum Affenmenschen, Leipzig 1900, S. 97
[3] Vgl. Helmut Lethen, Lob der Kälte. Ein Motiv der historischen Avantgarden, in: Dietmar Kamper/ Willem van Reijen (Hrsg.), Die unvollendete Vernunft. Moderne versus Postmoderne, Frankfurt a. M. 1987, S. 282-322
[4] Gottfried Benn, Der Ptolemäer. Berliner Novelle 1947, Stuttgart 1988, S. 109. Der Topos des Dichters als „kühler Wissenschaftler, fast ein Rechenkünstler" und die Aufwertung der ‚Kälte' gegenüber der Spontanität der Empfindung gelangt vor allem über die Schriften Paul Valérys in den deutschen Modernismus.
[5] Theodor Lessing, Europa und Asien. Untergang der Erde am Geist. Fünfte, völlig neu bearbeitete Auflage, Leipzig 1930, S. 237
[6] Sandor Ferenczi, Entwicklungsstufen des Wirklichkeitssinnes (1913), in: ders., Bausteine zur Psychoanalyse, Bd. I, Berlin 1984 , S. 62-83
[7] Walter Benjamin, Eine kommunistische Pädagogik (1929), in: ders., Gesammelte Schriften III, Frankfurt a. M. 1972, S. 206-209; Edwin Hoernle, Grundfragen proletarischer Erziehung (1919-1929), Darmstadt 1969
[8] Bertolt Brecht, Gesammelte Werke. Bd. 18, Frankfurt a. M. 1976 , S. 39

unserer Kenntnis und Mentalität von ‚Ingenieuren' kennen den geheimen Mechanismus jener ‚Abkühlung', die die ältere Generation passiv als unberechenbare Determinationsmacht erfahren hat. Da der Schriftsteller nur über eine Maschine verfügt, nämlich seine Schreibmaschine, heißt Brechts Satz auch: Wir verschärfen im Medium unserer Schreibpraxis die Auskühlung, über die ihr klagt. Wir entfernen durch unsere Kritik die ‚warmen Nebelwelten' der Ideologien, mit denen sich der Bürger gegen die Kälte der Modernisierung abzupolstern pflegt; wir folgen der Devise Nietzsches, mit kaltem Licht in die ‚Unterwelt des Ideals' zu leuchten, so daß Glauben und Mitgefühl ‚erfrieren'. Wir zwingen den Menschen, sich aus der wärmenden Obhut eines paternalistischen Staates, einer Gemeinschaft oder der Metaphysik zu begeben, um auf den ‚Gletschern' der Moderne ein Leben auf eigene Faust zu wagen. Und schließlich heißt der polemische Satz auch: Wir Kältefreaks haben soeben im Marxismus eine Wissenschaft entdeckt, die nicht nur das Räderwerk der Entfremdung mit größerer Präzision beschreiben und analysieren kann, sondern darüber hinaus erkennen läßt, wie die ‚Gefriermaschine' einmal abgestellt werden könnte.

Brechts polemisches Diktum nimmt einen Grundsatz vorweg, den er zwanzig Jahre später so formulieren wird: „Ebenso kalt wie der Wind, ist die Lehre, ihm zu entgehen!" In seiner Gefriermaschinen-Parole gehen Impulse der Nietzsche-Lektüre und die erste Kenntnisnahme marxistischer Schriften eine merkwürdige Verbindung ein. In ihr mischt sich die Kritik an der Ideologie der Kompensation mit dem Motiv des Ja-Sagens zur Welt, wie sie ist. Und die Entscheidung, den Kampf unter den vorgeschriebenen Bedingungen aufzunehmen, geht einher mit der avantgardistischen Machtphantasie, die Hebel des sozialen Mechanismus selbst zu bedienen.

So jäh das Lob der Kälte in diesen Jahrzehnten in die Kulturszene einzubrechen scheint, unvermittelt ist der Reiz nicht, der jetzt von der Sphäre des Kalten, Anorganisch-Mineralischen, des Gläsernen und Mechanistischen ausgeht. Neu ist vielleicht nur die Übertragung der Aufwertung der Kälte aus der Ästhetik in die sozial-politische Argumentation. Der Kältekult schließt an die apokalyptischen Bilder des Fin-de-siècle und die Eis-Ikonen der schwarzen Romantik an. Schon gegen Ende des 18. Jahrhunderts waren Bilder einer eisigen Landschaft unter verfinsterter Sonne als Illustrationen der Endzeit entworfen worden. In den nächtlichen Schneewüsten konnten sich die Menschenkinder vergegenwärtigen, in welche unendliche Entfernung die Gnadeninstanz eines väterlichen Gottes gerückt war. Jean Pauls ‚Rede des toten Christus vom Weltgebäude herab, daß kein Gott sei' aus dem Jahre 1796 deutet auf den Beginn einer Tradition, die später von einer Generation von Nietzsche-Lesern in extremen Formulierungen fortgesetzt wird. Seit der Romantik wurden Gletscherlandschaften unheimlich und attraktiv dargestellt. Keineswegs waren es eindeutige Zeichen der Endzeit. Es waren auch Landschaften, in denen sich der Bürger von der Last des Organischen und seiner Verfallszeit entlasten konnte, in denen er dem ‚Rausch des Spirituellen' erliegen oder die Herausforderung des ‚Nihilismus' annehmen konnte.[9] Der jugendliche Brecht preist in dieser Tradition die Kälte des entzauberten Himmels, der sich über dem jungen Barbaren wölbt, ohne ihn zu überwachen, als Befreiung. In seinem ‚Großen Dankchoral' hallt das Echo der Ikonen der schwarzen

---

9 Werner v. Koppenfels, Le coucher du soleil romantique, in: Poetica, Bd. 17 (1985), S. 255-298

Romantik bis ins 20. Jahrhundert: „Lobet die Kälte, die Finsternis und das Verderben!/ Schauet hinan:/ Es kommet nicht auf euch an/ Und ihr könnt unbesorgt sterben." Der Katastrophen-Topos ist umgepolt; Angstfreiheit ermöglicht neue Überlegungen.

Das zweite thermodynamische Gesetz

Gebannt blicken radikale Intellektuelle der zwanziger Jahre auf ein Gesetz, das Naturwissenschaftler in der Mitte des 19. Jahrhunderts formuliert hatten und das schon seinerzeit von Philosophen und Sozialwissenschaftlern als neue Welterklärungsformel aufgegriffen worden war. Siegfried Kracauer billigt diesem Gesetz noch in seiner ‚Theorie des Films' aus dem Jahre 1960 soziale Geltungskraft zu: „Es ist gut denkbar, daß die Strahlkraft jedes Wertsystems dem zweiten thermodynamischen Gesetz gehorcht; daß also die Energien, die ein derartiges System im Lauf der Zeit verliert, nicht mehr zu ihm zurückfließen können. Aufgrund dieser Annahme werden die alten Glaubensinhalte immer mehr abkühlen. In Anbetracht der ungeheuren Energien, die in ihnen aufgespeichert sind, ist mit einer unmerklichen Abnahme ihrer Temperatur zu rechnen. Ideologische Leidenschaft mag von Zeit zu Zeit neu anschwellen; religiöse Institutionen mögen unabsehbar lang fortdauern. Umkehrbar ist dieser Abkühlungsprozeß nicht."[10]

Die Vertrautheit von Philosophen, Filmtheoretikern und Dramatikern mit den Gesetzen der Thermodynamik läßt es ganz unwichtig erscheinen, auf welche der komplizierten Formulierungen des zweiten Satzes der Wärmelehre, die in den Handbüchern der Physik zu finden sind, man sich beruft. Ob Ernst Bloch in seiner Geschichte vom Kälte-Ingenieur in den zwanziger Jahren mit dem Gedanken der ‚Entropie' spielt,[11] oder Gottfried Benn sich auf die Thermodynamik beruft - sie verweisen auf den pauschalen Grundsatz, daß Energieverlust Abkühlung zur Folge hat und daß dieser Prozeß irreversibel ist. So liest man in Benns ‚Weinhaus Wolf': „Ob Mondsturz oder Atomzertrümmerung, Vereisung oder roter Hahn ...: Die Auflösung ist greifbar, eine Rückführung auf frühere Zustände unmöglich, die Substanz ist abgegeben, hier gilt das zweite Wärmegesetz."[12]

Die Kenntnis dieses Gesetzes gehört offensichtlich zu den Selbstverständlichkeiten des ehrwürdigen Topos, der die Moderne als Vereisung beschreibt. In seinem Rahmen wurde die völlig entzauberte Welt als eine Welt tödlicher Kälte gemalt. Die Avantgardisten kommen zu der Entdeckung, daß es in diesem Prozeß keine Nischen und evolutionären Rastplätze gibt, in denen er stillgelegt werden könnte. Sie fordern, sich mit Bewußtsein auf dem ‚Gletscher' zu bewegen, auf dem der zivilisierte Mensch sich ohnehin befindet.

Wahrscheinlich mußte nach dem Schiffbruch der Geschichtsphilosophie in der Mitte des 19. Jahrhunderts ein Gesetz der Naturwissenschaften in die Bresche springen, um der geschichtlichen Entwicklung wenn nicht Sinn, so doch eine gewisse Logik zu verleihen. So kommt es, daß ein Gesetz der Wärmelehre seit über hundert Jahren als eine Art ‚schwarze Geschichtsphilosophie' funktioniert. Da gegenwärtig die Chaos-Forschung Elemente dieser naturwissenschaftlich begründeten Geschichtslogik wieder aufgreift, ist es nicht von rein antiquarischem Interesse, wenn wir fragen, wie sich der Vereisungstopos zur Wärmelehre des 19. Jahrhunderts verhält.[13]

10 Siegfried Kracauer, Theorie des Films. Die Errettung der äußeren Wirklichkeit, Frankfurt a. M. 1964, S. 363 f.
11 Ernst Bloch, Die Angst des Ingenieurs (1929), in: ders., Verfremdungen I, Frankfurt a. M. 1962, S. 163-176
12 Gottfried Benn, Weinhaus Wolf (1937), in: ders. (siehe Anm. 4), S. 31
13 Bernd Guggenberger, Zwischen Ordnung und Chaos. Das Entropiegesetz zerstört die Vorstellung von Geschichte als einem linearen Fortschrittgeschehen, in: Frankfurter Allgemeine Zeitung, 2. Februar 1991

Den schon legendären ‚Untergang der Titanic' möchte der Autor Hans Magnus Enzensberger in seinem Buch als Komödie verstanden wissen. - Unter dem Titel ‚Schweizer Landschaft VII' zeichnet Martial Leiter 1989 die Befindlichkeit der Menschen (rechts). Wie lange wird das vereiste Menschheitsfloß noch Bestand haben?

Antonio Recalcati entwarf (nach Caspar David Friedrich) 1975 das dramatisch sich aufbäumende Eisschollengebilde aus Styropor für das 1798/1800 von Friedrich Hölderlin geschaffene Drama ‚Der Tod des Empedokles'. In der Inszenierung von Michael Grüber an der Berliner Schaubühne zeichnete Bruno Ganz das Bild eines Pantheisten, der - seiner Auskühlung entgegen fiebernd - den Tod in der Kälte demonstrierte. Es entstand eine moderne Variante der antiken Vorgabe des Opfertodes im heißen Krater des Ätna, die Hölderlin zum Anlaß nahm, in seinem Aufklärungsdrama die Natur als Maß aller menschlichen Dinge wiederzufinden.

Mit dem ‚ersten Hauptsatz der Thermodynamik' wurde ein harmonisch klingendes Naturgesetz der Energieerhaltung gefunden: Energie wird weder geschaffen noch vernichtet - sie wird lediglich umgewandelt. Nichts geht verloren, aber - so die neuere Forschung – die umgewandelte Energie wird für ‚konstruktive' mechanische, thermische, chemische und biologische Zwecke unbrauchbar. Diese Konsequenz betont der zweite thermodynamische Hauptsatz, der sogenannte ‚Entropiesatz': Der grundsätzliche Erhalt der Energiemenge in einem geschlossenen System sagt noch nichts über ihre Verfügbarkeit. Wärme fließt immer nur in eine Richtung - vom wärmeren zum kälteren Körper, nie umgekehrt. Irgendwann kommen alle Vorgänge innerhalb des geschlossenen Systems Weltall im sogenannten Wärmetod auf Niedrigtemperaturniveau zum Stillstand. Das Naturgeschehen hat eine unumkehrbare Richtung. Die Wärme-Ressourcen sind endlich. „Deshalb gibt es ein Davor und Danach; deshalb gibt es Zeit und Geschichte. Und deshalb ist der ‚Niedergang' (C. Schütze) allen ‚Erfolgen' zum Trotz, im letzten unvermeidlich."[14] Die zivilisatorischen Eingriffe - auch jene, die mit großem technischen Aufwand den Schaden bekämpfen - beschleunigen lediglich die Entropievermehrung.

Dieser schwarzen Geschichtsphilosophie ist mit der List der Vernunft nicht beizukommen. Sie erzeugt, grob gesagt, zwei alternative Reaktionsformen. Zum einen stärkt sie das Lager der Zivilisationskritik, die das ganze Projekt der Moderne als einen selbstverschuldeten Verausgabungsprozeß von ‚Wärme' begreift und versucht, Ausweichräume zu erschließen oder zumindest Verlangsamungen zu erzielen. Andererseits antwortet ihr die ‚Logik der Überbietung', der wir in der Argumentation der ‚dialektischen Kälte' begegnen werden.

Anfang der zwanziger Jahre ist die Klage über den ‚Wärmeverlust' noch allgegenwärtig. Die Metropolen, die Oswald Spengler im ‚Untergang des Abendlandes' zeichnet, gelten als die zentralen Orte der Kälte, von allen ‚Penaten und Hausgöttern' verlassen. In Kältebildern wird immer noch wie im 19. Jahrhundert das „metaphysische Leiden an dem Mangel eines hohen Sinns" sinnfällig gemacht; in ihnen wird die Erfahrung erläutert, aus der religiösen Sphäre vertrieben zu sein und ein „Dasein im leeren Raum" fristen zu müssen.[15] Die Niederschlagung der Novemberrevolution hat die Bilder des Eises zudem aktualisiert. Erscheint ein neues Buch, das einen Funken Hoffnung verspricht, wie etwa Ernst Blochs ‚Geist der Utopie', so wird es im ikonographischen Rahmen der Tradition begrüßt. Am 12. Januar 1919 liest man in der Ankündigung des Buches: „Dem, der in einer eisigen Sturmnacht im Schnee verirrt plötzlich vor sich ein einsames Licht aufblinken sieht, mag es ähnlich ums Herz sein, wie dem, der in der finstern, armen Sturmnacht der Kriegszeit plötzlich im Herzen Deutschlands ein fremdartig glühendes Licht aufgehen sah: eine neue deutsche Metaphysik…, die sehnsüchtige Erhebung des Geistes über eine neue Erfahrungswelt."[16]

Erst im Laufe der zwanziger Jahre wird die Tatsache, daß die ‚Strahlkraft' der metaphysischen Systeme unwiederbringlich abgenommen hat, als Herausforderung begriffen, den Kampf in der Kälte der Welt aufzunehmen, den Geist nicht über die Erfahrungswelt zu erheben, sondern die Erfahrungswissenschaft zur Grundlage der Erhebung zu machen. Diese Erkenntnis zieht eine Umpolung der Kälteoptik nach

---

14 Bernd Guggenberger, Zwischen Ordnung und Chaos (siehe Anm. 13)
15 Siegfried Kracauer, Die Wartenden (1922), in: ders., Aufsätze 1915-1926. Schriften Bd. 5.1. Hrsg. von Inka Mülder-Bach, Frankfurt a. M. 1990, S. 160-170
16 Margaret Susman, Geist der Utopie, in: Frankfurter Zeitung, 12. Januar 1919; abgedruckt in: Ernst Bloch zu Ehren. Beiträge zu seinem Werk. Hrsg. von Siegfried Unseld, Frankfurt a. M. 1965, S. 383-394

sich, die bei Kracauer zum Lob der Zerstreuung in der Kulturindustrie und bei Bloch zum Lob des ‚Kältestroms' des Marxismus führt. In den Überlegungen der neusachlichen Intelligenz finden wir dementsprechend eine Denkfigur, die zu extremen Konsequenzen treibt.

Die dialektische Wendung der Kälte

Schon die Wegbereiter des dialektischen Materialismus hatten sich von der sozialromantischen Kritik ihrer Zeitgenossen darin unterschieden, daß sie nicht in die allgemeine Klage über die Abkühlung der Welt im Zuge ihrer Kapitalisierung einstimmten. Spöttisch beobachteten sie, wie ein physikalisches Gesetz zum Notanker einer Geschichtsphilosophie wird, die den Kältetod der Zivilisation verheißt. „Diese Theorie grassiert fürchterlich in Deutschland", berichtet Friedrich Engels am 21. März 1869 seinem Freund Karl Marx in London. Er nimmt an, daß sich bald alle ‚Pfaffen' der Thermodynamik bemächtigen, um in ihr das letzte Wort des Materialismus zu erkennen: „In Deutschland hat die Umwandlung der Naturkräfte, namentlich die Wärme in mechanische Kraft etc., Anlaß gegeben zu einer höchst abgeschmackten Theorie, die übrigens auch bereits der alten Laplaceschen Hypothese mit einer gewissen Notwendigkeit folgt, jetzt aber mit sozusagen mathematischen Beweisen vorgeführt wird: daß die Welt immer kälter wird, die Temperatur innerhalb des Universums sich immer mehr ausgleicht und damit zuletzt ein Moment eintritt, wo alles Leben unmöglich wird und die ganze Welt aus verfrorenen, sich untereinander drehenden Kugeln besteht."[17]

Engels vermutet in diesen Prognosen eine neue Metaphysik, die im ‚heißen Ursprung' Gott als Urheber sucht. Die Anhänger dieser Theorie hält er für Leute, die sich blindlings den Mechanismen der kälteerzeugenden Ökonomie unterwerfen, ohne zu erkennen, daß sie selbst die ‚Kälte' miterzeugen. Das erregt seinen Zorn: „Lieber konstruieren diese Herren eine Welt, die in Unsinn anfängt und in Unsinn aufhört, als daß sie in diesen unsinnigen Konsequenzen den Beweis sehen, daß ihr sogenanntes Naturgesetz ihnen bis jetzt nur halb bekannt ist."

Die scharfe Reaktion, mit der sich Engels gegen die Theorie der naturgeschichtlichen Abkühlung und den Mythos eines ‚heißen Ursprungs' richtet, bedeutet nicht, daß er die Kältephänomene der kapitalistischen Gesellschaft nicht registriert hätte. Schon zu Beginn der vierziger Jahre hatte er in seinen Untersuchungen zur Lage der englischen Arbeiter die extremen Erscheinungen der Entfremdung in der Fabrikarbeit und im Leben der Metropole London registriert. In seiner Polemik der sechziger Jahre betont er, daß das zweite thermodynamische Gesetz nur noch eine zerbrechliche Brücke zwischen dem ‚Unsinn' des Anfangs und dem ‚Unsinn' des Endes bilde. Es bedürfe im Grunde nur noch eines winzigen Stoßes, um diese Brücke als spätbürgerliche Hilfskonstruktion zusammenbrechen zu lassen. Bei Engels finden wir schon den Verdacht, der bis heute nicht verstummt ist: „Die Entropie rückt in die Leerstelle des ‚toten Gottes'."[18]

In dieser Situation sind es ausgerechnet Marx und Engels, die mit ihrer materialistischen Geschichtsphilosophie den Fluchtpunkt der Geschichte wieder mit Sinn aufladen. Sie sind davon überzeugt, daß der Weg der Zukunft duch extreme Kälte führen muß. Der ‚Weltmarkt' wird als neues Subjekt der Geschichte alle feudalen Nischen mit dem ‚eiskal-

17 Marx-Engels, Gesamtausgabe (MEGA). Abt. 3: Briefwechsel. Bd. 8, S. 286. (Für diesen Hinweis danke ich Werner Hammacher, Baltimore.)
18 Bernd Guggenberger, Zwischen Ordnung und Chaos (siehe Anm. 13)

George Grosz, Selbstbildnis als Warner, 1926. „Von böse werden keine Spur - Ressentiments sind Spezialität von Herrn Piscator - bei mir: Nordpol, Packeis-Charakter." (Brief vom 1. Oktober 1925 aus Paris)

ten Wasser der Berechnung' überschwemmen und vor keiner chinesischen Mauer haltmachen. Die ‚Kälte' der Kapitalisierung wird von ihnen als ein notwendiges Durchgangsstadium angesehen. Die Geschichte muß durch diese Zone hindurch. ‚Kälte' ist im Konzept des Marxismus nicht länger Indiz einer Unheilsgeschichte. Sie erscheint jetzt als ein Phänomen, das dialektisch wendbar ist. Schon in der Philosophie Georg Friedrich Wilhelm Hegels - Heine hatte ihn als ‚Geistesumsegler' beschrieben, der „unerschrocken vorgedrungen ist bis zum Nordpol des Gedankens, wo einem das Gehirn erfriert im abstrakten Eis" - hatten Marx und Engels den Grundsatz einer philosophischen Kältelehre erfahren können: Nur ein Denken, das sich nicht vor der Kälte der Welt abschirmt, sondern das sie erträgt und sich in ihr erhält, ist ein Denken im Geiste des Fortschritts. Es kann nur Macht gewinnen, wenn es sich der Kälte der Welt assimiliert.

Die Denkfigur des ‚Hindurch', der notwendigen Kältepassage, wurde von Marx und Engels auf das Schicksal der kapitalistischen Gesellschaft übertragen. In den zwanziger Jahren unseres Jahrhunderts taucht sie in einer höchst merkwürdigen Amalgamierung wieder auf: In ihr haben sich Nietzsches Mut des Freigeistes, ‚im Eise zu leben', mit dem Kältekult der Dandys des 19. Jahrhunderts und der Entschlossenheit des kommunistischen Funktionärs vermischt. Gegen die lebensphilosophische Klage über die Abkühlung richtet sich polemisch das Einverständnis mit der Entfremdung; gegen die Konstruktion warmer ideologischer Zufluchtsorte wird die Strahlkraft des Kapitalismus betont, allen Äußerungsformen des Lebens die Temperatur der ‚Gleichzeitigkeit' mitzuteilen. Gegen die Sehnsucht nach ‚Ursprungswäldern', die in exotischer Literatur gepflegt wird, werden die Vorteile untersucht, sich der Kälte der Städte auszuliefern. Diese Wende hat auch politische Konsequenzen. Gegen die Kälte des Staats-Leviathans müssen Kältemaschinen besonderer Art aufgeboten werden, zum Beispiel die Apparatur einer bolschewistischen Partei. Reformen gelten in diesen Bildsystemen als ‚Wolldecken', die zwar aktuelle Not im individuellen Fall lindern, das soziale Klima aber nicht grundlegend ändern können.

Kulturgeschichtlich blieb die Aufwertung der Kälte eine Randerscheinung. Der alte Katastrophentopos war ungebrochen. Die Propaganda Alfred Rosenbergs gegen die ‚Asphaltliteratur', die ‚eiskalten Konstruktionen' der neuen Architektur und das ‚raffende Kapital' preist den Nationalsozialismus als eine Art ‚ideologisches Winterhilfswerk' (G. Bollenbeck) an, mit dem die Schäden der Modernisierung behoben werden sollen. Wie schwer es für den einzelnen Theoretiker war, sich vom alten Topos zu lösen, zeigen die verschiedenen Auflagen von Theodor Lessings Buch über den ‚Untergang der Erde am Geist'. In der fünften Auflage von 1930 bringt Lessing seine Entscheidung, sich der sozialistischen Bewegung anzuschließen, mit den Worten zum Ausdruck, er wolle nun „die holden Landschaften der Seele ... verlassen und weiter wandern bis ins Eis".[19] Gleichzeitig bleibt sein Buch aber im Banne des Topos, wenn er schreibt: „Über dem Gestaltenwandel der Natur wölbt sich eine zweite dauernde Welt: Die Leistungs-, Werk- und Arbeitswelt, welche der Mensch die Kultur nennt. Sie ist vergleichbar mit der Eiskappe an den beiden Polen der Erde: ein Tod, der, indem er weiterrückt, zwar alle Not des Lebens beendet, aber vor dem dennoch dem Lebendigen schauert."[20]

19 Theodor Lessing (siehe Anm. 5), S. 237
20 Theodor Lessing (siehe Anm. 5), S. 35

Die Umpolung dieses Topos kam nicht ohne Heroismus aus. Aus ihm sprach nicht die Kühle der Skepsis, sondern die Logik der Überbietung. Der Heroismus konnte beim Wissenschaftler noch in der relativ zurückgenommenen Haltung „selbsterwählter Unseligkeit" auftreten, die Kracauer bei der Charakterisierung Max Webers hervorhebt.[21] Von den Künstlern forderte der Heroismus den Habitus des ‚kalten Blicks', der die relativierende Vorsicht des Wissenschaftlers ausklammert. Schärfe der Beobachtung kommt nur zustande, wenn das moralische Urteil ‚auf Eis' gelegt wird, lautete die Parole. Die Aufmerksamkeit wandte sich von den lähmenden Ambivalenzen der Seele zu den scharfen Konturen eindeutiger Praxis. Ohne Resonanz blieb der Einwand des Psychoanalytikers, der spöttisch fragte, ob in diesem Kältekult nicht nur eine ‚heroische Kompensation des Geburtstraumas' stattfinde. Vom Blickwinkel der Kältefreaks waren die Einwände der Psychoanalyse unerheblich. Allerdings konnte das Programm eines Kältekults, der sich alle Ambivalenzen des Topos vom Hals schaffen wollte, auf Dauer nicht verhindern, daß die in den programmatischen Äußerungen entfernten Unheimlichkeiten der Kälte in den Werken wiederkehrten. Sobald Körper in das Spiel mit der Kälte einbezogen werden, zerbricht die Denkfigur der dialektischen Wende. Brechts ‚Lehrstücke' machen diesen Bruch sinnfällig. In den Schriften Walter Benjamins finden sich zu dieser Zeit neben dem marxistischen Kältegrundsatz und dem Kälteszenarium des barocken Trauerspiels auch Klagen in lebensphilosophischer Tradition. In seiner Schilderung der ‚Reise durch die deutsche Inflation' liest man 1928: „Aus den Dingen schwindet die Wärme. Die Gegenstände des täglichen Gebrauchs stoßen den Menschen sacht aber beharrlich von sich ab. In summa hat er tagtäglich mit der Überwindung der geheimen Widerstände - und nicht etwa nur der offenen -, die sie ihm entgegen setzen, eine ungeheure Arbeit zu leisten. Ihre Kälte muß er mit der eigenen Wärme ausgleichen, um nicht an ihnen zu erstarren."[22] Die Verfallsgeschichte der Menschheit überträgt sich auf die ‚Entartung der Dinge'. Auch die Geräte des täglichen Umgangs haben Teil am Dekadenz-Schema der sozialen Temperatur.

So bildet die Literatur der Avantgarde einen Experimentierraum, in dem überprüft wird, welcher Grad sozialer Kälte der menschlichen Konstitution zugemutet werden kann, welche Panzerung nötig ist, um mobil zu bleiben und an welchem Punkt sie zur völligen Unbeweglichkeit oder zur Auslöschung des Individuums führt. Während in Brechts Stücken der Stoßseufzer „Was für eine Kälte muß über die Leute gekommen sein, daß sie jetzt so durch und durch erkaltet" aus dem Gedicht „Oh Falladah, die du hangest" nachhallt, versucht Ernst Jünger, alle Spuren dieser Klage aus seiner Schrift zu entfernen.

Zwischen Überhitzung und Einfrierung: die Familie

Beim Sprung von den Eispanoramen des Fin-de-siècle zum plakativen Lob der Kälte in den zwanziger Jahren haben wir eine Generation von Schriftstellern überschlagen. In der expressionistischen Literatur finden wir die lebensphilosophischen Klagen über die Kälte der Entfremdung, die jetzt auch in Bezirken entdeckt wird, die die Literatur bislang ausgespart hatte. Den Weg zur Fabrikarbeit beschreibt Paul Zech mit den Versen: „Keine Zuchthauszelle klemmt/so ins Eis das Denken wie dies Gehn/zwischen Mauern die nur sich besehen."

Otto Dix, Selbstbildnis ‚Toy im November 1921'. Bleistiftzeichnung.

21 Siegfried Kracauer (siehe Anm. 15), S. 156 ff.
22 Walter Benjamin, Einbahnstraße, Berlin 1928, S. 24

Otto Bartning: Innenraum eines von ihm entworfenen Fertighauses, 1932. Das auf wenige Stahlrohrmöbel reduzierte Mobiliar ließ manch potentiellen künftigen Bewohner eher frösteln.

Die Faszination, die das unheimliche Sujet der polaren Welten auslöst, wird von den Expressionisten vertieft. Georg Heyms kurze Erzählung ‚Tagebuch Shackletons' über eine gescheiterte Polexpedition aktualisiert die ästhetische Suggestivkraft der Pollandschaften, die schon Werke von Edgar Allan Poe, Charles Baudelaire und Friedrich Nietzsche ausgestrahlt hatten. Die meisten Expressionisten lassen sich aber von den gemischten Gefühlen lähmen, die der Anblick der „gottlos unerwärmten" Welt (Franz Werfel) erzeugt.

In den Brennpunkt der Radikalisierung der Wärme/Kälte-Opposition rückt für diese Generation eine Institution, die bis zu diesem Zeitpunkt relativ zuverlässig Innen- und Außenbeziehungen des bürgerlichen Subjekts reguliert hatte: die Familie. Die Expressionisten entwerfen Horrorbilder symbiotischer Wärme, wenn sie familiale Gemeinschaften als „laubeseelte Sumpfgemeinsamkeit" (Alfred Wolfenstein) beschreiben. Aber die Anonymität der ‚Gesellschaft' entsetzt sie nicht weniger. Im städtischen Leben schlägt ihnen die Kälte der Indifferenz entgegen. Die analytische Leistung ihrer Bilderwelt besteht darin, in der Wärme- und Kältedimension zwei Seiten der gleichen Münze zu entdecken. Die wilhelminische Gesellschaft erfahren sie als ‚kalte Kultur' mit überhitzten Binnenräumen.

Franz Kafka geht weiter. Er zerstört das Bild des familialen Wärmeraumes, wenn er schreibt: „Ich bekam selbst innerhalb des Familiengefühls einen Einblick in den kalten Raum unserer Welt, den ich mit einem Feuer erwärmen müßte, das ich erst suchen wollte."[23] Die Konsequenzen, die Kafka aus seiner Erkenntnis zieht, klingen paradox: Er isoliert sich von der ‚Gemeinschaft' (ein Trennungs-Akt, der traditionellerweise mit ‚Kälte' assoziiert wird), um das ‚Feuer' seines Schreibens, das den ‚kalten Raum' der Gemeinschaft zum Gegenstand hat, entfachen zu können. Im gleichen Atemzug registriert er die ‚Kälte des Geschriebenen', an dem er sich erwärmen will. Das Kälteprodukt, seine Schrift, ist Kafkas Beitrag zur Geselligkeit, denn das Geschriebene kann eine „Axt für das gefrorene Meer in uns" werden.[24] Bei seiner Gratwanderung zwischen Gemeinschaftssehnsucht und Selbstisolation spielt Kafka mit der Wärme/Kälte-Opposition. Er beschreibt die Kälte der Anonymität im Herzen der ‚Gemeinschaft' und den Funken der Freundlichkeit auf dem Felde der Gottverlassenheit.

In expressionistischer Dichtung finden sich auch pathetische Beispiele für die Aufwertung des polaren Untergangstopos.[25] In Theodor Däublers ‚Nordlicht'-Dichtungen wird ein ‚arktischer Erlösungsmythos' formuliert. Däubler konstruiert den ‚Pol' als einen Ort des reinen Geistes. In der kalten Strahlung des Nordlichts kommt der Geist zu seinen höchsten Reflexionsleistungen. Seine ‚Nordmänner' wünschen, ‚die Erde möge vereisen'. Ihr Wunsch wird in der Kunst des Nordlichts realisiert. Vom Blickpunkt dieses Erlösungsmythos erscheinen dann selbst die Experimente des Dadaismus als Reinigungsrituale auf dem Weg in die absolute Kunst: „Aus den Greueln Europas schreitet Dadas neues Subjekt hervor, um durch die Eisstürze des Polarkreises und die kalte Herrlichkeit des Nordlichts das Absolutum der Kunst zu finden, die letzte demantharte Kristallisierung, die Reinigung der kulturbefleckten Menschheit."

Die Kälte des Funktionalismus

Auch der Kunsttheoretiker Theodor W. Adorno bleibt im Rahmen der Weltvereisungslehre, wenn er im Rückblick auf den Funktionalismus sagt: „Als Fluchtpunkt der Entwicklung ließe sich denken, daß die ganz nützlich gewordenen Dinge ihre Kälte verlören."[26] In Adornos Gedankenspiel erscheint die ‚Kälte' als eine v o r l ä u f i g e Eigenschaft der nützlichen Dinge. Später, nach dem Kältebad des Kapitalismus, in dem sie die Temperatur der allgemeinen Entfremdung annehmen mußten, erwärmen sie sich wieder. Adornos Argumentation erinnert an die hegelianische Denkfigur des ‚Hindurch', knüpft an Passagen an, die man in Blochs ‚Geist der Utopie' findet und liebäugelt mit dem Mythos der Hyperboräer: jenen fabelhaften Leuten, die sich hinter den polaren Eisbarrieren eines Lebens in mittelmeerischem Klima erfreuen. Seine Überlegungen verdeutlichen aber auch, wie schwer es im Rahmen der deutschen Kultur ist, ‚Kälte' als ein bewußt eingesetztes Stilprinzip zu akzeptieren.

Natürlich macht uns das Prädikat ‚ganz nützlich' in Adornos Satz Kopfzerbrechen, denn es steht in eklatantem Widerspruch zu dem Kriterium der Nützlichkeit, auf das sich Architekten und Designer der zwanziger Jahre berufen haben. Wenn Adorno den funktionalistisch gestylten Dingen die Qualität der ‚Kälte' zuschreibt, dann erblickt er

„Als ob es sich beim leisesten Hauch von Funktionalismus erkälten und daran sterben würde: So schwach ist das Substantielle gar nicht."
Odo Marquard, in: Kursbuch, 91 (1988)

23 Franz Kafka, Tagebücher 1910-1923, Frankfurt a. M. 1954, S. 41 (Eintragung vom 19. Januar 1911)
24 Franz Kafka, Briefe 1902-1924. Frankfurt a. M. o. J., S. 28 (Brief vom 27. Januar 1904)
25 Joachim Metzner, Persönlichkeitszerstörung und Weltuntergang, Tübingen 1967, S. 64-67
26 Theodor W. Adorno, Funktionalismus heute, in: ders., Gesammelte Schriften. Bd. IV, Frankfurt a. M. 1980, S. 392

ausgerechnet im Design der Funktionalisten die Spuren der ‚veralteten Produktionsverhältnisse', erkennt somit in der ‚Kälte' des Stylings ein Ornament des Funktionalismus. Die Dinge werden die Kälte-Ornamente erst abstreifen, wenn sie aufhören, ‚Warenfetische' zu sein.

Adornos Argument richtet sich in kaum verhüllter Polemik gegen die Pioniere des Neuen Bauens, die in den zwanziger Jahren die ‚Stickluft' der bürgerlichen Gesellschaft durch Auskühlung von Räumen und Gerätschaften vertreiben wollten.[27] Oft wurde diese ‚Auskühlung' als Schritt in Richtung auf eine sozialistische Gesellschaft begriffen. Diese Erwartungen sind schon in den zwanziger Jahren als Illusionen angegriffen worden. Bescheidener im Anspruch waren die Theorien, die das kritische Element des ‚Funktionalismus' betonten. Sie gingen davon aus, daß die Dinge der ‚Kälte' und Dynamik des Wirtschaftssystems mimetisch angeglichen werden müßten.[28] Die Angleichung habe eine kritische Funktion: Sie zerstöre die ‚ideologischen Hüllen', mit denen sich die Dinge umgeben und entferne die ‚warmen Nebelwelten', die die Dynamik modernen Lebens erschwere. Die Angleichung sei schließlich ein Schritt zur ‚Ehrlichkeit'. Auch die Funktionalisten waren Nietzsche-Leser! Einer der Gründe, warum der Bauhaus-Kubus als ‚kalt' bezeichnet wird, hängt mit einer Metapher zusammen, die von den Architekten des Neuen Bauens und ihren Kritikern gern benutzt wird, wenn sie den Weg zur Funktionalität und Materialgerechtigkeit beschreiben. Es ist die Redewendung von der ‚Entkleidung'. Sind die ‚anachronistischen Kostüme' erst einmal abgelegt, dann können die Gebäude in der ‚Nacktheit' ihrer Funktion, derer sie sich nicht zu ‚schämen' brauchen, besichtigt werden.[29]

Diese Argumentation geht von einer stillschweigenden Prämisse aus und stellt ein vertrautes Denkmodell auf den Kopf. Vorausgesetzt wird, daß sich hinter den Fassaden der wilhelminischen Bauten bereits ein Grad an Funktionalität durchgesetzt hatte, der nicht zu kultureller

27 Vgl. hierzu auch den Artikel „Der temperierte Mensch" in diesem Band.
28 Vgl. Siegfried Kracauer, Das Ornament der Masse (1927), in: ders., Aufsätze 1927-1931. Schriften Bd. 5.2. Hrsg. von Inka Mülder-Bach, Frankfurt a. M. 1990, S. 57-67
29 Siegfried Kracauer, Das neue Bauen. Zur Stuttgarter Werkbund-Ausstellung: ‚Die Wohnung', in: Frankfurter Zeitung, 31. Juli 1927. Abgedruckt in: ders. (siehe Anm. 28), S. 68-74

Walter Gropius: Meisterhaus Gropius in Dessau, 1925/26. Nordansicht von der Straße mit Haupteingang. Zeitgenossen unterstellten derartigen Architekturen eine kalte, uniformierte Wohnmaschinen-Sachlichkeit. Foto von Lucia Moholy.

Repräsentanz kommen durfte. Das auf den Kopf gestellte Denkmodell ist uns allen vertraut: Dem Viktorianismus des 19. Jahrhunderts erscheint das unter dem historischen Kostüm Verborgene als das dunkel Verschlungene und Ambivalente. Für die moderne Logik der Entkleidung dagegen bedeutet der ornamentale Mantel, der das nützliche Gerät umhüllt, eine sinnlose Energieverschwendung und Verdunkelung an sich klarer Funktionen. Legt man ihn ab, so wird das reine Muskelspiel sichtbar, ein Bewegungsapparat, der keiner Verhüllung bedarf! Es kann also nicht erstaunen, daß in den Ausführungen des Architekten Bruno Taut oder in den Architektur-Kritiken von Siegfried Kracauer Begriffe wie ‚Askese' und ‚Puritanismus', die auf die Notwendigkeit der Abkühlung der Triebwelt und Disziplinierung der Körpermotorik verweisen, aufgewertet werden. „Verschwunden ist," heißt es triumphierend in Kracauers Würdigung der Stuttgarter Werkbundausstellung von 1927, „verschwunden der Krimskram, der zu den umständlichen Dessous der noch nicht Sport treibenden Frauen von früher gehörte."

Seit unvordenklichen Zeiten ist den Instanzen des Über-Ich, die die ‚heiße' Triebwelt unter Kontrolle halten sollen, die Qualität der ‚Kälte' zugeschrieben worden. Ist die Disziplinierung der Affekte gewährlei-

Walter Gropius: Teilansicht der Siedlung Dessau-Törten, 1926/27. Neben der radikalen Neuorientierung architektonischer Bauformen wurde die Baustellenarbeit selbst rationalisiert und durch vorfabriziertes Material und Standardisierung verbilligt.

Die 1938 entstandene Schrift Rudolf von Elmayer-Vestenbruggs interpretiert Hanns Hörbigers Welteislehre, die dieser bereits 1912 formulierte, in der Gedankenwelt des Dritten Reichs: Nur der den Urelementen trotzende nordische Mensch findet danach „seinen Sieg im Untergang, indem er sich seinem Schicksal stellt und bis zur Selbstaufopferung hingibt".

30 Marc Cluet, Neusachliche Nacktkultur, in: Germanica, 8 (1991)
31 Joseph Rykwert, Die dunkle Seite des Bauhauses, in: ders., Ornament ist kein Verbrechen, Köln 1983; Konrad Wünsche, Bauhaus: Versuche, das Leben zu ordnen, Berlin 1988
32 Paul Scheerbart, Glasarchitektur & Glashausbriefe, München 1986, S. 7

stet, so steht einer offiziellen Nacktkultur nichts mehr im Wege. In der vereinsmäßig organisierten Nacktkultur der Weimarer Republik herrschte der Grundsatz, man müsse „die Scham wegrationalisieren". 1927 ist in einem ihrer Mitteilungsblätter zu lesen: „Nur strengste Sachlichkeit kann uns allmählich wieder dahin führen, nackt sein zu können."[30] Für das Ensemble der Häuser, die Ludwig Mies van der Rohe in Stuttgart gruppiert hatte, findet Kracauer ein Bild, in dem Gymnastik und Askese harmonisch ineinandergeflochten sind: „Gelenkigkeit aller Glieder innerhalb eines sich wenig bemerkbar machenden Rahmens; Hygiene; kein Drum und Dran. Ein Gerippe, mager und behend wie der Mensch im Sporthemd und Hose."

Glasarchitektur

Das simple Polaritätsschema der Wärme/Kälte-Opposition wird der Architektur des Bauhauses sicherlich nicht gerecht. Es eliminiert die Widersprüche, verdrängt die okkulten Lehren im Bauhaus und die Tatsache, daß die Nachfahren des ‚Blauen Reiters' in ihm zu Haus waren.[31] Sobald aber das Bauhaus zum Gegenstand des Streits um die Moderne wird, rückt die öffentliche Rede es an den Kälte-Pol. Als ein Gehäuse für ausdifferenzierte Geselligkeit gerät das Bauhaus - so will es die fatale Logik des binären Schemas - automatisch in Gegensatz zur ‚Ursprungswärme der Gemeinschaft'. Dennoch bemerkt man eine merkwürdige Unschlüssigkeit in der nationalsozialistischen Propaganda gegen die ‚Glasschachteln' in Weimar, Dessau, Stuttgart, Frankfurt und Berlin. Einerseits bekämpft sie die Gebäude als ‚eiskalte Konstruktionen', in denen die Sinnenfreude einfriert und Rationalismus und Entfremdung regieren. Andererseits bezeichnet die Propaganda sie auch als ‚Kochkisten', hinter deren undurchsichtigen Wänden erhebliche Hitzegrade der Libertinage herrschen. Die Kälte des neuen Staates soll aufgehoben werden, um diese abgespaltenen Nester der Sinnenlust auszuheben.

Wenn die Schriften der Architekten des Neuen Bauens ebenso wie die Programme der neusachlichen Schriftsteller von der Wärme/Kälte-Opposition geprägt sind und der unversöhnlichen Polarisierung des öffentlichen Streits Vorschub leisten, so sollte darüber die innere Widersprüchlichkeit ihrer Produkte nicht vergessen werden. Auch im Bauhaus verband sich funktioneller Komfort mit Magie, Stromlinienform mit Mystik und ökonomische Effizienz mit Verausgabung - wenn nicht harmonisch, so doch produktiv.

Diese freundlichen Aussichten auf die gemischten Temperaturen von Geselligkeit und Distanz sind vor allem an den Schriften Paul Scheerbarts abzulesen. Sein Glashaus-Manifest erscheint zwar schon 1914, strahlt aber bis weit in die zwanziger Jahre hinein. Es beginnt mit Sätzen, die das Horrorbild des geschlossenen Raumes, das die expressionistische Generation quält, mit der Forderung nach einer neuen Architektur verbinden: „Wir leben zumeist in geschlossenen Räumen. Diese bilden das Milieu, aus dem unsere Kultur herauswächst. Unsere Kultur ist gewissermaßen ein Produkt unserer Architektur. Wollen wir unsere Kultur auf ein höheres Niveau bringen, so sind wir wohl oder übel gezwungen, unsere Architektur umzuwandeln. Und dieses wird uns nur dann möglich sein, wenn wir den Räumen, in denen wir leben, das Geschlossene nehmen."[32] Scheerbart polt die Untergangsbilder von der Gesellschaft als einem ‚grenzenlosen Grönland' nicht um, sondern nimmt sie als Umweltbedingungen hin. Inmitten der arktisch entfremdeten Umwelt will er elektrisch beheizte Glashäuser bauen. Das ‚Nordlicht', von dem Däubler geträumt hatte, fängt er in Form der Elektrizität ein; sie heizt das Gehäuse und leuchtet es aus.[33] Das Glas, künstliche Erscheinungsform des Eises, dient der Abwehr der Kälte. Mit Mitteln der künstlichen Vereisung wird der Binnenraum wie eine Oase geschaffen. ‚Elektrische Heizteppiche', die der freundlichen Ornamentik des Orients nicht entbehren, sorgen für Behaglichkeit. Die symbiotische Hitze der wilhelminischen Familie gehört bald der Vergangenheit an: „Das neue Glas-Milieu wird den Menschen vollkommen umwandeln."

Wer die Macht des Wärme/Kälte-Schemas in den Diskursen des 19. Jahrhunderts verfolgt hat, wird über die Leichtigkeit staunen, mit der Scheerbart die Stereotype zerbricht. Transparenz wird vom Kältepol gelöst und darf mit Behaglichkeit zusammengedacht werden: Eisenbeton und die Magie farbiger Glasfenster, Gebirgsbeleuchtung und botanische Gärten, schwimmende Glasboote und industrielle Fertigung, das alles schließt sich nicht aus. Tumult im Polaritätsschema. Bald gewinnen die Stereotype jedoch wieder die Oberhand.

Wie es weiterging

Schon vor 1933 sind die Energien des Kälte-Kults der Avantgarde erschöpft. Der Stolz darauf, ‚eiskalt' zu sein, verschwindet von der mondänen Kulturbühne und wandert in die sich bekämpfenden techno-politischen Apparate oder in volkstümliche Mythen wie Hanns Hörbigers ‚Welteislehre'. Mit ihr wird ein ‚nordisches Weltbild' propagiert, in dem todesbereite ‚Polmenschen' der „Gefahr und Probe eines Opfers aufrecht entgegensehen".[34] Die Geschichte sucht sich dann zur Bewährung der Tugenden der Selbstzucht wirklich die Landschaften des alten Untergangs-Topos aus: „Vor Stalingrad verweht die Chaussee/ sie führt in die Totenkammer aus Schnee" (Peter Huchel, Dezember 1942). Diese Erfahrung hat das Stereotyp auf unabsehbare Zeit gestärkt.

In der Nachkriegsliteratur hat Alexander Kluge in der Kälte ein Element der Psychopathologie des modernen Alltags erforscht: Auf die ‚warmen Gefühle' fällt der Bleischatten der Kälte, in dem Kälteraum der Moderne steckt ein Hitzekern.[35] Nach einer langen Tradition von Kälte-Tragödien erscheint dann 1978 Hans Magnus Enzenbergers ‚Der Untergang der Titanic' – eine Komödie. Ins Licht der Komödie getaucht, wird die apokalyptische Bilderkette von Nachtschwärze und Eiseskälte einer Reflexion zugänglich, die sich gegen das Untergangsdenken richtet.

Damit hätte ein heiterer Schlußpunkt gesetzt werden können, wenn nicht der am 16. Januar 1991 in seine kriegerische Phase eintretende Nord/Süd-Konflikt das Warm/Kalt-Schema der Diskurse in fataler Weise angeheizt hätte. Sollte die Erfahrung der Moderne, daß „die Strahlkraft jedes Wertsystems dem zweiten thermodynamischen Gesetz gehorcht" für die Welt des Islams keine Geltung haben? Nun senkt sich die Weltvereisungslehre mit ihren neuesten Technologien auf den Wüstensand nieder. Die ‚Kühle', die mit dem Silicium und Galliumarsenid der Computerchips der neuen Waffensysteme assoziiert wird, verheißt Fortschritt. „Eis ist Zivilisation" (Paul Theroux) - man wußte es schon lange.

---

33 Joachim Metzner (siehe Anm. 25), S. 64–67

34 Rudolf v. Elmayer-Vestenbrugg, Die Welteislehre nach Hanns Hörbiger, Leipzig 1938, S. 76 ff.

35 Vgl. Dietmar Voss, Augen des Lebendigen, tiefgekühlt. Streifzüge durch Alexander Kluges Erzählwerk, in: Merkur, 44. Jg., Heft 4 (1990)

Franz Brunner: Eisthron, 1986/87. 12 x 4,50 x 4,50 m.
Krimpenbachalm, Tirol.
„Der Thron entstand durch Besprühen eines Schnurgerüsts.
Meine Absicht war, der Kälte, mit ihren eigenen Mitteln, ein
Zeichen ihrer Macht zu setzen. Sobald sie an Macht verliert,
verschwinden auch ihre Symbole." (Franz Brunner)

AM SCHMELZPUNKT DER KUNST

Der Aufstieg in die Höhe, in die Kälte, ins Eis gehört zu den elementaren Exerzitien künstlerischer Individuen. Seit dem 19. Jahrhundert gewinnt die Flucht aus den brodelnden Niederungen sozialer Mißhelligkeiten auf die vergletscherten Gipfel an praktischer Bedeutung als Weg zur Erzielung intellektueller Klarheit und weitblickender Welterkenntnis. Die nervösen Aufgeregtheiten eines hochtourig industrialisierten Zeitalters provozieren das tröstliche Gegenbild von der Kälte der einsamen Höhen. Ein Gefühl wachsender Dumpfheit in Seele und Welt macht Einsichtigen Hoffnung auf ein vereistes Arkadien. „Denn wo der Haß in Waffen tost, ist Hochgebirg des Weisen Trost", dichtet Victor von Scheffel 1878.[1] Auf der Flucht vor sich selbst und seiner Zeit gerät der Intellektuelle ins Eis - erst hier kommt die körperliche und geistige Absetzbewegung zur Ruhe, findet der Widerstand gegen das brütende Chaos in Kopf und Gesellschaft seine archimedischen Punkte: Selbstfindungslandschaften, an denen sich der überhitzte Verstand auf dem Wege zur Vernunft das Mütchen kühlt. Während der kranke Nietzsche „6000 Fuss über dem Meere und viel höher über allen menschlichen Dingen"[2] sich in Schweizer Gletscherabgeschiedenheit Linderung von seinem Leiden an sich und dem der Menschheit verspricht, drängt es auch Alpenmaler wie Ferdinand Hodler und Giovanni Segantini - getrieben vom „Wunsch nach höher gelegenen Gegenden, im Bewußtsein, daß dort die Welt der Gegenstände klarer in Form und Farbe zu erfassen sein werde"[3] - ins Eis. Wobei solchem „Aufstieg zu den Höhen im physikalischen und im malerischen Sinn ein Aufstieg im geistigen gegenübergestellt werden muß".[4] Mit dem „Willen zur Klarheit" (Hodler) wird die Suche nach einem „Nirwana von Eis und Schnee" (Segantini), die Selbsterhöhung des Künstlers über das Nebelmeer, zum Therapieversuch gegenüber den eigenen Obsessionen, zur Methode der Schärfung künstlerischer Wahrnehmung durch Grenzerfahrung. „In deinem Atelier muß jene kalte Atmosphäre herrschen wie in den Bergen in 3000 Meter Höhe; ewiger Schnee muß dort liegen. Kälte tötet die Mikroben",[5] propagiert schließlich einer, dem die Reise in die reine Natur des Eises fernliegt: der De Stijl-Künstler Theo van Doesburg 1930. Seine Ablehnung eines bohèmehaften Arbeitsambientes - jenen „Käfigen, in denen es nach kranken Affen stinkt"[6] - mündet in die programmatische Forderung nach der Sterilität des ewigen Eises. Künstlerische ‚Vollkommenheit', ‚Reinheit' von Bewußtsein und Umständen, ‚Vernunft' in Konzeption und Durchführung sowie ‚Schönheit' und ‚Harmonie' als die ästhetischen Ideale des Konstruktivismus sind nur erreichbar durch Abtötung der ‚Mikroben': jener entropischen Kräfte, die stets

Eis als Material und Thema ästhetischer Konzepte

1 Joseph Victor von Scheffel, Bergpsalmen. Gletscherfahrt, Stuttgart 1878
2 Zit. nach Joachim Köhler, Zarathustras Geheimnis, Nördlingen 1989, S. 379
3 Gottardo Segantini, Giovanni Segantinis Malweise, in Katalog: Giovanni Segantini 1858 - 1899, Kunstmuseum St. Gallen, 1956
4 Gottardo Segantini (siehe Anm. 3)
5 Zit. nach Hans L. C. Jaffé, Mondrian und De Stijl, Köln 1967, S. 242
6 Hans L. C. Jaffé (siehe Anm. 5)

das ‚Reine' in sein Gegenteil verderben. Dabei ist das Fehlen von natürlicher Kälte durch künstliche Unterkühltheit der Geisteshaltung zu kompensieren. Das metaphorische oder faktische „Gehen im Eis" (Werner Herzog)[7] und ins Eis, der Kampf mittels Kälte gegen „das eklig Wuchernde" (Herzog) also als überkommene intellektuelle Strategie zur Erlangung eines Bewußtseinszustands von Abgeklärtheit und Konzentration: der kühle Kopf als Voraussetzung künstlerischer Artikulationsfähigkeit und kreativer Wirklichkeitsbewältigung.

Es dauerte bis in die sechziger Jahre unseres Jahrhunderts, bis dieser Anspruch an ein geistiges Klima als Bedingung für Kunst nicht nur durch Dislozierung des Künstlers, sondern auch direkt im Material dieser Kunst eingelöst werden konnte: nicht nur durch die Lebenspraxis, sondern durch die ästhetische Praxis selbst zu verwirklichen war. Nach der heißen Phase der Abstraktion sahen zahlreiche Künstler die Chance für eine neue visuelle Hygiene im Umgang mit der artifiziellen Kälte. Im Zuge der medialen Expansion dieses bewegten Jahrzehnts wurde Eis zum Mittel wie zum Thema zahlreicher künstlerischer Konzeptionen von unterschiedlicher Motivation und von hohem Differenziertheitsgrad.

Kunst kommt vom Kühlen

Das Eis verdankt sein Avancement zum Kunst-Stoff mit weitreichenden praktischen Konsequenzen und theoretischen Implikationen der Suche nach einem Material, das der veränderten Wirklichkeitsauffassung der künstlerischen Praxis seit Beginn der sechziger Jahre gerecht zu werden vermag: Anforderungen einer Ästhetik, der es nicht mehr um endgültige Manifestationen mit dem klassischen Anspruch überzeitlicher Bedeutungsfähigkeit geht. Stattdessen sind Künstlerinnen und Künstler nach dem Leerlaufen des abstrakten Gestikulierens vermehrt darauf aus, solche Werkstoffe für sich zu entdecken, mit denen die Preisgabe traditioneller Werkeigenschaften wie Dauer, Materialität, Formdeterminiertheit verbunden ist. Nunmehr geht es um Einbettung der künstlerischen Maßnahme in einen zeitlich befristeten Ereignisablauf, in dem der Zufall als formbestimmender Faktor bedeutsam wird. Mit einer radikalen Neudefinition des Kunstbegriffs geht eine ebenso radikale Umwertung von Materialeigenschaften einher. In dem Vorgang, den Lucy Lippard 1973 als „Entmaterialisierung des Kunstobjekts"[8] bezeichnet, scheint das Eis auf ideale Weise den veränderten Kriterien zu entsprechen. Hier ist der Stoff des reduzierten Anspruchs gefunden: eine formbare Masse, die es möglich macht, Plastik als Vorschlag zu betreiben, als visuelle Hypothese, frei von Spekulationen auf dauernde Gültigkeit. Der von Künstlern in Gang gesetzte Prozeß argumentiert auf Zeit, revidiert sich selbst. Hier ist ein Material, historisch unbelastet, das durch seine unbegrenzte Verfügbarkeit und mangelnde Preziosität die verfestigte Werthierarchie der Kunstwelt abzuschmelzen vermag; eines, das die soziale Dimension des künstlerischen Tuns durch seine Kontextabhängigkeit belegt. Empfindlich gegen Umwelteinflüsse, demonstriert es die Macht der Rahmenumstände über die Kunst. Die primäre Qualität, derentwegen das Eis für die Gestaltprozesse seit 1960 von Interesse wird, ist seine Instabilität, seine Tendenz sich zu verflüchtigen, wenn es mit anderen Stoffen oder Zuständen ineinander gerät. Es entfaltet seine für künstlerische Prozesse signifikanten

Butze Fischer, Peter Hollinger, Günter Reger: Installation mit auftauendem Instrumentarium, 1987. Aktion in der Ausstellung Künstlergruppen zeigen Gruppenkunstwerke. Gesamthochschule Kassel, Halle K 18.

Eigenschaften gerade dort, wo es dabei ist, seine Existenzform aufzugeben. Am Schmelzpunkt der Kunst erschließt sich ein vielfältiges Spektrum innovativer Kommunikationsmöglichkeiten; der Stoff, in dem die Kälte ist, erweitert gerade durch seine allseitige Begrenztheit die Grenzen visueller Kreativität.

Akustik der Kälte

Bei seinen Konzerten der siebziger Jahre tritt der amerikanische Rock-Musiker Ted Nugent mit einer Gitarre aus Kunsteis auf, die sich im Laufe der Bühnenshow dampfend ins Nichts verflüchtigt. An der Porte Soprano in Genua und später auf verschiedenen öffentlichen Plätzen in New York zeigt Laurie Anderson 1974 ihre Performance ‚Duets on Ice': Auf Schlittschuhen, die in Eisblöcke eingebettet sind, spielt sie Geige zu Tonbandbegleitung. In der Ausstellung ‚Sound Sculpture As' des Museum of Conceptual Art, San Francisco, zeigt Paul Kos 1970 seine Skulptur ‚Sounds of Ice Melting': acht Mikrophone umringen zwei Eisblöcke, um das Schmelzgeschehen verstärkt hörbar zu machen. 1968 erstellt Pier Paolo Calzolari die Plastik ‚Un flauto dolce per farmi suonare': in einer vereisten Eisenstruktur ist eine Flöte eingefroren. Seit den siebziger Jahren experimentiert Norbert Zimmermann mit kinetischen Klangskulpturen, die durch das Zusammenwirken von Trockeneis und Stahlplatten entstehen. 1987 ereignet sich in der Halle K 18 der Gesamthochschule Kassel anläßlich der Ausstellung ‚Künstlergruppen zeigen Gruppenkunstwerke' die musikalische Aktion ‚Installation mit auftauendem Instrumentarium': ein Arsenal eingefrorener Klangerzeuger wird durch sukzessive Enteisung zum Funktionieren gebracht.

Charakteristisch für den künstlerischen Umgang mit Eis sind Konzeptionen, in denen es die sinnliche Erweiterung der bildenden Kunst ins Werk zu setzen hat: Eis als Medium zur Expansion visueller Erfahrungsmöglichkeiten in Richtung eines komplexeren, multisensorischen Wirkungsgefüges. Insbesondere dem Gehör gilt bei den Versuchen der Komplettierung optischer Wahrnehmungsstrukturen das Interesse der Künstler. Die Akustik der Kälte verhilft zur Sensibilisierung für ästhetische Vorgänge jenseits der Schallgrenze alltäglicher Reizüberflutung. Bedeutungstragend wirkt der Kontrast zwischen einem Stoff, der als Synonym für tote Materie, erloschene Energie, stillgelegte Lebensvorgänge steht, und einem Phänomen, das als populäre Metapher des Lebendigen gilt. In dem Maße, wie Musik und Eis charakterlich einander widersprechen, können sie zur wechselseitigen spannungsvollen Kommentierung angewendet werden; das wohltemperierte Instrumentarium der Eiskünstler dient der Mitteilung von Erfahrungen, die gemeinhin den Mechanismen einer selektiven Wahrnehmung zum Opfer fallen.

Im experimentellen Vorfeld solcher Synästhesien versucht Paul Kos[9] mit einem Akt akustischer Spurensicherung dem von seiner technischen Versuchsanordnung hart bedrängten Naturprodukt Geräusche zu entnehmen. Sein Lauschangriff auf eine als stumm erachtete Materie gilt den Klagelauten in einem Vorgang des Verschwindens, um das Verschwundene schließlich als gespeicherte Geräuschabfolge überleben zu lassen.

Laurie Anderson dagegen macht die Dauer ihres eigenen akustischen Handelns von der natürlichen Frist des Schmelzprozesses abhängig:

Pier Paolo Calzolari: Un flauto dolce per farmi suonare, 1968. Tiefgekühlte Eisenstruktur und Flöte; 47 x 88 cm.

7 Vgl. Werner Herzog, Vom Gehen im Eis, München 1978
8 Vgl. Lucy Lippard, Six Years: The dematerialization of the art object from 1966 to 1972, New York 1973
9 Siehe auch Katalog: Space Time Sound. Conceptual Art in the San Francisco Bay Area: The 1970s, San Francisco Museum of Modern Art, 1979, S. 33

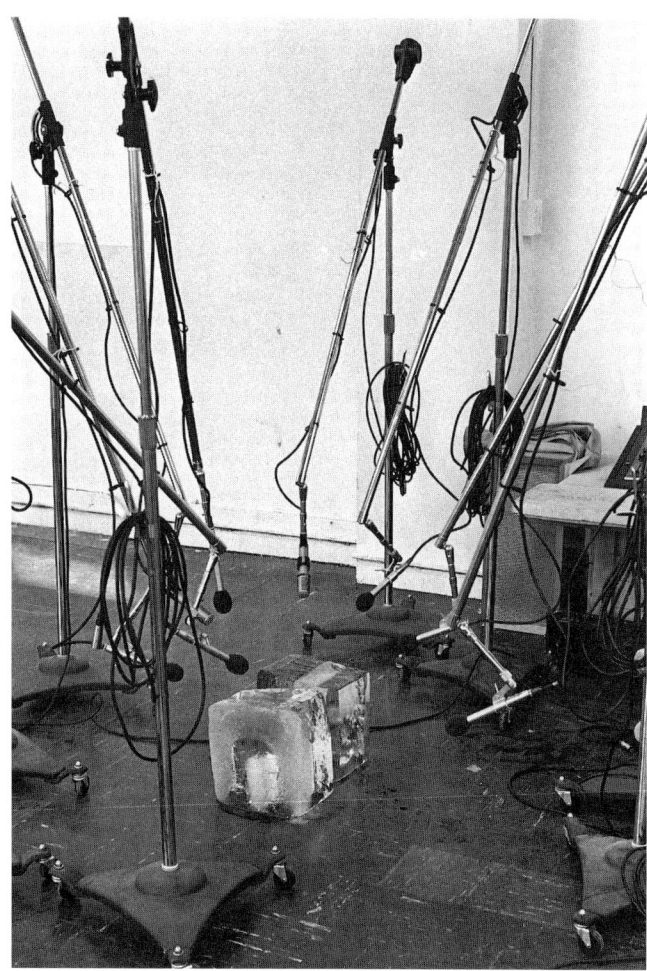 

Paul Kos: Sounds of Ice Melting, 1971. Museum of Contemporary Art, San Francisco.

Laurie Anderson: Duets on Ice. Porte Soprano, Genua 1974.

10 Edith Almhofer, Performance Art. Die Kunst zu leben, Wien/ Köln/ Graz 1986, S. 132/133
11 Das Objekt steht neben anderen Arbeiten mit vereisten Kühlschlangen: ‚Impazza angelo artista', ‚Mia arte ostinata o mestiere', ‚Il mio 25o anno di età', ‚Oroscopo come progetto della mia vita' (alle 1968), ‚L'aria vibra del ronzio degli insetti (1970).

„‚Duets on Ice' konstituiert sich aus einem zeitlich begrenzten physikalischen Vorgang, der auch die Dauer der Darbietung begrenzt - dem Schmelzen der Eisblöcke, in die die Schlittschuhe der Performerin eingefroren sind - und einem Live-Duett. Die Künstlerin spielt simultan zu einem aus ihrer Geige erklingenden Tonband cowboyartige Musik und balanciert dabei im weißen Flattergewand auf ihren Schlittschuhen. Der Kontrast zwischen dem vom Band vorgegebenen Rhythmus und der live gespielten Begleitung ist von unüberbietbarer Komik und voller Anspielung auf diverse Werke der modernsten Kunst."[10]

Während in Laurie Andersons Ereignisstruktur die Musik solange ‚fließt', bis der Zeitvorrat zerronnen ist, muß bei Calzolaris Kältearbeit ‚Eine süße Flöte um mich zum Spielen zu bringen'[11] der akustische Vorgang erst in Fluß gebracht werden: Tonlos gefesselt im Eis liegt Musik in Gestalt einer Flöte. Nur durch Wärmezufuhr ist der Starrkrampf zu lösen. Die gewaltsame Befreiung der Töne aus ihrem eisigen Kerker: Für Norbert Zimmermann dient die Unter-Null-Situation nicht zur Unterdrückung der Geräusche, sondern zu ihrer Aktivierung. Seine Skulpturen verwandeln sich von stummem Stahl in kreischende Materie dann, wenn sich der Trockeneisblock zwischen den Platten verkeilt und der vom Temperaturunterschied hervorgerufene Spannungszustand das Werk zu Verhaltensweisen bewegt, die niemand ihm zugetraut hätte. Das vom Eis hervorgerufene, ihm abgelauschte, prozessual

Norbert Zimmermann: Ohne Titel, 1989. Stahl ST 37-2 geschweißt, Trockeneis. Im Besitz des Künstlers.

mit ihm verknüpfte, assoziativ auf es übertragene Klangerlebnis verhilft einem Kunstbegriff zur Erweiterung sowohl der künstlerischen Aussagemittel, als auch der ästhetischen Kompetenz des Publikums. Betrieben wird eine Erziehung zur Differenzierungsfähigkeit gegenüber Ereignisformen, die als künstlerische Strategien bislang unterschwellig waren: The sounds of silence.

In der Zeitfalle

„In London machte ich 1962 aus meiner ‚galerie légitime' (mein Hut war die Galerie) eine ‚Gefrierausstellung', das heißt, ich fror den Hut, in dem sich kleinere Arbeiten befanden, ein und kündigte an, daß die Ausstellung von Oktober 1962 bis zum Oktober 1972 geöffnet sein würde. Diese Ausstellung hat mich ziemlich lange begleitet. Irgendwann habe ich sie verloren, aber 1972 konnte ich sie doch auftauen."[12] Als Robert Filliou die Exponate seiner ‚Frozen Exhibition' aus dem Strom der Zeit löst, greift er mit dieser Fluxus-Tat auf eine der alltäglichen Nutzanwendungen des Eises zurück: auf seine konservierende Eigenschaft. Wie Bierbrauer und Fischhändler bedienen sich hier auch Künstler der materiellen Kälte, um ein verderbliches Gut dem erodierenden Einfluß der Zeit zu entziehen. Und häufig ist dieses Gut die Zeit selbst. Vorübergehend zum Stillstand gebracht, ihrer nagenden Wirkung beraubt, gerät sie in den Bereich des Sichtbaren, indem sie im Eis

[12] Katalog: Robert Filliou, Museum Sprengel Hannover, 1984, S. 75

HASchult: Eingefrorene Bewegung, Köln 1989.

13 Katalog: Ressource Kunst. Die Elemente neu gesehen, Künstlerhaus Bethanien Berlin, 1989, S. 144
14 Michael Haerdter in der Arbeitsdokumentation der Künstler, 1990. Vgl. im Gegensatz hierzu die ökologisch motivierte ‚Rheinkühlaktion', des ‚Baden Kultur Komitee e. V.': Der Versuch, im Dezember 1986 hinter dem elsässischen KKW Fessenheim mit Stangeneis den Rhein abzukühlen. Jahrbuch der Aktionskunst, Berlin 1987, S. 11
15 Zur Aktion siehe Thomas Höpker/ Eva Windmöller/ Klaus Honnef: HASchult. Fetisch Auto, Düsseldorf 1989
16 Katalog: Angles of Vision. French Art Today. Exxon International Exhibition, Solomon Guggenheim Museum New York, 1986, S. 126
17 Jean-Claude Lemagny in Katalog: Aktuelle Kunst Europas. Sammlung Centre Pompidou, Deichtorhallen Hamburg, 1990, S. 94. Vgl. hierzu auch die Eiseinbettungsarbeit von John Baldessari: ‚EMBED: ICE CUBES (U - BUY BAL DES SARI)' (1974, 5 Schwarzweißfotografien mit Airbrush, je 35,5 x 50,5 cm). Siehe Katalog: Kunst bleibt Kunst. Prospekt '74. Kunsthalle Köln, 1974, S. 122-124
18 Zur Konzeption des Museums als Kühlschrank der Kultur siehe auch Katalog: Raid the Icebox I with Andy Warhol, Museum of Art, Rhode Island School of Design, 1969. Vgl. auch die Präsentation altägyptischer Kleinfunde in einer Kühltruhe anläßlich der Ausstellung ‚Le trouv', Museé d'ethnographie Neuchatel, 1990.

die reine Form annimmt: visuelle Hilfestellung zur Wahrnehmung einer sozialen Konventionsform, die - in die Falle gegangen - ihre symbolischen Verkleidungen ablegen muß.

Die Rauminstallation ‚Antarktisches Alluvium' (1988) der Berliner Künstler Stefan Micheel und HS Winkler setzt beispielhaft an dieser Aufgabe der Vergegenständlichung von Zeit an. In einer gläsernen Kühlvitrine wird ein ein Kubikmeter großer, bis zu 12.000 Jahre alter Eisblock aufbewahrt, der Kernbohrungen in die Urschicht des antarktischen Eismeeres entstammt: „Durch ständige Kühlung soll der Urzustand zu einem Zeitpunkt simuliert werden, der weitab unserer Vorstellungskraft liegt. Das über Jahrtausende in unveränderter kristalliner Form bestehende Eis erhält so räumliche wie zeitliche Transparenz."[13] Bestandteil der Installation ist eine Atomzeituhr, welche die heutigen Möglichkeiten exaktester Zeitmessung mit den thematisierten temporalen Abgründen verknüpft. ‚Antarktisches Alluvium' dient als Aufforderung, „gedanklich und emotional die Dimension nachzuvollziehen, die zwischen den unfaßbaren Energien bei der vorgeschichtlichen Entstehung der Erde weit außerhalb unserer Zeitvorstellung und der gegen dieses ‚Chaos' gerichteten, kurzen historischen Weltordnung klafft".[14]

Freilich sind nicht alle Anläufe, sich über Eis der Zeit zu vergewissern, von solch kühler Präzision und rationalem Kalkül. Weitaus weniger konzeptionell, dafür mit umso provokanterer Geste agiert HA Schult bei seinem Versuch, im Fluß Befindliches lahmzulegen. In ihrer spektakulären Aktion ‚Eingefrorene Bewegung' - Bestandteil des Projektes ‚Fetisch Auto' - setzen HASchult und Elke Koska 1989 einen roten Ford Fiesta auf die Kölner Domplatte, eingeschlossen in einen Eisblock.[15] Gestörte Motorik, verhinderte Kinetik, ins Stocken geratene Dynamik eines Wirtschaftswerts ...: Unmißverständliche Semantik regiert den ruhenden Verkehr auf dem Roncalliplatz, wo der Macher sich an einem essentiellen Faktor gegenwärtiger Zivilisation zu schaffen macht.

Die aufgehaltene Zeit ist auch Thema von Patrick Tosanis großformatigen Fotoarbeiten von 1982/83, in denen der kristallisierte Bewegungsablauf das Verhältnis des benutzten Abbildungsverfahrens zur Wirklichkeit kommentiert: „To make a photograph means to freeze an instant of time."[16] Kleine Kunststoffiguren - Schwimmer, Läufer, Springer -, in Posen verharrend, eingefroren in Eiswürfeln, fotografiert und vergrößert auf 120 mal 170 Zentimeter, machen klar, was Kunst mit der Wirklichkeit anstellt. In mehrfacher Verschränkung wird der natürliche Bewegungsablauf durch technische Abbildungsmittel gehemmt und erstarrt als Plastik im Eis, im Foto. Tosani geht es „nicht darum, das Bild eines Eisklumpens zu zeigen, sondern die Folge von Gesten, die das Bild herstellen, und die visuellen und analogen Qualitäten des gewählten Gegenstandes ... . Was Tosani dabei einerseits lockt, ist die Beweglichkeit der Körperhaltungen, andererseits zeigt die Wahl dieser Figuren klar, daß der Eisblock keinerlei eigene Realität hat. Er verwandelt sich Zug um Zug in einen Berg, ein Schwimmbecken, einen Marmorblock, eine Skipiste etc.. Fortschreitende Metamorphosen weisen darauf hin, daß das Eisstück nur insofern Bedeutung hat, als es der fotografischen Camera Obscura entspricht. So spiegeln diese leuchtenden Bilder metaphorisch das Objekt, das sie hervorbringt."[17]

Einen nochmals anderen Vorschlag zur Überbrückung der Zeit, zugleich eine Problematisierung des realitätsabbildenden Tuns des Künstlers liefert Reiner Ruthenbeck 1971 mit seinem ‚Wohnobjekt II (Gefrierfach-Tuscheziegel)‘, bestehend aus 1,5 Liter zu einem Ziegel gefrorener Tusche, aufbewahrt im Gefrierfach eines Kühlschrankes. Mit diesem Akt der Verweigerung entzieht sich der Künstler einer mimetischen Einlassung auf die Wirklichkeit. Er vermeidet die Investition seines Zeichenmaterials in ein einziges künstlerisches Gebilde, das damit sämtliche anderen ausschließen würde. Er läßt sich nicht festlegen auf ein definiertes Werk, sondern hält alle Optionen offen. In Kälte gebunden wird das kreative Potential durch die Zeit gebracht. Mit dieser Form der Zeitausschaltung wird ein Anspruch auf Überleben erhoben, der identisch ist mit dem vom Museum manifestierten, in dem überalterte Meisterwerke ihrer Wiedererweckung durch ein sensibilisiertes Publikum harren: das Museum als Kühlhaus für Fundsachen visueller Ästhetik, die, dem Fluß der Kunstproduktion entrissen, zur Identifizierung freigegeben sind.[18]

Reiner Ruthenbeck: Wohnobjekt II (Gefrierfach-Tuscheziegel), 1971. 1,5 Liter Tusche zu einem Ziegel gefroren; 10 x 20 x 6 cm. Aufbewahrungsort ist das Gefrierfach des Kühlschranks.

František Klossner: Das laufende Bild, 1989. Eine Arbeit mit Eis vor der Kunsthalle Bern.

Hans Haacke: Symbiotisches Wasserübertragungssystem, 1969. Wassererhitzer, Luftfeuchtigkeit, Wasser, elektrische Regler, Kühlaggregat, rostfreier Stahlbehälter. (Das Werk existiert nicht mehr.)

Mit der Zeit

Als am 26. Oktober 1972 Robert Filliou in der Bonner Galerie Magers seine zehn Jahre zuvor in London eingefrorene Ausstellung auftaut, verweist diese Kapitulation vor der Wärme der Umstände auf die bedeutsame Eigenschaft des Eises: seine Instabilität. Statik, Erstarrung, Verhinderung von Abläufen - Faktoren, die in der konservierenden Verwendung (auch der Kunst) von Relevanz sind, - können zwar vorübergehend gegen die thermodynamischen Gesetzmäßigkeiten mobilisiert werden. Der dazu nötige apparative Aufwand läßt jedoch nicht vergessen, daß Eis in jenen Breiten, die es brauchen, eben nicht von Dauer ist.

Gerade aber durch diese limitierte Existenzform, durch die Ambivalenz von Konservativität der Funktion und Fortschrittlichkeit der Substanz, wird das Eis für eine besondere Kunstpraxis unentbehrlich. Sie bedient sich prozessualer Abläufe, um sich den der Wirklichkeit zugrunde liegenden Strukturen anzunähern. Die Unbeständigkeit des Eises macht es geeignet für eine Ästhetik der fließenden Grenzen, die

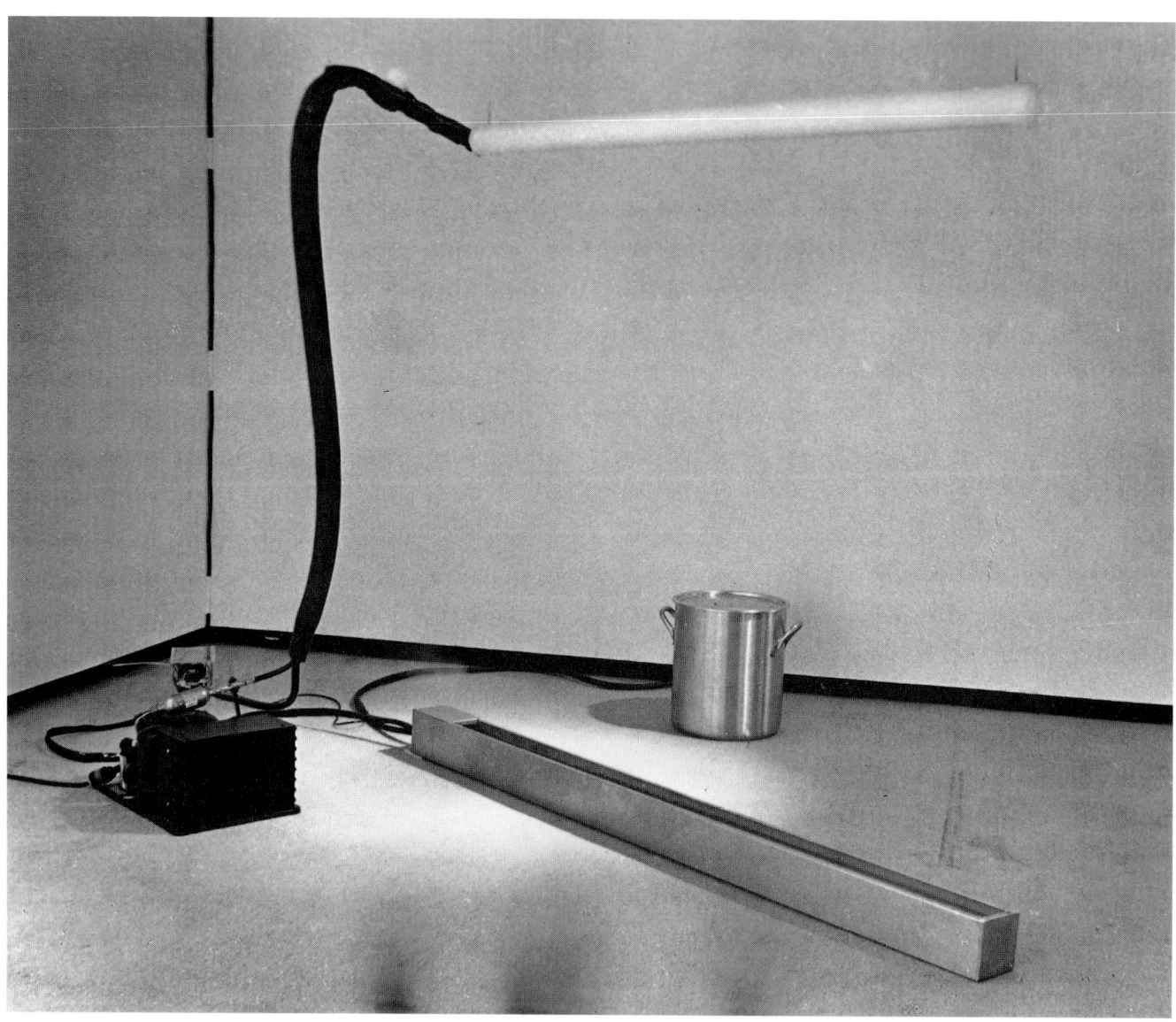

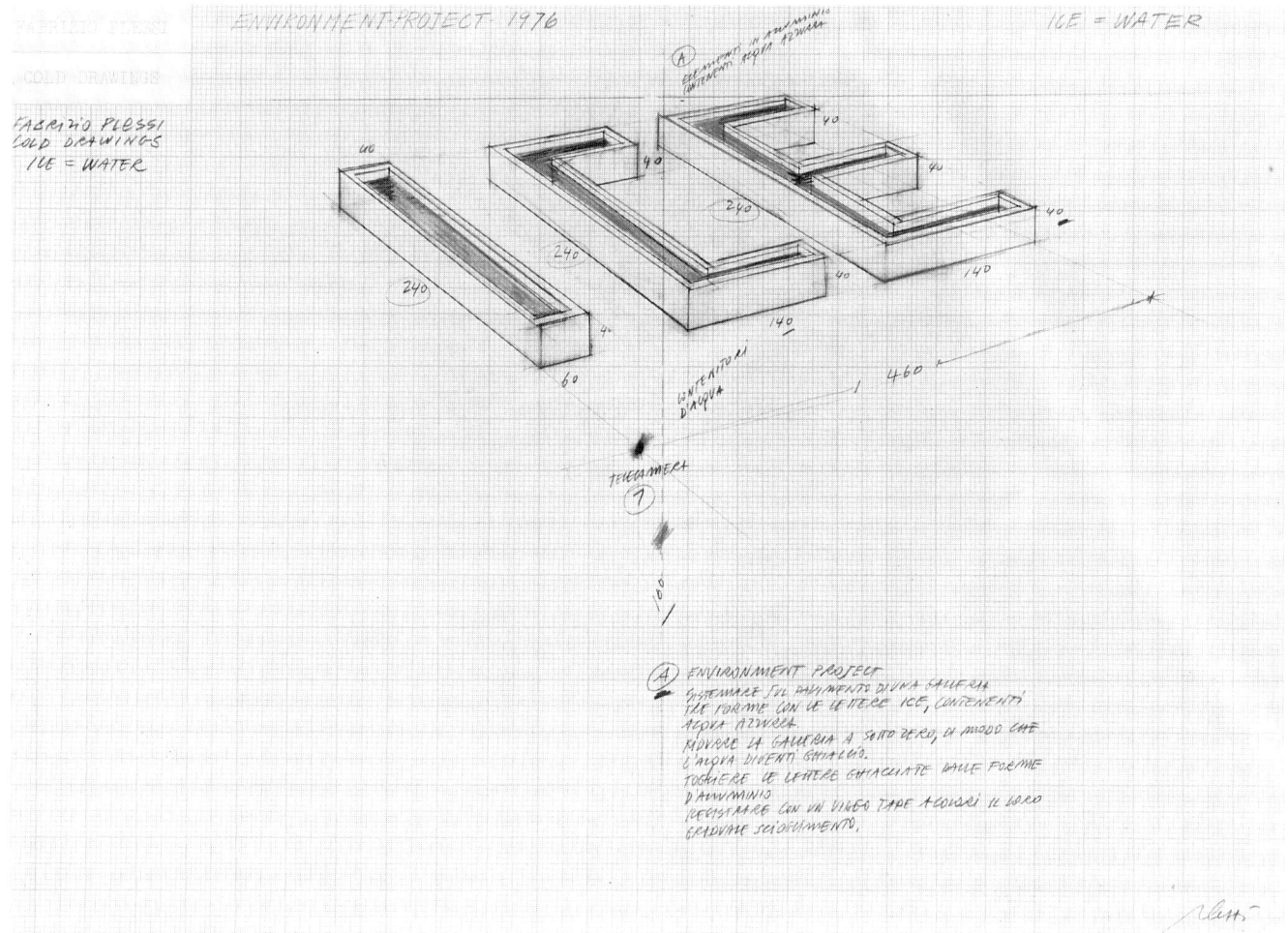

Fabrizio Plessi: ICE = WATER, 1976. Bleistift und Buntstift auf Millimeterpapier; 70 × 100 cm. Aus der bislang unveröffentlichten Serie ‚Cold Drawings', 1976. Im Besitz des Künstlers.

sich in Ereignisstrukturen artikuliert und auf einem Werkbegriff basiert, bei dem die äußere Gestalt determiniert ist durch die physischen Gegebenheiten des Umfeldes, nicht durch die Formentscheidung eines Künstlers. Die zufallsbedingte Änderung des Aggregatzustandes wird zum Kunstmittel, das den Wandel der Welt adäquat verdeutlicht.

Dieser Grundgedanke einer symbiotischen Verbindung von künstlicher Manipulation und natürlicher Einflußnahme als Methode, zu Kunst zu kommen, liegt zum Beispiel dem Happening ‚Fluids' zugrunde, das Allan Kaprow 1967 in Los Angeles und Pasadena veranstaltet: Während dreier Tage werden an zwanzig verschiedenen Stellen der Stadt rechteckige Einfriedungen aus Eisblöcken aufgemauert. Als Modellfälle öffentlicher Partizipation entstehen unter Beteiligung freiwilliger Helfer minimalistische Großplastiken, die nach Fertigstellung dem Abschmelzen in der Sonne überlassen werden.[19]

Als Nachtrag zu seiner eigenen Abtauaktion konzipiert Allan Kaprow das schmelzende Landschaftsobjekt ‚Durations/Zeitverläufe', das 1976 von Radio Bremen beim Festival ‚Pro Musica Nova' realisiert werden kann und das abermals den Zusammenhang von Werden und Vergehen, von künstlerischer Anstrengung und deren Revision durch die Natur zum Thema hat.[20] Eine von zahlreichen späteren Bezugnahmen auf diese Maßstäbe setzende Kunstaktivität[21] ist Norbert Zimmermanns ‚Eisirrgarten', 1977 während der ‚documenta 6' auf dem Vorplatz des

[19] Siehe auch Adrian Henri, Environments and Happenings, London 1974, S. 97; Katalog: Allan Kaprow. Collagen, Environments, Videos, Broschüren, Geschichten, Happening- und Activity-Dokumente 1956-1986, Museum am Ostwall Dortmund, 1986.
[20] Allan Kaprow in Katalog: Allan Kaprow. Activity-Dokumente 1968-1976, Kunsthalle Bremen, 1976
[21] Edith Almhofer weist darauf hin, daß auch Laurie Andersons ‚Duets on Ice' als Anspielung auf Kaprows Aktion gemeint sei. Vgl. Almhofer (siehe Anm. 10), S. 152, Anm. 154

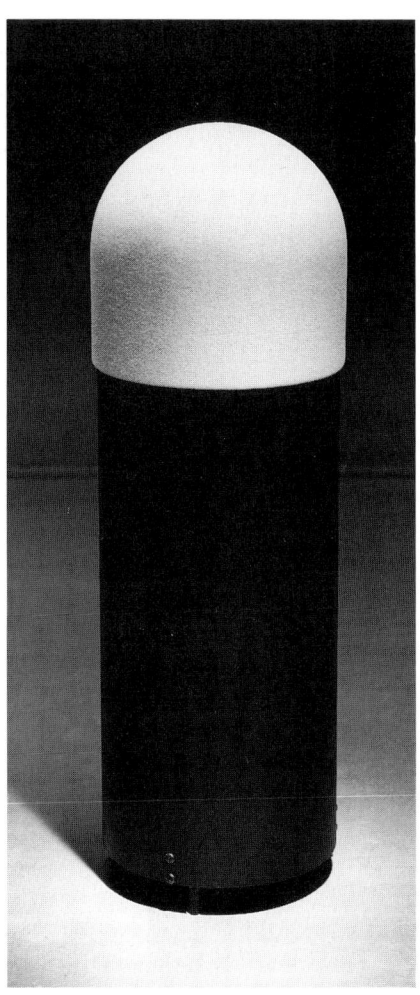

Jan van Munster: Noli me tangere, 1990. Stahl, Eis; H. 100 cm, Dm. 30 cm. Im Besitz des Künstlers.

22 Hans Haacke im Interview mit Karin Thomas, in: Kunst-Praxis heute. Eine Dokumentation der aktuellen Ästhetik, Köln 1972, S. 101 f.
23 Hans Haacke (siehe Anm. 22)
24 Hans Haacke (siehe Anm. 22)
25 Hans Haacke, Vortrag auf der Jahrestagung der Intersocial Color Council New York 1968, in: Hans Haacke. Werkmonographie, Köln 1972, S. 36-45, Zitat S. 44

Kasseler Staatstheaters aus dampfenden Kunsteisblöcken aufgeschichtet: eine begehbare Plastik auf Zeit, die in ihrer Auflösung die Diskrepanz zwischen den konstruktiven Absichten der Kunst und den entropischen Tendenzen der Natur verdeutlicht.

Vom aktivierenden Partizipationsangebot zum konzeptionellen Demonstrationsgegenstand gerät das Eis in Hans Haackes Gefrierarbeiten. Bei seinen Bestrebungen, die zur künstlerischen Formulierung eines dynamischen Weltbilds unzulänglich gewordenen traditionellen mimetischen Verfahren aufzugeben, um stattdessen „die Operationsweisen physikalischer, biologischer und gesellschaftlicher Systeme selber" als Kunstmittel zu benutzen, bietet sich die instabile, kontextabhängige Existenzform des Eises als Paradigma an: „Statische Objekte herzustellen ist für mich unbefriedigend, weil statische Objekte in wesentlichem Gegensatz zum tatsächlichen Prozeßcharakter der uns erfahrbaren Welt stehen."[22] Als Resultate seines Bestrebens, bei der Produktion wirklichkeitserklärender Kunst „nicht mehr primär emotional zu reagieren, nicht mehr expressionistisch zu arbeiten, sondern sehr viel kühler und distanzierter"[23], entstehen die Apparaturen ‚Eisstab' (1966), ‚Eistisch'(1967) und ‚Schwimmender Ring' (1970). Letztere Vorrichtung wird als dynamisches System definiert: „Eine mit Kühlaggregaten verbundene Kühlschlange taucht in ein mit Wasser gefülltes Bassin. Um die ringförmige Kühlschlange bildet sich eine Eisschicht, deren Dicke von der Umgebungstemperatur beeinflußt wird, das heißt in einer kühlen Umgebung wird die Eisschicht dicker, bei ansteigender Temperatur nimmt sie ab, so daß alle Temperaturschwankungen an der sich verändernden Dicke des Eises ablesbar sind. Der Eisring ist also einem Thermometer vergleichbar, welches das Temperaturgeschehen registriert und visualisiert. Da Eis leichter als Wasser ist, erhebt sich die im gefrierfreien Zustand auf dem Bassinboden liegende Kühlschlange bei Eisansatz vom Boden, und der Ring taucht je nach Eisdicke aus dem Wasser heraus. Das dann nicht mehr völlig von Wasser umgebene Eis bedeckt sich mit schneeartiger Kondensation."[24] Haackes Gefrierobjekte reagieren also auf meteorologische Veränderungen in der Umgebung. Indem sie Luftfeuchtigkeit in Eis verwandeln, integrieren sie den Umraum über dessen physikalische Bedingungen in das Kunstsystem: „An kühlen und feuchten Tagen ziehen die freiliegenden Kühlschlangen mehr Umweltfeuchtigkeit an und bilden daher rascher eine Eisschicht. Schnell zunehmender Frost ist trocken und schneeig. Ein plötzlicher Temperaturanstieg kann die oberste Eisschicht etwas schmelzen lassen, und ihre Oberfläche bekommt dann ein hartes, gläsernes Aussehen. Da meteorologische Veränderungen ziemlich unvorhersehbar sind, lassen sich auch Oberflächenstruktur und Dicke des Eises nicht vorherbestimmen. Der Zufall ist insofern in das System eingebaut, als sich nur statistische Vorhersagen machen lassen."[25] 1969 erweitert Haacke nochmals die kommunikativen Verflechtungen durch sein ‚Symbiotisches Wasserübertragungssystem', in welchem sich die Aggregatzustände Wasser, Dampf und Eis im ständigen Wechsel zu einem Kreislauf zusammenschließen.

In solchem Wechselverhältnis liegt auch das große Thema des venezianischen Künstlers Fabrizio Plessi, der seit den fünfziger Jahren seinen „aquaphilen Obsessionen" (H. Gercke) nachgeht, indem er Wasser in seinen verschiedensten Erscheinungsformen und kulturge-

Doris Halfmann: Eiswalze in Metallgestänge, 1988. Länge 150 cm. Im Besitz der Künstlerin.

schichtlichen Verwendungsweisen alle möglichen Abbildungsverfahren durchlaufen läßt. Mit historischer Kenntnis und technischer Raffinesse entwirft Plessi Vorschlag auf Vorschlag für Rauminstallationen, um dort im fliegenden Wechsel der Zustandsformen auch das Eis immer neuen Transformationen zwischen Realität und Imagination zu unterziehen. Und im Spiel der medialen Verwandlungen fügt er den herkömmlichen Aggregatzuständen neue hinzu: Seine vieldimensionalen Installationen bedienen sich auch der lexikalischen Form des Wassers und des Eises, ebenso deren Umsetzung in Licht (Neon) und der Entmaterialisierung durch die Elektronik (Video). Komplexe Realitätsverschränkungen verwickeln das Kunstpublikum in Vexierspiele aus simulierter und tatsächlicher Kälte, wirklichem und elektronischem Fließen, imaginärem Verrinnen von Wasser und faktischem Verrinnen von Zeit – und machen so die prekäre Position des zur Wahrnehmung verurteilten Individuums im visuellen Dschungel des sogenannten ‚Medienzeitalters' unübersehbar.²⁶

Solch medienintensivem Einsatz des Eises entgegengesetzt sind die meditativ orientierten Skulpturen der Düsseldorfer Künstlerin Doris Halfmann. Für ihre Installation ‚Eiskegel mit Metallgestänge und Metallbecken' (1988) wird ein kegelförmiger Eisblock als Wirkungsfaktor in einer ausbalancierten mechanischen Vorrichtung verspannt, in der das fortschreitende Abschmelzen einen Bewegungsablauf steuert.

26 Frühe Fotoarbeiten mit Eis sind ‚Bicchiere di ghiaccio' und ‚Acqua solida' (beide 1975). Zu den Projektzeichnungen für Installationen gehören ‚Ice/Neon/TV' (1968; 130 x 162 cm), ‚Ice/Neon' (1972; 130 x 162 cm), ‚ICE' (1976; 100 x 70 cm), ‚Analogia effimera' (1981, 150 x 200 cm), ‚Ice' (1981, 150 x 200 cm) sowie die zwanzig Blätter umfassende Zeichnungsserie ‚Cold Drawings' (1976; je 70 x 100 cm).

243

Durch den Gewichtsverlust des Kegels tritt mit der Zeit eine allmähliche Veränderung in der Anordnung der plastischen Elemente ein. Dieser Prozeß vollzieht sich jedoch so langsam, daß er im üblichen Rahmen eines Rezeptionsvorganges visuell nicht wahrgenommen, sondern nur rational aus der Konfiguration erschlossen werden kann. Materialzerfall als Motor eines ruhigen Bewegungskontinuums mit einer Ereignisdauer von circa 24 Stunden: die Eis-Uhr als Zeit-Lupe.[27]

Beharrliches Bemühen, natürliche Wandlungsvorgänge für künstlerische Formgewinnung nutzbar zu machen, kennzeichnet insbesondere auch das vielfältige Werk von Paul Kos, der seit den sechziger Jahren in zahlreichen Projekten das vorübergehend gefrorene Wasser als Medium raum-zeitlicher Konzeptionen, environmentaler Situationen und publikumsaktivierender Installationen einsetzt.[28]

27 Andere Arbeiten der Künstlerin haben ähnliche Formprozesse (‚Eiswalze in Metallgestänge') oder die Frage nach den visuellen Qualitäten verschiedener Aggregatzustände (‚Belvigor', ‚Fever', ‚Eiskegel in schwarzer Polyesterharzschale') zum Thema.

Paul Kos: Glacier, 1989. Courtesy Gallery Paule Anglim, San Francisco.

Diejenige künstlerische Ausdrucksmethode aber, die den im Eis verkörperten Zeitfaktor am konsequentesten mit der Werkdauer und dem vom Publikum zu erbringenden Rezeptionsaufwand verknüpft, ist die Performance. Als Beispiel dafür, wie der natürliche Zerfallsprozeß mit dem symbolischen Handeln eines Akteurs korreliert wird, kann die Performance gelten, die Ben d'Armagnac am 26. Oktober 1977 beim Internationalen Kunstmarkt in Köln vorführt. „In einem schmalen weißen Raum ziehen sich über die ganze Länge des Fußbodens zwei Dämme aus zerbröseltem Eis. Am Ende steht ein einziger Scheinwerfer, der die ganze Bahn in blaues Licht taucht. In Weiß gekleidet, einen kleinen Rucksack mit schmelzendem Eis auf dem Rücken, kriecht Ben d'Armagnac zwischen den parallelen Eisdämmen endlos hin und her, und versucht, mit einem zusammengerollten Tuch das Schmelzwasser wegzuschieben. Aus dem Beutel auf seinem Rücken läuft Wasser an seinem Körper herunter. Immer wieder am Ende der Bahn wendet er sich und schiebt erneut das Tuch und das schmelzende Eis vor sich her - nach langer Zeit gibt er erschöpft auf."[29] Auch er ist - wie all die anderen Eis-Zeit-Reisenden - gezwungen, die vom Material gesetzten Bedingungen ernstzunehmen. Mit ihren Bekenntnissen zur Entropie befinden sie sich im Einklang mit der Zeit.

Ben d'Armagnac: Ohne Titel, Performance am 26. Oktober 1977; Internationaler Kunstmarkt Köln.

28 Unter anderem ‚Kinetic Ice Sculpture' (1969), ‚Kinetic Ice Flow' (1968), ‚Glacier' (1982). Zu den environmentalen Eisverwendungen gehört auch die Installation ‚4.500 Lbs. of Ice, 28 Bushels of Leaves', die Rafael Ferrer 1969 in der Galerie M. E. Thelen in Essen zeigt. Vgl. auch Udo Kultermann, Art and Life, New York/ Washington 1971, S. 185

29 Originalbeitrag von Elisabeth Jappe. Auch in der 24-Stunden-Performance ‚Das Brakteatenstück' einer internationalen Künstlergruppe, vorgeführt am 27./28. Mai 1988 im Kasseler Renthof als Teil des Performance-Programms der ‚documenta 8', hilft ein schmelzender Eisblock zur Veranschaulichung des Veranstaltungsthemas: dem Vergehen der Zeit.

Gary Rieveschl: Fire and Ice, 1971. Dauer: zwei Stunden.

30 Siehe auch das gleichnamige Schmelzobjekt von Klaus Heider (1981).
31 Vgl. auch Christoph Blase, Der Klang bei minus 48,476 Grad, in Katalog: Dem Herkules zu Füßen, Museum Fridericianum Kassel, 1989, S. 50; Dirk Schwarze, Wenn der Stahl heult, in: Hessische/Niedersächsische Allgemeine, 13. 3. 1989.

Gary Rieveschl: Dry Ice - Water Ice, 1971. Dauer: zwei Tage.

Ästhetik des mangelnden Widerstands

Um die Metamorphosen eines Objekts[30] als künstlerischen Prozeß inszenieren zu können, gibt sich der aus kühler Distanz zu den von ihm ausgelösten Effekten agierende Künstler (vgl. die Position von Hans Haacke) nicht mit den natürlich vorkommenden Umwelteinflüssen - wie Schwerkraft und Temperatur - zufrieden. Zum Anschub und zur Beschleunigung der gewünschten Abläufe, die dem Tauenden seine Zufallsformen aufprägen, wird das Eis auch in Zwangspartnerschaft zu antagonistischen Materialien gebracht: Im aggressiven Reagieren unverträglicher Ingredienzien ereignet sich Kunst.

Wie die Wechselwirkung des physikalisch Widerständigen als zufallsgesteuertes Gestaltungsprinzip genutzt werden kann, demonstriert Gary Rieveschl 1971 durch zwei Aktionen. Für ‚Dry Ice - Water Ice' werden Blöcke aus Wasser- und CO_2-Eis abwechselnd übereinander zu einer Stele gestapelt. Als das Wassereis schmilzt, wird es in Berührung mit dem Konkurrenzmaterial erneut gefroren. Über zwei Tage erstreckt sich ein Prozeß kontinuierlicher Formveränderung, bis beide Stoffe auf ihre Weise verschwunden sind. Und ‚Fire and Ice' nutzt den vorsehbaren Sieg der Wärme über die Kälte: Eine Reihe zusammengefrorener Eisstangen wird mit Lackverdünner übergossen und angezündet. Nach dessen Verbrennen treibt das Publikum mit Propangasflammen den Destruktionsprozeß weiter. Kunst entsteht insbesondere aber auch durch die zersetzende Wirkung von Salz auf Eis, etwa wenn Paul Kos 1969 den Haupteingang des Richmond Art Center mit Eisblöcken verbarrikadiert und zu deren Entfernung Salzblöcke darauf ablagert (‚Richmond Glacier') oder wenn er 1969 im Konzept ‚Kinetic Ice Block (Salted Top)' die Stadien des Durchfressens zeichnerisch antizipiert.

Desgleichen basieren Norbert Zimmermanns Klangskulpturen auf dem Unvermögen des Eises, Konkurrenzsituationen standzuhalten. Auch ihr Thema ist der Ablauf von Zeit in der Auseinandersetzung von Dauerhaftem mit Flüchtigem, von Beharrungsvermögen mit Nachgiebigkeit. Denn erst im Kurzschluß der aufeinander allergisch reagierenden Stoffe komplettiert sich das Werk in kinetischen und akustischen Sensationen. Die gegenseitige Erweckung der toten Materialien zum lebendigen Kunstorganismus äußert sich anfangs in ohrenbetäubendem Kreischen, mechanischem Bearbeitungslärm ähnlich, welches allmählich in dumpfere Tonlagen übergeht. Gleichzeitig beginnen die Stahlplatten zu vibrieren, zu schwingen, sich beschleunigend und wieder verlangsamend, um schließlich beruhigte, beruhigende Kontinuität anzunehmen. Und während das rhythmisch bewegte Metall unter Heulen und Brummen vereist, muß sich das künstliche Kühlmittel im Verschwinden dessen Form anpassen; doch während das Eis klein beigibt, diktiert es dem Stahl seinen Willen. Auch hier ist es nicht bloßes Betriebsmittel, sondern aktives, gleichberechtigtes Element. Sein stundenlanges, spurloses Verdampfen hinterläßt das Metall stumm, unbeweglich, in Erwartung neuer Auseinandersetzungen.[31]

Die mangelnde Widerstandskraft, die das Eis im feindlichen Kontext zeigt, wird zur Stärke einer kreativen Programmatik, deren Verzicht auf Elaborate von kunstmarktfähiger Verfassung sich begründet über die Notwendigkeit der Preisgabe traditioneller Bastionen künstlerischen Handelns angesichts eines nur entropisch erklärbaren Weltgeschehens. Ein wachsendes Unbehagen an der gesellschaftlichen Rolle von Kunst und Künstler führt zu einer ästhetischen Position, von der aus die Kriterien der Kommerzialisierung und Musealisierung hinfällig werden und die stattdessen die Kontroverse aufeinander losgelassener Reagenzien als Maß des Werkes etabliert.

Die Wärme des Eises

Energie ist eine unsichtbare Materialeigenschaft, die unter bestimmten Voraussetzungen der visuellen Wahrnehmung zugänglich gemacht werden kann. Kunst bietet die Möglichkeit, solche Voraussetzungen zu schaffen. Dieses Konzept liegt der Arbeit des Niederländers Jan van Munster zugrunde, der sich hauptsächlich mit der Visualisierung von Energie durch antithetische Konstellationen befaßt. Mit Konzentration auf die allen natürlichen und künstlichen Phänomenen innewohnende Polarität von Positiv und Negativ gelingt es ihm, einen weiteren Aspekt des Eises sichtbar zu machen: die Wahlverwandtschaft der Kälte mit ihrem Gegenteil. 1976/87 entwickelt er drei ‚Eistische‘: schwarze Stahlkonstruktionen unterschiedlichen Formats, „deren Platten mit einer strahlend weißen, kristalligen Eisschicht bedeckt sind. Die Tische sehen wie Metzgertische aus, die Kälte ist unsichtbar und spürbar. Der Effekt einer Eisfläche, die sich als Platte eines fremdartigen Tisches präsentiert, läßt ein surreales Bild entstehen, das den Betrachter befremdet und unmittelbar beeindruckt."[32] Elegante Objekte aus Stahl und Eis versuchen - zusammen mit ‚Energie-Spitze Eis‘ (1981) -, energetische Situationen als das zentrale Thema Jan van Munsters auf doppelte Weise sichtbar zu machen: als physikalische Kraft, die technisch kontrollierbar und transformierbar ist, und als irrationale Quelle visueller Spannung und emotionaler Bedeutung. Auch sein jüngstes Eis-Objekt ‚Noli me tangere‘ (1990) steht in diesem Spannungsbogen von Rationalität der Konzeption und mysteriöser Aufladung der Erscheinung. Mit dieser kühlen Lösung einer traditionsreichen kunsthistorischen Aufgabenstellung verweist er „nicht buchstäblich auf diese christliche Thematik, berührt aber eine vergleichbare Essenz. Der Titel ... betont hier nicht nur den Status des Werks als museales Objekt, bei dem das Nichtberühren als allgemeiner Verhaltenskodex gilt, sondern verleiht ihm vor allem eine spezifische Aura. Wer sich durch Berühren von der materiellen Identität der fesselnden weißen Kappe überzeugen möchte, zerstört nicht nur den physikalischen Prozeß - das Eis schmilzt und gleitet vom Zylinder -, sondern auch den Zauber, der von der kristallischen Schicht ausgeht. ... Genau wie in der biblischen Geschichte, in der die äußerliche Identität Christi nach seiner Auferstehung noch besteht, für Sterbliche jedoch unantastbar ist, liegt die Essenz hier in dem Mysterium, das ein Mysterium bleiben muß, in der Aura, die unantastbar ist."[33]

Kulturhistorisch flacher, dafür von tieferer Ironie spiegelt sich die Energie-Thematik im blanken Eis, wenn Peter Fischli und David Weiss ein Denkmal für ein Kraftwerk in Saarbrücken konzipieren. Ihr Projekt bezieht seinen Effekt aus der paradoxen Verkehrung energetischer Wertigkeit. Seit Mai 1990 steht in der Eingangshalle des Heizkraftwerks Römerbrücke eine Kühlvitrine, in der ein Schneemann am ‚Leben‘ erhalten wird. Und in einer Raumsituation unterhalb des Wärmekraftwerks soll in Kürze eine bizarre ‚Eislandschaft‘ im Gegensatz zu dem darüber produzierten Feuer „arktische Tiefe und Weite evozieren, na-

Jan van Munster: Eistisch, 1986. Stahl, Kupfer, Kompressor; 78 x 80 x 1200 cm. Rijksmuseum Kröller-Müller, Otterlo.

32 J. Bremer: Gestalten der Energie, in Katalog: Jan van Munster. Werke/ Arbeiten 1980-1987, Wilhelm-Hack-Museum Ludwigshafen, 1987, S. 11-16
33 Lisette Pelsers, Über das Unantastbare, in Katalog: Jan van Munster, Kunstvereinigung Diepenheim, 1990, S. 6 f.

Klaus Heider: Metamorphosen eines Objekts, 1981.

Norbert Zimmermann: Eisirrgarten, Kassel 1977.

turwissenschaftlich-technisch und märchenhaft-science-fiction-artig an fremde Gegenden und Zustände erinnern". Diese romantische Szenerie aus gescheiterter Hoffnung und geweckter Abenteuerlust ist, ebenso wie der weiße Mann an der Pforte zu den Flammen, Teil des Energiehaushalts des Kraftwerkes und als solcher „abhängig von ihm, andererseits ist es eine - dramatisierte - Darstellung, wie's wäre ohne Energieerzeugung. Auch der Schneemann kann nur bestehen, solange das Kraftwerk arbeitet."[34]

Die Versöhnung der Extreme im gegenseitigen Aufeinanderangewiesensein: große Ideen schimmern hier durchs Packeis - Aufforderungen zur Kommunikation, die der Düsseldorfer Lichtkünstler Horst H. Baumann mit besonders spektakulären Effekten im Spannungsfeld der energetischen Erscheinungsformen Laser und Eis zu visualisieren sucht. Für seine ‚Licht-Eispyramide' ist auf einer Grundfläche von 7 x 7 Metern ein fünf Meter hoher, pyramidaler Iglu zu errichten. Ein blaugrüner Argon-Laser mit Vierfachaufteilung liefert dazu eine Kantenillumination, die sich in Form einer umgekehrten Pyramide nach oben im Raum fortsetzt. Über einer massiv materiellen Eisplastik erhebt sich eine immaterielle Lichtskulptur aus kaltem Feuer. Und auch der Abtauvorgang ist als ‚Decollage'-Ereignis in die Konzeption einbezogen: „Was

[34] Katalog: Ressource Kunst (siehe Anm. 13), S. 108. Siehe auch Marie-Theres Suerman, Das Kunstobjekt Heizkraftwerk Römerbrücke, in: NIKE, 8. Jg. (Mai/Juni 1990), Nr. 33, S. 48

bleibt, ist über einer Wasserpfütze eine imaginäre Figur aus Licht" (Baumann). Ebenso basiert sein Laser-Projekt ‚Schneidend kalt - schneidend Eis' (mit heißem, unsichtbarem Lichtstrahl werden Zeichen in eine Eiswand graviert) auf der Affinität von heiß und Eis.

Spielverderber

1977 erhalten die Künstler Gunter Demnig und Frank Eggers auf Einladung des ‚Gouvernement du Québec' Gelegenheit, mit ihrem Projektleiter Harry Kramer zum ‚Concours international des sculpteurs sur neige' einen Beitrag zu erstellen. Anstatt jedoch sich, ihre Mäzene und die bereitgestellten bildnerischen Mittel mit den zu derartigen Anlässen üblichen virtuosen Naivitäten und Belanglosigkeiten zu quälen, entschließt man sich zu einer plastischen Manifestation. Um die jedenfalls zu erwartende Zurschaustellung folkloristischer Artigkeiten und handwerklicher Bemühtheiten zu unterlaufen, lanciert die Gruppe mit ihrem realistischen Eis-Urinal eine ‚Hommage à Duchamp'[35], einen Regelverstoß, der dem dekorativen Kitsch solcher Eissportveranstaltungen in aller Welt mit einem Signal begegnet, das die Verbindung zwischen den inhärenten Möglichkeiten des winterlichen Materials und den avantgardistischen Konzeptionen solcher Kunst knüpft.

Vor dem Hintergrund der seit den sechziger Jahren erfolgten Aufwertung des Eises vom saisonalen Zufallsprodukt zum Medium künstlerischer Absichten kann das provokante Environment als Aufforderung verstanden werden, die natürliche Begrenztheit der Substanz in eine unbegrenzte Bandbreite kreativer Phantasie zu verwandeln und als Appell, die Flucht in die Kälte nicht in unverbindlichen Gefälligkeiten erstarren zu lassen, sondern die Botschaften des Eises ernstzunehmen - Offerten eines Werkstoffes, der besser als viele andere die aktuellen Ansprüche eines kritischen Bewußtseins an ein Kunstwerk zu erfüllen vermag.

[35] Vgl. Rechenschaftsbericht des Ateliers Kramer, Gesamthochschule Kassel, 1977

Gunter Demnig, Frank Eggers, Harry Kramer: Hommage à Duchamp, Québec 1977; 500 x 300 x 250 cm. (Zerstört).

Dieter Matthes, New York Blues, 1987/89. Cibachrome-Abzüge mit
zweifacher Farbfilterung, 30 x 40 cm. Diese und die Aufnahme auf
Seite 264 gehören zu einer Serie von New-York-Photographien,
auf denen leere Plätze, umgeben von unnahbar
anmutender Architektur, Verlorenheit und kühle Distanz
suggerieren.

DER TEMPERIERTE MENSCH

In der Bilderwelt der griechischen Mythologie gehörten Kälte und Wärme untrennbar zusammen, denn sie haben den gleichen unglücklichen Schöpfer: Helios, der Sonnengott, gab den drängenden Bitten seines Sohnes Phaeton nach und überließ ihm den Sonnenwagen. Doch Phaeton war den starken Pferden nicht gewachsen und konnte sie nicht zügeln, die Katastrophe nahm ihren Lauf: Dort, wo der Sonnenwagen zu nahe an die Erde kam, verbrannte alles, und dort, wo er zu weit von ihr abkam, kehrten Kälte und Eis ein. Es war also nach der Überzeugung der Griechen ein Unfall, der zu einem Schöpfungsakt geriet, denn im Erdenklima konnten sie keineswegs ein weises Geschenk der Götter erblicken. Die Unfallfolgen waren den Menschen lästig, denn gegen die Widrigkeiten und Unberechenbarkeiten von Klima und Wetter, denen sie sich von nun an ausgesetzt sahen, konnten sie sich nur durch einen Aufwand schützen, der einen Großteil ihrer Kraft und Zeit beanspruchte. Die Sicht des Menschen auf seine natürlichen Lebensbedingungen ist voreingenommen. Denn so wenig die Welt nur für den Menschen gemacht ist, so kurz ist seine eigene Geschichte im Vergleich zu der der Erde, und so klein ist die Temperaturspanne, die sein Leben ermöglicht, im Verhältnis zu den Temperaturen unseres Sonnensystems. Mehr als vier Milliarden Jahre hatte es gedauert, bis der Mensch auf die Bühne der Natur kletterte, und nur ein kleines Temperaturgehäuse blieb ihm, um sein Leben einzurichten, immer gefährdet von den schlummernden Kälte- und Hitzegewalten einer natürlichen Umwelt. Die Voraussetzungen für das organische Leben auf der Erde lassen sich als Abfolge ungeheurer Hitzekräfte und anschließender Abkühlung beschreiben. Die moderne Physik setzt an den Uranfang ein sehr heißes Plasma aus Quarks, Elektronen und anderen Teilchen, das sich rasch abkühlte und Protonen, Neutronen, Atomkerne, Atome, Sterne, Galaxien und Planeten ausbildete. Dann entstand in vielen Milliarden Jahren Leben auf der Erde.[1] Die Schöpfung hat also dem Menschen einen sehr engen Bereich zugewiesen, an dem er wie kein anderes Lebewesen baut, um sich bequem einzurichten. Den zugewiesenen Platz stattete er mit Komfort aus, und dabei kultivierte er auch Urerfahrungen wie die Empfindung von warm und kalt. Nichts läßt er unversucht, Wärme und Kälte seinem Willen zu unterwerfen, den Wärmestrom und das Kältebad seinen Wünschen gemäß zu lenken und zu regulieren. Seine Haut, das größte und empfindlichste Organ, dient ihm zur Kontrolle seines Wohlbefindens. Die Erfahrung seiner temperaturbedingten Grenzen ging ihm jedoch auch unter die Haut, drang in Tiefenschichten vor und schuf Bilder und Metaphern, die seine Vorstellungskraft erweiterten.

Kältesymptome in der Gesellschaft

[1] Vgl. Harald Fritsch, Vom Urknall zum Zerfall, München 1983, S. 9

Für die Werkbundausstellung in Stuttgart-Weißenhof 1927 schufen namhafte Architekten des Neuen Bauens überzeugende Beispiele einer ganz neuen Wohnkultur. Die Öffentlichkeit war nicht unvorbereitet, denn die Reform des Wohnens wurde als dringendes Gebot der Zeit empfunden. Die neuen Konzepte für die Mindestausstattung der Wohnung richteten sich gegen den Schwulst und Überschwang der wilhelminischen Wohnkultur und lesen sich wie Lehrbücher des kühlen Stils.

2 Vgl. Klaus-Jürgen Sembach, Stil 1930, Tübingen 1971
3 Walter Benjamin, Das Passagen Werk. Gesammelte Schriften. Band V.1, Frankfurt 1982, S. 291 f.
4 Gottfried Semper, Der Stil in den technischen und tektonischen Künsten oder praktische Ästhetik. 2 Bde., München 1878; Georg Hirth, Das deutsche Zimmer der Renaissance, München 1880; Cornelius Gurlitt, Im Bürgerhause oder Ansichten, Dresden 1888
5 Vgl. Dolf Sternberger, Das Panorama oder Ansichten vom 19. Jahrhundert, Frankfurt 1974, S. 142 ff.

Kälte-Schock: Die Auskühlung der Wohnung

Keine andere Architektenschule räumte mit Architektur und Wohnkultur der wilhelminischen Zeit gründlicher auf, als jene aus dem Umkreis des Bauhauses. Ihr eigener Entwurf, das befreite Wohnen, ist immer als Gegenprogramm zum Dekorationsstil der demontierten Vätergeneration, zum Unstil des Historismus zu lesen. Sicherlich zutreffend charakterisiert Klaus-Jürgen Sembach den neuen Stil der zwanziger Jahre als knapp, nüchtern, effektiv, einfach, präzis, sachlich, kontrolliert und kühl.[2] Überwältigend, überzogen, übertrumpfend, überladen und überspannt sind dagegen Adjektive, die den opernhaften Pomp der Interieurs der Gründerzeit gewöhnlich kennzeichnen. Der Temperaturunterschied zwischen den beiden Epochenräumen war groß: hier das niedertemperierte, kühle und nach außen orientierte Serienhaus der zwanziger Jahre, dort das überheizte, stickige, innenzentrierte Gehäuse der Gründerzeit. „Die Urform allen Wohnens ist das Dasein nicht im Haus, sondern im Gehäuse. Dieses trägt den Abdruck seines Bewohners. Wohnung wird im extremsten Fall zum Gehäuse. Das neunzehnte Jahrhundert war wie kein anderes wohnsüchtig. Es begriff die Wohnung als Futteral des Menschen und bettete ihn mit all seinem Zubehör so tief in sie ein, daß man ans Innere eines Zirkelkastens denken könnte, wo das Instrument mit all seinen Ersatzteilen in tiefe, meistens violette Sammethöhlen gebettet daliegt. Für was nicht alles das neunzehnte Jahrhundert Gehäuse erfunden hat: für Taschenuhren, Pantoffeln, Eierbecher, Thermometer, Spielkarten - und in Ermangelung von Gehäusen Schoner, Läufer, Decken und Überzüge."[3] Die bekanntesten Bauanleitungen für die ‚Sammethöhlen' dieser wohnsüchtigen Epoche lieferten Gottfried Semper, Georg Hirth und Cornelius Gurlitt.[4] Für Semper ist die Textilkunst, die jene Höhlen ausstaffiert, die Urkunst überhaupt, auf der alle Ästhetik aufzubauen hat.[5] Gardinen, Portieren, Möbelstoffe, hüllende Teppiche werden von ihm aufgeboten, die kahlen Räume zu dekorieren; Bemalung und farbige Lasuren treten ergänzend hinzu, denn große und nackte Flächen waren ihm ein Greuel. Als Vorbild diente der dank Butzenscheiben dämmrige Innenraum der Renaissance. Der ärgste Feind war das Sonnenlicht: Rouleaus, Palmen, Gardinen und Portieren hinderten seinen Zutritt und tauchten die Räume in matten Glanz und fahlen Schummer. Hirth entwarf eine Farb-, Einrichtungs- und Dekorationslehre, die ähnlich wie bei Semper, ausdrücklich auf den Orient und seine Flächenmuster bezugnimmt. Auch bei ihm wird alles in einen fahlen, matten Glanz gehüllt, in dem die Gegenstände miteinander zu verschmelzen scheinen. Scharfe Konturen werden aufgelöst, metallische und hart spiegelnde Effekte vermieden. Braune, grüne und rotsamtene Töne werden bevorzugt, Weiß wird als Unfarbe abgelehnt, denn es konturiere die Gegenstände zu hart. Nicht gedeihliches Wachstum, sondern ungezügeltes Wuchern ist solchen Räumen eingeschrieben, und der Mensch verliert sich schwer atmend darin. Dieses fast tropische Wohnklima verlangte geradezu nach einem Temperaturausgleich, nach rascher Abkühlung, die jedoch eine andere Zeit zu besorgen hatte.

Die Architekten des Neuen Bauens in den zwanziger Jahren drehten die Temperatur in den Innenräumen beträchtlich zurück. Architektur, Wohnungseinrichtung und Hausrat wurden entrümpelt, neu durchdacht und neu entworfen, um den Menschen aus seiner selbstverschuldeten Unmündigkeit in dinglichen Beziehungen zu befreien. Fortan sollten die ihn umgebenden Gegenstände nur noch zweckdienlich sein und jede emotionale und symbolische Aufladung meiden. Die Reduktion der Sachkultur auf reine Zweckmäßigkeit war Programm. Dieser Aufbruch verkündete nun die glatte, ungegliederte Fläche; die Wand hatte kahl und am besten weiß zu sein. Der abstrakte Kubus wurde zum Ideal erhoben, an dem sich die Praxis zu orientieren hatte. Schmucklose Wohnanlagen entstanden, die ihren Bewohnern sinnliche Anknüpfung und Identifikation erschwerten. Auch im Inneren war die strenge Hand des Architekten spürbar. Die Küche, für viele einst Ort des häuslichen Lebens, wurde zur reinen Arbeitsküche auf engstem Raum degradiert, die Wohnungseinrichtung auf das Notwendigste beschränkt und die Möbel weitgehend auf ihre konstruktiven Elemente reduziert. Der kühle Hauch eines Architektentraums durchwehte nun die Räume, in denen sich die Bewohner eher fehl am Platze fühlten und die oft nur mit großer Mühe umgemodelt werden konnten, damit sie wieder Heimstatt in einem einfachen und direkten Sinne wurden. „Die frühen Entwürfe und Manifeste lassen aber schon erkennen, woran dieser zweite revolutionäre Aufbruch der Architektur einmal scheitern sollte: Am Unvermögen ihrer Protagonisten, den Menschen, den sie oft wortreich beschworen und der nach dem Satz des Sophisten Protagoras - als Individuum, nicht als Menschheit oder eine konstruierte Abstraktion des Menschenbildes - das Maß aller Dinge sein sollte, wirklich als Subjekt, als Menschen mit all seinen Gewohnheiten, Eigenheiten und Schwächen zu erkennen."[6] Dem Kältebad des Neuen Bauens lag unzweideutig eine erzieherische und therapeutische Absicht zugrunde, die uns heute befremdet und die nicht selten anmaßende und manchmal sogar menschenverachtende Züge trug, wenn sie die Bedürfnisse der Bewohner so vollkommen ignorierte.

Ideologisch entrümpelt, hat sich der funktionale Stil heute weltweit etabliert und trägt den Namen ‚International Style'. Der Kälte und der Eintönigkeit dieses Stils überdrüssig, räsonierte Tom Wolfe in einer bissigen Polemik gegen den Siegeszug der ‚Weißen Götter' und ihrer ‚Diktatur des Rechtecks' in den USA in seinem Buch ‚Mit dem Bauhaus leben': „Jeden Sonntag druckte das New York Times Magazine in seiner Design-Rubrik ein Bild der gleichen Sorte von Wohnungen ab. Für mich war es bald d i e Wohnung. Die Wände waren immer rein weiß, ohne Schmuck, Verschalung, Leiste und all das. Im Wohnzimmer waren ‚R-40'-Punktstrahler im Gesamtwert von 17.000 Watt versammelt; sie waren in weiße Kanister gesperrt, die an Lichtschienen von der Decke hingen. Es gab immer eine Sitzgruppe mit Stühlen aus gebogenem Rohr, welche Le Corbusier abgesegnet hatte und auf denen nie jemand saß, weil sie einen im Kreuz erwischten wie ein Karatehieb. Der Eßzimmertisch war eine glatte Platte aus blondem Holz (ohne Karnies, ohne Perlstockverzierung) und drumherum stand ein Satz S-förmiger Stahlrohrstühle."[7] Diesen Stil ganz und gar zu übernehmen, hieße, schreibt Tom Wolfe im Vorspruch seines Buches, „sich ein Glas Eiswasser ins Gesicht schütten" zu lassen.[8]

Den Anspruch der Bauhaus-Funktionalisten, Zweckmäßiges als Massenprodukt herzustellen, scheint erst unsere Zeit einlösen zu wollen. Noch nie wurden so viele Stahlrohr-Fauteuils hergestellt wie in den vergangenen zehn Jahren. Allein in Italien produzieren zwei Dutzend

Mit den Forderungen nach Klarheit, Nüchternheit und Sachlichkeit suchten die Architekten des Neuen Bauens in den zwanziger Jahren den überladenen und überhitzten Innenräumen des 19. Jahrhunderts auf den Leib zu rücken - die Auskühlung der Wohnung war ihr Programm. Die Ausstellung ‚Die Wohnung' des Deutschen Werkbundes in Stuttgart-Weißenhof 1927 signalisierte diesen zweifellos revolutionären Aufbruch im Wohnungswesen jener Zeit.

6 Johannes Heinz Fischer, Claude Nicolas Ledoux und Mies van der Rohe - Das Pathos des nackten Würfels, in: Universitas, 1986, S. 723

7 Tom Wolfe, Mit dem Bauhaus leben, Königstein/Ts. 1982, S. 63.

8 Tom Wolfe (siehe Anm. 7), S. 10

Dieter Matthes, Subworld, 1989. Cibachrome, 30 x 40 cm. Die Photographien auf dieser Doppelseite sowie die folgenden acht Motive (Seite 256 bis 263) entstammen einer Serie, die der Berliner Arzt und Photograph in den Verteilergeschossen der Münchner U-Bahn aufnahm.

Möbelhersteller Billig-Kopien der Entwürfe von Marcel Breuer, Ludwig Mies van der Rohe und Mart Stam.[9] Nicht nur die Designer-Avantgarde, die in den achtziger Jahren gerne auf die kühlen Materialien Aluminium und Stahl zurückgriff, sondern auch die Massenkultur scheint ihre Liebe für die kalte Eleganz entdeckt zu haben, wie ein Blick in Warenhauskataloge und Zeitungsbeilagen der Möbelfabriken schnell verrät. Auch das kalte Licht, die Neonröhre, feierte im vergangenen Jahrzehnt eine strahlende Rückkehr in die Wohnung, aus der es eine Zeitlang verbannt war. Das Licht, das keine Schatten wirft, ist kalt, grell und unsentimental. Neon ist der „kalte Glamour der Urbanität".[10] Die neuentdeckte Liebe für die Röhre kommt aus den USA, wo die bunten Lichtkaskaden längst zu einem unverwechselbaren Teil der Massenkultur geworden sind. Die Neon-Renaissance setzte dort in den siebziger Jahren ein und kreierte die Licht-Innenarchitektur der achtziger Jahre.

Am Ende des vergangenen Jahrzehnts kam eine neue Lichttechnik auf, das Halogen-Licht, das auf dem besten Wege ist, die Innenräume zu erobern. Das sehr leistungsfähige Licht hat nämlich alle Attribute der kühlen Eleganz. Die Beleuchtungskörper sind aus Glas, Chrom und weiß- oder schwarzlackiertem Stahl gefertigt und mit Spezial-Halogen-Kaltlichtspiegellampen ausgestattet. Manche der dreiflammigen Deckenleuchten erinnern an Operationsleuchten für Chirurgen. Die technoide Prägnanz dieser Beleuchtungskörper paßt gut in ein Ambiente aus Weiß- und Grautönen, den Trend-Farben der achtziger und vermutlich auch der neunziger Jahre. Das Weiße, nach Goethes Farbtheorie der Stellvertreter des Lichts, gibt Mensch und Gegenstand eine neue Präsenz, wie ein heutiger Kritiker bemerkt: „Im weißen Raum sieht der Mensch aus, als sei er von einem Maler der Neuen Sachlichkeit porträtiert worden: ungeschönt, unromantisch, in kühler Luft, mit scharfer Kontur. Die weiße Wohnung ist kein Heim, sie ist ein hygienischer Aufenthaltsort für den funktionierenden Menschen, der sich an den

9 Vgl. Der Spiegel, Nr. 17 (1977), S. 217
10 Wolfhart Draeger, Neon, in: Du, Nr. 5 (1981), S. 36

gemütlichen Troglodyten nicht einmal mehr erinnert. Weiß ist die Antwort der Kachel auf das Bärenfell, der Sieg des Personal Computers über die Personalität, der Triumph der High Tech über die Höhle. Weiß ist Lack und Leere: viel Platz für das Nichts und Neue."[11]

Kälte-Stil: Trend-Kneipe und In-Café

„Eiszeiten sind periodische Erscheinungen. Langsam und unmerklich verschlechtert sich das Klima. Die Gletscher wachsen und breiten sich aus. Der Mensch fühlt sich machtlos gegen die allgemeine Vereisung. Er muß sich fügen. Dies tut er auf zweierlei Weise: Die einen suchen Wärme im Schutz dämmriger Höhlen. Die anderen blicken der Kälte ins Auge, stellen sich ihr und härten ab."[12] Die Zeit der schmuddeligen Studentenkneipen mit Trödelkram, blankgescheuerten Tischen, Bierdunst, tränentreibendem Qualm und lautem Stimmengewirr scheint fürs erste vorbei, zumindest aber sind solche Treffs out. Die Trend-Kneipe und das In-Café der achtziger Jahre präsentieren sich als das gerade Gegenteil alternativer Gemütlichkeit. Kälte und Distanz signalisieren ihre Interieurs wie die Akteure in diesen schönen kühlen Welten. Kachelfußboden, Spiegelwände, Stahlrohrsessel, verspiegelte Theken, weißlackierte Täfelungen, Neon- und Halogenlampen kreieren Kältebilder, in denen das Wohlfühlen geradezu ‚erarbeitet' werden will. Schon ihre Namen geben den unterkühlten Ton an: ‚Exil', ‚Jenseits', ‚Niemandsland', ‚UFO-Club', ‚Ex', ‚Schneecafe' und ‚Nordpol' heißen die kollektiven Orte des niedertemperierten Lebensgefühls.[13] Den Anfang machte in Berlin 1978 das ‚Mitropa', das sich nach einer avantgardistischen Literaturzeitschrift der zwanziger Jahre nannte. Die neue Nüchternheit läßt sich auch an der Renaissance des Cafés, der Milchbar und der neuerdings entstehenden Mineralwasser-Bars ablesen. Nicht mehr der große Durst, sondern das Graffiti ‚You got to cool down' stiftet jetzt die Atmosphäre. Wo die Dinge jedoch nicht mehr länger als Futteral gedacht sind, um der Menschen „Spuren aufzufangen und zu verwah-

11 Georg Hensel, Die Lackierten oder Weißer Wohnen, in: Du, Nr. 12 (1989)
12 Karl-Heinz Farni, Neon-Bohéme und Plüsch-Avantgarde, in: Transatlantik, Nr. 12 (1982), S. 66
13 Vgl. Berlin zwischen Sekt und Selters. Ein Kneipenführer, Cadolzburg 1990

ren",¹⁴ sondern als Spiegel, tritt der Mensch hervor, und seine Bilderproduktion kann beginnen. Die Selbstinszenierungen sind Legion. „So ist es kein Zufall, daß zur Zeit nicht nur der Manierismus eine Wiedergeburt erlebt, sondern auch der Blick, mit dem man solche Dialektik von Aufforderung und Zurückweisung am besten auskosten kann; in den Caféhäusern regiert dieser Blick, kalt und kannibalisch zugleich, und findet Genügen an Spiegeln und Passanten."¹⁵ Wenn die Selbstdarstellungen jedoch nicht oder nur unzureichend gelingen, münden solche Versuche meist in das Haltungskorsett des Cool-Seins, der Abgeklärtheit, der stilisierten Noblesse, der maskenhaften Kühle und der gespielten Kaltschnäuzigkeit.

Kälte-Kult: Punks

Am Ende der siebziger Jahre wurde die deutsche Öffentlichkeit von einer neuen subkulturellen Protestbewegung zutiefst schockiert: den Punks. In Lederjacken und zerrissenen Hosen traten sie mit Eisenketten, Hundehalsbändern, Kraftriemen am Handgelenk, Sicherheitsnadeln durch Ohren und Wangen, streichholzkurzen oder knallbunt gefärbten Haaren und mit weißgeschminkten Gesichtern und dunkelumrandeten Augen in den Straßen der Großstädte auf. Sticker verkündeten die Seelenlage eines Teils der jungen Nation: ‚No Future', ‚No Feelings', ‚Go To Hell!' Diese aus England kommende Bewegung basierte auf einer neuen musikalischen Strömung der Rockmusik, die sich gegen das Rock-Establishment richtete, das nach ihrer Meinung die Nöte und Sehnsüchte der Jugend längst nicht mehr ausdrückte. Hart, kalt, kompromißlos und voller Energie war die neue Musik. In den Ritualen, in Sprache und Kleidung ihrer Anhänger entwickelten sich rasch alltagsästhetische Standards, die ganz diesem harten Musiksound entsprachen. ‚Materialschlacht', ‚Blitzkrieg', ‚Betoncombo' und ‚Kaltwetterfront' hießen einige deutsche Gruppen, deren Vorbild die ‚Sex Pistols' waren, die England so schockierten.¹⁶ Ein Produkt der Arbeitslosigkeit,

14 Walter Benjamin (siehe Anm. 3), S. 298
15 Peter-André Alt, Über den neuen Hedonismus, in: Kursbuch, 79 (1985), S. 61
16 Vgl. Jürgen Stark/Michael Kurzawa, Der große Schwindel, Frankfurt 1981

des Zerfalls der Familien sowie des Niedergangs ganzer Stadtviertel, drückte diese Bewegung in harten Worten, anstößigem Verhalten und kaltem Outfit die Befindlichkeit einer Jugend ohne Gegenwart und Zukunft aus. ‚Punk' bedeutet verdorben, wertlos, abseitig, häßlich, mit einem Wort: das Letzte vom Letzten. Die Rituale, wie beispielsweise der Pogo-Tanz, eine Art wildes Herumschubsen, und viele Bandnamen und Liedertexte trugen eine ebenso aggressive Note wie das martialische Aussehen vieler Punks. Das vorhandene Gewaltpotential hatte aber eher selbstdestruktive Züge und richtete sich kaum nach außen. Die Selbstinszenierungen dienten zwar dazu, die Öffentlichkeit zu schokkieren, sie aber nicht gewaltsam zu attackieren. Die Parallelen zum Dadaismus sind nicht zufällig.[17] Hier wie dort wird die allgemeine und verbindliche Sinnproduktion mit zum Teil aggressiver Attitüde abgelehnt. Sinnstiftende Werte sind dem freien Spiel der Ironie, des Sarkasmus und der Verfremdung ausgesetzt, um sie lächerlich zu machen und zu zerstören. In der Punkbewegung sind es jedoch der Mensch selbst, seine körperliche Unversehrtheit und seine Würde - unverbrüchliche und letzte Werte abendländischer Kultur -, deren symbolische Exekution in der Form öffentlicher Selbstverstümmelung vorgeführt wird. Nadeln im Gesicht und das Hundehalsband um den Nacken sind bedrükkende Bilder des endgültigen Verlusts menschlicher Integrität. Die nekrophilen Symbole und Attribute der Punk-Bewegung verdichteten sich zu einem Kältekult, der dem gesellschaftlichen Fieberwahn des unausgesetzten Funktionierens mit großer Gehässigkeit eine kalte Abreibung verpaßte. Innen aber herrschen, so die New-Wave-Gruppe ‚Ideal' in ihrem Lied ‚Eiszeit', Kälte und Einsamkeit: „Eiszeit/ mit mir beginnt die Eiszeit/ im Labyrinth der Eiszeit/ minus neunzig Grad/ Alle Worte tausendmal gesagt/ Alle Fragen tausendmal gefragt/ Alle Gefühle tausendmal gefühlt/ tiefgefroren, tiefgekühlt/ In meinem Film bin ich der Star/ Ich komm auch nur alleine klar/ Panzerschrank aus Diamant/ Kombination unbekannt."

17 Peter Sloterdijk, Kritik der zynischen Vernunft, Frankfurt 1983, S. 726

Kälte-Erlebnis: Drogen

In dem Roman ‚Wir Kinder vom Bahnhof Zoo' und dem gleichnamigen Film geht die fixende Kindfrau Christiane auf den Strich, um sich den Stoff für die Spritze zu besorgen. In der Kritik höchst umstritten, machte die Geschichte der Christiane F. erstmals breitenwirksam auf das Drogenproblem aufmerksam. Die Unwirtlichkeit des Handlungsortes, die Einsamkeit der Protagonisten und ihr frierendes Fiebern nach der Nadel wirkten auf Leser und Zuschauer wie ein Kältebad der Gefühle. Das Frösteln der Christiane F. rührt jedoch nicht nur her von den aufgezwungenen Lebensumständen einer halbkriminellen Existenz in einer Gesellschaft, die solchen Drogen den Krieg erklärt hat, sondern scheint auch Teil der Drogenwirkung selbst zu sein. Zahlreiche Zeugnisse belegen dies.

Haschisch und Laudanum (eine Opiumlösung) halfen der künstlerischen und literarischen Avantgarde des Abendlands im 19. Jahrhundert ihren inneren Orient und die Ästhetik des Rauschs zu entdecken. Zu nennen sind hier Novalis, Friedrich Schlegel, Samuel Taylor Coleridge, John Keats, Edgar Allan Poe, E.T.A. Hoffmann, vor allem auch Thomas de Quincey mit seinen ‚Confessions of an English Opium-Eater' und Charles Baudelaires ‚Die künstlichen Paradiese (Opium und Haschisch)'.[18] Und es sind gerade diese Literaten mit Drogenerfahrung, die sensibel den kühlen Unterstrom der Drogen erstmals registrierten und beschrieben.

Im Haschischrausch sind die alltäglichen Grenzen der Wahrnehmung aufgehoben; Physis, Psyche und Geist verschmelzen miteinander und folgen den Impulsen wechselnder Stimmungszustände. In der ersten und heute noch bedeutendsten literarischen Schilderung des Haschischrauschs durch Baudelaire kommt der Autor immer wieder auf das Phänomen der Kälte und des Frierens zurück, das sich sowohl körperlich als auch geistig äußert. In seiner genauen Beschreibung der aufeinander folgenden Phasen nach Einnahme der Droge ist bald von

18 Vgl. Reiner Dieckhoff, Rausch und Realität - Literarische Avantgarde und Drogenkonsum von der Romantik bis zum Surrealismus, in: Rausch und Realität, Ausstellungskatalog, Köln 1981, S. 404 f.

einer „klammernden Betäubung und Erstarrung" des Kopfes und des ganzen Wesens die Rede, die erst nach und nach einer angenehmen geistigen Frische weichen. Doch der nächste Kältestoß folgt unweigerlich: „Eine leichte Frische hatte sich in meinen Fingerspitzen schon bemerkbar gemacht; bald verwandelte sie sich in eine sehr lebhafte Kälte, als hätte ich beide Hände in einen Eimer überfrorenen Wassers getaucht. Aber das war nicht schmerzhaft; diese fast stechende Empfindung durchdrang mich vielmehr wie etwas Vergnügliches. Indes erschien es mir, als durchdringe mich diese Kälte mehr und mehr, je länger diese endlose Reise währte. ... Die Kälte steigerte sich beständig ... . Schließlich kam sie auf einem derartigen Punkte an, wurde so vollständig, so durchdringend, daß alle meine Gedanken sozusagen gefroren. Ich war ein denkendes Eisstück. Ich betrachtete mich als eine Statue, aus einem Eisblock gehauen. Und diese törichte Hallucination erweckte in mir einen Stolz, erregte in mir ein geistiges Wohlgefühl, das ich Ihnen nicht beschreiben kann."[19] Auch Coleridge empfand diese Unterkühlung und setzte sie in die paradoxale Verbindung zur Sonne, wenn er in dem bedeutendsten, dem Opium gewidmeten Poem der ‚Drogenliteratur' (‚Kubla Khan') dichtet: „To such a deep delight 'twould win me/ That music loud and long/ I would built that dome in air/ that sunny dome! those caves of ice!"[20] Der Schriftsteller und Arzt Ernst Jünger, der auch mit Drogen experimentierte, verfolgt ebenfalls die kristallinen Spuren der Drogenerfahrung. In den Ambivalenzen von Wille und Anschauung, die, durch die Droge gesteigert, den Menschen weit über sein Sosein hinaustragen, und von Rausch und Betäubung, den beiden Urmustern des Ausbruchs aus dem Alltag, findet er solche Rückstände. In den ‚Weißen Nächten' des Kokains sieht er den Geist in nüchterne Kälte entrückt. „Wenn das Gehirn einfriert und sich zu einem Eisblock wandelt, kann es ebenso wenig Gedanken bilden, wie sich am Nordpol Wasser aus einem Eimer oder aus einem Brunnen sprühen läßt. Das große Kraftwerk ruht." Wie bei Baudelaire dient auch hier die

19 Charles Baudelaire, Die künstlichen Paradiese. Werkausgabe. Bd. 2, Dreieich 1981, S. 43 f.
20 Zit. nach Reiner Dieckhoff (siehe Anm. 18), S. 409

Eisblock-Metapher der Kennzeichnung einer nie gekannten Geistesverfassung und vollständigen Umpolung der Empfindung. Der Eisblock mag zwar nach aussen hin tot und abweisend erscheinen, aber er lebt, so Ernst Jünger, dennoch: „Das Hirn denkt nicht mehr dieses oder jenes; es fühlt sich selbst in seiner unbeschränkten Fülle."[21] Mit dem Kälteschock, der die Geisteskräfte trifft, geht eng einher der Wärmestrom, der den Körper betäubt. Seine Spuren in der ‚Drogenliteratur' zu verfolgen, wäre sicherlich eine lohnende Aufgabe. Hier muss der Hinweis genügen, dass eine Art thermodynamisches Gesetz den körperlichen und geistigen Zustand unter dem Einfluss der Droge zu bestimmen scheint; eine solche Annahme hilft vielleicht auch die eigentümliche Physiognomie der künstlichen Paradiese besser zu verstehen.

Kälte-Haltung: Cool-Jazz und ‚Cool-Sein'

‚Cool' kann vieles bedeuten: gelassen, gleichgültig, zurückhaltend, abweisend, kontrolliert, überlegen, kaltschnäuzig, raffiniert, unverfroren, frech, durchtrieben. Zusammmenfassend lässt sich das Idiom so beschreiben: „All uses and meanings of ‚cool' have the basic connotation of intellectual, psychological and/or spiritual excitement and satisfaction, negation of more obvious, physical, sensual excitement."[22] Der Begriff verbreitete sich in den USA in den fünfziger Jahren an den Colleges und Universitäten. Ursprünglich bezeichnete er einen neuen Musikstil im Jazz, den ‚Cool Jazz', der sich in New York und an der Westküste des Landes am Ende der vierziger Jahre entwickelte. Mit dem Trompeter Miles Davis, dem Pianisten Lennie Tristano, dem Schlagzeuger Shelly Manne und dem Saxophonisten und Klarinettisten Jimmy Giuffre, den wichtigsten Vertretern des neuen Stils, entstand ein neues Klangbild des Jazz, das eine Antwort auf die nervöse Überreiztheit des Bebop und die munteren, zum Tanzen animierenden Rhythmen des Swing war. Ein unterkühlter, streng kontrollierter, verhaltener, reiner Instrumental- und Ensembleklang ertönte nun, der sich den alten

21 Ernst Jünger, Annäherungen. Drogen und Rausch. Sämtliche Werke. Bd. 11, Stuttgart 1978, S. 203
22 Zit. nach Herbert Hellund, Cool Jazz, Mainz 1985, S. 16

Unterhaltungserwartungen an den Jazz konsequent entzog. Oder wie es Charlie Parker ausdrückte: „No Blues, no swing, nothing but the cool relaxed music."[23] In den Aufnahmen des Miles Davis-Capitol-Orchesters von 1949 und 1950 erreichte der Cool-Jazz bereits einen Höhepunkt. Der Ausbildungsstand der Musiker war in instrumental- und kompositionstechnischer sowie in musiktheoretischer Hinsicht sehr hoch, denn sie kamen vorwiegend aus gutsituierten Familien der amerikanischen Mittelschicht - eher eine Ausnahme unter den Jazzmusikern. „As a result the cool movement has been characterized as an intellectual approach to music and life in general."[24] Auch in der ‚beat generation' mit ihren Leitbildern Jack Kerouac und Allen Ginsberg fand das Idiom ‚cool' rasch Eingang und drückte ein Lebensgefühl aus, dem eine tiefe Skepsis gegenüber allgemein verbindlichen Normen und die Ablehnung gesellschaftlicher Erwartungen zugrunde lag. Seine Popularisierung wurde vor allem bei intellektuellen Außenseitern durch das Klima des Kalten Krieges und der politischen Verfolgung der amerikanischen Linksliberalen befördert. Nach Frank Kofsky definiert ‚cool' die „Quintessenz der individuellen Verweigerung".[25]

In der Sprache deutscher Jugendlicher ist der Begriff ‚cool' heute sehr verbreitet. ‚Cool-Sein' charakterisiert eine Grundhaltung skeptischer Gelassenheit Personen, Dingen und Ereignissen gegenüber; man läßt sich von ihnen nicht beeindrucken, sondern begegnet ihnen stets emotionslos, mit Distanz, souveräner Attitüde und klarem, kühlem Kopf. Das politische Engagement, das den Protest der kritischen Jugend der sechziger und siebziger Jahre aufheizte, ist gewichen und scheint heute weitgehend von einer Kultur der individuellen Verweigerung mit starken Zügen der ästhetischen Distanzierung ersetzt worden zu sein: „Sich engagieren? Den Zug aufhalten? Widerstand leisten? Da bleiben sie ganz cool, grinsen geringschätzig: ‚Kannste vergessen', ‚alles zwecklos', ‚was willste denn tun?', ‚bringt ja doch nichts'." In seiner Polemik gegen diese Mentalität nicht weniger Jugendlicher fährt der Marburger Ober-

23 Pocket American Dictionary of Slang, New York 1967, S. 121
24 Dictionary of Slang (siehe Anm. 23), S. 121
25 Zit. nach Herbert Hellund (siehe Anm. 22), S. 17

studienrat Joachim Kutschke im ‚Spiegel' fort: „Sie geben uns allen und sich selbst keine Zukunftschancen. Ihre Gewißheit ist: Bald ist es aus. Doch von innerer Erregung, von Wut keine Spur, nicht einmal Zorn auf die, die sie für schuldig halten."[26]

Kälte-Genuß: Coca-Cola

Der Mythos Coca-Cola ist ungebrochen. Je länger die Rezeptur im Panzerschrank des Konzerns in Atlanta gut gehütet liegt, umso mehr Vermutungen ranken sich um das Erfolgsgeheimnis jenes Flaschengeistes. Es ist ein Getränk, das es seit über hundert Jahren gibt und heute in allen Ländern getrunken wird - und keiner kennt den genauen Inhalt. Nichts symbolisiert das 20. Jahrhundert so sehr als amerikanisches Jahrhundert wie die Flasche mit dem braunen Saft. Sie ist die Urmutter der Soft-Drinks, aller industriellen Limonaden und Erfrischungsgetränke. Pepsi-Cola, Sinalco-Cola, Dixi-Cola, Cola-Mix - sie alle machen keinen Hehl aus ihrer Herkunft.

Die Verwandtschaftsbeziehungen zwischen Coca-Cola und Kaffee sind, soweit sie die chemische Substanz Coffein betreffen, bekanntermaßen eng, dies jedoch ebenso in kulturgeschichtlicher Hinsicht. Nach Wolfgang Schivelbusch trat der Kaffee in Europa im 18. Jahrhundert als großer Ernüchterer auf.[27] Das Caféhaus wurde zum Gegenbild der Schenke; die künstliche Munterkeit war eine neue, bislang nicht gekannte Befindlichkeit, und zum Trinken aus Bierhumpen gesellte sich nun das Nippen an Porzellantassen. Die bürgerliche Neuzeit hatte das ihr eigene Getränk gefunden, das den Menschen die Nüchternheit und Anspannung aller Verstandes- und Geisteskräfte verlieh, derer sie fortan ständig bedurften. Zweifellos eignen dem Coca-Cola ähnliche Eigenschaften, denn es ist ein Aufputschmittel, das anfangs neben dem Coffein der Cola-Nuß auch einen Zusatz von Kokain enthielt, den die amerikanischen Behörden jedoch 1906 untersagten. So sehr Kaffee heiß getrunken werden muß, so sehr braucht Coca-Cola das Eis, um echten

---

26 Joachim Kutschke, Sie leiden und haben kein Mitgefühl, in: Spiegel, Nr. 13 (1989), S. 74 und S. 72

27 Vgl. Wolfgang Schivelbusch, Das Paradies, der Geschmack und die Vernunft, München/Wien 1980, S. 25 ff.

Geschmack zu entfalten. Kalter Kaffee und handwarme Cola: beides ist undenkbar in der westlichen Genußkultur. Der Aufbau einer industriellen Kühlkette vom Erzeuger bis zum Verbraucher gehörte daher zu den unerläßlichen Voraussetzungen für den Siegeszug des nach 1906 nicht mehr grünen, sondern braunen Getränks. Eine alte Werbeschrift verkündete: „Als erstes wirst du dich wundern, wer diese kühle Welle eingeschaltet hat - deine Kopfschmerzen werden verschwinden, das nervöse und erschöpfte Gefühl macht einem allgemeinen Wohlsein Platz, die harten Ecken werden aus deinem Gemüt herausgeglättet, und du wirst dich erfrischt und angeregt fühlen."[28] Ein Reiz- und Aufputschmittel wird verabreicht, um die natürliche Erschlaffung zu bekämpfen. Es muß jedoch kalt sein, um seine ganze Wirkung zu entfalten; dann erst spürt man etwas von dem psychedelischen Schwung des Schriftzugs und dem Hüftschwung der Flasche. Kälte an sich wirkt auf den müden Körper belebend; tritt eine den Geist und die Wahrnehmung stimulierende Wirkung hinzu, werden die Müdigkeitsphasen des aktiven Menschen überwunden. ‚Mach mal Pause!' richtet sich ganz richtig an den modernen, den tätigen Menschen im Büro, am Fließband, in der Schule, in Sport und Politik. ‚Die Video-Pause, die erfrischt!' - und die heißgelaufene Freizeitgesellschaft bedarf offenbar genauso der Abkühlung wie die überhitzte Arbeitswelt. Wo die ‚Kühlkette' aber reißt, muß man eben improvisieren wie jene amerikanischen Fernfahrer, die an der Außenseite ihrer Fahrerkabinen ein Metallkörbchen befestigen, um ihr ‚Coke' im Fahrtwind zu kühlen.

Kälte-Bilder: Kaltes Herz und soziale Kälte

„Geh aus mein Herz und suche Freud in dieser lieben Sommerzeit an deines Gottes Gaben" - dieses wohl schönste Lied Paul Gerhardts ist einem die Natur und ihre Wunder schauenden Herzen gewidmet, dem die Offenbarung der Schöpfung Gottes zuteil wird. Das Bild vom lebendigen, offenen und weiten Herzen der urchristlichen Liebe ist, wenn-

28 Helmut Fritz, Das Evangelium der Erfrischung. Coca-Colas Weltmission, Hamburg 1985, S. 11

gleich mit wichtigen Bedeutungsverschiebungen, in den weltlichen Alltag eingegangen, wie Sprichworte und umgangssprachliche Wendungen leicht verraten: Das Herz schlägt vor Freude, es entflammt, geht auf, lacht, will verschmelzen, bleibt manchmal vor Schreck stehen und - rutscht in die Hosentasche. In der Heiligen Schrift ist das Herz Gott zugewendet; verschließt es sich aber vor ihm, so verdorrt und vertrocknet es schließlich, wird kalt und hart wie Stein. Im Modernisierungs- und Rationalisierungsprozeß im Gefolge der Aufklärung registriert erstmals die Romantik sehr früh und sensibel die kollektive Abkühlung der Seelentemperatur.[29] Das Motiv des kalten Herzens wird in der romantisch-symbolistischen Dichtung vorherrschend, und das Erschrecken über die neue Seelenlage des Menschen, nämlich seine selbstverschuldete Einsamkeit, sitzt tief, nachdem er seinen Gott und mit ihm seine Daseins-Orientierung abgeschafft hat. In Friedrich Nietzsche fand der Ruf ‚Gott ist tot' seine lauteste Stimme, und im ‚Fliegenden Holländer' Richard Wagners vollzieht sich das Schicksal des irrenden Menschen in der Moderne. Die Sinn- und Legitimationskrise ist dem Modernisierungsprozeß eingeschrieben - die ‚Fröste der Freiheit'[30] gehen dem

[29] Manfred Frank, Steinherz und Geldseele. Ein Symbol im Kontext, in: ders., Das kalte Herz und andere Texte der Romantik, Frankfurt 1978, S. 233-366
[30] Gisela von Wysocki, Die Fröste der Freiheit, Frankfurt 1980

Menschen zu Herzen und verursachen oft genug großes Herzeleid.

„Immer noch müssen Gerichte tätig werden, um einer überalterten und innerlich vereisten Wohlstandsgesellschaft die Toleranz gegenüber Kindern abzuringen."[31] Das Leben in den modernen westlichen Gesellschaften wird zunehmend als kalt empfunden: Kinderfeindlichkeit, Naturzerstörung, die Verrohung des zwischenmenschlichen Verhaltens und der Verlust ideeller Werte liefern Stichworte für oft schmerzhafte Erfahrungen, die sich zum Bild einer kalten Gesellschaft verdichten. Für Ärzte und Psychologen gilt es heute als ausgemacht, daß die Krankheiten unseres Jahrhunderts, die Herz- und Kreislaufleiden, damit in ursächlichem Zusammenhang stehen. Der Arzt Rüdiger Dahlke und der Psychologe Thorwald Dethlefsen deuten Herzprobleme als Herzensprobleme und sehen in der Krankheit die Antwort des Körpers auf den verfehlten Lebenssinn und einen Fingerzeig für den Weg aus der Krise. In der Weisheit der Sprache spüren die Autoren die verborgene Bedeutung solcher Krankheiten auf: Aus dem lebendigen, offenen und weiten Herzen wird in unserer Zeit oft ein versteinertes, verhärtetes und kaltes Herz, das auf der ‚Lebensbühne' das verfehlte Leben zu einem Ende bringen muß und schließlich immer enger wird (Angina Pectoris), um dann auseinander zu brechen: „Im Herzinfarkt kann der Mensch eindrucksvoll die uralte Weisheit erleben, daß die Überbewertung der Ich-Kräfte und die Dominanz des Wollens uns vom Fluß des Lebendigen abschneidet. Nur ein hartes Herz kann brechen."[32]

„Stoiber bezeichnete die FDP als eine Partei der sozialen Kälte."[33] In der politischen Rhetorik nehmen die Metaphern Kälte und Eis seit der Französischen Revolution einen festen Platz ein. Ihrer bedienen sich bis heute alle politischen Lager, um den Gegner ins politisch-moralische Abseits zu stellen. Die beiden Metaphern gehörten ursprünglich zu einem von den Jahreszeiten bestimmten Bildsystem, das vor allem Winter und Frühling symbolhaft auflud. In der Französischen Revolution wurde es politisch eingesetzt: ‚Der Winterfrost der Tyrannei' und ‚der Eispalast der Despotie' galten eindeutig dem Ancien Régime, der überkommenen Feudalherrschaft.[34] Andererseits ist es einzig der Völkerfrühling, der in der Freiheits- und Revolutionsmetaphorik jener Zeit das Eis der erstarrten Verhältnisse schmelzen läßt und im mächtigen Strom der entfesselten Elemente hinwegschwemmt. Der Frühling ist der Lebensspender und Feind und Überwinder des Winters, der Starrheit, Öde und Tod symbolisiert. In dieser bildhaften Verschlüsselung regt sich das neue Leben unter der Eisdecke der sozialen Wirklichkeit, um die Leichenstarre der überkommenen Verhältnisse zu überwinden.

Im bürgerlichen Zeitalter wurde dieses Bildsystem von der Arbeiterbewegung aufgegriffen und nun gegen das Bürgertum selbst gewendet. Der soziale Fortschritt ist Sache der revolutionären Arbeiterklasse geworden, die nun die Flamme der Demokratie hütet. Lebendige Arbeitskraft und totes Kapital sind die Schlüsselbegriffe in der Kritik der politischen Ökonomie von Karl Marx, das klassenbewußte Subjekt soll die Verhältnisse zum Tanzen bringen. In unzähligen Abbildungen, Pamphleten, Reden und Artikeln erreichte das Bildsystem Winter-Frühling seinen Höhepunkt im politischen Kampf der Arbeiterbewegung vor dem Ersten Weltkrieg. Doch die Begeisterung über den Sieg des Proletariats kühlte sich im realen Sozialismus östlicher Prägung rasch ab, und die Vereisung des gesellschaftlichen Lebens folgte.

---

31 Nürnberger Nachrichten, 20.9.1990
32 Thorwald Dethlefsen/Rüdiger Dahlke, Krankheit als Weg, München 1983, S. 281
33 Nürnberger Nachrichten, 20.9.1990
34 Hans-Wolf Jäger, Politische Metaphorik im Jakobinismus und Vormärz, Stuttgart 1971, 12 ff.

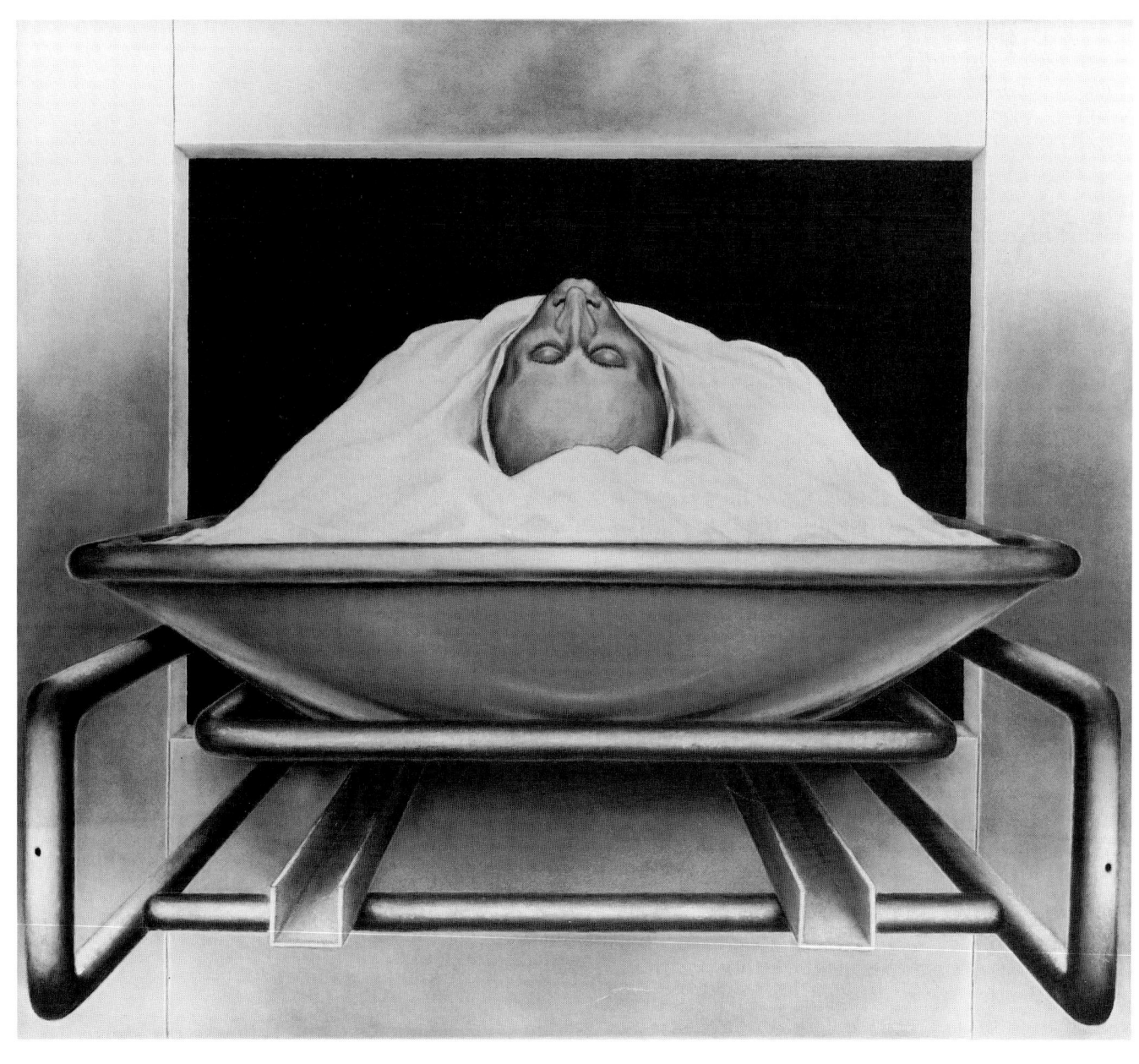

Helmut Pranz: Kühlkammer
1977; Harzöl/Eitempera auf Leinwand; 100 x 115 cm
Privatbesitz

KÄLTE GEGEN KRANKHEIT UND TOD

Auf dem eisigen Pfad des Überlebens

„Die Krankheit [ein Kinnbackenkrampf, verursacht durch eine Fußwunde] wollte dem gewöhnlichen Mittel der Einspritzung von antitetanischem Serum nicht weichen. Dann kam die Bacelli-Behandlung mit Einspritzungen von Karbol-Säure und Glyzerin mit Morphium- und Kokain-Einspritzungen in das Rückgrat. Am vierten Tag wurden, da die Krämpfe an Stärke zunahmen, Bromide und Chlorale in großen Dosen gegeben, aber ohne Erfolg. [Nachdem auch Eisumschläge und der Einsatz kalter Luft keine Besserung brachten, veranlaßte der Arzt] ... den Knaben in den Kühlraum der Brauerei zu bringen, während der Kranke sich in einem Anfall von Krämpfen befand. Der Kranke war kaum eine Stunde im Kühlraume, als sich eine bedeutende Besserung in seinem Zustande zeigte. Nach fünfstündigem Aufenthalt kam er zu Bewußtsein. Am nächsten Tag kam der Rückfall ... Nach der Rückkehr des Kranken in den Kühlraum machte sich wiederum große Besserung bemerkbar. Nach der ersten Erleichterung von Schmerzen und Spannungen klagte der Kranke über großen Durst, und in der Abwesenheit von Wasser wurde ihm etwas Bier mittels eines Strohhalmes eingeflößt. Der Arzt erklärte, daß während der ersten paar Tage des Aufenthalts im Kühlraum die Hauptnahrung des Kranken aus Bier bestand. Der Patient verblieb in dem Keller volle acht Tage."

Diese aufsehenerregende Nachricht bot 1906 die ‚Zeitschrift für die gesamte Kälteindustrie' unter dem bemerkenswerten Titel ‚Kinnbackenkrampf durch künstliche Kühlung geheilt'.[1] Ob und wie lange der Kranke diese Behandlung überlebt hat, war dem hier gekürzt wiedergegebenen Bericht leider nicht zu entnehmen. Sicher ist immerhin, daß die Anwendung von Kälte in der Medizin heute längst das Stadium solch kurios anmutender Versuche überwunden und sich ein vielschichtiges Anwendungsspektrum erobert hat. Dafür gibt es genügend Beispiele:
– Eine geregelte Klimatisierung von Krankenhaus-, hier insbesondere den OP-Räumen ist heute in allen Kliniken unabdingbar;
– die bis zur Durchführung von Transfusionen notwendige Konservierung menschlichen Blutes in sogenannten Blutbanken ist nur bei niedrigen Temperaturen möglich; das gilt auch für die Aufbewahrung von Samen (die ungleich weiter entwickelten Praktiken in der Tierzucht seien hier nur am Rande erwähnt);
– noch niedrigere Temperaturen sind zur Aufbewahrung und während des Transports von Knochen- oder Nerventransplantaten notwendig, ganze Organe können durch Tiefkühlung bis zu einer Transplantation aufgehoben werden;
– mit Kälteanästhesie werden Körperteile durch Tieftemperatur

[1] Zeitschrift für die gesamte Kälte-Industrie, Jg. 13, H. 2 (1906), S. 37

Der neue Ausstellungsraum und die Kühlkammern im Pariser Leichenschauhaus auf einem Holzstich in der Zeitschrift ‚La Nature' aus dem Jahr 1887.

Leichenkühlraum in der Pathologie des Nürnberger Städtischen Krankenhauses, 1956.

schmerzunempfindlich beziehungsweise durch Absenken der Körpertemperatur schwere Eingriffe möglich gemacht;
– in der Kältechirurgie wird schädliches Gewebe durch Gefrieren zerstört. Die Operationsinstrumente werden dabei mit flüssigem Stickstoff auf minus 196 Grad Celsius gekühlt;
– hochmoderne Diagnosegeräte wie Kernspintomographen erschließen völlig neue Informationquellen durch supraleitende Magneten, die durch angeschlossene Heliumkreisläufe auf tiefste Temperaturen gekühlt werden;
– in der Sportmedizin wird Kälte als Sofortmaßnahme eingesetzt bei Prellungen, Zerrungen oder Verstauchungen. (Wer kennt sie nicht, die Wunderheiler, die schwer gefoulte Fußballspieler mit Kältespray in Sekundenschnelle wieder auf die Beine bringen?);
– die tiefgekühlte Konservierung von Embryos scheint heute möglich, während dem ‚Kälteschlaf' von Verstorbenen zum Zwecke späteren Auftauens eher der Ruch von Scharlatanerie anhaftet - doch dazu später mehr.

Kälte als Mittel der Schmerzlinderung und Bewahrung ist ein altes Rezept; den Eisbeutel auf dem Kopf gab es längst vor Linde. Der Versuch hingegen, das Los von Fieberkranken in klimatisch heißen Gegenden durch eine künstliche Raumkühlung zu lindern,[2] war ebenso etwas Neues wie die im letzten Jahrhundert in den Großstädten erwachsende traurige Notwendigkeit, nicht identifizierbare Leichen noch eine gewisse Zeit aufbewahren zu können: „Es liegt in dem immensen Anwachsen der Bevölkerung der Großstädte begründet, dass alltäglich eine gewisse Anzahl von Individuen durch Unglücksfälle, Selbstmord und Verbrechen zu Grunde geht, deren Persönlichkeit nicht von vornherein feststeht, oder deren Aufbewahrung zum Zweck der gerichtlichen Untersuchung erforderlich ist. Die Zahl dieser Fälle ist in Berlin in stetem Wachsen begriffen. So betrug die Zahl der eingelieferten Leichen Erwachsener im Jahre 1856 131, im Jahre 1866 201, im Jahre 1876 343 und 1885 518."[3] Von den 518 zunächst nicht identifizierten Leichen mußten letztlich vierzig unbekannt beerdigt werden. Dies war sicher ein Zustand, der einer zivilisierten Metropole unwürdig war. So wurde an der Spree am 1. März 1886 ein erstes Leichenschauhaus in Benutzung genommen, das dem doppelten Zweck „der Aufbewahrung, Aufstellung und Untersuchung aller sogenannten ‚gerichtlichen und polizeilichen Leichen' einerseits, und der Installirung des Lehrzwecken dienenden forensischen Instituts andererseits" genügen sollte.[4] Vorreiter war Paris gewesen, wo schon 1864 ein Leichenschauhaus eingerichtet wurde, wodurch sich der Anteil der ‚nicht recognoscirten' Leichen von einem Drittel auf ein Viertel verringerte. „Der Betrieb [der Berliner Anstalt] ist der folgende: Die ankommenden Leichen, von deren Reinigung grundsätzlich abgesehen wird, ..., werden nach geschehener Entkleidung in den obengenannten Gefrierzellen während einer Dauer von etwa 24 Stunden einer Kälte von minus vierzehn bis minus fünfzehn Grad Celsius ausgesetzt und dann im vollständig gefrorenen Zustande dem Publikum zur Besichtigung ausgestellt."[5] Die Erfindung einer verläßlichen Kühlmaschine als zivilisatorische Leistung hatte es möglich gemacht, einem just durch zivilisatorische Entwicklung entstandenen Problem zuleibe zu rücken. Doch näherte man sich dieser naserümpfenden Angelegenheit nur zögernd. Lange Zeit blieb die erwähnte

2 Siehe den Aufsatz von Mikael Hård „Überall zu warm" in diesem Buch.
3 Paul Boerner (Hrsg.), Bericht über die Allgemeine deutsche Ausstellung auf dem Gebiete der Hygiene und des Rettungswesens unter dem Protectorate Ihrer Majestät der Kaiserin und Königin, Berlin 1886, S. 591
4 Paul Boerner (siehe Anm. 3)
5 Paul Boerner (siehe Anm. 3), S. 594

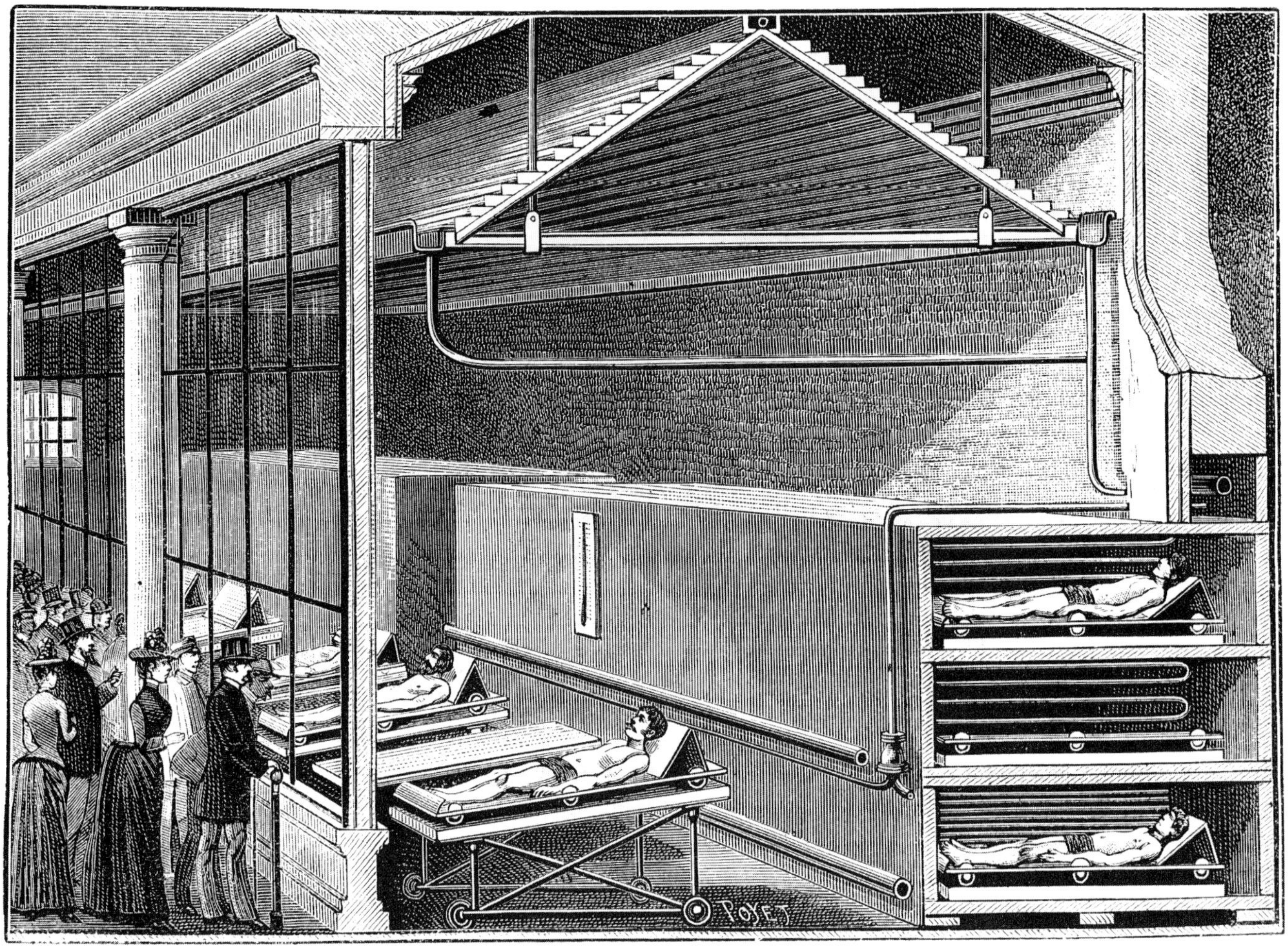

269

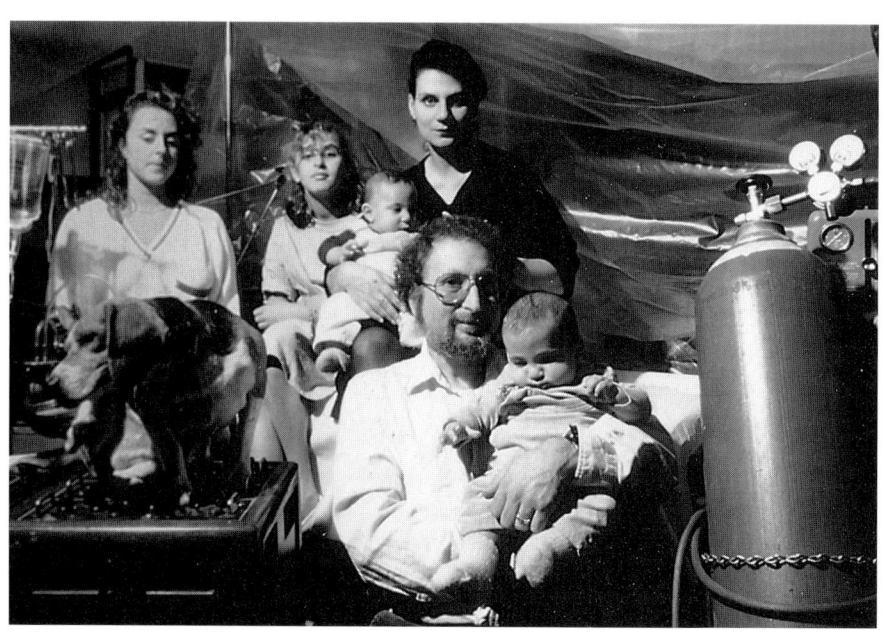

Amerikas Zukunft: Alle Mitglieder der Harald-Waitz-Familie wollen sich später einmal einfrieren lassen. Diese Aufnahme und die auf der nächsten Doppelseite machte die Photographin Herlinde Koelbl für eine Reportage über das kalifornische Kryo-Institut ‚Trans Time Inc.'.

Berliner Anstalt ein Solitär; noch 1907 bemängelte die ‚Zeitschrift für die gesamte Kälteindustrie', daß die Zahl der Leichenkühlanlagen noch sehr klein sei. Nur kurz zuvor, im Jahr 1905, hatte man sich in Hamburg zum Bau einer solchen Anlage entschließen können. Auch hier wurde dies mit den Ergebnissen einer unübersichtlichen Bevölkerungsentwicklung begründet. Gleichwohl erforderte die Lage am Wasser eine besondere Aufmerksamkeit: „Die Verwesung einer Leiche wird unterbrochen, sobald die umgebende Luft eine Temperatur unter Null hat; die Leichen aber, welche lange im Wasser gelegen haben und stark aufgedunsen sind - solche kommen in Hamburg viel vor -, bedürfen einer stärkeren Abkühlung."[6] Zu dem Ordnungsgehabe gesellte sich das wissenschaftliche Interesse an der von armen Schluckern verbliebenen Materie: „Für die wissenschaftliche Forschung ist es ein wesentlicher Vorteil, wenn eine Leiche in möglichst unveränderter Beschaffenheit mehrere Tage erhalten werden kann. ... Für die Studierenden und den Unterricht aber ist es von hoher Bedeutung, wenn die Leichenteile noch möglichst frisch sind, weil die Schüler erstens ein richtigeres Bild gewinnen an frischen Leichen und weil sie in der Folge weniger gestört werden durch die Folgen der eingetretenen Verwesung." Neue Studiermöglichkeiten in den Seziersälen der Universitätskliniken, deren ‚Material' nun aus den gekühlten Leichenkammern kam, nahmen der Forschung das Beliebige, Zufällige. Der Tod oder vielmehr seine Ursachen wurden über den Moment hinaus erforschbar. Der verzögerte Abschied brachte etwa in der Gerichtsmedizin oft manch unliebsamen Grund eines Todes zum Vorschein.

Es lag nahe, vom Bewahren durch die Kälte den Schritt zum Wiederbeleben nach einer Phase vorübergehenden ‚Kälteschlafes' zu wagen. Vielleicht ließen sich ja mit Hilfe der Kälte die dem Menschen gesetzten Grenzen seines Lebens verschieben. Dies wird besonders sichtbar an der Kategorie des ‚natürlichen Todes'. Untersuchungen zeigen, daß der natürliche Tod im Sinne eines Verlöschens der Lebenskräfte heute ein höchst seltenes Ereignis geworden ist.[7] Fast immer tritt der Tod als

6 Lämmerhirt, Die Kühlanlage im Leichenschauhaus zu Hamburg, in: Zeitschrift für die gesamte Kälte-Industrie, Heft 2 (1905), S. 21
7 Werner Fuchs, Todesbilder in der modernen Gesellschaft, Frankfurt am Main 1969, S. 177

Folge bestimmter Krankheiten ein, die - zumindest theoretisch - irgendwann von der Medizin geheilt werden könnten. Ein weiterer Aspekt bei der Betrachtung jener Grenzen, die die Natur dem Leben setzt, ist die Tatsache, daß primitive, einzellige Lebewesen den Tod gar nicht kennen. Bei ihrer durch Teilung erfolgenden Fortpflanzung wird nichts hinterlassen - das Prinzip ‚Stirb und werde' gilt hier nicht. Bereits seit hundert Jahren zieht sich die darauf basierende These, daß eine Todesnotwendigkeit nur für höhere Lebewesen Gültigkeit habe, durch entsprechende wissenschaftliche Diskussionen.[8] Die Nichtauffindbarkeit eines ‚natürlichen Todes' zusammen mit der Annahme, daß nur höhere Lebewesen unweigerlich sterben müssen, sind wohl die wichtigsten Gründe für den Wunsch einer Verschiebung der Todesnotwendigkeit durch Naturbeherrschung.

Eine Möglichkeit, sich solchen Wunschvorstellungen anzunähern, besteht in dem Versuch, Lebensprozesse durch Kälte zu verlangsamen oder gar anzuhalten. Der Wunsch, den menschlichen Körper nach dem Tod vor dem Verfall zu bewahren, ist uralt. Beim Totenkult im alten Ägypten, von dem noch heute die mächtigen Pharaonengräber Zeugnis ablegen, stand die Erhaltung des physischen Leibes durch Einbalsamieren im Vordergrund. Ägyptische Herrscher bereiteten sich ein halbes Leben lang auf den Tod vor und ließen sich von riesigen Arbeitsheeren gigantische Gräber errichten. Der balsamierte Körper sollte ins Totenreich mitgenommen werden - eine Vorstellung, die Abglanz des ursprünglichen Glaubens an ein Weiterleben nach dem Tode war.

Wenn heute mit Hilfe der Kälte versucht wird, den Körper oder Teile desselben auf lange Zeit vor dem Verfall zu bewahren, so geschieht dies aus anderen Motiven. Dahinter steht die Vision, daß Mediziner oder auch Biologen irgendwann Mittel gegen heute als unheilbar geltende Krankheiten oder Defekte finden werden. Manche Menschen richten ihre Hoffnungen auch auf genetische Methoden und meinen, daß ihnen künftig ein neuer Körper durch Klonen (Herstellung einer genetisch identischen Kopie) zur Verfügung gestellt werden und ein Eingefrore-

Edelstahl-Behälter für flüssigen Stickstoff beziehungsweise für die Aufbewahrung von medizinischen Proben, von Samen, Blutkonserven oder Transplantaten in flüssigem Stickstoff.

8 Werner Fuchs (siehe Anm. 7), S. 178

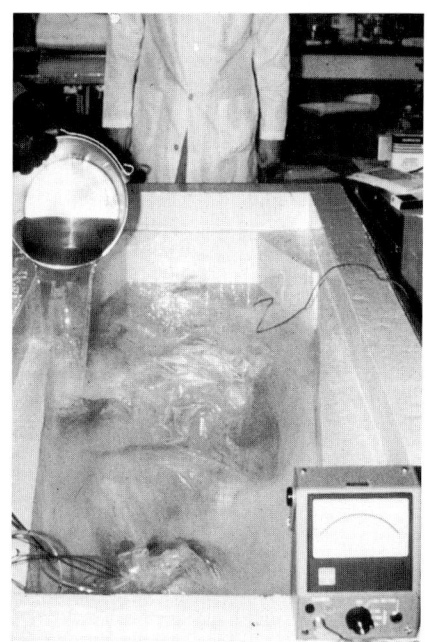

Tiefgefrieren einer Leiche mit flüssigem Stickstoff in der ‚Trans Time Inc.', 1987. Beide Photos stammen von Herlinde Koelbl.

ner aus seinem eisigen Sarg wieder ins Diesseits zurückkehren könnte. Eine Rückkehr, die erst nach Aufhebung heutiger Todesnotwendigkeit durch weitestgehende Naturbeherrschung vorstellbar wird, was noch lange nicht der Fall zu sein scheint. Als Groteske nahm es 1967 die Weltöffentlichkeit auf, daß sich ein amerikanischer Psychologe bei seinem Tod einfrieren ließ. Die landläufige Meinung mündete in ein lakonisches „Der wird sich wundern, wenn er tot bleibt."[9]

Inzwischen bieten insbesondere in den USA eine ganze Reihe, oft wohl mehr dubioser Firmen ihre Dienste an. Die Palette reicht dabei vom Einfrieren nur des Gehirns (dem ja irgendwann mal ein neuer Körper verpaßt werden könnte) bis hin zum entsprechend kostspieligen Tiefkühlkonservieren des ganzen Körpers in flüssigem Stickstoff. Die Hoffnungen der ‚Kryoniker' [vom griechischen Kryos = Frost] richten sich dabei auf die Entwicklung lebensverlängernder Techniken der Gerontologie, auf die Kryobiologie, die Organtransplantation und nicht zuletzt auf die Gentechnik, bei der keine Utopie zu abwegig erscheint. Noch haben amerikanische Richter einem an Krebs erkrankten Wissenschaftler den juristischen Segen versagt, den Zeitpunkt der Tiefkühlung durch Suizid selbst zu bestimmen. In den Augen der Kryo-Anhänger wiederum machen sie sich damit des Mordes schuldig. In jedem Fall bleibt die Frage, wie die Eingefrorenen, die aus ihrem minus 196 Grad Celsius kalten Hades wiederkehren, sich in einer ihnen kaum mehr bekannten Welt zurechtfinden werden.

In den 1940er Jahren begann sich der amerikanische Astronom und Physiker Robert C. W. Ettinger mit den vielfältigen sozialen, ethischen und rechtlichen Problemen zu beschäftigen, denen sich eine Gesellschaft und ihre aufgetaute Vorgängergeneration gegenübersähen. In seinem 1965 auch auf deutsch erschienenen Buch ‚Aussicht auf Unsterblichkeit' befaßt sich der Spiritus rector der ‚kryonischen' Bewegung mit den Folgen dieser Art der Tiefkühlung. Dabei interessieren ihn Gesichtpunkte wie beispielsweise das zu erwartende Gedränge der ‚Unsterblichen' auf Erden und ob mit der körperlichen Wiederauferstehung auch Seele und Geist zurückkämen. Trotz aller Schwierigkeiten prognostiziert er die Entstehung zahlloser, gigantischer Kühlhäuser für die Aspiranten auf eine zweite Lebensphase. Herkömmliche Beerdigungen würden allenfalls noch einige Exzentriker für sich in Anspruch nehmen - beziehungsweise nur verantwortungslose Verwandte sterbender Angehöriger zulassen. Insgesamt gipfelt das skurrile Machwerk in der Behauptung, die Ära des Einfrierens habe weltweit begonnen.

Der Kälteforscher Arthur Rowe, Professor der Medizin und Leiter des kryobiologischen Laboratoriums am New York Blood Center, vergleicht solche Utopien mit dem Versprechen, „einen Hamburger in eine Kuh zurückzuverwandeln".[10] Wer derartiges in Aussicht stelle, dem müsse man absichtliche Irreführung der Öffentlichkeit vorwerfen. Nach einhelliger Meinung der heutigen Wissenschaft wird - trotz verbesserter technischer Möglichkeiten - das Einfrieren menschlicher Leichen oder Leichenteile mit dem Ziel der Wiedererweckung ein Auswuchs materialistischer Gesinnung, eine Groteske bleiben, aus der allenfalls einige Geschäftemacher Vorteile ziehen. Insgesamt gesehen hat bislang mit technischer Hilfe nur einer seine Zeit ‚überlebt': Lenin. Moderne Kühlaggregate westlicher Provenienz hielten hier eine zumindest im Westen zum Feindbild gewordene Kultfigur ‚am Leben', die man nach fast

---

9 Der Spiegel, Nr. 14 (1968), S. 163
10 Gisela Freisinger, Der Traum vom ewigen Leben, in: Tempo, Jg. 12 (1987), S. 65

siebzig Jahren Dauerschlaf unter den Augen der Öffentlichkeit nunmehr zur ewigen Ruhe unter die Erde überführen möchte.

Anders könnte sich der Sachverhalt gestalten, wenn sich Tiefkühlung auf werdendes Leben bezieht. Im Sommer 1984 wurde ein wohlhabendes Ehepaar bei einem Flugzeugabsturz getötet, das in einer australischen Spezialklinik zwei tiefgefrorene Retortenembryos hinterließ. Die drei Jahre zuvor versuchte Befruchtung außerhalb des menschlichen Körpers war zwar gelungen, der eingepflanzte Embryo jedoch abgestorben. Da bei der Zeugung im Reagenzglas gleichzeitig viele Eizellen befruchtet worden waren, entwickelten sich daraus mehrere Embryos. Diese waren der Mutter damals nicht alle zugleich eingepflanzt worden, um das Risiko einer unerwünschten Mehrlingsgeburt möglichst gering zu halten. Die ‚übrigen' Embryos hatte man tiefgefroren. Bei dieser Technik, der sogenannten Kryokonservierung, wird die Entwicklung des Embryos durch die Tieftemperaturen (weitestgehend) unterbrochen. Er kann zu einem späteren Zeitpunkt entweder dem Spenderpaar ‚zurückgegeben' oder auch einer ‚Leihmutter' in den Uterus eingepflanzt werden. Im Falle des verunglückten Ehepaares sollten die Ärzte nun klären, ob sie die tiefgefrorenen Erben eines beträchtlichen Vermögens zum Leben erwecken sollten oder nicht. Eine eigens dafür einberufene Kommission entschied positiv. Allerdings mißlang der Versuch im Falle der Millionenerben, da die Kryokonservierung von Embryos damals noch wenig ausgereift war.

Das erste ‚Retortenbaby' wurde 1978 in England geboren, ist weiblich und bekam den Namen Louise Brown. Inzwischen hat sie weltweit viele Geschwister, die alle in einer kleinen Glasschale gezeugt wurden. In dieser Glasschale, in vitro, wurde die Eizelle ihrer Mutter mit einer Samenzelle ihres Vaters zusammengebracht, und sie verschmolzen und teilten sich, wie gewünscht. Nach drei Tagen Aufenthalt in einer Nährlösung und der konstanten Temperatur von 37 Grad Celsius, wurde Louise ihrer Mutter in den Uterus eingepflanzt und wuchs heran wie jedes andere Baby auch. Die 37 Grad Celsius, die der normalen Körpertemperatur entsprechen, sind entscheidend, um den Lebensprozeß in Gang zu bringen. Mit der erfolgreichen Anwendung dieser sogenannten In vitro Fertilisation, kurz IvF, wuchs die Zahl jener Menschen, die gemeinhin mit dem Begriff ‚Eltern' belegt werden, sprunghaft an: Für die Geschwister der Louise Brown gibt es die genetischen Eltern (Spender), die mit den sozialen Eltern nicht identisch sein müssen. Kommt dann noch eine ‚Leihmutter' dazu - sind fünf Eltern da, deren Verhältnis zum Kind nicht nur rechtlich geklärt sein will.

Die IvF selbst, wie sie heute fast routinemäßig angewandt wird, ist an sich noch kein genetischer Eingriff. Sie gilt aber grundsätzlich als Einstieg in die Gentechnik, da sie den Weg wies, wie und wann am Erbgut Manipulationen vorgenommen werden können. Die Methode zur gezielten Veränderung des Erbgutes ist längst kein Buch mit sieben Siegeln mehr: Die DNA (Desoxyribonukleinsäure), das Riesenmolekül, welches in jedem einzelnen Zellkern vorkommt, besteht bei allen Organismen der Erde aus den gleichen vier Einzelteilen, den Nukleotiden. Das bedeutet, daß alle Lebewesen vom Bakterium bis zum Homo Sapiens die gleiche genetische Sprache sprechen. Mit Hilfe von bestimmten Enzymen (den Restriktionsenzymen) ist es möglich, die DNA an einer vorherbestimmbaren Stelle zu zerschneiden und die Enden

Michael Darwin von der ‚Trans Time Inc.' vor einem Standard-Gefriercontainer zur Aufbewahrung eines Leichnams, 1987.

‚klebrig' zu machen, um sie mit anderen Genen kombinieren zu können. „Gene von Bakterien ließen sich genauso zusammenfügen wie jene von Walfisch und Buntspecht oder Mann und Maus."[11]

Voraussetzung für dieses so einfach erscheinende Verfahren war natürlich, erst einmal zu ergründen, an welcher Stelle welches Gen, das heißt, welche Information sitzt, um es/sie isolieren zu können. Diese Genomanalyse, die Analyse der genetischen Eigenschaften eines Individuums, angewandt in der Reproduktionsmedizin unter Einsatz gentechnischer Methoden - das ist für den Laien eher nur ein wesentlicher Baustein eines bei Horror- und Science-fiction-Filmen seit langem beliebten Szenarios. Dabei sind Experimente mit Kombinationen von

Kühlung von Zuchtbullen-Samen in flüssigem Stickstoff in einer holländischen Samenbank, 1988.

Genen verschiedener Arten heute längst Wirklichkeit. Angefangen bei Pflanzen und weiter über Tiere ist der Schritt nicht mehr groß, auch den Menschen in solche Versuche einzubeziehen. Im Frühjahr 1987 wurden gentechnisch veränderte Bakterien erstmals auf einem Erdbeerfeld in Kalifornien versprüht, um ihre Wirksamkeit in freier Natur zu testen. Es handelte sich um sogenannte ‚Eis-Minus-Bakterien', welche die bislang gegen Kälte empfindlichen Pflänzchen frostresistent machen sollten. Der Versuch war erfolgreich, die Kälteschäden wurden eingedämmt. Nur die völlige Unwägbarkeit anderer Folgen und Nebenwirkungen trübte die Freude am Experiment.

Versuche mit gentechnisch veränderten Pflanzen gab es seit den Anfängen der Gentechnik. Der erste Freilandversuch in Deutschland fand 1988 in Köln statt. Um das Verhalten sogenannter springender Gene zu erforschen (die für Mutationen in der Pflanzenwelt verantwortlich sind), hatten Erbgutbastler in den Zellkernen einer Petunie je ein Mais-Gen injiziert. Den bereits vorhandenen mannigfaltigen Zuchtformen wurde somit eine weitere hinzugesellt. Die durch das Mais-Gen nun lachsrot blühende Pflanze wäre weder auf natürlichem Wege noch durch herkömmliche Zuchtverfahren jemals entstanden.

11 ZEIT-Magazin, Nr. 11 (März 1988), S. 43

Die Koppelung von Genen höherer Lebewesen ist prinzipiell auch nicht schwieriger. So wurden unnatürlich große Mäuse oder auch Riesenschweine gezüchtet, indem man in ihre Keimbahn ein menschliches Wachstumsgen einpflanzte. Die so entstandenen tierschützerischen Provokationen tragen dadurch Erbinformationen, die sie an die folgenden Generationen weitergeben. Dennoch läßt sich die Natur nicht ganz von profitgierigen Züchtern überlisten. So ist die Riesensau zwar ein unübertroffener Fleischlieferant, kann sich allerdings kaum auf den Beinen halten und ist zeugungsunfähig. Der Züchtung von Chimären, menschlich-tierischen Mischwesen, worunter eben auch jene Superschweine zu zählen sind (wenn ihnen auch nur ein einziges menschli-

Labor, in dem der Einbau von synthetischen Genen in Bakterien praktiziert wird, 1984. Die Aufbewahrung in einem Eiswürfelgemenge hält die Reagenzien frisch. Beide Photos: Dirk Eisermann.

Aus ‚Der Spiegel', Heft 6/1986

ches Gen eigen ist), wird durch das neue Embryonenschutz-Gesetz, das am 1. Januar 1991 in Kraft trat, Einhalt geboten. Dagegen dürfen neue Tierformen, wie die genetische Kreuzung von Schaf und Ziege zur ‚Schiege', für Forschungszwecke auch weiterhin hergestellt werden.

Größte Hoffnungen setzte anfänglich auch die pharmazeutische Industrie in die gentechnische Produktion verschiedener Medikamente. An ein großtechnisches Modell dachte man zum Beispiel bei der Herstellung von Insulin, dem Hormon, welches den Blutzuckergehalt senkt. In einem höchst komplizierten Verfahren wird das menschliche Gen, das die Insulinproduktion steuert, isoliert und an ein Kolibakterium gekoppelt, worauf es sich in einer speziellen Nährlösung vermehrt. Aus dieser ‚Bakterienbrühe' kann reines Insulin gewonnen werden. Nach ähnlichem Muster können Mittel gegen Hepatitis B, gegen Wachstumsschwäche und auch das höchst umstrittene Medikament ‚Interferon' gegen Krebs produziert werden. Die gentechnischen Verfahren beinhalten jedoch viele unwägbare Risiken und außerdem so enorme Kosten, daß die großtechnische Herstellung bis heute unrentabel ist.

Doch zurück zum Millionenerben, zum eingefrorenen menschlichen Embryo. Ausgehend von Australien, dem Schafzüchterland mit hochentwickelter Tierzuchterfahrung, entwickelte sich die Kryokonservierung weiter. Sie kann bis heute zahlreiche ‚Erfolge' aufweisen. Der französische Biologe Jacques Testart, führender Experte für Kryokonservierung von Embryos und ‚Vater' des ersten französischen Retortenbabys, bezeichnet in seinem Buch ‚Das transparente Ei' diese Methode als die einzige ethisch vertretbare Variante aller mit dem Begriff ‚Zeugungshilfen' zusammengefaßter Maßnahmen. So würden Adoptionsmöglichkeiten verbessert, indem die neue Familie das Kind bereits neun Monate vor der Geburt aufnimmt. Auch gäbe es die bei der extrakorporalen Befruchtung anfallenden überzähligen Embryos nicht mehr. Das

Maria Fraxedas: Aus der Tiefkühltruhe 1983; Öl auf Leinwand; 80 x 100 cm; Privatbesitz

Leben jedes Embryos und damit die Möglichkeit einer späteren Schwangerschaft bliebe erhalten.

Bleibt die Frage, wie lange die Fortentwicklung dieses Lebens durch Tiefgefrieren angehalten werden kann. Es gibt Systeme, die in der Lage sind, das Werden eines Individuums über einen bestimmten Zeitraum hinweg extrem zu verlangsamen oder zu unterbrechen. In ägyptischen Gräbern wurden Samenkörner gefunden, die noch heute keimfähig sind. Bei manchen Tieren, wie dem Dachs und einigen Fledermausarten, bleibt die befruchtete Eizelle einige Monate im Uterus, ohne sich weiterzuentwickeln. Auch im Winterschlaf vieler Tierarten erfolgt eine Verlangsamung der Lebensprozesse. In allen Fällen jedoch wird durch die elementaren chemischen Vorgänge der Zellatmung Materie verbraucht. Vom eingefrorenen Embryo dagegen nimmt man an, daß er nichts verbraucht und damit biologisch nicht existiert.[12]

Hier scheint dem Menschen ein großer Schritt vorwärts in Richtung einer völligen Naturüberwindung gelungen zu sein, indem er für seine eigene biologische Substanz den Zustand des ‚aufgehobenen Lebens‘ geschaffen hat. Die Philosophie müßte in die ‚Systeme alles Seienden‘ ein offensichtlich vernichtetes Sein integrieren, das aber dennoch existieren kann. „Der Übergang von Leben zu Leben über den Umweg des Frostes, in dem nur der Tod herrscht, ist ein schwindelerregendes Rätsel ... Der Mensch hätte die kontrollierte Auferstehung erfunden, indem er seine lieben Kleinen buchstäblich auf Eis legt."[13]

Doch so weit scheint die Beherrschung der Natur nicht zu gehen, da oberhalb des absoluten Nullpunktes von minus 273 Grad Celsius immer noch ein, wenn auch minimaler, Stoffwechsel stattfindet. Der Embryo im flüssigen Stickstoff wird sich also bei minus 196 Grad Celsius minimal aufbrauchen und somit sein Status nicht als absolut tot zu bezeichnen sein. Diese Einsicht löst jedoch keineswegs die ethischen Probleme

[12] Jacques Testart, Das transparente Ei, Frankfurt am Main 1988, S. 102

[13] Jacques Testart (siehe Anm. 12), S. 103

Unterkühlungsversuche im Konzentrationslager Dachau, 1943

Von November 1942 bis Mai 1943 wurden im Konzentrationslager Dachau Menschenversuche unternommen, um „die Wirkung der Abkühlung auf den Warmblüter zu untersuchen", womit in eiskaltes Meerwasser abgestürzte Flieger gemeint waren. Von den etwa 240 zu diesen Versuchen gezwungenen Personen starben 65 bis siebzig. In einem Brief vom 17. Februar 1943 berichtete der leitende Arzt Dr. Sigmund Rascher dem ‚Reichsführer und Chef der Deutschen Polizei' Heinrich Himmler über die Unterkühlungsversuche:

„*Hochverehrter Reichsführer!*
In der Anlage überreiche ich, in kurze Form gebracht, eine Zusammenstellung der Resultate, welche bei den Erwärmungsversuchen an ausgekühlten Menschen durch animalische Wärme gewonnen wurden. Zur Zeit arbeite ich daran, durch Menschenversuche nachzuweisen, daß Menschen, welche durch trockene Kälte ausgekühlt wurden, ebenso schnell wieder erwärmt werden können als solche, welche durch Verweilen im kalten Wasser auskühlten. Der Reichsarzt SS, SS-Gruppenführer Dr. Gravitz, bezweifelte diese Möglichkeit allerdings stärkstens und meinte, daß ich dies erst durch 100 Versuche beweisen müsse. Bis jetzt habe ich etwa 30 Menschen unbekleidet im Freien innerhalb 9-14 Stunden auf 27-29 Grad abgekühlt. Nach einer Zeit, welche einem Transport von einer Stunde entsprach, habe ich die Versuchspersonen in ein heißes Vollbad gelegt. Bis jetzt war in jedem Fall, trotz teilweise weißgefrorener Hände und Füße, der Patient inner-

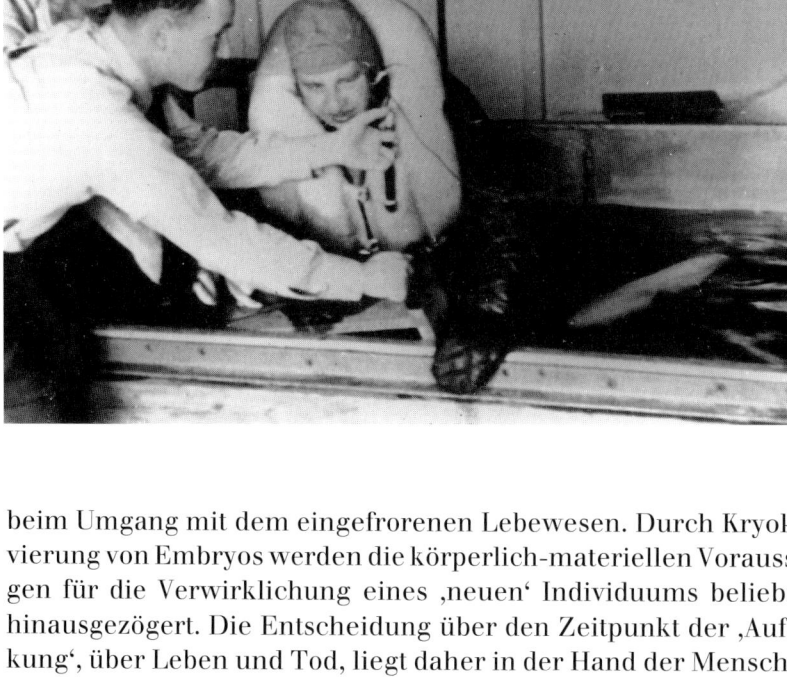

beim Umgang mit dem eingefrorenen Lebewesen. Durch Kryokonservierung von Embryos werden die körperlich-materiellen Voraussetzungen für die Verwirklichung eines ‚neuen' Individuums beliebig lang hinausgezögert. Die Entscheidung über den Zeitpunkt der ‚Auferweckung', über Leben und Tod, liegt daher in der Hand der Menschen und hier nicht nur in der der Eltern. Eine solche Entscheidung kann von historischen Bedingungen, gesellschaftlichen Konventionen oder politischen Systemen beeinflußt werden. Erinnert sei hier an die Zeit von 1933 bis 1945, als von den Nationalsozialisten für ‚lebensunwert' erklärtes Leben der Vernichtung anheimgegeben wurde, die zum Teil auch ‚auf kaltem Wege' erfolgte. Unter dem Deckmantel der Wissenschaftlichkeit wurden im Konzentrationslager Dachau Menschen durch Eiswasser oder trockene Kälte getötet. Eine ‚Versuchsgruppe Seenot' führte mit ‚freiwilligen kriminellen' Häftlingen perverse Kälteversuche durch, bei denen die meisten der Opfer unter größten Qualen ihr Leben verloren.[14] Diese Hinweise sollten genügen, um eine ethische Rechtfertigung menschlichen Eingreifens in die Schöpfung von vornherein zu verwerfen. Zumindest müßten sie für ein Einhalten ausreichen, für eine Denkpause im Umgang mit solchen Möglichkeiten, für die die Menschheit offensichtlich noch nicht reif ist.

Umgangen, nicht gelöst, wird diese Problematik, wenn nicht der Embryo, sondern unbefruchtete Eier und Sperma getrennt eingefroren werden. Eine Praxis, die von zahlreichen kommerziell betriebenen ‚Banken' bereits seit über zehn Jahren betrieben wird. Hier werden Nachwuchserwartungen in Form menschlicher Samen buchstäblich auf Eis gelegt. Dabei erweisen sich diese beim Tiefgefrieren wesentlich resistenter als tierische - allerdings sind sie empfindlicher als Embryos und sterben häufiger als jene. So übersteht bei weitem nicht jeder Samen die tiefen Temperaturen von minus 196 Grad Celsius, und ob mit den weniger kälteresistenten Samen auch bestimmte menschliche Eigenschaften die tiefen Temperaturen nicht überleben, das vermag heute niemand zu sagen.

14 Vgl. dazu Alexander Mitscherlich (Hrsg.), Medizin ohne Menschlichkeit. Dokumente des Nürnberger Ärzteprozesses, Frankfurt am Main 1978, S. 51 ff.

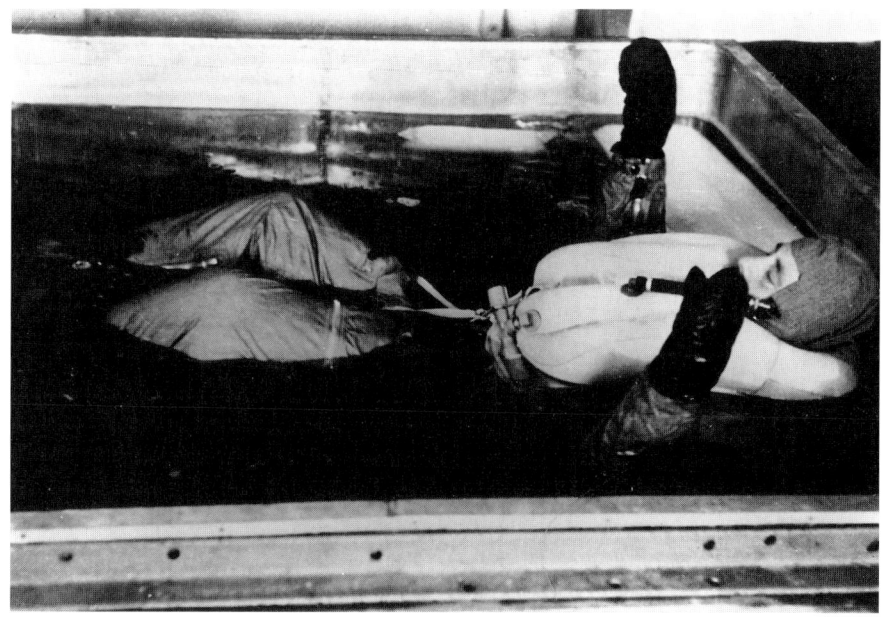

Die Entstehung einer Art ‚Genmystik' wird jedenfalls durch die Existenz gutsortierter Samenbanken befördert. Darunter fällt nicht nur der Wunsch nach dem ‚Nobelpreis-Baby'. Mit Hilfe der Gentechnik ist es ja, wie gesagt, längst möglich, den werdenden Menschen durch Genmanipulationen total zu beeinflussen. Künstliche Kälte, so sinnvoll und nützlich ihre Verwendung in vielen Bereichen der Medizin und Biologie ist, hat eben auch erschreckende Perspektiven. Bei der 1990 in Deutschland vollzogenen rechtlichen Definition von Chancen und Risiken der Gentechnologie überwog daher die Skepsis: Tiefkühlung von Embryos, Manipulationen am menschlichen Erbgut, wie beispielsweise Klonen und anderes, werden vom bundesdeutschen Recht verboten. Ob dadurch allerdings eine begonnene Entwicklung wieder angehalten werden kann, ist mehr als fraglich. Noch nie ließen sich Erfindergeist und Antrieb zu technischen Innovationen von ethischen Überlegungen oder gar Belangen des Gemeinwohls wirklich aufhalten. Solange technischer Fortschritt oberstes Entwicklungsgebot ist, bedeuten Denkpausen oder juristische Verbote nur einen nicht mehr wettzumachenden technologischen Rückstand gegenüber der Konkurrenz.

Dennoch, sollte der deutsche Gesetzgeber mit den beschriebenen Verboten einen solchen Rückstand mit allen Konsequenzen bewußt herbeigeführt haben, wäre das ein Schritt in die richtige Richtung, nämlich nicht alles Mögliche sofort in die Tat umzusetzen. Auf diese Weise könnte vielleicht Zeit gewonnen werden, Zeit für eine Rückbesinnung auf Werte auch außerhalb materialistischer Weltanschauungen. Vieles, was heute möglich erscheint, ist dann vielleicht gar nicht mehr erstrebenswert. Ansonsten könnte die Vision Jacques Testarts[15] durchaus Realität werden, der sich den Homo bio-oeconomicus vorstellt, wie er auf dem Bildschirm seines Computers das Testament des Homo sapiens entziffert. Die blasierte Verachtung des Mutanten paart sich dabei mit Schuldgefühlen, sogar eine Träne kann er nicht unterdrücken. So würde eines Tages auch der letzte Rest, der von der Menschheit verblieb, nur noch in der Erinnerung enthalten sein.

*halb längstens einer Stunde wieder völlig aufgewärmt. Bei einigen Versuchspersonen trat am Tage nach dem Versuch eine geringe Mattigkeit mit geringem Temperaturanstieg auf. Tödlichen Ausgang dieser außerordentlich schnellen Erwärmung konnte ich noch nicht beobachten. Die von Ihnen, hochverehrter Herr Reichsführer, befohlene Aufwärmung durch Sauna konnte ich noch nicht durchführen, da im Dezember und Januar für Versuche im Freien zu warmes Wasser war und jetzt Lagersperre wegen Typhus ist und ich daher die Versuchspersonen nicht in die SS-Sauna bringen darf. Ich habe mich mehrmals impfen lassen und führe die Versuche im Lager, trotz Typhus im Lager, selbst weiter durch. Am einfachsten wäre es, wenn ich, bald zur Waffen-SS überstellt, mit Neff nach Auschwitz fahren würde und dort die Frage der Wiedererwärmung an Land Erfrorener schnell in einem großen Reihenversuch klären würde. Auschwitz ist für einen derartigen Reihenversuch in jeder Beziehung besser geeignet als Dachau, da es dort kälter ist und durch die Größe des Geländes im Lager selbst weniger Aufsehen erregt wird (die Versuchspersonen brüllen (!), wenn sie sehr frieren). Wenn es, hochverehrter Herr Reichsführer, in Ihrem Sinne ist, diese für das Landheer wichtigen Versuche in Auschwitz (oder Lublin oder sonst einem Lager im Osten) beschleunigt durchzuführen, so bitte ich gehorsamst, mir bald einen entsprechenden Befehl zu geben, damit die letzte Winterkälte noch genutzt werden kann.
Mit gehorsamsten Grüßen
bin ich in aufrichtiger Dankbarkeit
mit Heil Hitler
Ihr Ihnen stets ergebener
S. Rascher"*

15 Jacques Testart (siehe Anm. 12), S. 143

Zeichnung von Klaus Stuttmann in der ‚Volkszeitung'
im November 1989, als man sich
über die Krenz-Ära Gedanken machte.

KLIMAWECHSEL

„Winter, ade!
Scheiden tut weh.
Aber dein Scheiden macht,
Daß jetzt mein Herze lacht.
Winter, ade!
Scheiden tut weh."
(Hoffmann von Fallersleben, 1843)

„Revolutionen sind bildersüchtig".[1] Wenn ein Orientierungsrahmen ins Wanken gerät, tappt man noch lange nicht im Dunkeln. Uralte Bildsysteme dienen sich an, um die unvergleichlichen Erfahrungen zu erläutern. Es kann deshalb nicht überraschen, daß die Umwälzungen der Jahre 1989/90 in klassischen Klima-Topoi analysiert und erfahren wurden: Die Reden kreisen um die schrecklichen Kälte-Orte und die wünschenswerten Wärme-Orte. Man sprach von den ‚Gefriermaschinen' des Realsozialismus und den ‚Durchlauferhitzern' der Marktwirtschaft, von Unterkühlungsexperimenten und Wärme-Therapien, von Kälteschock und Nischen-Temperatur, von der Kälte-Entropie geschlossener und der Medien-Überhitzung offener Gesellschaften. Man stellte Spekulationen an über den ‚Winterschlaf' der Insassen der Kühlsysteme, aber auch über die psychischen Effekte des Sprungs aus dem vormundschaftlich geheizten Wasser in das kalte der Marktwirtschaft.

Wenn die Situation unübersichtlich wird, weil die Orientierungsmarken der symbolischen Ordnung über Nacht diffus wurden oder entwertet sind, flüchtet man in Bilderräume, die mit der Regeneration der Wahrnehmung auch Freiheit vom fürsorglichen System des Begriffs versprechen. Dem groben Begriffszwang entronnen, wähnt man sich zwar im Reich der freien Assoziation, ist aber oft nur dem viel subtileren Systemzwang der Bilder ausgeliefert, der seinerseits die Orientierung steuert. Ist es bekannt, in welchem Ausmaß das Polaritätsschema von Wärme und Kälte unser Reden und Denken steuert? Welche Konsequenzen es also hat, wenn ein Ding wie der ‚Kühlschrank' als eine Metapher in den Diskursen auftaucht?

Da das Wärme/Kälte-Schema in einer langen Tradition unserer symbolischen Ordnung Innen- und Außenbeziehungen, Bewegung und Stillstand, Symbiose und Trennung, Gemeinschaft und Gesellschaft, Engagement und Gleichgültigkeit, Spontanität und Planung, Undurchsichtigkeit und Transparenz g l e i c h z e i t i g reguliert und der Rede über die Polarität der Geschlechter zugrundeliegt,[2] zeichnet es sich durch zwei Eigenschaften aus, die sich auszuschließen scheinen: auf

Kältesysteme in der politischen Rhetorik

[1] Klaus Hartung, Neunzehnhundertneunundachtzig. Ortsbesichtigung nach einer Epochenwende, Frankfurt am Main 1990, S. 20
[2] Vgl. Helmut Lethen, Freiheit vor Angst. Über einen entlastenden Aspekt der Technik-Moden in den Jahrzehnten der historischen Avantgarde 1910-1930, in: Götz Großklaus/ Eberhard Lämmert (Hrsg.), Literatur in einer industriellen Kultur, Stuttgart 1989, S. 72-98

der einen Seite durch einen hohen Grad an Beständigkeit, die es als anthropologische Konstante erscheinen läßt, andererseits durch die Möglichkeit eines plötzlichen Bewertungswechsels der Pole. Mechanisch, wie durch Druck auf einen Kippschalter, vollzieht sich die Umpolung. Die Irritationen, die solch unvermittelter (das heißt durch das Kippen des Polaritätsschemas vermittelter) Einstellungswechsel auslöst, wird die sozialpsychologische Spekulation im kommenden Jahrzehnt beschäftigen. Vorerst befassen wir uns mit der merkwürdigen Karriere des ‚Kühlschranks‘ in den Zeitdiagnosen, von denen wir umstellt sind.

Politische Klima-Modelle

Wenn der französische Kulturphilosoph Jean Baudrillard im Frühjahr 1990 feststellt, daß die „UdSSR und die Länder des Ostens ... nach dem Modell Kühltruhe" funktioniert haben,[3] so führt diese Redensart ein kaum überraschendes Element in die geopolitische Rhetorik ein. Seit Jahrhunderten hat es sich eingebürgert, erstarrte Gesellschaftsformen als Kältesysteme darzustellen: Verwaltungsräume, die sich von der Dynamik des historischen Prozesses abgekoppelt haben und sich im Innern durch eine Verlangsamung aller Bewegungsabläufe auszeichnen; in denen die Initiativkraft des Einzelnen an Kommandostellen abgetreten ist; die sich durch Zentralisierung und konzentrisch abgestufte Anordnung von Machtkreisen auszeichnen; in denen eine parasitäre Versorgungsmoral herrscht und der Kultur eine höchst durchritualisierte Sphäre eingeräumt wird. Steht ein solches Gesellschaftsgebilde aufgrund der zentrale Rolle des Plans im Zeichen der instrumentellen Vernunft, so verkörpert es **nach außen** die Schrecken des Eises, was indessen nichts über die Innentemperatur aussagt. Die in solchen Systemen Wohnenden überleben in einer Art Winterschlaf. Einem politischen Kühlsystem wird das Schicksal einer Kälte-Entropie vorhergesagt: „Im Bestreben, die Welt unbeweglich zu machen, macht es sich selbst unbeweglich."[4]

Im 18. Jahrhundert sprach das Bürgertum schon von der ‚Kälte‘ des Ancien Regime. ‚Kalt wie Alpenschnee‘ wurde der Bürger, der sich ihm assimilierte. Im 19. Jahrhundert redete man mit Schrecken von den ‚Eispalästen der Despotie‘.[5] Eine Gesellschaft, die bürokratisch-militärischer Überwachung unterlag, wurde als ‚Winterlandschaft‘, in der die Geschichtszeit stillstand, beschrieben: Revolutionäres ‚Tauwetter‘, das die ‚Eisdecke der Tyrannei‘ sprengen sollte, war angesagt. An dieser Rhetorik hat sich bis heute wenig geändert. Die Erfindung der Kälteerzeugungs-Maschinen hat die Natureismetapher keineswegs verdrängt. Wer die Redewendungen daraufhin untersucht, wird verblüfft sein, wie wild hier Natureis und Kältetechnologie miteinander kombiniert werden, wie selten ein Unterschied zwischen technischem Abtauen und frühjahrsbedingtem Schmelzen gemacht wird. Der Terminus ‚nuklearer Winter‘ ist die auffälligste Metaphern-Kombination. Daß diese Überlagerung nicht problematisiert wird, hat verschiedene Gründe:

- Die Klimaforschung selbst beschreibt Naturprozesse nach technischen Modellen. Sie redet von einer globalen ‚Wettermaschine‘, in der die Polkappen die ‚Kühlaggregate‘ bilden. Wenn der für die beiden Jahrzehnte nach dem Jahre 2015 erwartete Temperaturanstieg und die Gefahr des Abschmelzens der Polkappen auf ‚anthropogene Verände-

[3] Jean Baudrillard, Die Kehrtwende der Geschichte, in: Standard, 28./29. 4. 1990 (Für diesen Hinweis danke ich Heinz Girl, Klagenfurt.)
[4] Václav Havel, Offener Brief an Gustav Husák, in: Am Anfang war das Wort, Reinbeck 1990, S. 68 f.
[5] Hans-Wolf Jäger, Politische Metaphorik im Jakobinismus und im Vormärz, Stuttgart 1971, S. 12-16

Zeichnung von Horst Haitzinger in der ‚Welt am Sonntag' vom 5. März 1989, sieben Monate vor der Wende (oben).

„Moskauer Frühling. Februar 1987: Die Liberalisierungsinitiativen Gorbatschows werden in großen Teilen der KPdSU sehr reserviert aufgenommen." Zeichnung von Horst Haitzinger in seinem BONNzen-Album, München 1988.
Vor der Konfrontation des politischen Frühlingsboten mit den in frostiger Erstarrung verharrenden, prinzipientreuen Sowjets gerät es zu einem Treppenwitz der Weltgeschichte, daß die Leiche des Revolutionärs Wladimir Iljitsch Uljanow, genannt Lenin, bis heute in seinem 1930 errichteten Marmormausoleum von deutschen Tiefkühlaggregaten ‚frischgehalten' wird.

rungen', das heißt die technisch geförderte Zunahme der Treibhausgase Kohlendioxid, Methan, Distickstoffoxid und Ozon, zurückgeführt werden, macht es wenig Sinn, ideologiekritisch Naturprozesse und Menschenwerk sorgfältig zu trennen.

- Naturmetaphern sind der Aufklärung ein Ärgernis, weil sie, auf soziale Prozesse angewandt, der Sphäre des Machbaren den Nimbus des naturhaft unbeeinflußbar Gewachsenen geben. Der Witz der Wintermetapher lag allerdings darin, daß mit ihr ein gesellschaftlicher Zustand schon ‚von Natur aus' dem W e c h s e l der Jahreszeiten unterworfen wurde. Die Beschreibung einer sozialen Konstruktion als ‚Gefriertruhe' ist insofern fataler, weil das technische Gerät das in ihm Gespeicherte dem Wechsel der Jahreszeiten entzieht. In der Naturmetapher war immerhin noch das Versprechen des zyklischen Wechsels enthalten. Mit Einführung des technischen Geräts als Metapher ist diese Gewißheit entfernt. Das Gerät kann freilich plötzlich abgeschaltet werden. Aber die Gewißheit des Zyklus der Jahreszeiten ist - wie das Vertrauen auf das Rad der Fortuna - abhanden gekommen.

Kehren wir zum ‚Kühlschrank' zurück. Denn dieser ist in den letzten Jahren zu einem Kollektivsymbol[6] avanciert, mit dem sich der Psychiater mit dem Kulturphilosophen und der Dramatiker mit dem Metereologen mühelos verständigt. Jean Baudrillard, der von der „Tiefkühlgefrierung" der Ostblockländer spricht, gewinnt der Metapher nun eine ungewöhliche Wendung ab. Die Vereisung habe einen ungeheuren Vorrat an Freiheit in der Kälte konserviert. Wenn diese „frischen Energien" plötzlich wieder in Umlauf gebracht werden, könnten sie das westliche System destabilisieren: „Es kann einen politischen Treibhauseffekt verursachen. Die menschlichen Verhältnisse auf dem Planeten könnten sich durch Schmelzen der kommunistischen Eisberge derart erwärmen, daß die westlichen Ufer davon überschwemmt werden."[7]

Die Rede ist hier nicht von der zu erwartenden Flüchtlings-‚welle'; die Rede ist vom Umlauf unverbrauchter Vitalitätsreserven, die in den Kälte-Speichern des Ostens gelagert sein sollen. Kaum haben wir uns aber mit diesem umgepolten Katastrophen-Szenarium abgefunden - die Erinnerung an das wunderbare Hibernaculum in Kubricks ‚Space Odyssey 2001' läßt den Gedanken reizvoll erscheinen - da macht uns Baudrillard auf ein seltsames Paradoxon aufmerksam: „Paradoxerweise fürchten wir klimatisch das Schmelzen des Eises als absolute Katastrophe, während es politisch, demokratisch gesehen geradezu unser höchstes Ziel ist."

Wie stellt man Paradoxe her? Man überlasse sich der Eigendynamik eines Bildsystems, das binär organisiert ist, und vertausche die Diskursebenen - und schon hat man ein unentrinnbares Paradox. Die ‚Kühlschrank'-Metapher kann, wie jede andere technische Metapher, als Repräsentant eines mechanischen Modells zu weitreichenden Gedanken inspirieren, sie kann auch, wie man sieht, Erkenntnisse blockieren. Wie zu erwarten, widersprach der Vision von Baudrillard ein Osteuropakundler. Seine Polemik hieß: „Eisschrank oder Fegefeuer".[8]

Revolution als Einfrostung

Wenn auch der Dramatiker Heiner Müller die Welt nicht wie Baudrillard zwischen den Topoi des Weltuntergangs, zwischen Eiszeit und Überhitzung schwingen läßt, so nährt sich seine Argumentation doch in

---

[6] Zu Begriff und Funktion des ‚Kollektivsymbols' vgl. Jürgen Link/ Siegfried Reinecke, „Autofahren ist wie das Leben". Metamorphosen des Autosymbols in der deutschen Literatur, in: Technik in der Literatur. Hrsg. von Harro Segeberg, Frankfurt am Main 1987, S. 436-482.
[7] Jean Baudrillard (siehe Anm. 3)
[8] Jaques Rupnik, Eisschrank oder Fegefeuer, in: Standard, 1.12.1990

erheblichem Maß vom Polaritätsschema. Fasziniert beobachtet er den Akt der plötzlichen Synchronisation eines langsamen mit einem schnellen System und die Brachialgewalt, die dazu gehört. Im November 1990 faßt er in einem Interview der Wochenzeitung ‚Freitag' noch einmal zusammen, was er schon in einer Serie von Interviews zur Wendezeit gemutmaßt hatte: „Die Mauer war ja auch so ein Regulativ zwischen zwei Geschwindigkeiten. Verlangsamung im Osten, man versucht die Geschichte anzuhalten und alles einzufrieren, und diese totale Beschleunigung im Westen, die Schweiz eingeschlossen, auch wenn man da an der Oberfläche nichts merkt. Und plötzlich ist dieses Regulativ weg, und es entsteht ein Wirbel, der zunächst ein Schwindelgefühl erzeugt bei den Leuten."9

Die DDR war für Müller ein Kälte-System, ein „Apparat, der auf Verlangsamung gerichtet war". Damit fiel die deutsche Variante des Sozialismus aber keineswegs aus dem Rahmen. Müller zieht aus der Geschichte aller sozialistischen Staaten ein Resümee, das in eklatantem Widerspruch zur Gedankenwelt der Arbeiterbewegung des 19. Jahrhunderts und ihrer Embleme sowie der leninistischen Revolutionstheorie steht: „Revolutionen waren nie Beschleunigungskräfte, sondern der Versuch, die Zeit anzuhalten."10 Revolutionen sieht er als Versuche, sich gegen die Beschleunigungszeit des Weltmarkts abzuschotten, Enklaven zu bilden, die zwangsläufig in ihrem Inneren eine „knirschende Verlangsamung in allen Lebensbereichen"11 mit sich bringen. Anfang des Jahres 1990 zögert Müller noch, dieser Langsamkeit nicht auch eigene Qualitäten zuzubilligen, ohne in das Lamento über die verlorene Wärme der Nischen-Kultur einzustimmen. Was diese betrifft, so charakterisiert er sie sarkastisch mit einer klimatechnischen Metapher: „Während eines Stromausfalls in der DDR rückten in den Kollektivställen die Schafe so eng zusammen, daß sie massenhaft erstickten."12

Der Thermostat

An dieser Stelle könnten wir innehalten, um uns auf das Wesen der Metapher zu besinnen, statt uns dem begrenzten Vergnügen des Daumenkinos der Kältebilder zu überlassen. Jede Metapher, lernen wir, bildet eine imaginäre Koppelung zweier Diskurse oder, wie Günther Anders einmal sagte, den „kleinen Grenzverkehr zwischen verschiedenen Provinzen des Wissens". Meint das im Falle des ‚Kühlschranks' die Verbindung der Politiker-Rede mit der Sprache des Technikers? Wohl kaum, denn der zweite Diskurs, das Spezialwissen des Technikers, brauchte bisher nicht ernsthaft bemüht zu werden. Vielleicht hilft uns eine andere Definition, die davon ausgeht, daß jede Metapher die Spitze eines untergetauchten Modells sei (funktioniert also wie ein Eisberg!). In welchem der beiden Diskurse wäre aber das Modell zu finden? Und wohin taucht das Modell, wenn es im Bild nicht voll präsent ist? Vielleicht bringt uns die Annahme weiter, daß jede Metapher eine Behauptung der Identität verschiedener Geschichten sei? Zum Beispiel die Erzählung von der Kälte der Entfremdung als notwendiger Folge der Modernisierung, von der Zivilisation als Entfremdung von den warmen Ursprungsorten oder von der Kälte der rationalen Konstruktion ... (Allerdings operieren diese Geschichten wiederum mit Metaphern, die ihrerseits die Behauptung der Identität verschiedener Geschichten bilden und so weiter und so fort.)

9 Eine Tragödie der Dummheit. Interview mit Heiner Müller von René Amman, in: Freitag, 16.12.1990, S. 3
10 Heiner Müller, Das Jahrhundert der Konterrevolution. (Januar 1990), in: ders., Zur Lage der Nation, Berlin 1990, S. 84
11 Heiner Müller, Dem Terrorismus die Utopie entreißen. Alternative DDR. (Januar 1990) (siehe Anm. 10), S. 15
12 Heiner Müller, Da trinke ich lieber Benzin zum Frühstück. Betrachtungen zum Fundamentalismus. (Februar 1989) (siehe Anm. 10), S. 51

Das ‚Kaltstellen' im Sinne von ‚alles unter Kontrolle haben' erfährt auf dieser amerikanischen Witzpostkarte eine zynische Ausprägung.

Da hier nicht der Ort ist, in sprachskeptischen Schwermut zu verfallen, greifen wir eine These von Max Black auf, der davon ausgeht, daß eine Metapher ein ‚Vehikel' (in diesem Fall das technische Gerät) mit einem System assoziierter Gemeinplätze verbindet.[13] Der Terminus ‚Gemeinplatz' ist mir hierbei besonders wichtig, weil er die - meist von der Poesie gehegte - Erwartung dämpft, die Metapher würde automatisch neue Reiche der Erkenntnis erschließen. Daß dies nicht der Fall ist, sollten die zitierten Kälte-Metaphern belegt haben. Vielleicht könnte man aber durch einen genaueren Blick auf das Vehikel (den technischen Bildträger also) die Gemeinplätze, wenn nicht gleich aufheben, so doch verfeinern. Ein zweiter Blick auf den Kühlschrank in Graphik und Rede lehrt, daß er offensichtlich nicht mit einem Instrument ausgerüstet ist, das wir in unseren Haushaltsgeräten antreffen, dem Thermostaten.

„Sehen Sie," rief der Besucher aus der DDR im August 1989 in einer Wohnung auf der Keyzersgracht in Amsterdam aus, „das ist es, was unserem Gesellschaftssystem drüben fehlt: der Thermostat!" Zu dieser Einsicht hatte ein Artikel aus der Zeitschrift ‚Merkur' verholfen, in dem Dirk Baeker das zauberhafte Wirken des meist versteckten Geräts erläuterte. Schon das Vorlesen der dort beschriebenen Wirkungsweise eines Thermostaten wurde in dem zufälligen Kreis von vier Bürgerinnen und Bürgern der DDR wie ein Elementarkurs über die Voraussetzung von Systemen begriffen, die dynamisch sind und doch als stabil gelten. Zeigte sich doch an diesem Beispiel, wie sich die relative Konstanz der Temperatur im Austausch eines Kälte- und Wärme-Systems als Gleichgewicht herstellt, wie erst die kleinen Schwankungen der Raumtemperatur die Bedingungen einer relativen Stabilität in Stand halten und wie ein zirkulärer Prozeß von Kontrolle und Rückkopplung die gewünschte Konstanz verbürgt. Dabei ist es nicht eigentlich das unscheinbar kleine Gerät, der sogenannte Thermostat, das diesen Zustand garantiert. Das gesamte System ist vielmehr thermostatisch, nicht nur der Schalter an der Wand: „Das System besteht aus einer Wärme-

[13] Max Black, Mehr über die Metapher, in: Anselm Haverkamp (Hrsg.), Theorie der Metapher, Darmstadt 1983, S. 379-413

quelle (Heizung), einer Wärmeabfuhr (die Kälte außerhalb des zu heizenden Raumes), einem Fühler (Thermometer), einem Komparator und einem Schalter. Fühler, Komparator und Schalter sitzen meistens in einem Kasten. Üblich ist es, Fühler und Komparator mechanisch so zu koppeln, daß der Fühler Abweichungen von der gewünschten Temperatur unmittelbar an den Schalter, der das Heizungsventil betätigt, weitergeben kann. Das Thermometer (der Fühler) mißt die Temperatur des Raumes, und immer, wenn die Temperatur eine gewünschte Temperatur übersteigt - dies setzt eine Möglichkeit des laufenden Vergleichs der tatsächlichen mit der gewünschten Temperatur voraus - wird die Wärmezufuhr gedrosselt. Sinkt die tatsächliche Temperatur unter die Schwelle der gewünschten Temperatur, wird die Wärmezufuhr gesteigert."[14]

Dieser Prozeß bedarf nicht der konstanten Aufsicht von Instanzen, die dem Ausgleichs-System übergeordnet sind. Das dynamische Gleichgewicht stellt sich vielmehr im Rahmen der wechselseitigen Kontrolle her. Allerdings führt Dirk Baeker, der in seinem Artikel nicht auf Machttheorien zielt, sondern am Beispiel des Thermostaten die Paradoxien kybernetischer Systeme erhellen möchte, eine einschränkende Klausel ein. Für seinen Zusammenhang scheint sie nicht besonders relevant, für unseren Fall ist sie aber von ausschlaggebender Bedeutung. Nebenbei heißt es bei ihm: „Läßt man für den Moment die Wärmeabfuhr in die kalte Außenwelt außer Betracht, hat man es mit einem geschlossenen Kreis zu tun, in dem das kontrollierende Element vom kontrollierten Element kontrolliert wird."[15]

„Läßt man für den Moment die Wärmeabfuhr in die kalte Außenwelt außer Betracht ..."! Keinen Moment, müßte die Intervention prompt lauten, keinen Moment konnte in den realsozialistischen Staaten dieser Faktor außer Betracht gelassen werden. Die umringende Weltwirtschaft hatte eine permanente und gigantische ‚Wärmeabfuhr' zur Folge, so daß sich der besagte zirkuläre Prozeß nie hat einpendeln können. Wenn das Augenmerk sich aber auf eine Rahmenbedingung verschiebt, und plötzlich der ‚Weltmarkt' als das ursächliche Subjekt erkannt wird, dann hätte jedes politische System, das sich auf längere Dauer einrichtet, ihn als eine der Bedingungen seines Bestandes von vorneherein mit einbeziehen müssen, oder ... Nachtigall, ick hör dir trapsen!

Vielleicht ist das auch der Grund, warum andere Diktaturen wie die Francos in Spanien, der Obristen in Griechenland oder Pinochets in Chile nie in den Ruf gerieten, ‚Gefriertruhen' zu sein. Sie blieben, wie eingeschränkt auch immer, stets dem Stromkreis des Weltmarkts angeschlossen. Vielleicht wurden sie aber auch nur nicht vom Kältediskurs eingefangen - das Beispiel Kubas mag darauf hinweisen -, weil sich auch die Metaphern nach der Geographie richten und folglich die politischen ‚Kühlsysteme' den Nordvölkern vorbehalten bleiben. Über den ‚orientalischen Despotismus' müßte noch gesprochen werden. Man sieht, wie verführerisch sich - immer im Rahmen des Wärme/Kälte-Schemas - ein technisches Gerät zur Findung von Welterklärungsformeln anbietet.

Im Innern der Gefriertruhe

Wir lasen in den Berichten aus dem Realsozialismus von einer „somnambulen Ereignislosigkeit"[16] in seinem Innern, von einer „Kultur des Wartens"[17] und der augenfälligen Mechanik der kalendarischen Zeit[18],

[14] Dirk Baecker, Glanville und der Thermostat. Zum Verständnis von Kybernetik und Konfusion, in: Merkur, Heft 6 (Juni 1989), S. 514
[15] Dirk Baecker (siehe Anm. 14)
[16] Richard Swartz, in: Kursbuch, 100 (1990), zit. nach Klaus Hartung (siehe Anm. 1), S. 70
[17] Klaus Hartung (siehe Anm. 1), S. 92
[18] Václav Havel (siehe Anm. 4), S. 68

Wilhelm Busch, Der Eispeter. Eine Bildergeschichte, 1863. Die Strafe der Vereisung im 19. Jahrhundert: Die Dressur des Kindes ist mißlungen. Peter verläßt die warme Stube des elterlichen Hauses, hört auch nicht auf die Warnung der befugten Forstautorität, entziffert keine Vorzeichen der Gefahr - und stirbt folgerichtig den Kälte-Tod.

19 Vgl. Mario Erdheim, ‚Heiße' Gesellschaften und ‚Kaltes' Militär. in: Kursbuch, 67 (1982), S. 59-72. Siehe auch Helmut Lethen, Geschichten zur ‚kristallinen Zeit', in: Dietmar Kamper/ Christoph Wulf, Die sterbende Zeit, Darmstadt und Neuwied 1987, S. 83-100
20 Klaus Hartung (siehe Anm. 1), S. 25
21 Peter Schneider, Extreme Mittellage. Eine Reise durch das deutsche Nationalgefühl, Reinbeck 1990, S. 126

deren Rhythmus seine Einwohner unterworfen waren. Es liegt nahe, ein System, in dem solche Zustände herrschen, mit einem Modell zu erklären, das der französische Ethnologe Claude Lévi-Strauss entworfen hatte, um bestimmte Aspekte von Völkerschaften zu erhellen, die aus dem Schema des historischen Fortschritts herausgefallen sind.[19] Während die ‚heißen Kulturen' nach den Beobachtungen des Ethnologen, getrieben vom Gefälle der Hierarchien und Klassenwidersprüche, wie Dampfmaschinen aufgrund thermodynamischer Regeln bewegt werden, funktionieren die ‚kalten' mechanisch wie Uhren, versuchen, den historischen Wandel einzufrieren und richten sich im Mechanismus steter Wiederholung ein. Natürlich erheitert die Paradoxie, daß ausgerechnet die Gesellschaftsformationen, die im Schlepptau von Revolutionen als den „Lokomotiven der Geschichte" (Karl Marx) entstanden waren, im Modell einer ‚kalten Kultur' beschrieben werden können.

Die Individuen, die in einem solchen Kühlsystem leben, befinden sich in einer Art Winterschlaf, in dem die Lebensprozesse stark verlangsamt sind, registrierte der Züricher Ethnologe Mario Erdheim, der übrigens das Militär der westlichen Staaten ebenfalls als Subsystem der Kälte beschreibt. Funktionen der Realitätskontrolle sind höheren Instanzen überantwortet. Wichtige Regulatoren des bürgerlichen Subjekts sind in diesem Apparat funktionslos geworden, wie zum Beispiel die durch das einzelne Individuum verbürgte Zeitdisziplin, die Innensteuerung durch den ‚Kreiselkompaß' des Gewissens, das Vermögen zu persönlicher Schuld und so weiter.

Das Denkmodell der ‚Kalten Kultur' stand also bereit, als es 1989/90 seine aktuelle Funktion erhielt. Konnte man mit ihm auch nicht die Veränderung des Systems selbst erklären (gewiß, der 9. November 1989 war „faktisch ein kalter Putsch, der kältest denkbare Putsch" sogar und somit dem Kältesystem angemessen[20]), so doch die seltsame Mentalität einer Bevölkerungsgruppe, die nun auf der Bildfläche des Wärme/Kälte-Schemas erschien, also ‚aus der Kälte kommend' dem ‚tropischen Klima der freien Marktwirtschaft', das ihr die westlichen Medien vorspiegeln, überlassen.

Peter Schneider berichtet, daß sich in den nun entstehenden Debatten über den Mentalitätstypus der DDR eine ‚Kühlschrankfraktion' gebildet habe, deren Anhänger von einer ziemlich fatalen Hypothese ausgehen: „Der Kommunismus funktioniere wie ein Tiefkühlfach, in dem die historischen Eigenarten und Passionen der Völker gleichsam tiefgefroren werden. Wenn der Eisschrank einmal auf Abtauen gestellt ist, machen die Völker genau dort weiter, wo sie vor fünfundvierzig Jahren aufgehört haben. All die schönen sozialistischen Tugenden und Errungenschaften, die ihnen bei minus dreißig Grad eingetrichtert wurden, werden von ihnen abfallen wie alter Schnee. Die historisch gewachsenen nationalen Eigenarten, die guten wie die schlimmen, werden beim ersten Frühling frisch wie am Tage des Einfrierens zum Leben erwachen und das Tun und Lassen der Völker bestimmen."[21] Das langsame System des Realsozialismus - so die Logik der ‚Kühlschrankfraktion', die die differenzierteren Annahmen der Milieutheoretiker abweist - ist ein System des Winterschlafs, der durch Träume von tropischer Wärme, die die Westmedien vom freien Markt erzeugen, bewacht wurde.

Fraglich ist natürlich, wie man sich im Bildsystem der ‚Kühlschrankfraktion' das plötzliche ‚Abtauen' vorzustellen hat. Historische Beispiele dafür sind rar. Die Geschichte vom ‚Eispeter', die Wilhelm Busch erzählt, ist denkbar untauglich, da sie fatalerweise davon ausgeht, daß der Einfrierungsprozeß nicht umkehrbar ist. Allerdings böte sich die Vereisung des Jägers und Hundetreibers Alexander Klotz aus der österreichisch-ungarischen Nordpolexpedition von 1873 als glücklichere Version an. Zumindest erzählt Christoph Ransmayr, daß dieser nach kurzfristiger Vereisung auf polarem Gletscher von seinen Kameraden gefunden und als rettungslos aufgegeben wurde, dann aber, nach einer Phase des Wahnsinns, der Truppe wieder als intaktes Mitglied eingegliedert werden konnte.

Bessere Argumentationshilfen könnten sich unsere Theoretiker aus einem Sonderheft der Zeitschrift GEO holen. Ein Jahr nach der Wende erhält man in diesem Auskünfte, die die Gemeinplätze der Kältemetaphoriker verfeinern helfen. Hier berichten Kältephysiologen von der subjektiven Befindlichkeit im Laufe von Unterkühlungsexperimenten, die im nordamerikanischen Duluth durchgeführt werden.22 Warum sollte nicht ein GEO-Heft mit einer Hypothermie-Reportage die Bildflut anheizen, mit der man sich in unübersichtlicher Lage die subjektive Qual des Übergangs von einem Kälte- in ein Wärmesystem zu erklären sucht: „Jetzt ist es am schlimmsten", stottert der Student Roger Hynes, nachdem er sich 29 Minuten im Wassertank des Labors einem Unterkühlungsversuch unterworfen hatte und - wieder im trockenen Bademantel - langsam erwärmt wird. Das Experiment liegt zwar hinter ihm, aber die Wahrnehmung täuscht den Studenten nicht. Die Kerntemperatur seines Körpers fällt weiter. Eine kritische Phase, diese Rückkehr ins Warme; das ‚Nachfallen' der Temperatur gilt als typisch für Hypothermie-Opfer: „Es kommt mir vor, als ob die Wärme aus mir herausfließe", sagt der Student, schlotternd vor Kälte, auch wenn das Versuchskaninchen schon seit einer Viertelstunde eine heiße Tasse Schokolade umklammert.

Hier ist Vorsicht geboten. Solange sich die ehemaligen DDR-Bürger als Opfer eines Anschlusses begreifen, werden sie mit Modellen traktiert, in denen sie als Patienten behandelt werden. 1990 ließen sich die Versuche von Duluth, deren Ergebnisse abgestürzten Piloten, gekenterten Fischern und Bergungstauchern zugute kommen sollen, spielend leicht in die Warm/Kalt-Reden übernehmen. Eine verunsicherte Sozial-Psychologie greift zu Bildern der Kältephysiologen. Immerhin kann man ihnen die Mahnung entnehmen, die Verunglückten langsam zu erwärmen: „Geschieht es zu schnell, kann der Unterkühlte vorübergehend das Bewußtsein verlieren." Wird er jedoch vorsichtig aufgeheizt, so können seine vitalen Signale schon bald wiederkehren.

„Es ist so kalt bei Euch!"23 Metaphern sind ernst zu nehmen; denn - wie Günther Anders erläutert hat - „das Wesen ihrer, der seelischen, Gegenstände, ist ohne deren Sprachlichkeit ganz wesenlos: Die Art, wie eine seelische Realität von der Seele bezeichnet wird, gehört zum Wesen der Realität selbst." 24 Die Klage über die ‚Kälte' beim Eintritt in das ‚tropische Klima der Marktwirtschaft' mag bei Leuten, die aus einem Kältesystem kommen, paradox klingen. Aber schon das Unterkühlungsexperiment stellte physiologische Daten zur Verfügung, die diese Paradoxie auflösen helfen. Ein Blick auf die Geschichte der Kältemetapher und die Wirkungsweise des Polaritäts-Schemas mag die physiologische Erklärung ergänzen.

Wer sich mutwillig um die Vorteile der familialen Geborgenheit bringt, wird erfrieren. Die Familie lernt das Zweite thermodynamische Gesetz: Wärme fließt nicht in einen erkalteten Körper zurück. Peters Reste werden in den häuslichen Bereich re-integriert; Kaltherzigkeit war schon das Kennzeichen der Familie, die das Kind verließ.

22 Donald Dale Jackson, Bibbern für die Wissenschaft, in: GEO-Wissen. Arktis + Antarktis (November 1990), S. 55-60
23 Die Mauer war eine riesige Projektionswand. Bericht von Westberliner PsychotherapeutInnen über eine Pilotstudie zu deutsch-deutschen Familien, in: die tageszeitung, 20.10.1990, S. 28
24 Günther Anders, Die Antiquiertheit des Menschen, München 1961, S. 77

Zeichnung von Freimut Wössner in der ‚tageszeitung' vom 3. Juni 1990.

Auch im 18. Jahrhundert überlagerten sich zwei Motive, die einander auszuschließen scheinen. Die Klage des Bürgertums über die Kälte des Ancien Regimes schnitt sich mit der Klage über das ‚eiskalte Wasser', mit der moderner Geldverkehr und Industrialisierung die feudalen Strukturen überspülte. Betraf die erste Klage das Außenwerk des Reglements und der Überwachung, so die zweite das Innenwerk der erzwungenen Trennung von symbiotischen, das heißt als wärmer gedachten Zuständen. (Die Erfahrung der gnadenlosen ‚Kälte des irdischen Jammertals', von der die Literatur des 17. Jahrhunderts berichtet hatte, scheint schnell verdrängt worden zu sein, oder vielmehr: sie hatte die Kontrastfolie gebildet, vor der - sehr provisorisch - das frühe Bürgertum des 18. Jahrhunderts die Gegenwelt familiarer Unternehmung als Wärmekern entworfen hatte, von Anbeginn bedroht durch die Gefahr der Assimilierung an die aristokratische Kälte einerseits und der Auskühlung durch die protestantische Ethik des Unternehmertums andererseits.) Durch das Lamento des 19. Jahrhunderts spukt das Phantom eines ‚authentischeren', das heißt ursprungsnäheren, in der Automatik unseres Schemas auch immer ‚wärmeren' Zustands.

Man ist geneigt, die aktuellen Erfahrungen nach Maßgabe des historischen Modells zu erläutern. Hinzu kommt aber noch ein weiteres Moment. Wir erinnern uns, daß wir davon ausgingen, daß das Wärme/Kälte-Schema unserer Diskurse eine Matrix bildet, auf der Innen- und Außenerfahrungen artikuliert werden. Nun hatte sich in der DDR selbst die Legende von der perfekten Aufspaltung von Innen- und Außenbeziehungen eingebürgert, die die Überwachungsorgane zu ihren bekannten hypertrophen Anstrengungen verleitete. Die Nischen-Theorie ist hierbei nur die auffälligste Erscheinungsform der Legende von der schnittreinen Aufspaltung.

Klaus Hartung betont die wechselseitige Bedingung der beiden Sphären: Die vielfach bezeugte „menschliche Wärme" im Innern des Kälte-Leviathans habe die Funktion einer „Panzerung gegen die Invasion" des umfassenden Zugriffs auf das gesellschaftliche Wesen des Menschen gehabt,[25] sei somit das Innenfutter des Kältemantels gewesen. Diese Bilder-These mag den Zustand beschreiben, wie er sich auch den Betroffenen selbst darstellt. Die Psychologen, die jetzt beginnen, die hinzugekommene Bevölkerungsgruppe mit ethnologischem Blick zu mustern, stellen fest, daß eine derartige Spaltung von Innen und Außen „einfach ein angenehmer Zustand" ist, der im Alltag als Entlastung wirkt.[26] Und jetzt, wo - um im Bilde zu bleiben - in neuer Situation der Mantel gewendet wird, so daß das Innenfutter gleichsam schutzlos der Umwelt ausgesetzt ist, wird man der Kälte der eigenen Panzerung erstmals inne?

Vielleicht schützen diese binären Bilder nur vor einer riskanteren Einsicht. Daß nämlich die Wand, die das Innen vom Außen trennt, immer porös ist wie eine Membrane. Daß die Hereinnahme des Außen ins Innere und die Abgabe des Innen nach Außen einen Austauschprozeß konstituiert, in dem Ernst Nitzschke den ‚Ernährungsprozeß' des psychischen Systems vermutet.[27] Freilich geraten wir mit dieser Hypothese in Felder der Empirie, die sich nicht mehr mit dem Kippschalter des binären Schemas und seinen unterkomplexen Wärme/Kälte-Bildern erklären lassen. Schon im Schneekapitel des ‚Zauberbergs' läßt Thomas Mann nachempfinden, welche ‚Gnadennarkosen' die Kältesysteme bereithalten: Drogen, die über den Verlust der Lebenszeit hinwegtrösten, und tropische Phantasien der Männlichkeit, die sich unter dem kristallinen Panzer der Gletscherlandschaft verbergen.

Lob der Kälte

Im Jahre 1913 veröffentlichte der ungarische Psychoanalytiker Sandor Ferenczi einen erstaunlichen Gedanken. Inspiriert durch Friedrich Nietzsches „Lust an der Kälte" und orientiert an dem Ziel der Ichstärkungen, billigt er dem Kälteschock bei der Geburt eines Kindes eine elementare Funktion zu. Sei für die Menschheit die Eiszeit notwendig gewesen, um den Prozeß der Zivilisation in Gang zu bringen, so sei für das Kind die kurzzeitige Unterkühlung unverzichtbar, um eine gute Disposition für die Entwicklung seines Realitätssinnes zu schaffen. Dieser Theorie scheinen im Sommer 1990 auch die Psychologen der Technischen Universität Westberlin angehangen zu haben, die mit Blick auf die Mentalität der DDR-Bürger befanden, daß die Wärme einer Dauersymbiose „immer ungesund" sei.[28] Darin unterscheiden sich die neuen Kombattanten aus der DDR nicht von denen, die schon längere Zeit in der ‚offenen Gesellschaft' wohnen. Auch hier bieten sich die Entlastungsmechanismen der klaren Aufspaltung von Innen und Außen an. Und auch hier findet sich der Kritiker, der die nützlichen Fiktionen der Aufspaltung abstreift, leicht ‚verwaist', unter leeren Himmeln und vor Horizonten, die von den Medien nur schwach angeheizt werden. Das ist der natürliche Zustand der Kritik, die der vormundschaftlichen Rückversicherung entbehren will. Voraussetzung wäre allerdings, daß man den therapeutischen Blick weder auf sich selbst, noch auf die anderen richtet. Nur so ließe sich die deutsch-deutsche Double-Bind-Situation lösen, von der Klaus Hartung (im Rahmen des uns nun allzu vertrauten Wärme/Kälte-Schemas) spricht, eine Situation, „in der das Kind meint, die Mutter sei selbst schuld, wenn ihm die Hände erfrieren. Warum habe sie auch vergessen, ihm Handschuhe zu geben."[29]

25 Klaus Hartung (siehe Anm. 1), S. 100
26 Die Mauer war eine riesige Projektionswand (siehe Anm. 23)
27 Ernst Nitzschke, Von der Kälte des Gedankens und der Wärme des Leibes. Reflexionen über Gefühle, München 1984, S. 40 ff.
28 Die Mauer war eine riesige Projektionswand (siehe Anm. 23)
29 Klaus Hartung (siehe Anm. 1), S. 192 ff.

Straßen-Eisverkäufer 1901 in Berlin. Der Verkauf von erfrischendem Speiseeis zählt, wenn auch nicht zu den ältesten, so doch wohl zu den bei der Kundschaft beliebtesten Gewerben der Welt. Egal, ob es früher die Handkarren mit silbern blinkenden Abdeckhauben der Eisbehälter waren, oder ob es heute die zweckmäßig eingerichteten Automobile am Straßenrand sind: Wer schafft es schon, dieser Versuchung zu widerstehen?

DIE WAHL DER WAFFELN

Das Speiseeis ist in Mitteleuropa seit Ende des 17. Jahrhunderts bekannt.[1] Ausgehend von Italien war es zu diesem Zeitpunkt über Frankreich nach Deutschland gelangt, wo sich die kühle Leckerei bald ein vornehmes Publikum erobern konnte. Begonnen hatte ihr Siegeszug im sizilianischen Catania. Hier war es um 1530 erstmals gelungen, Speiseeis unter Verwendung einer Kältemischung aus Roheis und Salpeter, dem Salz der Salpetersäure, herzustellen. Als Katharina von Medici und der französische Thronfolger Heinrich II. 1533 in Florenz Hochzeit hielten, wurde zum Nachtisch bereits halbfestes Himbeer-, Zitronen- und Orangeneis serviert, deren Rezept man wie ein Staatsgeheimnis hütete. Den Schöpfer dieser Köstlichkeiten, den Sizilianer Buentalentis, nahm die Königin 1547 mit an den französischen Hof nach Paris, das folgerichtig zu einer Hauptstadt des Eisgenusses wurde. 1672 eröffnete der Sizilianer Francesco Procopio dei Coltelli gegenüber der Comédie Française das Café Procope, in dem er Kaffee, Tee, Schokolade und Eisspezialitäten servieren ließ. Gut hundert Jahre später, 1799, begann der französische Emigrant Vicomte Augustin Lanclot de Quatre Barbes im Hamburger Alsterpavillon am Jungfernstieg seinen Gästen „Erfrischungen aller Art, besonders Gefrorenes" anzubieten.[2]

Der Eisgenuß, der lange zum Lebensstil des Adels und später der wohlhabenden bürgerlichen Kreise gehörte, war um 1800 in den Metropolen Europas in Cafés, Ausflugslokalen und über den ambulanten Handel auch breiten Bevölkerungskreisen möglich. In Wiener Cafés und Erfrischungszelten gab es um 1790 ‚Gefrorenes'[3] zu kaufen: „Die sogenannten Limonadehütten sind Zelte auf offenen Plätzen, welche in den Sommermonaten aufgeschlagen werden und wo man das Publikum mit Limonade, Mandelmilch, Gefrorenem aller Gattungen usw. bedient. ... Rings um diese Zelte steht eine Menge von Stühlen. Die schöne Welt kommt in den warmen Sommernächten schwarmweise zu diesen Erfrischungsplätzen. Man setzt sich in der trauten Dämmerung zusammen, schlürft seinen Becher Gefrorenes, scherzt, lacht, tändelt, liebelt und ruht von der Hitze des Tages, von der Last der Geschäfte oder von Ermüdungen angenehmerer Art aus. Das Glas Limonade kostet 7 Kreuzer, das Glas Mandelmilch 10, der Becher Gefrorenes zwischen 12 und 30 Kreuzer. Die Gattungen dieser letzten Erfrischung sind sehr mannigfaltig; man macht es aus Pomeranzen, Limonen, Weichseln, Erdbeeren, Ribiseln, Pfirsichen, Ananas, Mandeln, aus Vanille, Schokolade usw."[4] Der Konsum von Speiseeis wurde vom Zuckerpreis bestimmt. Im 17. und 18. Jahrhundert gehörten Süßspeisen zu den Statussymbolen der höfischen Gesellschaft, denn der aus dem indisch-arabischen Raum

Eisbomben, Eisdielen und Cadore

[1] In China wurde schon 3000 v. Chr. Eis gegessen. Über Indien, Persien und Arabien kam es nach Griechenland und ins Römische Reich. In antiken europäischen Schriften sind Hinweise auf Speiseeis zu finden, worunter damals wohl noch Wintereis und Gipfelschnee zu verstehen war. Das früheste Eisrezept fand Heidemarie Prell im Arznei-und Kochbuch von Eleonora Maria Rosalia Herzogin von Troppau und Jägerndorff, Freywillig auffgesprungener Granat-Apfel, Wien 1697. Vgl. Heidemarie Prell, Vom Gipfelschnee zur fröhlichen Eiszeit. Siegeszug der faszinierenden Köstlichkeit Speiseeis. Vom Genuß zum Nahrungsmittel. Nürnberg 1987, S. 9-23
[2] Fritz Timm, Speiseeis. Berlin/Hamburg 1985 (= Grundlagen und Fortschritte der Lebensmitteluntersuchung und Lebensmitteltechnologie, Bd.19), S. 17
[3] Eine wienerische Lehnübersetzung von italienisch ‚gelato'. Vgl. Hermann Paul, Deutsches Wörterbuch. Hrsg. von Werner Betz. Tübingen 1966. ‚Eis' ist wahrscheinlich im 19. Jahrhundert in Deutschland als Übersetzung des franz. ‚glace' aufgekommen. Vgl. Paul Kretschmer, Wortgeographie der hochdeutschen Umgangssprache, Göttingen 1969, S. 188
[4] J. Pezzl, Skizze von Wien. Hrsg. von G. Gugitz und A. Schlosser, Graz 1923, zit. nach: Friedrich Rauers, Kulturgeschichte der Gaststätte, Teil 1.2., Berlin 1942, S. 1299

Straßen-Eisverkäufer in Berlin, 1929. Markige Werbesprüche sind allemal ein Mittel, gegen die Konkurrenz zu bestehen.

5 Vgl. Roman Sandgruber, Die Anfänge der Konsumgesellschaft. Konsumgüterverbrauch, Lebensstandard und Alltagskultur in Österreich im 18. und 19. Jahrhundert, München 1982 (= Sozial- und wirtschaftshistorische Studien, Bd. 15), S. 205

6 Zit. nach Bogdan Krieger, Berlin im Wandel der Zeiten, Berlin 1923, S. 220

importierte Rohrzucker galt in Deutschland als Luxusgut. Erst sein Anbau auf den Antillen mit Hilfe von Sklaven senkte die Zuckerkosten. Ein nachhaltiger Preisverfall setzte dann Mitte des 19. Jahrhunderts mit der Verarbeitung der in Europa heimischen Zuckerrübe ein.[5]

Das Speiseeis war seit dem späten 17. Jahrhundert Teil der europäischen Kaffeehauskultur. Alles, was damals als Luxus galt, Kaffee, Tee, Schokolade und Speiseeis, wurde im Kaffeehaus serviert, egal ob es in Wien, Paris oder Prag stand. In Berlin waren Mitte des 19. Jahrhunderts die Konditorei-Cafés als Versammlungsorte Gleichgesinnter ein wichtiges Element des öffentlichen Lebens. Die Kaffeehausgesellschaft war noch nicht von kuchenessenden Damen, sondern von Männern bestimmt, die je nach Beruf oder Stand in ihren Stammcafés ganz unter ihresgleichen zu bleiben suchten. Das Café Kranzler war zum Beispiel der stark frequentierte Treffpunkt der ‚feinen Welt', der hauptstädtischen Aristokratie. Mit spitzer Feder karikierte ein kritischer Zeitgenosse die ‚Heldentaten' des dort verkehrenden preußischen Offizierkorps: „Übrigens wird man bei Kranzler auch noch die politische Umsicht und den Eifer der Gardeleutnants anerkennen müssen. Denn wenn man dort an Sommertagen vorübergeht, so sieht man sie alle beschäftigt, Eis zu vertilgen. Man glaube jedoch nicht, daß die Leutnants dies nur tun, um sich zu erfrischen. Im Gegenteil, sie verbinden damit einen strategischen Zweck. Denn seit der großen Revue bei Kalisch hat das preußische Heer erkannt, daß zwischen ihm und den russischen Nachbarn nur eine sehr lockere, diplomatische Freiheit bestehen könne, und daß wohl einmal die Zeit kommen dürfte, wo es ihnen feindlich gegenübersteht. Um sich nun für diesen großen Zeitpunkt zu rüsten und dem Schicksal der großen Napoleonischen Armee zu entgehen, gewöhnen sich unsere Gardeleutnants bei Zeiten so sehr an das Eisessen, daß ihnen das russische und sibirische Eis unmöglich wird gefährlich werden und widerstehen können. Preussen ist also gegen Russen und Franzosen vollständig gesichert. Das wird man in der Konditorei bei Kranzler lernen."[6]

Grundlage der Kälteproduktion zur Speiseeisherstellung war bis zur Einführung der maschinellen Kälteerzeugung eine Mischung aus Natureis und Salz. In Konditoreien und Privathaushalten kam im wesentlichen dieselbe Technik zur Anwendung. Die meisten Kochbücher für die bürgerliche Hausfrau des 19. Jahrhunderts enthielten bereits eine Fülle von Eisrezepten und schilderten die Herstellung. Henriette Davidis beispielsweise beschrieb in ihrem überaus erfolgreichen ‚Praktischen Kochbuch für die gewöhnliche und feinere Küche' die allgemeinen Regeln der Eisbereitung: „Die Geräthschaften dazu sind: ein Eimer und eine Büchse von Zinn oder Blech, die ganz fest verschlossen werden kann; zugleich darf das Eis nicht fehlen, welches man so fein zerschlagen muß, daß die Stückchen nicht größer sind als kleine Haselnüsse. Zuerst schüttet man eine Hand hoch Eis in den Eimer, ein paar Handvoll Salz darüber, dann setzt man die mit Crême gefüllte Büchse, fest zugemacht, hinein, legt an den Seiten rund herum eine Lage Eis, streut eine Handvoll Salz darüber, stellt die Büchse fest und fährt mit dem Eis- und dem Salzstreuen so fort. Die Büchse und das Eis müssen mit der Höhe des Eimers gleich stehen. Dann streut man noch eine Handvoll Salz darüber. Ohne Salz kann kein Gefrornes gemacht werden, je mehr man davon nimmt, desto schneller ist man fertig. So läßt man die Büchse $1/4$ Stunde im Eise stehen, dreht sie am Henkel einigemale herum, ohne sie zu heben, nimmt den Deckel behutsam ab, rührt mit einem dazu geschnittenen glatten Spaten die Masse durch, macht das, was sich am Boden und an den Seiten angesetzt hat, los, während man mit der andern Hand die Büchse immer so schnell als möglich im Kreise um den Spaten dreht; doch muß man ja vorsichtig dabei sein, daß kein Eis in die Büchse falle. Ist nun die Masse gut gerührt, so macht man die Büchse wieder fest zu und läßt sie nochmals $1/4$ Stunde ruhig stehen, fängt dann wieder an zu rühren, alles Eisige abzustoßen und mit der Masse zu vereinigen, indem die Büchse immer bewegt werden muß. So fährt man fort, bis die Masse dick geschmeidig wird und sich wie dicke Sahne rühren läßt. Wenn dieselbe zu schnell gefrieren sollte, muß man sie mit Gewalt losstoßen und zerrühren, jedoch ohne die Büchse zu heben und langsamer drehen. Wird das Gefrorne zu früh fertig, gießt man $1 1/8$ Liter kaltes Wasser auf das Eis, damit das in der Büchse Befindliche nicht nachfriere und eisig werde, deckt den Eimer mit einem Tuch zu und läßt die Büchse bis zum Anrichten darin stehen. Dann füllt man das Gefrorne in Gläser und gibt es zum Dessert."[7]

Ambulanter Eisverkäufer in Berlin, 1930. Auch seiner Bitte wird man gerne entsprochen haben. Photo von Friedrich Seidenstücker.

Die bürgerliche Köchin war mit der Eisherstellung vertraut, aber die Ausformung des Gefrorenen in Modeln und die Zusammenstellung zu kunstvollen Eiskreationen gehörten zu den Aufgaben des Konditors. Gegen Ende des 18. Jahrhunderts kam die Eisbombe auf, die am Hofe Napoleons, auf dem Wiener Kongreß und bei der Eröffnung des Suezkanals wahre Triumphe erlebte.[8] Der französische Meisterkoch Antonin Carême (1783-1833) wirkte geschmacksbildend für eine ganze Epoche, getreu seinem Motto: „Es gibt fünf schöne Künste: Die Malerei, die Bildhauerei, die Dichtkunst, die Musik und die Architektur, deren Hauptzweig die Zuckerbäckerei ist." Seine aus teurem Zucker bereiteten Gerichte und Schauessen nahmen die Formen von Ruinen und Tempeln an und wurden zum Vorbild für Generationen von Eiskonditoren.[9] Insbesondere die Anhänger der üppigen Tafelkultur der Gründerzeit mit ihren überladenen Tischdekorationen und endlos langen Speisenfolgen liebten die aufwendig hergestellten Eiskreationen: Der Konditor stellte zuerst die Eiskremmasse mit der Eisbüchse her und füllte diese dann in Zinnformen, von denen es zahlreiche Varianten - Figuren, Tiere, Blumen, Früchte - gab. Die Modeln, die aus zwei oder drei mit Scharnieren und Drahtklammern verbundenen Teilen bestanden, waren auf der Innenseite bis ins Detail kunstvoll nach dem Naturvorbild ausgearbeitet und poliert.[10] Um verschiedene Früchte aus Eis zu formen, wählte der Konditor eine in der Farbe ähnliche Eissorte, so zum Beispiel Vanille für die Imitationen von Äpfeln und Birnen oder Erdbeer, Himbeer und Johannisbeer für die roten Früchte. Nach dem Einfüllen der Eismasse dichtete er die Fugen des Klappmodels mit Wachs oder Talg ab, damit kein Salzwasser eindringen konnte, und legte den mit Papier umhüllten Model in zerstoßenes und gesalzenes rohes Eis. Etwa nach einer Stunde wurde der Model in lauwarmes Wasser getaucht und geöffnet. Das geformte Eis konnte der Konditor noch bemalen: „Aepfel und Birnen schminkt man mit Carmin, steckt ihnen von Pomeranzenschale einen Stiel ein und bringt oben eine Corinthe an. Trauben bemalt man leicht blau …".[11]

Je nach Anlaß der Festlichkeit, ob zu Hochzeiten, Taufen, Geburts- oder Gedenktagen, wurden die verschiedensten Eissorten zu Früchte-,

[7] Henriette Davidis, Praktisches Kochbuch für die gewöhnliche und feinere Küche, Bielefeld/Leipzig 1876, S. 328
[8] Peter Liebes, Die Vielfalt des Eiszeitalters, in: Die Eisdiele, 2. Jg. (1950), Nr. 6
[9] Karl Iten, Menu. Tafelkultur 1860-1930. Katalog zur Ausstellung aus Anlaß des 100jährigen Jubiläums des Wirtevereins des Bezirkes und der Stadt Bern. 4. Mai bis Ende September 1984, S. 65
[10] Anton Mößmer, Geformtes Eis-Model für Speiseeis, in: Volkskunst, 10. Jg. (1987), Heft 4, S. 48
[11] Carl Krackhart, Neues illustriertes Conditoreibuch, Wiesbaden 1874, zit. nach: Gertrud Benker, Eisbereitung. Dokumentation aus einem ‚Conditoreibuch' des 19. Jahrhunderts, in: Volkskunst, 6. Jg. (1983), Heft 1, S. 17

Titelblatt der ‚Zeitschrift für Eiskrem, seine Herstellung und sein Vertrieb als Volksnahrungsmittel'. Sie war das Organ des 1925 gegründeten ‚Verband mitteleuropäischer Eiskremfabrikanten e.V.', dem Hersteller aus Österreich, der Schweiz, Holland und Deutschland angehörten. Ihr Ziel war der Erfahrungsaustausch über alle Fragen des Aufbaus und Betriebs von Eisfabrikationsstätten.

12 Carl Krackhart, Neues illustriertes Konditoreibuch. Ein praktisches Lehr- und Handbuch für Konditoren, Feinbäcker, Lebküchner sowie Patissiers. Leipzig/Nordhausen o.J., Tafel 93 und 94
13 Günter Wiegelmann, Speiseeis in volkstümlichen Festmahlzeiten, in: Hans J. Teuteberg/Günter Wiegelmann, Unsere tägliche Kost. Geschichte und regionale Prägung, Münster 1986 (= Studien zur Geschichte des Alltags, Bd.6), S. 223
14 Günter Wiegelmann (siehe Anm. 13), S. 222

Blumen- und Figurenarrangements, zu kunstvollen, vergänglichen, schmelzenden Tafelaufsätzen zusammengestellt. Da gab es Füllhörner mit den verschiedensten Früchten oder aus Vanilleeis geformte turtelnde Täubchen, die auf Taubeneiern aus Ananaseis in einem Nest aus gesponnenem Zucker saßen. Selbst Machtpolitik konnte sinnfällig gefeiert werden und das kalte Buffet zum Schlachtfeld des Festbanketts machen. Ein Lehrbuch für Konditoren stiftete zur ‚Kaiser Wilhelm Bombe' an, die mit Kaiserkrone und Schwarz-Weiß-Roter Flagge geziert war. Auch eine andere Eisbombenschöpfung machte ihrem Namen alle Ehre: kleine, aus Eis geformte Kanonenkugeln und ein Kranz von Geschützen arrangierten sich zu einer pompösen Kreation.[12]

Der Eisnachtisch gehörte in Deutschland bei den Oberschichten seit dem 18. Jahrhundert zum festen Bestandteil der aufwendigen Repräsentationsessen, und ab etwa 1800 war das Gefrorene auch in gutbürgerlichen Kreisen geschätzt. Auf den Festtagstisch der Arbeiter, Handwerker und Bauern kam es erst um 1900. Hier waren gegliederte Speisefolgen nur bei großen Anlässen wie Hochzeits-, Geburtstagsfeiern oder auch Schützenfesten üblich. In der Bereitschaft, Eis in das Festmenü aufzunehmen, ergab sich dabei ein deutliches Nord-Südgefälle. Zuerst verbreitete es sich von Sachsen bis nach Holstein und Mecklenburg. In diesen zum Teil von Industrialisierung und Verstädterung geprägten Regionen ersetzte die Eiskrem traditionelle Nachspeisen wie Reisbrei und Pudding. In Süddeutschland und Österreich, wo man am Ende der Menüfolge gewöhnlich Kuchen und Gebäck reichte, setzte sich der festliche Eisnachtisch hingegen erst deutlich später durch.[13] Zur wachsenden Verbreitung des Speiseeises trugen die Heimeismaschinen mit Rührwerk bei, die um 1900 aufkamen und die Eiskrembereitung vereinfachten. Sie machten das langwierige Spateln von Hand überflüssig; mit einer Kurbel wurde über eine Zahnradübersetzung ein Spatel bewegt, der das Eis von der Wandung der Eisbüchse, die nun immer geschlossen bleiben konnte, abstreifte. Die preiswertesten Maschinen kosteten 1892 neun Mark, was etwa einem Zehntel eines damaligen Landschullehrer-Monatsgehalts entsprach.[14] Um die Jahrhundertwende kamen auch erste elektrische Eismaschinen in Gebrauch. Die Eisbüchse füllte man wie gewohnt nur zur Hälfte mit Eisflüssigkeit, da diese beim Gefrieren das Volumen vergrößert. In der Brechmaschine zerkleinertes Roheis wurde mit Viehsalz vermischt und diese Roheis-Salz-Mischung in den Raum zwischen Holzbottich und Gefrierbüchse geschichtet. Ein motorbetriebenes Räderwerk, das sich über der Eismaschine befand, setzte die Gefrierbüchse in drehende Bewegung. Durch ständiges Spateln mit einem starken langen Holzlöffel fror die Speiseeisflüssigkeit zu einer geschmeidigen Masse. Das fertige Speiseeis füllte der Eismacher in hohe Porzellan- oder Steingutbüchsen, die dann in einem Konservator mit einer Roheis-Salz-Mischung kühl gehalten wurden.

Bevor es üblich wurde, Speiseeis zu Hause herzustellen, konnte man es gelegentlich von hausierenden Eishändlern kaufen, die meist aus Italien kamen. Wie viele andere umherreisende Gewerbetreibende zogen die wandernden Eisverkäufer im Sommer mit ihren bunten Karren durch die Städte und besuchten Jahrmärkte und Kirchweihfeste in den Dörfern. Die ‚gelatieri' stammten aus den Tälern Cadore und Forno di Zoldo der Provinz Belluno in den Dolomiten. Ende des letzten

Berlin 1924, Endstation Sehnsucht: Heiße ‚Hundstage' ließen bei den Eismännern die Kassen klingeln (oben).

Auch wenn's den Berliner in der Hitze ans Wasser zieht, steht der Eismann mit seinen begehrten Erfrischungen bereit: Eisverkauf per Schiff, 1927.

Jahrhunderts boten sie ihr Eis in fast allen großen Städten Deutschlands und Österreich-Ungarns feil. In Paris verkauften die italienischen Eismänner im Sommer Limonade und Eis und im Winter Maroni.[15] Die ambulanten ‚Gefrorenen-Männer' in Wien kamen im Frühjahr aus Italien oder ‚Welschtirol', wohnten vierzehn Tage oder drei Wochen in einem Bezirk und hausierten mit ‚minderem Gefrorenen', das sie in ihren Wohn- und Schlafstätten zubereitet hatten. Auch wenn sie Speiseis einfacherer und damit auch billigerer Qualität herstellten, sahen die heimischen Eiskonditoren in ihnen eine unliebsame Konkurrenz.[16] Aber trotz aller protektionistischer Maßnahmen der Behörden zum Schutz der am Ort ansässigen Eiskonditoren schien das Geschäft nicht schlecht zu gehen. Im Prag der Jahrhundertwende verkauften zwei einheimische und sechs italienische Straßenhausierer Fruchteis zu

Italienische Eisverkäufer, um 1900 (oben), und der ‚Gefrorenes Salon' von Giacomo Ciprian in den dreißiger Jahren in München. Die alljährliche Rückkehr der ambulanten Eisverkäufer und der Eisdielenbesitzer war das untrügliche Anzeichen für das Ende des Winters. Die Stichtage der An- und Abreise der Italiener waren jeweils der 19. März und der 10. Oktober. Die eigene Eisdiele stellte das ersehnte Ziel für die meisten der auf diesem Gebiet tätigen italienischen Einwanderer dar. Die vielen, oft schon in langer Tradition bestehenden Familienbetriebe prägen die Eiscafékultur in Deutschland bis zum heutigen Tag.

Lorenz Müllers ‚Erster Nürnberger Erfrischungspalast' auf dem Nürnberger Volksfest, vor 1914. Auch dieses Unternehmen ist ein Familienbetrieb mit Tradition: Noch heute ist der ‚Eis-Müller' auf den bayerischen Jahrmärkten und Festplätzen vertreten. Seine Wagen sind zum Teil mit alten, liebevoll restaurierten Eisbereitungsmaschinen und Dekorationsstücken ausgestattet.

drei, fünf und zehn Kreuzern. Im September kehrten die Italiener wieder nach Hause zurück.[17] Erst als 1890 ein großes Unwetter viele Sägemühlen und Fabriken in ihrer Heimat zerstörte, wurde die Migration der Eishersteller aus dieser Dolomitenregion zu einem Massenphänomen, das bis zum Ersten Weltkrieg andauern sollte.[18]

Um 1925 gab es italienische Eishersteller in fast jeder Stadt Mitteleuropas. Allerdings nahm die Zahl umherziehender Eismänner, wie der Hausierer überhaupt, stetig ab. Das wachsende Hygienebewußtsein kollidierte mit den Unzulänglichkeiten der von Hausierern feilgebotenen Waren, deren Qualität nur schwer zu kontrollieren war. Es kam, wenn auch selten, zu Epidemien, weil Speiseeis mit Krankheiten verursachenden Keimen verseucht war. Manche Städte verboten deshalb die Herstellung von Speiseeis im ambulanten Handel.[19] Schlaue ‚gelatieri' fanden jedoch einen Ausweg: Sie mieteten den Sommer über in den Städten Geschäftslokale und eröffneten einen ‚Gefrorenes-Salon' oder eine ‚Eisdiele', die oft von der ganzen Familie betrieben wurde. Im Gegensatz zu den mit Spiegeln, Stuck und Plüsch dekorierten Kaffeehäusern und Konditoreien, die zu langem Verweilen einluden, entwickelten die Eissalons eine eigene architektonische Note, eine funktionale Atmosphäre optischer Kühle und Ruhe. Meist wurden diese Lokale ohne ein ausgewogenes Gesamtkonzept nur für den Sommer eingerichtet. Nach Ende der Eissaison quartierten sich in den Wintermonaten andere Geschäftsleute ein, die Läden oder Kaffeestuben einrichteten.[20]

In den zwanziger Jahren gab es nur wenige Sorten Speiseeis, meist Vanille, Schokolade, Zitrone. Beim Verkauf über die Straße wurde das Eis anfangs lediglich mit einem Spatel zwischen zwei flache Waffeln gelegt. Später füllte man mit dem Kugeleis-Portionierer Waffeltüten, muschel- oder schiffchenförmige Waffeln. Ambulante Eishändler fuhren im Zeichen der wachsenden Mobilität mit dem Fahrrad oder dem Motorrad mit Anhänger durch die Straßen. Aber trotz des gestiegenen Angebots behielt das Eisessen auch zu dieser Zeit noch für viele seinen Festtagscharakter, weshalb der ‚Eispalast' auf Volksfesten und Kirchweihen weiterhin seine große Anziehungskraft ausübte. Die handwerkliche Eisherstellung erhielt in den zwanziger Jahren durch das in Fabriken produzierte Steckerleis Konkurrenz. Die Epoche industrieller Speiseeisherstellung hatte 1851 in Amerika, in Pennsylvanien, begonnen. Dort gründete der Milchhändler Jacob Fussell zur Verwertung

1 Massin, Les cris de Paris - Händlerrufe aus europäischen Städten, München 1978, S. 62
16 Rudolf Kobatsch, Wien und das übrige Niederösterreich, in: Untersuchungen über die Lage des Hausiergewerbes in Österreich, Leipzig 1899 (= Schriften des Vereins für Socialpolitik, Bd. 82), S. 26 f.
17 Hugo Weil, Prag und Umgegend, in: Untersuchungen ... (siehe Anm. 16), S. 166
18 I pionieri del gelato artigianale. L'odissea dei primi gelatieri del Cadore e del Bellunese, in: Il Gelatiere Italiano. Organo del Comitato Nazionale per la difesa e la diffusione del gelato artigianale, Supplemento 11/12 (1986), S. 196-199
19 Die hygienischen Schutzbestimmungen, in: Eisdiele, 2. Jg. (1950), Nr. 3
20 Eis-Reminiszenzen, in: Die Eisdiele, 21. Jg.(1969), Nr. 1, S. 8

Die feine Gesellschaft genoß die Eisköstlichkeiten in preziös gestalteten Gefäßen. Hier zwei Eisbecher aus der Zeit um 1910 mit silbernen Schalen und geschnitzten Elfenbeinstielen. Die abgebildeten Objekte stammen aus der Sammlung des Germanischen Nationalmuseums Nürnberg.

Eisbomben. Die kriegerische Bezeichnung mochte aus der mitunter bomben- oder kartuschenähnlichen Form oder auch aus der Geballtheit ihres optischen wie leiblichen Genusses abgeleitet sein, der Formenvielfalt waren indes keine Grenzen gesetzt. Widmungen an berühmte Persönlichkeiten, etwa Fürst Pückler oder den österreichischen Feldmarschall Radetzky, wie bei der hier abgebildeten Eisbombe, steigerten noch die Wertschätzung der Kreationen. (Abbildung aus ‚Krackharts Konditoreibuch', Ausgabe A, 10. Auflage)

Eisverkäufer aus einem Theatro Mundi, Mitte des 19. Jahrhunderts; Münchner Stadtmuseum. Mit seinem Eiswagen bahnt er sich den Weg durch die Reihen eines bunten Völkchens von Jahrmarktsgauklern und Passanten auf dem Endloskettenzug des mechanischen Theaters.

Phantasie und Kunstfertigkeit ließen die Konditoren walten, um die Kundschaft für ihr Naschwerk zu begeistern. Verschiedene Eisbüchsen und Model aus der Provenienz der berühmten Wiener Hofzuckerbäckerei Demel, um 1900. Bemerkenswert im Vordergrund die Eismodel in Trauben- und in Blütenform. Die Objekte stammen aus der Sammlung des Germanischen Nationalmuseums Nürnberg.

Eismix- und Milchtanks (rechts) der früheren EFA-Eisfabrik in Amerang bei Wasserburg am Inn, um 1965. Die Eiskremproduktion bildete in vielen Fällen zunächst eher einen Nebenerwerb milchverarbeitender Betriebe. Die Saisonabhängigkeit und der in der Frühzeit industrieller Eisherstellung noch kaum erforschte Publikumsgeschmack stellten große Risiken für allein auf Eiskremproduktion abzielende Unternehmen dar.

seiner überschüssigen Rahmbestände eine Speiseeisfabrik. Sie war so erfolgreich, daß er schon 1856 weitere in Washington, 1862 in Boston und 1864 in New York einrichten konnte. Diesseits des Atlantiks hatte erst die Entwicklung der ersten Großanlage zur Kälteerzeugung durch Carl Linde 1877 die technischen Voraussetzungen für eine Ausweitung der Produktion geschaffen, da Eiskrem nur bei einer konstant niedrigen Temperatur gelagert werden konnte.

In Mitteleuropa war die Speiseeisindustrie in den zwanziger Jahren noch kaum von Bedeutung. Die Not nach dem Ersten Weltkrieg und die Inflationsjahre verhinderten einen nennenswerten Absatz des Genußmittels Speiseeis. 1925 schlossen sich daher Hersteller aus Österreich, der Schweiz, Holland und Deutschland zu einem Verband zusammen, um durch gegenseitigen Erfahrungsaustausch und hohen Qualitätsanspruch die Eiskremproduktion zu steigern. Die meisten Speiseeisfabriken wurden als Nebenbetrieb der Milchverarbeitung oder eines anderen Nahrungsmittelgewerbes geführt. Bereits in den Gründerjahren der Eiskremindustrie im deutschsprachigen Raum wurde kräftig die Werbetrommel gerührt und daher vorzugsweise von Begriffen aus der Region des ewigen Eises Gebrauch gemacht. Auf dem Titelbild des Verbandsorgans ‚Zeitschrift für Eiskrem' prangte ein Eisbär. Die

Wiener Milchindustrie A.-G. führte ihre Produkte unter der Fabrikmarke ‚Eskimo'. Ihr Vertrieb erfolgte vorwiegend in Milchrestaurants, Milchläden und Cafés, die meist mit kleinen blauen Fahnen und der Aufschrift ‚Eskimo' bezeichnet waren.[21] Ein Besucher Breslaus berichtete über die dortige Speiseeiswerbung: „In den städtischen Cafés und Konditoreien bot sich das gleiche Bild; allüberall hing die gute Reklame aus oder standen die mit dem Kopf nickenden Eisbären in den Fenstern."[22] Doch trotz aller Werbekampagnen blieben dem Absatz des industriell hergestellten Speiseeises enge Grenzen gesetzt. Mit der üblichen Methode der Roheis-Salz-Mischung konnte im Haushalt die Eiskrem eben nach wie vor nur wenige Tage aufbewahrt werden.

Die Geschichte vom Eis-am-Stiel begann 1923, als der Amerikaner Harry Bust seine Erfindung patentieren ließ.[23] Kurze Zeit darauf wurde diese Neuigkeit dem deutschen Fachpublikum mitgeteilt: „Die neueste Mode auf dem Rahmeismarkt ist die Herstellung von Rahmeislutschern, nach Art der vor kurzem in Hamburg aufgekommenen ‚Hamburger Klüten'. Man läßt das Eis um ein Stöckchen herumfrieren, entweder in Kugel- oder Zylinderform, und kann das Eis noch nachträglich mit Schokolade überziehen, wenn man will."[24] Die amerikanische Neuigkeit fand in deutschen Eisfabriken schnell Resonanz. Von einer weitge-

Rundgefrierer der früheren EFA-Eisfabrik, um 1965. Mit dem vollautomatischen Rundgefrierer, der 1955 auf den Markt kam, begann erst die eigentliche industrielle Massenfabrikation von Stieleisprodukten. Mit 5000 bis 7000 Portionen in der Stunde stellte er soviel Eis her, wie zuvor 25 Mitarbeiter an einem Tag produzieren konnten. Den heutigen industriellen Speiseeismarkt beherrschen Langnese, Schöller und Oetker.

21 B. Lichtenberger, Eiskrem in Wien, in: Zeitschrift für Eiskrem, 2. Jg. (1926), Nr. 8, S. 110
22 B. Lichtenberger, Die Rahmeiswerke Schlesien E.G.m.b.H., Breslau, in: Zeitschrift für Eiskrem, 2. Jg. (1926), Nr. 7, S. 93
23 Eis-am-Stiel, in: Gordian, 50. Jg. (1950), Heft 1193, S. 43
24 Zeitschrift für Eiskrem. 2. Jg. (1926), Nr. 1, S. 3

Präferenzen, oder: Das Leben geht weiter. Auf Vanille und Schokolade konzentriert, passieren die beiden eisschleckenden Mädchen almosenheischende Kriegsversehrte. Eine Szene aus Fürth in Bayern aus der unmittelbaren Nachkriegszeit.

hend maschinellen Produktion war man damals allerdings noch weit entfernt. Die Gefrierbehälter mußten manuell gefüllt und entleert werden. Auch für das Verpacken gab es keine Maschinen. Trotzdem fand das Eis-am-Stiel zunehmend Absatz. Um 1935 stellte die Nürnberger Firma Schöller Steckerleis in zwei Formen, rund und eckig, mit den Geschmacksrichtungen Zitronenfruchteis und den Milcheissorten Schoko, Vanille, Erdbeere her.[25]

Nach dem Zweiten Weltkrieg erfolgte die Bereitung von Speiseeis in Deutschland nach wie vor in Handwerksbetrieben. Immer noch war die Gefriermethode mit der Roheis-Salz-Mischung weit verbreitet; die Eisherstellung in der Kühlanlage oder mit Trockeneis war entschieden teurer und setzte sich erst im Laufe der fünfziger Jahre durch. Auch die ständigen Versorgungsengpässe für Hilfs- und Rohstoffe zur Eiserzeugung trugen dazu bei, daß das Speiseeis in den unmittelbaren Nachkriegsjahren für viele eine kulinarische Rarität blieb. Erst nach der Währungsreform begann sich die heimische Speiseeisindustrie ihrem schon in den zwanziger Jahren formulierten Ziel zu nähern, Eiskrem zu einem alltäglichen Nahrungsmittel für breite Bevölkerungskreise zu machen. Technischer Fortschritt automatisierte die Speiseeisproduktion und verbilligte sie. In den Fabriken entwickelte sich das bis heute gültige Muster der Eiserzeugung: Zunächst werden die verschiedenen Bestandteile, meist zuerst Rahm und Milch und dann die Trockenbestandteile, Zucker, Gelatine und Verdickungsmittel, miteinander vermengt. Zur Pasteurisierung wird diese Mischung kurz auf 78 bis achtzig Grad Celsius erhitzt, um schädliche Keime abzutöten. Durch das anschließende Homogenisieren unter Druck werden die Fettkügelchen zerkleinert und das Eiweiß fein verteilt, wodurch der Geschmack verbessert wird. Früher lagerte man dann die Mischung einige Stunden, aber durch Zusatz moderner Stabilisatoren wurde diese Reifung überflüssig. In einer kontinuierlich arbeitenden Gefriermaschine, dem Free-

25 Heidemarie Prell (siehe Anm. 1), S. 76
26 W. Schulz, Speiseeis. Eine Übersicht über den heutigen Stand der Technik bei fabrikmäßiger Herstellung, in: Die Milchwissenschaft, 4. Jg. (1949), Heft 2, S. 33-39; Fritz Timm (siehe Anm. 2), S. 55 f. und S. 89-110
27 Werner Gabel, ‚Icecream' - hochwertiges Nahrungsmittel in den USA, in: Die Eisdiele, 2. Jg. (1950), Nr. 3

zer, wird dann die Masse gefroren, wobei gleichzeitig Luft eingeschlagen wird. Erst durch die wärmeisolierende Eigenschaft der Luft ist es möglich, Speiseeis zu genießen, ohne daß ein zu starkes Kältegefühl im Mund auftritt. Das Volumen erhöht sich durch das Einschlagen von Luft um achtzig bis hundert Prozent. Im Härteraum wird dieser Zustand dann bei minus zwanzig Grad fixiert. Damit ist die eigentliche Herstellung des Speiseeises abgeschlossen, das nun bei minus dreißig Grad gelagert werden kann.[26]

Der Blick auf die industrielle Eiskremherstellung in den Vereinigten Staaten, dem klassischen Land des Speiseeisverzehrs, erregte bei den hiesigen Fabrikanten in der Nachkriegszeit neidvolle Bewunderung. Die Amerikaner waren mit zwanzig Litern Speiseeiskonsum im Jahr 1950 die Weltmeister im Eisessen, während die Deutschen mit geschätzten 0,5 bis 0,7 Litern Verbrauch pro Kopf der Bevölkerung am unteren Ende der internationalen Vergleichsskala lagen.[27] Damals wurde in Deutschland vor allem das oft mit künstlichen Aroma- und Farbstoffen versetzte Kunstspeiseeis verzehrt. Die qualitativ hochwertigen Eissorten Rahmeis und Kremeis[28] waren zu teuer. Dabei propagierte die Eiskremindustrie vor allem das Milchspeiseeis, das zu siebzig Prozent aus Vollmilch bestand und deshalb alle milchspezifischen Aufbaustoffe, Vitamine und Mineralstoffe enthielt, als preiswertes und für Kinder geeignetes Nahrungsmittel und versuchte, die Vorurteile der Mütter gegen Eis als reine Schleckerei durch den Hinweis auf den Nährwert des Milcheises zu entkräften.[29]

Mehr als alle ernährungskundlichen Weisheiten trugen jedoch die neu entstehenden Eisdielen und Milchbars zur Popularisierung des kühlen Genusses bei. Zwischen 1950 und 1955 entstanden zahlreiche dieser neuen Lokale. Häufig boten sie neben den beliebtesten Eissorten auch Kaffee, Trinkmilch und Milchmix-Getränke, Süßwaren, Coca-Cola und Limonade an. Die zumeist italienischen Inhaber suchten sich auf

Weltoffen und modern, kühl, aber dennoch lebendig sollten die neuen Eisdielen der fünfziger Jahre sein, unvergessene Treffpunkte für ganze Generationen Jugendlicher. In München gestaltete der Architekt Paolo Nestler eine Reihe bemerkenswerter Eisdielen. Das abgebildete Eiscafé ‚Venezia' am Rotkreuzplatz entstand 1951. Es existiert in dieser Form heute nicht mehr.

28 Rahmeis besteht aus reinem weißen Zucker, mindestens sechzig Prozent Schlagsahne sowie natürlichen Geschmacks- und Geruchsstoffen. Die Verwendung von Ei und einer geringen Menge Stärkemehl, Tragant oder Obstpektin ist möglich. Kremeis wird aus reinem weißem Zucker, Milch, Eiern und natürlichen Geschmacks- und Geruchsstoffen unter Verwendung einer geringen Menge Stärkemehl, Tragant oder Obstpektin hergestellt. Auf einen Liter Milch kommen mindestens 270 Gramm Vollei oder hundert Gramm Eidotter. Vgl. Max E. Schulz/ Hans Mehlhouse, Molkereilexikon, o. O. 1952, S. 123 f.
29 Gerd Hunger, Kunstspeiseeis - Milchspeiseeis, in: Die Eisdiele, 2. Jg. (1950), Nr. 2

diese Weise Kunden auch außerhalb der sommerlichen Eissaison zu sichern. Während die reinen Milchgaststätten schon bald an Faszination verloren, behaupteten sich die Eiscafés in der Publikumsgunst. Mit ihren farbigen Kunststoffmöbeln, den bunten, resopalbeschichteten Tischen und Stahlrohrstühlen strahlten viele dieser Eisdielen eine Modernität aus, die sich radikal vom Kaffeehausmuff vergangener Jahrzehnte abhob. Musikboxen übten auf jugendliche Gäste eine zusätzliche Anziehungskraft aus; sie trafen sich nach der Schule in der Milchbar oder Eisdiele, um die neuesten Schlager zu hören und beim Eisessen erste zarte Bande mit der Tanzstundenfreundin zu knüpfen. Eisbecher und die Spezialitäten Cassata, Coppa Cardinale und Melba Venezia waren vielgefragt. Familien frischten in den italienischen Eisdielen ihre ersten Urlaubserinnerungen an den sonnigen Süden wieder auf.

Nährten die Eisdielen den Eishunger in weiten Teilen der Bevölkerung, so schuf die gleichzeitig um sich greifende Ausstattung von Cafés, Gaststätten, Supermärkten und Wohnungen mit elektrischen Kühlanlagen und Kühlschränken die technische Voraussetzung für den nun rasch wachsenden Absatz von industriell erzeugtem Speiseeis. Steckerleis war in aller Munde. Seit 1955 wurde es in großen Mengen von vollautomatischen Rundgefrierern hergestellt. In Metalltüllen, die den verschiedenen Stieleisformen entsprachen, wurde während eines Rundlaufs die homogenisierte, pasteurisierte und gereifte Rohmasse eingefüllt, danach der Stiel automatisch ‚eingeschossen'. Die gehärtete Eismasse wurde von Greifarmen aus der Tülle gezogen, mit Schokolade überzogen und verpackt. Vanille und Schokolade standen an der Spitze der in Deutschland bevorzugten Geschmacksrichtungen, gefolgt von Mandel, Mokka, Himbeer, Nuß, Pistazie, Orange, Zitrone und Erdbeer.

Die wachsende Beliebtheit von industriell erzeugtem Speiseeis, das meist als Misch-Eis-Schnitte, Becherpackung mit beigelegtem Löffel, Hörnchen und Stieleis verkauft wurde, ging zu Lasten des ambulanten Handels. Den mit seinem Karren durch die Straßen ziehenden Eismann sah man immer seltener.[30] Die neuen, strengen Hygienevorschriften für die Eisherstellung und die niedrigeren Einkaufspreise für Rohstoffe begünstigten die Eiskremindustrie. Viele Gaststätten, Konditoreien und Bäckereien verzichteten daher, auch aus Mangel an Mitarbeitern, auf die eigene Eisherstellung und verkauften industriell Gefertigtes. Das im Haushalt selbst aus fertigem Eispulver im Eiswürfelfach des Kühlschranks hergestellte Speiseeis erlangte hingegen keine allzu große Bedeutung.

Um 1960 war das Softeis heiß begehrt, das wie Eiskrem im ‚Freezer' hergestellt, aber nicht gehärtet wird und deshalb für den sofortigen Verzehr bestimmt ist. Es wurde und wird in kleinen Automaten bereitet, die man im Laden oder im Sommer auf der Straße aufstellen konnte. Diese Mode des Eiskonsums hat aber heute bereits wieder stark an Beliebtheit verloren. In der Folgezeit wurden Speiseeisprodukte in Presse, Funk und Fernsehen propagiert. Nach wie vor umworbene Kunden waren die Kinder; für sie formten die Eishersteller Dracula, Biene Maja, Pinocchio und andere Comic-Figuren in Stieleis nach. Um 1965 beherrschten die drei überregional operierenden Firmen Langnese, Schöller und Jopa achtzig Prozent des deutschen Eiskremmarkts. Da etwa vier Fünftel der jährlichen Eisproduktion im Hochsommer gegessen wurden, ergänzten viele Unternehmen ihre Produktpalette mit

1951 wurde in Berlin auf der ‚Gastwirts- und Konditorenmesse' der erste Eisverkaufsautomat der Welt vorgestellt. Er konnte sich jedoch nicht durchsetzen.

30 Entwicklung, Lage und Absatzprognose der Speise-Eis-Industrie, in: Gordian, 50. Jg. (1950), Heft 1191, S. 41 f.

Auch die Eisdiele ‚Venezia' im Königshof in München war ein Werk Paolo Nestlers. Sie entstand 1954 und entsprach in ihrer Ausstattung dem Wunsch ihrer italienischen Besitzer nach Gediegenheit, die sich aber zugleich mit leichten und modernen Formen verbinden sollte. Die beiden ‚Venezias', wie auch das ‚Rialto' und weitere Eisdielen, wurden so zu Prestigeobjekten des Familienbetriebes, der das Eis an einem zentralen Ort herstellte und dann an seine Filialen auslieferte.

hauptsächlich im Winter begehrten Erzeugnissen, mit Tiefkühlkost etwa oder - wie Schöller - mit Nürnberger Lebkuchen.[31]

In den folgenden Jahren wurde der Speiseeiskonsum zunehmend stärker vom steigenden Lebensstandard als von der Witterung bestimmt. Das Geschäft mit dem kühlen Genuß hatte Konjunktur. Das Eiskremessen gehörte Ende der sechziger Jahre schon fast zum alltäglichen Speiseplan, der Durchbruch zum Lebensmittel für den ständigen Verzehr war endgültig gelungen. 1989 schleckten die Deutschen acht Liter Eis pro Kopf, davon wurde die Hälfte zu Hause gegessen. Seitdem die Haushalte gut mit Tiefkühlgeräten ausgestattet sind, bevorzugen die Kunden vor allem große Haushaltspackungen mit fettreichem und höherwertigem Speiseeis. Trotzdem hat - nicht zuletzt durch das Formen großkalibriger Eiskugeln - die mittlerweile nicht minder gehaltvoll gewordene Waffeltüte ihren traditonellen Platz im Sortiment behaupten können. Und der dürfte ihr durch das hochstilisierte Duell am Freundschaftsbecher auch nicht streitig gemacht werden.

31 Das Industrie-Speiseeisgeschäft weiter im Steigen. Anteil des handwerklich hergestellten Eises am Umsatz rückläufig, in: Die Eisdiele, 16. Jg. (1964), Heft 9, S. 3

REGISTER

Absorptionskältemaschine 73, 75, 102 f.
Absorptionsprinzip 72 f., 103
Admiralspalast (Berlin) 156, *186*, 191
Adorno, Theodor W. 227 f.
AEG *102 f.*, 113, 132, 144, *145 f.*, 149
Agassiz, Louis 23
Air Products 94, *97*
Alvermann, H.P. 202, *203*, 207
Amerika s. USA
Ammoniaksynthese 94
Amontons, Guillaume 88
Amundsen, Roald 35, 39, 42-45
Anders, Günther 289
Anderson, Laurie 235, *236*
Andrews, Thomas 89
Arbeiterbewegung 265, 285
Argentinien 135 f.
Armour, Philip D. 107 f.
Arrhenius, Svante 25
Ate Kühlschrankfabrik (Alfred Teves) 148 f., 155
Australien 133, 135, 184
Autogenschweißen 13, 93, 96
Avantgarde 216-231

Baecker, Dirk 286 f.
Baier, Ernst *160 f.*, *165*, 169
Baltimore 186
Bananen 107, 130-134, 141
Bananendampfer 12, *131*, 131-133
Bartning, Otto *226*
Baudelaire, Charles 29, 226, 258 f.
Baudrillard, Jean 282, 284
Bauer, Ina *168 f.*
Bauhaus 228-230, 252 f.
Baumann, Horst H. *248* f.
Bäumler, Hans-Jürgen *169*
Bayerische Landesgewerbeausstellung 1896 185, 190 f.
Bayerischer Polytechnischer Verein *84 f.*
BBC 144, *151*
Becker, Johann Peter (Schlittschuhfabrik) 179
Bednorz, J.G. 98
Bell, John und Henry 72
Belousova, Ludmilla *169*
Benjamin, Walter 225
Benn, Gottfried 217, *219*
Berlin 57, 62, 115, 138, 140 f., 151, 154, 177, 186 f., 190-192, 194-197, 199, 217, 230, 255, 268, 292, 294 f., 297, 306
Berliner Eispalast *167*, *186 f.*, 191, 194
Berliner Gesellschaft für Markt- und Kühlhallen *116 f.*, 121, *137*, 140
Berliner Schlittschuh-Club *166*
Berliner Sportpalast *159*, *166*, 171, 186, 190 f., *195*
Beuys, Joseph 206
Birdseye, Clarence 138 f.
Birg, Heinz *30*

Bloch, Ernst 219, 222 f., 227
Boccioni, Umberto 150
Bölsche, Wilhelm 19 f., 22-26, 31-33
Borsig 113, 148, 195
Bosch *147*, 150, 155
Boston 58, 126, 131, 302
Boyle, David 76
Brauereien 11 f., 51 f., 56, 58, 60-62, 80-83, 110, 113 f., *134 f.*, 144, 185, 267
Brauwesen s. Brauereien
Brecht, Bertolt 31, 217 f., 225
Bremen 133
Breuer, Marcel 254
Bristol 133
Brückner, Eduard 24
Brunner, Franz *232*
Brüssel 183, 186, 188
Buenos Aires 135 f.
Buffon, Georges Graf von 20 f., 29
Busch, Gundi *168*
Busch, Wilhelm *288 f.*
Butterkühlung *124*, 138 f.
Byron, George Lord 28 f.

Cadore 293, 296
Café 255 f., 293 f., 299, 303
Cailletet, Louis 12, 89 f.
Calzolari, Pier Paolo 235, *236*
Carême, Antonin 295
Carnot, Nicolas Leonard Sadi 77, 79, *88*
Carré, Ferdinand und Edmond 12, *72 f.*, 75-77, 79
Charleston 58, 62
Cheret, Jules *186*, *189*
Chicago 58, 104, 106, 109
Chile 287
China 180
Christiania 63, 65 f.
Clarke, Arthur C. 9
Claude, George 94, 99
Clausius, Rudolf Julius Emanuel 76, *88*
Coca Cola *108*, 149, 212, 262 f., 305
Coldspot-Kühlschrank *108*, 144
Coleman, James 72
Coleridge, Samuel Taylor 28 f., 258 f.
Colville, Alex *208*, 210
Cook, Frederick A. 46
Cool-Jazz 260 f.
Cool-Sein 260-262
Costa Rica 132
Curry, John 170

d'Armagnac, Ben *245*
Dachau 278 f.
Dadaismus 202, 227, 257
Darwinismus 20, 30, 33
Däubler, Theodor 227, 231
Davis, Miles 260 f.
DDR 134, 285 f., 288-291

Demel, Wiener Hofzuckerbäckerei *301*
Demnig, Gunter *249*
Dessau 228-230, *229*
Deutsch-Südwestafrika 137
Deutsches Museum 72, 78, 80, 135
Dewar, Sir James *86*, 90
Dix, Otto *225*
Dolomiten 14, 296, 299
Dreher, Anton (Brauereien Wien/Triest) 79-82, *82*
Dresden 55, *59*, 121, 123 f.
Drogen/Drogenliteratur 258-260, 291
Duchesnay, Isabelle und Paul 165
Dvorak, Robert 17

Edelgase *93*, 97
EFA-Eisfabrik *302 f.*
Eggers, Frank *249*
Eierkühlung *136*, 137 f.
Eis am Stiel 14, 299, 303 f., 306
Eisbecher *300*
Eisbombe 295 f., *300*
Eiscreme 13 f., 99, 109, 111, 292-307
Eiscremeherstellung 294 f., *302 f.*
Eisdiele 14, *298 f.*, 305-307
Eiserntte s. Eisgewinnung
Eisexport 53, 58-67
Eisfabrik 114, 144
Eisgewinnung 11, *50-59*, 64, 66 f., 114
Eishockey *168-171*, 180, 186
Eiskonditoren 295 f., 298
Eiskunstlauf 156-171, 177
Eislagerhäuser 57, *60-63 f.*, 65
Eislaufmode 160 f., *189*, 197-199
Eismaschinen 296
Eispaläste 13, 149, 156, 167, *184 f.*, *186-195*
Eisrevue *156*, 162 f., *164 f.*, *166 f.*
Eisrezepte 293 f.
Eisschrank 113, 109
Eisverkäufer 292, *294 f.*, *297-299*, *301*
Eisverkaufsautomat 306
Eiswerke 50, 55, 57, *59*, 110
Eiszeit 11, 19-33, 217, 257, 284, 291
Energieerhaltungssatz 88 f.
Engelmann, Eduard *185*, 194, 198
Engels, Eduard (Schlittschuhfabrik) 175-177
Engels, Friedrich 223 f.
England 12, *63 f.*, 66 f., 132, 135-137, 177
Entfremdung 28, 223 f., 285
Entropie 20, 219, 222 f., 245, 281 f.
Enzensberger, Hans Magnus 21, 220, 231
Erdheim, Mario 23, 288
Ettinger, Robert C.W. 272
Expressionismus 225-227

Ferenczi, Sandor 291
Fertiggerichte s. Tiefkühlkost
Filliou, Robert 237, 240
Fischer, Butze *234*

308

Fischerei 62 f., 65, 67, 140 f.
Fischli, Peter 247
Fischverkauf *141*
Fleischindustrie 109 f., 136 f.
Fluorkohlenwasserstoff (FCKW) 17, 69, 76, 79
Fontane, Theodor 163, 206
Ford, Henry 102, 104, 111
Frankfurt 113, 149, 155, 160, 185, 193, 230
Fränkl, Mathias 96, 99
Franklin, Sir John *34*, 37, *47*
Frankreich 12, 63 f., 66, 135, 293
Fraxedas, Maria *277*
Freilufteisbahnen 194-197, *196-199*
Friedrich, Caspar David 30, *36*, 37, 47 f., 216, 221
Frigidaire 148 f., *150*, 151, 155
Fuchs, Arved 49
Funktionalismus 227-230
Fürth *304*
Fussell, Jacob 299

Gamgee, John 184
Garmisch-Partenkirchen 160 f., 170
Garnier, Tony 122, 126
Gasverflüssigung 86-99, 102, 111
Gaszerlegung 94
Gay-Lussac, Joseph 88
Gefrierfleisch *74 f.*, 109, 115, 129, 133, 135-139, *138 f.*, 184
Gefrorenes s. Eiscreme
Gelatieri 296-299
General Electric *100*, 102, 149
General Motors 102, 149
Gentechnik 272-276, 279
Ginsberg, Allen 261
Glaciarium 183 f.
Glasgow 135
Goethe, Johann Wolfgang von 23, 160 f.
Golfkrieg 10, 231
Gorrie, John 12, 69-72, *70*, 76
Gostner, Martin 206
,Göttliche Komödie' *26 f.*
Griechenland 287
Gries, Gero 203, *204*
Gropius, Walter *228 f.*
Grosz, George *224*
Gruppe Leifsgade 22 *204*
Guatemala 132
Guericke, Otto von 89
Gurlitt, Cornelius 252

Haacke, Hans *240*, *242*, 246
Haines, Jackson 165, 168, 177, 198
Haitzinger, Horst *283*
Halfmann, Doris *243 f.*
Halifax-Schlittschuh 177 f.
Hamburg 122, 124, 126, 133, 270, 293, 303
Hamilton, Richard *209*, 211-213
Hampson, William 91 f.

Hartung, Klaus 290 f.
HASchult *238*
Hegel, Georg Friedrich Wilhelm 28, 224
Heider, Klaus *11*, *247*
Heine, Heinrich 224
Heise, Almut 210, *211*
Henie, Sonja *158 f.*, 160, *163*, 165, 170 f.
Hens, F.W. (Schlittschuhfabrik) *172*, 175, *176*, 180
Herber, Maxi *160 f.*, 165, 169, 171
Heym, Georg 29, 226
Hirth, Georg 252
Historismus 252
Hodler, Ferdinand 233
Hoffmann, E.T.A. 258
Hölderlin, Friedrich 221
Holiday on Ice *162*, *164*, *166 f.*
Holland 175 f., 180 f., 302
Holländer (Schlittschuhe) *174*, 175 f., 180
Hollinger, Peter *234*
Hollywood 149, 163
Honduras 132
Hotel Adlon (Berlin) *144*
Hubatsch, Hermann *192*
Huchel, Peter 231
Humboldt Maschinenbauanstalt Köln *12*

Immendorff, Jörg *14*, 16
In vitro Fertilisation (IvF) 273
Indien 62
Interfrigo 139
Interieur 202, 207-211
International Style 253
Italien 293

Jamaika 131
Jatzko, Siegbert *15*
Jensen, Johannes V. 31
Jopa 306
Joule, James P. 91
Jünger, Ernst 217, 225, 259 f.

Kaffee 262
Kaffeehaus s. Café
Kafka, Franz 227
Kaiserslautern 201
,Kalte Kultur' 23, 226, 288
Kälteanästhesie 267 f.
Kältechirurgie 268
Kälteindustrie 148 f., 154
Kältekult 216-231
Kältemaschinen 12, 68-85, 102-111, 144
Kältemedizin 15, 267 f.
Kältemetaphern 16, 265, 280-291
Kältemischung 293 f., 303 f.
Kalter Krieg 214
,Kälteschlaf' 268, 270 f.
Kälteschock 217, 252, 291
Kältetechnik 12 f., 68-85, 100-111, 282
Kaltluftmaschine 70, 72, 77, 102

Kamerun 133, 137
Kammerlingh Onnes, Heike *89*, 89-91, *91*, 98
,Kampf dem Verderb' 132, *146*
Kanada 133, 178, 180, 186
Kanarische Inseln 133
Kanowitz, Howard *210*
Kansas 109
Kaprow, Allan 241
Keats, John 258
Kelvin, William Thomson Lord *89*, 91
Kelvinator 148
Kernspintomographie 15, 268
Kerouac, Jack 261
Kierkegaard, Søren 39
Kilius, Marika 158, *169*
Kirk, Alexander C. 72, 76
Kirk, Henry 183
Klasen, Peter *212*, 214, *215*
Klimaforschung *282*, 284
Klimatisierung 14, 52, 69 f., 111, 267 f.
Klopstock, Friedrich Gottlieb 160 f., 168
Kluge, Alexander 231
Koch, Josef Anton 18
Köln 112, 125, 274
Kölner Blockeisfabrik 115 f., *125*
Kolonialismus 62, 133, 136
Kompressionskältemaschine 76, 79, 102
Kompressionsprinzip 75, 103
Konservenindustrie 51
Konstruktivismus 233
Kos, Paul 235, *236*, 244
Kracauer, Siegfried 219, 223, 225, 229 f.
Kragerö 63, 66 f.
Kramer, Harry *249*
Krankenhäuser 69, 113 f., *269*
Kristalleisfabrik mit Kühlhallen Dresden *123*, 124
Kronberger, Lily 170
Kryobiologie 272
Kryokonservierung (von Embryos) 15, 268, 273, 276, 278
Kuba 62, 131, 287
Küche *100*, 148-151, 153, 210 f., 253
Kühlhaus 103, 109-111, 112-127, 130, 135-140, 272
Kühlhaus Köln GmbH *112*
Kühlhaus Union Hamburg-Altona *122*, 124
Kühlhausarchitektur 12, *112-127*
Kühlkette 13, 17, 107, 109 f., 124, 128-141, 263
Kühlschiff *74 f.*, 124, 130-132, 135 f.
Kühlschrank 13, 16, 69, 87, 99, 102 f., 111, 142-155, 200-215, 281-287, 306
Kühlschrank-Metapher 281-287
Kühlschrankdesign 13, 149-155
Kühlwagen *104*, 107 f., 110, *128*, 134, 138 f.
Kühlzüge 104, *107*, 130 f., 138 f.
Kunsteis 13, 62, 66
Kunsteisbahnen 13, 177, 180, *182*, 182-199

309

Langnese 303, 306
Lasalle, Ferdinand 163
Lavier, Betrand *202 f.*
Lavoisier, Antoine 88
Le Corbusier 118
Lebensmittelkühlung 51 f.
Lederer, Georg *82*
Leichenkühlung 268-270, *269*
Leiden 89-91, 98
Leipzig 66, 150
Leiter, Martial *220*
Lem, Stanislaw 9, 17
Lenin, Wladimir Iljitsch 272 f.
Lessing, Theodor 224
Lévi-Strauss, Claude 23, 288
Lichtdesign 254
Linde, Carl von 12, 68, 75-84, *78*, 90-93, 102 f., 106, 115, 135, 268, 302
Linde, Friedrich 93
Linde, Gottfried 115, 125
Linde-Gesellschaft (Linde AG) 82-84, 92, 94, 102, 110, 121, 123
Linde-Kältemaschine *78 f., 81, 84*, 109, *134 f.*
Linde-Kunsteisbahnen 185, 190, *191*
Lindner, Richard *16*
Liverpool 135
Loewy, Raymond *108*
London 63, 126, 132, 135 f., 170, 183 f., 186, 223
Lübeck 114, 151
Luftschiff *45*, 97 f., *98*
Luftverflüssigung 78, *90*
Luftzerlegung 13, *92*, 92-95, *95*
Lyell, Charles 23
Lyon 122, 126 f.

Manchester 185
Mangeat, Vincent *8*
Mann, Thomas 217, 291
Marktwirtschaft 281, 288 f.
Marx, Karl 28, 223 f., 265
Marxismus 218, 223-225
Maschinenfabrik Augsburg (MAN) 80 f., 83
Matthes, Dieter *250*, 254-264
Mayer, Robert 77, 143
Medhermeneutik (Künstlergruppe) *200*, 206
Messner, Reinhold 49
Micheel, Stefan 238
Mies van der Rohe, Ludwig 230, 254
Mignot, Victor *188*
Milchbar 305 f.
Monitor Top *102 f.*, 149
Monokultur 110, 132
Müller, Heiner 284 f.
Müller, K.A. 98
Müller, Lorenz *299*
Mumford, Lewis 101

München 56 f., 60 f., 63, 80-82, 84 f., 93, 123, 148, 185, 190, 197, 201, *254-263*, 298, 305, 307
Münchner Eiswerke Ortlieb & Edenhofer 50
Musil, Robert 27

Nacktkultur 230
Nahrungsgewohnheiten 12, 110, 130
Nansen, Fridtjof 37 f., *48*
Nationalsozialismus 46, 196, 224, 230
Natterer, Johannes 89
Natureis 50-67, 69, 82, 108 f., 114 f., 147, 282
Nernst, Walter 91
Nestler, Paolo *305, 307*
Neue Sachlichkeit 16
Neues Bauen s. Bauhaus
Neumann, Curt 169
Neuseeland 135
New Orleans 62, 75
New York 58, 101, 185, *250*, 302
Nicaragua 132
Nietzsche, Friedrich 27, 30, 38 f., 42, 49, 218, 224, 226, 233, 264
Nitzschke, Ernst 291
Nobile, Umberto 45
Norddeutsche Eiswerke Berlin 57
Nordenskjöld, Adolf Erik 42
Nordostpassage 36, 42
Nordwestpassage 34, 36
Norwegen 51, 63-67, 114
Nürnberg 16, 57, 82 f., 94, 120 f., 124, 128, 185 f., 190 f., 196 f., 268, 299, 304, 307
Nürnberger Eisfabrik & Kühlhallen *120 f., 124, 128, 136*

Objet trouvé 202 f.
Oelschlägel, Charlotte 169
Oetker 303
Opel 149, 155
Oslo 63-65, 67, 170
Österreich 50 f., 63, 296, 298, 302

Palais de Glace (Paris) *184 f.*, 186, *188 f.*
Panama 132
Paris 68, 126, 155, 158, 184-186, 188 f., 268 f., *293 f.*, 298
Parker, Charlie 261
Paul, Jean 218
Payer, Julius Ritter von *40 f., 48*
Peary, Robert Edwin 43, *46*
Peenemünde *98*
Penck, A.R. 14
Penck, Albrecht 21, 24
Pharmaindustrie 276
Pictet, Raoul 12, *68*, 76, *84*, 89 f., 96
Plank, Rudolf 103, 106, 109 f.
Plessi, Fabrizio *241*, 242 f.
Poe, Edgar Allan 29, 226, 258

Polar-Werke Remscheid *175, 178 f., 180*, 181
Polarexpeditionen 26, 35-49, 226, 289
politische Rhetorik 280-291
Pop Art 16, 207, 211-214
Prag 165, 167, 294, 298
Pranz, Helmut 211, *266*
Protopopow, Oleg 169
Punk 256 f.

Quincey, Thomas de 258
Quintanilla, Isabel *211*

Raketentreibstoff 96, 98
Ransmayr, Christoph 289
Raumtemperierung s. Klimatisierung
Readymade 202-207
Realsozialismus 265, 281, 285, 287 f.
Recalcati, Antonio *221*
Reger, Günter *234*
Reibisch, Paul 24
Reichmuth, Giuseppe *23*
Rektifikation 93 f., 97, 99
Remscheid 172-181
Retortenbaby 273
Reusse, Stephan 207, *213*
Revolution 265, 281, 285, 288
Rieveschl, Gary 246
Rodnina, Irina 158
Rollschuhe 180, 183
Romantik, schwarze 218 f.
Rose, Jürgen *216*
Rosen, Fritz *130*
Rosenberg, Alfred 224
Rouen 135
Rußland 138, 180
Rumford, Graf 77
Rüsselsheim 149
Ruthenbeck, Reiner *239*

Salchow, Ulrich 170
Samenbanken 9, 15, 267, *274*, 278
San Domingo 131
San Francisco 186
San Salvador 132
Sander, August *112*
Santo-Kühlschrank *102 f.*, 149
Saul, Peter *205*, 214
‚Schachterl-Eis' 186, *190*, 197
Schäfer, Karl 160, 181
Schauroth, Lina von 193
Scheerbart, Paul 143 f., 230 f.
Scheffel, Victor von 233
Scherzer, Karl von 147
Schiller, Friedrich 26
Schivelbusch, Wolfgang 262
Schlachthöfe 58, 62, *104-106*, 109, 113 f 122, *127*, 130, 136 f., 144, 185
Schlaraffiaphantasien 129, 145, 147
Schlegel, Friedrich 258

Schlittschuhe 158, 161, 172-181
Schlittschuhherstellung 175-181, *178 f.*
Schöller 303 f., 306 f.
Schramm, Norbert *167*
Schwarzbach, Martin 19, 21
Schweden 67, 114
Schweiz 8, 12, 63, 67, 136, 285, 302
Scott, Robert Falcon 35, 39, 42, 44, 47 f.
Sedlmayr, Gabriel (Spatenbrauerei München) 80-82, *82*
Segantini, Giovanni 233
Seidenstücker, Friedrich *295*
Semper, Gottfried 252
Servatius, Kay *162*
Shackleton, Henry *42*, 226
sheer line 153 f.
Shoda, Arnold *162*
Siemens *154*
Sieper, David Söhne (Schlittschuhfabrik) *172*, 175
Silo-Kühlschrank *148*
Simmel, Georg 28
Simroth, Heinrich 24
Sobek, Margarete *167*
Softeis 306
Southport 185
Sowjetunion 139, 214, 282
soziale Kälte 263-265
Spanien 287
Speiseeis s. Eiscreme
Speiseeisindustrie 302-307
Spengler, Oswald 42, 222
Sportmedizin 268
Staeck, Klaus *31*
Stahlerzeugung 96
Stam, Mart 254
Stämpfli, Peter *214*
Stangeneis 114 f.
Steckerleis s. Eis am Stiel
Stockholm 170
Stuttgart 229 f., 252 f.
Stuttmann, Klaus *280*
Supermarkt 13, 140 f., 145, 155, 214, 306
Supraleitung 15, 89, 98
Swift, Gustavus 107 f.

Syers-Cave, Madge 170
Szabo, Herma 170 f.

Taut, Bruno 229
Taylor, Frederick 106, 111
technologische Stile 100-111
Tellier, Charles 12, *74*, 76, 135
Testart, Jacques 276, 279
Thermodynamik 76 f., 79, 99, 103, 107, 219, 222 f.
Thermostat 285-287
Theroux, Paul 31, 231
Tiefkühlkost 129, *138 f.*, 140-142, 145, 150, 155
Tieftemperaturtechnik 86-99, 111
Tinguely, Jean *202 f.*
Titanic 37, 48 f., 220, 231
Tolstoi, Leo 163
Tönnies, Ferdinand 27
Torell, Otto 23
Tosani, Patrick 238
Trans Time Inc. (Kryo-Institut) 270, *272 f.*
Transplantationen 267, 272
Treibhauseffekt 23, 25, 284
Tripler, Charles 92
Trockeneis 97, 106, 128, 139, 304
Tudor, Frederic 58, 62

UdSSR s. Sowjetunion
United Fruit Company 131 f.
Unsöld, Felix 185 f., *190*
Unterkühlungsversuche *278 f.*, 289
Uruguay 135, 137
USA 11 f., 52-54, 58, 69, 92, 98, 101-111, 114, 147-150, 153 f., 163, 178, 180, 186, 214, 253 f., 260 f., 272, 299, 302, 305

V2-Rakete 13, *98*
Vakuumeismaschine *72*
Valier, Max 96
van Doesburg, Theo 253
van Munster, Jan *246 f.*
Vereinigte Staaten von Amerika s. USA
Vereisungstheorie s. Eiszeittheorie
Visch, Henk *10*

Volkskühlschrank 103, 147
Vorratskeller *142*

Wagner, Richard 264
Warhol, Andy *205*, 212 f.
Wärme/Kälte-Schema 226 f., 230 f., 280-291
Washington 302
Weber, Max 28, 217, 225
Wegener, Alfred 25
Weimar 160, 230
Weiss, David 247
Wells, Herbert George 19
Welteislehre *230*, 231
Werfel, Franz 226
Werkbundausstellung 1927 229, *252 f.*
Wesselmann, Tom *207*, 207-209, 213
Weyprecht, Carl *40 f.*
Wien 56, 79 f., *118 f.*, 185, 194, 198, 201, 293 f., 298, 301
Wild, Christian *190*
Winkler, HS 238
Winterschlaf 281, 288
Wiss, Ernst *96*
Witt, Katarina 170
Wohlfahrt, Erich *192*
Wolfe, Tom 253
Wollstonecraft Shelley, Mary 29
Wössner, Freimut *290*
Wyeth, Nathaniel J. 53

Zech, Paul 225
Zeitschrift für die gesamte Eis- und Kälteindustrie 65-67
Zeitschrift für Eiskrem *296*
Zeltner Brauerei Nürnberg *83*
Zeppelin 13, 97, *98*
Zeuner, Gustav 76 f., 106
Zimmermann, Norbert 235 f., *237*, 241, 246, 248
Zucker 293 f.
Zürich 16, *22 f.*
Zweig, Stefan 36, 47
Zweites thermodynamisches Gesetz 17, 76, 88, 219, 222 f., 231, 289

BILDNACHWEIS

AEG-Firmenarchiv, Nürnberg 145, 146 u., 152, 153
Roland Aellig, Bern 239 u.
Altonaer Museum, Hamburg 122
Archiv Hettinger/Hellmann, Mainz 12, 100 o., 103, 146 o., 148, 149
Archiv für Kunst und Geschichte, Berlin 36, 38, 39, 45-47, 48 o. (2), 108
Sammlung Arenhövel, Berlin 166 o.
Argus-Bildarchiv, Hamburg 274, 275
Bauhaus-Archiv, Museum für Gestaltung, Berlin 228, 229
Bildarchiv Preußischer Kulturbesitz, Berlin 167 o.r., 188/189, 193 r., 295
Bildstelle des Hochbauamts der Stadt Nürnberg 161, 269 u.
Bosch GmbH, Firmenarchiv, Stuttgart 147
Bröhan Museum, Berlin 192 o.
Bundesarchiv, Koblenz 138, 139, 195 u., 199
Hans Carl-Verlag, Nürnberg 82
Centrum Industriekultur Nürnberg, 34, 37, 48 u., 59, 81, 83-85, 88, 89, 94, 100 u., 102, 104, 107, 114-117, 120, 121, 123 o., 124, 126, 127 u., 128, 130, 132/133, 136, 137, 140, 142, 150, 160, 170 o., 186 l., 189 o., 191, 296, 298 o.
Cryoson GmbH, Schöllkrippen 271
Cubphot 237
Deutsches Museum, München 50-56, 63, 72, 77, 78 u., 80, 90, 91, 93, 98, 134/135
Deutsches Schiffahrtsmuseum, Bremerhaven 40/41, 42 o., 43, 44, 141
Deutsches Werkzeugmuseum, Remscheid 174
edition Staeck, Heidelberg 31
Eis-Müller, Nürnberg 299
Heinz Engels, Remscheid-Hasten 167 o.l., 168 o., 169 u., 172, 175-181, 196 o., 197 o.
Flender-Werft AG, Lübeck 131
Ford Köln AG 258
Maria Fraxedas, Hannover 277
E. & E. Freiberger KG, Amerang 302, 303
Germanisches Nationalmuseum, Nürnberg 300 o., 301 u.,
Martin Gostner, Köln 206
Gero Gries, Berlin 204 u.
Hans Haacke, New York 240
Doris Halfmann 243
Halle Tony Garnier, Lyon 127 o.
Hansmann Bildarchiv, München 301 o.
Klaus Heider, Bad Boll 11, 247 u. (2)
Historisches Museum Frankfurt, Frankfurt am Main 26, 27
Howaldtswerke Deutsche Werft, Kiel 99
International Arena Productions, Bern 166 u., 167 u.
Wolfram Janzer, Stuttgart 232

Elisabeth Jappe, Köln 245
Kester-Archiv/Heribert Sturm, München 60, 61
Peter Klasen, Vincennes 212, 215
Herlinde Koelbl, Neuried 270, 272, 273
Paul Kos, Courtesy Gallery Paule Anglim, San Francisco 236 l., 244
Galerie Krings-Ernst, Köln 200
Kunstbibliothek SMPK, Berlin 185 o., 252, 253
KZ-Gedenkstätte Dachau, Dachau 278, 279
Landesarchiv Berlin, Berlin 171, 186 r., 187
Landesgewerbeanstalt/Bibliothek, Nürnberg 189 r., 190 o.
Martial Leiter, Lausanne 220 r.
Emil Leitner, Berlin 226
Archiv Lethen, Maarssen 22, 24, 25, 32, 33, 224 (Reproduktion), 225 (Reproduktion)
Linde-Firmenarchiv, Wiesbaden 78 o., 79, 123 u., 125
Linde-AG, Werksgruppe Technische Gase, Unterschleißheim 95, 97
Lux 248
Vincent Mangeat, Nyon 8
Dieter Matthes, Berlin 250, 254-264
Messer Griesheim, Frankfurt a.M. 92, 96
Münchner Stadtmuseum, München 30, 49, 151, 190 u.
Ann Münchow, Aachen 207
National Museum of American History, Smithsonian Institution, Washington 70, 71
Paolo Nestler, München 305, 307
Victor E. Nieuwenhujs 247 o.
Norsk Sjöfartsmuseum, Oslo 65-67
Norsk Folkemuseum, Oslo 64
Österreichische Nationalbibliothek, Wien 118, 119, 158, 159, 163
Fabrizio Plessi, Venedig 241
Helmut Pranz, Niedenstein-Ermetheis 266
Privatbesitz 18, 42 u., 208, 211 o., 230, 249
Guiseppe Reichmuth, Curio 23
Rainer Rosenow, Köln 210
Stephan Reusse, Kassel 213
Rheinisches Bildarchiv, Köln 112
Wim Riemens 242
Roger-Viollett, Paris 73, 74 o., 75
Courtesy of the Director of the Royal Institution, London 86
Reiner Ruthenbeck, Düsseldorf 239 o.
Staatliche Kunstsammlungen, Kassel 188
Staatsbibliothek Preußischer Kulturbesitz, Berlin 68, 74 u., 185 u., 269 o.
Staatsgalerie Stuttgart, Graphische Sammlung 192 u.
Stadtarchiv Fürth 304

Stadtgeschichtliche Museen, Nürnberg 15
Peter Stämpfli, Paris 214
Stedelijk Van Abbemuseum, Eindhoven 14
Oda Sternberg, München 216
Projektgruppe Stoffwechsel, Gesamthochschule Kassel 204 o., 234
Süddeutscher Verlag Bilderdienst, München 193 l., 298 u.
Suhrkamp-Verlag, Frankfurt am Main 220 l.
The Tate Gallery, London 209
Ullstein Bilderdienst, Berlin 62, 106, 144, 154, 156, 162, 164, 165, 168 u., 169 o., 170 u., 182, 184, 195 o., 196 u., 197 u., 198, 292, 294, 297, 306
Henk Visch, Eindhoven 10
Ruth Walz, Berlin 221
Galerie Christian Zwang, Hamburg, 211 u.

Die Abbildungen folgender Seiten wurden Publikationen entnommen:

16 Dore Ashton, Richard Lindner. New York 1974
202 o. Pontus Hultén, A Magic Stronger than Death. Mailand 1987, S. 90
202 u. Bertrand Lavier. Musée d'Art de la Ville de Paris, 1985, o.S.
203 o. H.P. Alvermann. Objekte 1959-1966. Kunst- und Museumsverein Wuppertal 1970, Nr. 112
205 o. Andy Warhol. Retrospective. Museum Ludwig Köln, S. 122
205 u. Sidra Stich, Made in U.S.A. An Americanisation in Modern Art. The 50s & 60s. Los Angeles 1987, S. 104
211 o. Isabel Quintanilla, Ölbilder und Zeichnungen. Hamburg 1987, S. 32
235 Germano Celant, Arte Povera. Basel 1989, S. 93
236 r. documenta 6. Kassel 1977 (Bd. 1), S. 287
246 Earth, Fire Water: Elements of Art. Museum of Fine Arts Boston 1971 (Bd. 2), S. 102 und 103
288/289 Wilhelm Busch Gesamtausgabe in vier Bänden. Hrsg. von Friedrich Bohne. Wiesbaden 1979 (Bd. 1), S. 287 bis 303.

Wir danken der Geo-Redaktion, Hamburg, und Herrn Klaus Staeck, Heidelberg, für die Abdruckgenehmigung der Grafiken auf den Seiten 20 und 21, beziehungsweise des Posters auf Seite 31.